# 工程做法则例（下）

GongCheng ZuoFa ZeLi

中国古代物质文化丛书

〔清〕工部 / 颁布　　胡永斌 / 译注

重庆出版集团　重庆出版社

# 卷二十八

本卷详述各种斗栱的尺寸和制作方法。

## 斗科各项尺寸做法

【译解】各种斗栱的尺寸和制作方法。

【原文】凡算斗科上升、斗、栱、翘等件长短、高厚尺寸，俱以平身科迎面安翘昂斗口宽尺寸为法，核算。斗口有头等材、二等材，以至十一等材之分。头等材迎面安翘昂斗口宽六寸；二等材斗口宽五寸五分；自三等材以至十一等材各递减五分，即得斗口尺寸。

凡算桁椀之高，以正心桁中至挑檐枋中尺寸为实，按加举之数为法乘之，即得桁椀高之尺寸。

凡头昂后带翘头，每斗口一寸，从十八斗底中线以外加长五分四厘。惟单翘单昂者后带菊花头[1]，不加十八斗底。

凡二昂后带菊花头，每斗口一寸，其菊花头应长三寸。

凡蚂蚱头后带六分头[2]，每斗口一寸，从十八斗外皮[3]以后再加长六分。惟斗口单昂者后带麻叶头，其加长照撑头木上麻叶头之法。

凡撑头木后带麻叶头，其麻叶头除一拽架分位外，每斗口一寸，再加长五分四厘。惟斗口单昂者后不带菊花头。

凡昂，每斗口一寸，俱从昂嘴中线以外再加昂嘴长三分。

凡斗科分档尺寸，每斗口一寸，应档宽一尺一寸。从两斗底中线算，如斗口二寸五分，每一档应宽二尺七寸五分。

【注释】〔1〕菊花头：平身科斗栱中，位于六分头下方的昂外侧的饰样，向外凸起，形似菊花。

〔2〕六分头：平身科斗栱中的部件，沿进深方向设置，位于菊花头的上方、麻叶头的下方。

〔3〕外皮：构件的外侧表面。

【译解】当计算斗栱中的升、斗、栱和翘等部件的长度、高度和厚度时，都要以平身科斗栱中，沿面宽方向安装翘和昂的大斗的斗口宽度为基本模数进行计算。斗口可分为十一个等级，一等斗口的宽度为六寸，二等斗口的宽度为五寸五分，以此类推，从三等斗口直到十一等斗口，每个等级的斗口宽度递减五分。

当计算桁椀的高度时，以正心桁中心到挑檐桁中心的尺寸作为基数，乘以所使用的举的比例，就可以得出桁椀的高度。

头昂的后尾带翘头。当斗口的宽度为一寸时，十八斗的斗底需从中线向外加长五分四厘，作为翘头的长度。只有当单翘单昂斗栱带菊花头时，十八斗的斗底才不加长。

二昂的后尾带菊花头。当斗口的宽度为一寸时，菊花头的长度为三寸。

蚂蚱头的后尾有六分头。当斗口的宽度为一寸时，将十八斗外皮向外侧加长六分，作为六分头的长度。若单昂的后尾带麻叶头，其长度的计算方法与撑头木上麻叶头的计算方法相同。

撑头木的后尾带麻叶头，其长度在一拽架长度的基础上加减，当斗口的宽度为一寸时，再加长五分四厘。单昂斗口的后尾不加菊花头。

当斗口的宽度为一寸时，昂嘴的宽度需从中线向外加长三分。

当斗口的宽度为一寸时，相邻两个斗栱之间相距一尺一寸。该尺寸从两个斗栱的斗底中线开始计算。若斗口的宽度为二寸五分，则相邻两个斗栱的距离为二尺七寸五分。

**平身科**

【译解】平身科斗栱

【原文】大斗一个每斗口宽一寸，大斗应长三寸，宽三寸，高二寸，斗口高八分。斗底宽二寸二分，长二寸二分，底高八分，腰高四分。

单翘每斗口宽一寸，应长七寸一分，高二寸，宽一寸。

重翘每斗口宽一寸，应长一尺三寸一分，高、宽与单翘同。

正心瓜栱每斗口宽一寸，应长六寸二分，宽一寸二分四厘，高二寸。

正心万栱[1]每斗口宽一寸，应长九寸二分，高、宽与正心瓜栱同。

头昂每斗口一寸，应前高三寸，中高二寸，宽一寸，其长如斗口单昂斗口。重昂者应长九寸八分五厘。单翘单昂者长一尺五寸三分。单翘重昂者长一尺五寸八分五厘。重翘重昂者长二尺一寸八分五厘。

二昂高、厚与头昂尺寸同。如斗口重昂者，应长一尺五寸三分。单翘重昂者长二尺一寸三分。重翘重昂者长二尺七寸三分。

蚂蚱头每斗口一寸，应高二寸，宽一寸。如斗口单昂者，应长一尺二寸五分四厘，单翘单昂并斗口重昂者长一尺五寸六分。单翘重昂者长二尺一寸六分。重翘重昂者长二尺七寸六分。

撑头木每斗口一寸，应高二寸，宽一寸。如斗口单昂者，应长六寸，单翘单昂并斗口重昂者长一尺五寸五分四厘。单翘重昂者长二尺一寸五分四厘。重翘重昂者长二尺七寸五分四厘。

单才瓜栱[2]每斗口一寸，应高一寸四分，宽一寸，长六寸二分。

单才万栱[3]每斗口一寸，应长九寸二分，高一寸四分，宽一寸。

厢栱[4]每斗口一寸，应长七寸二分，高一寸四分，宽一寸。

桁椀每斗口一寸，应宽一寸，如斗口单昂者，应长六寸。单翘单昂并斗口重昂者长一尺二寸。单翘重昂者长一尺八寸。重翘重昂者长二尺四寸。高按拽架加举。

十八斗每斗口宽一寸，十八斗应长一寸八分，宽一寸四分八厘，高一寸。斗底宽一寸一分，长一寸四分，口高四分。

腰高二分，底高四分。

三才升[5]每斗口宽一寸，三才升应长一寸三分，宽一寸四分八厘，高一寸。升底宽一寸一分，长九分，口高四分，腰高二分，底高四分。

槽升每斗口宽一寸，槽升应长一寸三分，宽一寸七分二厘，高一寸。升底宽一寸三分二厘，长九分，口高四分。腰高二分，底高四分。

【注释】〔1〕正心万栱：万栱，位于坐斗两侧的第二层横栱，是长度最长的栱。正心万栱，是位于正心瓜栱上方的万栱，作用与正心瓜栱相同。

〔2〕单才瓜栱：位于斗栱出踩部位的横栱，长度与正心瓜栱相同。

〔3〕单才万栱：位于单才瓜栱上方的万栱。

〔4〕厢栱：位于斗栱内外两侧的横栱，分别与蚂蚱头和麻叶头相交，长度大于瓜栱、小于万栱，作用与承托挑檐枋和井口枋相同。

〔5〕三才升：位于栱的两端，起着承托上一层栱或枋的作用。

【译解】每套斗栱使用一个大斗。当斗口的宽度为一寸时，大斗的长度为三寸，宽度为三寸，高度为二寸，斗口的高度为八分。斗底的宽度为二寸二分，长度为二寸二分，高度为八分，腰部的高度为四分。

当斗口的宽度为一寸时，单翘的长度为七寸一分，高度为二寸，宽度为一寸。

当斗口的宽度为一寸时，重翘的长度为一尺三寸一分，其高度和宽度与单翘的相同。

当斗口的宽度为一寸时，正心瓜栱的长度为六寸二分，宽度为一寸二分四厘，高度为二寸。

当斗口的宽度为一寸时，正心万栱的长度为九寸二分，其高度和宽度与正心瓜栱的相同。

当斗口的宽度为一寸时，头昂的前部高度为三寸，中间高度为二寸，宽度为一寸，其长度与单昂的斗口宽度相同。重昂斗栱中的头昂，长度为九寸八分五厘。单翘单昂斗栱中的头昂，长度为一尺五寸三分。单翘重昂斗栱中的头昂，长度为一尺五寸八分五厘。重翘重昂斗栱的头昂，长度为二尺一寸八分五厘。

二昂的高度和厚度与头昂的相同。重昂斗栱中的二昂，长度为一尺五寸三分。单翘重昂斗栱中的二昂，长度为二尺一寸三分。重翘重昂斗栱中的二昂，长度为二尺七寸三分。

当斗口的宽度为一寸时，蚂蚱头的高度为二寸，宽度为一寸。单昂斗栱中的蚂蚱头，长度为一尺二寸五分四厘。重昂或单翘单昂斗栱中的蚂蚱头，长度为一尺五寸六分。单翘重昂斗栱中的蚂蚱头，长度为二尺一寸六分。重翘重昂斗栱中的蚂蚱头，长度为二尺七寸六分。

当斗口的宽度为一寸时，撑头木的高度为二寸，宽度为一寸。单昂斗栱中的撑头木，长度为六寸。重昂或单翘单昂斗栱中的撑头木，长度为一尺五寸五分四厘。单翘重昂斗栱中的撑头木，长度为二尺一寸五分四厘。重翘重昂斗栱中的撑头木，长度为二尺七寸五分四厘。

当斗口的宽度为一寸时，单才瓜栱的高度为一寸四分，宽度为一寸，长度为六寸二分。

当斗口的宽度为一寸时，单才万栱的长度为九寸二分，高度为一寸四分，宽度为一寸。

当斗口的宽度为一寸时，厢栱的长度为七寸二分，高度为一寸四分，宽度为一寸。

当斗口的宽度为一寸时，桁椀的宽度为一寸。单昂斗栱中的桁椀，其长度为六寸。重昂或单翘单昂斗栱中的桁椀，其长度为一尺二寸。单翘重昂斗栱中的桁椀，其长度为一尺八寸。重翘重昂斗栱中的桁椀，其长度为二尺四寸。桁椀的高度由拽架的尺寸和举的比例来确定。

当斗口的宽度为一寸时，十八斗的长度为一寸八分，宽度为一寸四分八厘，高度为一寸。斗底的宽度为一寸一分，长度为一寸四分，高度为四分，腰部的高度为二分，斗口的高度为四分。

当斗口的宽度为一寸时，三才升的长度为一寸三分，宽度为一寸四分八厘，高度为一寸。升底的宽度为一寸一分，长度为九分，高度为四分，腰部的高度为二分，斗口的高度为四分。

当斗口的宽度为一寸时，槽升子的长度为一寸三分，宽度为一寸七分二厘，高度为一寸。升底的宽度为一寸三分二厘，长度为九分，高度为四分，腰部的高度为二分，斗口的高度为四分。

## 柱头科

【译解】柱头科斗栱

【原文】大斗一个，每斗口一寸，大斗应长四寸，宽三寸，高二寸。迎面安翘昂，斗口宽二寸，高八分，安正心瓜栱之斗口宽一寸二分五厘，高八分。

单翘每斗口宽一寸，单翘应长七寸一分，高二寸，宽二寸。

重翘每斗口宽一寸，重翘应长一尺三寸一分，高二寸，宽已于桃尖梁上声明。

桃尖梁头应宽尺寸，按平身科迎面斗口加四倍，如斗口宽一寸，桃尖梁头得宽四寸。

翘昂本身之宽俱与单翘同。至通宽尺寸，按桃尖梁头之宽尺寸折半，除斗口单昂单翘不加外，如斗口重昂者，将桃尖梁头折半尺寸二份均之，二昂得一份。单翘单昂者，亦二份均之，单昂得一份。单翘重昂者，三份均之，头昂得一份，二昂得二份。重翘重昂者，四份均之，二翘得一份，头昂得二份，二昂得三份，再加本身之宽即得通宽之数。

头昂每斗口宽一寸，头昂应前高三寸，中高二寸，宽已于桃尖梁上声明，长与平身科头昂规矩尺寸同。

二昂每斗口宽一寸，二昂应前高三寸，中高二寸，宽已于桃尖梁上声明，长与平身科二昂规矩尺寸同。

蚂蚱头、撑头木、桁椀分位，俱系

桃尖梁本身连做。

桶子十八斗[1]，每斗口宽一寸，十八斗应高一寸，宽一寸四分八厘，其长在单翘重昂下者，按单翘重昂宽之尺寸。头昂下者，按头昂宽之尺寸。二昂下者，按二昂宽之尺寸。桃尖梁下者，按桃尖梁头宽之尺寸。外每斗口一寸，各加长八分，即得通长之数。斗底之长、宽，按十八斗通长、宽之尺寸，每斗高一寸，两头各收二分，即得斗底长、宽尺寸。

正心瓜栱、正心万栱、单才瓜栱、单才万栱、厢栱、槽升、三才升等件之长短、高、宽尺寸，俱与平身科算法尺寸同。

【注释】〔1〕桶子十八斗：柱头科斗栱中的十八斗，形似桶状。

【译解】每套斗栱使用一个大斗，当斗口的宽度为一寸时，大斗的长度为四寸，宽度为三寸，高度为二寸。面宽方向上有翘和昂，斗口的宽度为二寸，高度为八分。正心瓜栱的斗口宽度为一寸二分五厘，高度为八分。

当斗口的宽度为一寸时，单翘的长度为七寸一分，高度为二寸，宽度为二寸。

当斗口的宽度为一寸时，重翘的长度为一尺三寸一分，高度为二寸，宽度见下方桃尖梁处的说明。

桃尖梁梁头的宽度是平身科斗栱的斗口宽度的四倍。若斗口的宽度为一寸，可得桃尖梁梁头的宽度为四寸。

所使用的翘和昂的宽度与单翘的相同。若需加长，则加长的宽度由桃尖梁梁头宽度的一半来确定。单翘斗栱和单昂斗栱不加长。若使用重昂斗栱，则将桃尖梁梁头宽度的一半二等分，可得每小段为梁头宽度的四分之一，二昂的宽度为一小段，即梁头宽度的四分之一。若使用单翘单昂斗栱，同样将桃尖梁梁头宽度的一半二等分，可得每小段为梁头宽度的四分之一。单昂的宽度为一小段，即梁头宽度的四分之一。若使用单翘重昂斗栱，将桃尖梁梁头宽度的一半三等分，可得每小段为梁头宽度的六分之一。头昂的宽度为一小段，即梁头宽度的六分之一；二昂的宽度为两小段，即梁头宽度的三分之一。若使用重翘重昂斗栱，将桃尖梁梁头宽度的一半四等分，可得每小段为梁头宽度的八分之一。二翘的宽度为一小段，即梁头宽度的八分之一；头昂的宽度为两小段，即梁头宽度的四分之一；二昂宽度为三小段，即梁头宽度的八分之三。将翘和昂的宽度，与加长的宽度相加，就能算出总宽度。

当斗口的宽度为一寸时，头昂的前部高度为三寸，中间高度为二寸，其长度与平身科斗栱中的头昂长度相同，而其宽度的计算方法如上。

当斗口的宽度为一寸时，二昂的前部高度为三寸，中间高度为二寸，其长度与平身科斗栱中的二昂长度相同，而其宽度的计算方法如上。

蚂蚱头、撑头木和桁椀则在制作桃尖梁时一并制作。

当斗口的宽度为一寸时，桶子十八斗的高度为一寸，宽度为一寸四分八厘。单翘重昂下的十八斗，其长度与单翘重昂的宽度相同。头昂下的十八斗，其长度与头昂的宽度相同。二昂下的十八斗，其长度与二昂的宽度相同。桃尖梁下的十八斗，其长度与桃尖梁梁头的宽度相同。除此之外，当斗口的宽度为一寸时，两端各加长八分，由此可得桶子十八斗的总长度。斗底的长度和宽度由十八斗的总长度和宽度来确定。当斗口的高度为一寸时，斗底两端均减少二分。由此可得桶子十八斗的斗底的长度和宽度。

柱头科的正心瓜栱、正心万栱、单才瓜栱、单才万栱、厢栱、槽升子和三才升的长度、高度和宽度，其计算方法与平身科斗栱的相同。

## 角科〔1〕

【注释】〔1〕角科：位于角柱上的斗栱。

【译解】角科斗栱

【原文】大斗一个，长、宽、高并两面斗口尺寸，俱与平身科同。其安斜翘斗口。每平身科斗口一寸，应宽一寸五分，高七分。

斜头翘〔1〕每斗口一寸，应高二寸，宽一寸五分，长按平身科头翘共长尺寸，每一尺加长四寸，即得通长之数。

搭角正头翘后带正心瓜栱〔2〕，每斗口一寸，头翘应宽一寸，长三寸五分五厘，瓜栱宽一寸二分四厘，长三寸一分，各高二寸。

斜二翘〔3〕每斗口一寸，应高二寸，长按平身科二翘共长尺寸，每一尺加长四寸，即得通长之数，宽已于老角梁上声明。

搭角正二翘后带正心万栱〔4〕，每斗口一寸，正二翘应长六寸五分五厘，高二寸，宽一寸，正心万栱长四寸六分，宽一寸二分四厘，高二寸。

搭角闹二翘后带单才瓜栱〔5〕，每斗口一寸，闹二翘应长六寸五分五厘，高二寸，宽一寸，单才瓜栱应长三寸一分，宽一寸，高一寸四分。

斜角头昂后带翘昂，每斗口一寸，应前高三寸，中高二寸，长按平身科头昂共长尺寸，每一尺加长四寸，即得通长之数，宽已于老角梁上声明。

搭角正头昂〔6〕后带正心瓜栱或正心万栱，或带正心枋，每斗口一寸，正头昂应前高三寸，中高二寸，宽一寸，其长如斗口单昂、斗口重昂者，其头昂应长六寸三分。单翘单昂、单翘重昂者长九寸三分，重翘重昂者长一尺二寸三分，正心瓜栱长三寸一分，高、宽同正心万栱，正心万栱长四寸六分，宽一寸二分四厘，高二寸，正心枋一头接正头昂，长按出廊面阔尺寸，高、宽与万栱同。

【注释】〔1〕斜头翘：头翘，从坐斗的斗口中伸出的第一个翘，与正心瓜栱相交。斜头翘，角科斗栱中的头翘，与檐面和山面各成45度角。

〔2〕搭角正头翘后带正心瓜栱：位于角科斗栱的正心部位，一端为翘，一端为正心瓜栱，起着承托上层构件的作用。

〔3〕斜二翘：二翘，从坐斗的斗口中伸出的第二个翘，位于头翘上方，与正心万栱相交。斜二翘，角科斗栱中的二翘，与檐面和山面各成45度角。

〔4〕搭角正二翘后带正心万栱：位于角科斗栱的正心部位，一端为翘，一端为正心万栱。

〔5〕搭角闹二翘后带单才瓜栱：闹，角科斗栱中位于外拽部位的构件。搭角闹二翘后带单才瓜栱，位于角科斗栱的外拽部位，一端为翘，一端为单才瓜栱。

〔6〕搭角正头昂：角科斗栱中的昂，与檐面和山面各成45度角。

【译解】每套使用一个大斗，其长度、宽度、高度和两面的斗口宽度，均与平身科斗栱的相同。当平身科斗栱的斗口为一寸时，安装斜翘的斗口宽度为一寸五分，高度为七分。

当斗口的宽度为一寸时，斜头翘的高度为二寸，宽度为一寸五分，其长度由平身科斗栱的头翘长度来确定。当平身科斗栱的头翘长度为一尺时，斜头翘的长度为一尺四寸。

搭角正头翘的后尾带正心瓜栱。当斗口的宽度为一寸时，头翘的宽度为一寸，长度为三寸五分五厘；正心瓜栱的宽度为一寸二分四厘，长度为三寸一分。头翘和瓜栱的高度均为二寸。

当斗口的宽度为一寸时，斜二翘的高度为二寸，其长度由平身科斗栱中的二翘的长度来确定。当平身科斗栱中的二翘的长度为一尺时，斜二翘的长度为一尺四寸。其宽度的计算方法见老角梁处的说明。

搭角正二翘的后尾带正心万栱。当斗口的宽度为一寸时，正二翘的长度为六寸五分五厘，高度为二寸，宽度为一寸；正心万栱的长度为四寸六分，宽度为一寸二分四厘，高度为二寸。

搭角闹二翘的后尾带单才瓜栱。当斗口的宽度为一寸时，闹二翘的长度为六寸五分五厘，高度为二寸，宽度为一寸；单才瓜栱的长度为三寸一分，宽度为一寸，高度为一寸四分。

斜角头昂的后尾带翘和昂。当斗口的宽度为一寸时，斜角头昂的前部高度为三寸，中部高度为二寸，其长度由平身科斗栱中的头昂的长度来确定。当平身科斗栱中的头昂的长度为一尺时，斜角头昂的长度为一尺四寸。斜角头昂的宽度的计算方法见老角梁处的说明。

搭交正头昂的后尾带正心瓜栱，或者正心万栱，或者正心枋。当斗口的宽度为一寸时，正头昂的前部高度为三寸，中部高度为二寸，宽度为一寸。单昂斗栱和重昂斗栱中的头昂，长度为六寸三分。单翘单昂和单翘重昂斗栱中的头昂，长度为九寸三分。重翘重昂斗栱中的头昂，长度为一尺二寸三分。正心瓜栱的长度为三寸一分，其高度和宽度与正心万栱的相同。正心万栱的长度为四寸六分，宽度为一寸二分四厘，高度为二寸。正心枋的一端与正头昂相连，其长度与出廊的面宽相同，高度和宽度与正心万栱的尺寸相同。

【原文】搭角闹头昂后带单才瓜栱[1]，或带单才万栱，每斗口一寸，闹头昂应前高三寸，中高二寸，宽一寸，长与搭角正头昂尺寸同，单才瓜栱长三寸一分，单才万栱长四寸六分，俱宽一寸，高一寸四分。

斜角二昂后带菊花头，每斗口一寸，应前高三寸，中高二寸，长按平身科二昂共长尺寸，每一尺外加长四寸，即得通长之数，宽已于老角梁上声明。

搭角正二昂后带正心万栱，或带正心枋，每斗口一寸，正二昂应前高三寸，中高二寸，宽一寸，其长如斗口重昂者，其二昂应长九寸三分，单翘重昂者长一尺二寸三分，重翘重昂者长一尺五寸三分。正心万栱长四寸六分，宽一寸二分四厘，高二寸，正心枋一头接二昂，长按出廊面阔尺寸，高二寸，宽一寸二分五厘。

搭角闹二昂后带单才瓜栱或单才万栱，每斗口一寸，闹二昂应前高三寸，中高二寸，宽一寸，长与搭角正二昂尺寸同，单才瓜栱长三寸一分，宽一寸，高一寸四分，如单才万栱长四寸六分，宽一寸，高一寸四分。

由昂[2]上带斜蚂蚱头、斜撑头木、斜挑檐桁椀，后带六分头、麻叶头，每斗口一寸，应高五寸五分，宽已于老角梁上声明。其长如斗口单昂者应长二尺一寸七分四厘，斗口重昂并单翘单昂者长三尺三分，单翘重昂者长三尺八寸八分六厘，重翘重昂者长四尺七寸四分二厘。

搭角正蚂蚱头后带正心万栱或正心枋[3]，每斗口一寸，正蚂蚱头应高二寸，宽一寸，其长如斗口单昂者，应长六寸。斗口重昂，单翘单昂者长九寸，单翘重昂者长一尺二寸，重翘重昂者长一尺五寸，正心万栱长四寸六分，宽一寸二分四厘，高二寸，正心枋一头接正蚂蚱头，长按出廊面阔尺寸算，高二寸，厚一寸二分五厘。

搭角闹蚂蚱头后带拽枋或单才万栱，每斗口一寸，闹蚂蚱头应高二寸，宽一寸，长与正蚂蚱头尺寸同，后拽枋一头接闹蚂蚱头，长按出廊面阔尺寸算，高二寸，宽一寸，如带单才万栱，每斗口一寸，应高四分，宽一寸，长四寸六分。

搭角正撑头木后带正心枋[4]，每斗口一寸，正撑头木应高二寸，宽一寸，其长如斗口，单昂者应长……

搭角闹撑头木后带拽枋[5]，每斗口一寸，应高二寸，宽一寸，长与正撑头木尺寸同，拽枋一头接闹撑头木，长按出廊面阔尺寸算，高二寸，厚一寸。

里连头合角单才瓜栱[6]，如斗口重昂，单翘单昂者用二件，每斗口一寸，每件应长五寸四分，单翘重昂者用四件，内

**二件各长五寸四分，二件各长二寸二分，重翘重昂者用四件，内二件各长五寸四分，二件各长二寸二分。其高、宽俱与平身科单才瓜栱尺寸同。**

【注释】〔1〕搭角闹头昂后带单才瓜栱：位于角科斗栱的斜翘和正头翘上方，与搭交正头昂相交。

〔2〕由昂：位于斜昂上方，是角科斗栱中与檐面和山面各成45度角方向上最上层的昂，与蚂蚱头相交。

〔3〕搭角正蚂蚱头后带正心万栱或正心枋：位于角科斗栱的正心部位，一端为蚂蚱头，一端为正心万栱或正心枋。

〔4〕搭角正撑头木后带正心枋：位于搭角正蚂蚱头的上方，起承托上层构件的作用。

〔5〕搭角闹撑头木后带拽枋：位于角科斗栱的外拽部位，一端为撑头木，一端为拽枋。

〔6〕里连头合角单才瓜栱：位于角科斗栱的里拽部位，与平身科斗栱连做，因此称为“连头合角”。

【译解】搭角闹头昂的后尾带单才瓜栱，或带单才万栱。当斗口的宽度为一寸时，闹头昂的前部高度为三寸，中部高度为二寸，宽度为一寸，其长度与正头昂的相同。单才瓜栱的长度为三寸一分，单才万栱的长度为四寸六分，二者的宽度均为一寸，高度均为一寸四分。

斜角二昂的后尾带菊花头。当斗口的宽度为一寸时，二昂的前部高度为三寸，中部高度为二寸，长度由平身科斗栱中的二昂的长度来确定。当平身科斗栱中的二昂长度为一尺时，斜角二昂的长度为一尺四寸。其宽度的计算方法见老角梁处的说明。

搭角正二昂的后尾带正心万栱，或者正心枋。当斗口的宽度为一寸时，正二昂的前部高度为三寸，中部高度为二寸，宽度为一寸。重昂斗栱中的正二昂，长度为九寸三分。单翘重昂斗栱中的正二昂，长度为一尺二寸三分。重翘重昂斗栱中的正二昂，长度为一尺五寸三分。正心万栱的长度为四寸六分，宽度为一寸二分四厘，高度为二寸。正心枋的一端与正二昂相连，长度与出廊的面宽尺寸相同，高度为二寸，宽度为一寸二分五厘。

搭角闹二昂的后尾带单才瓜栱或单才万栱。当斗口的宽度为一寸时，闹二昂的前部高度为三寸，中部高度为二寸，宽度为一寸，其长度与正二昂的相同。单才瓜栱的长度为三寸一分，宽度为一寸，高度为一寸四分。单才万栱的长度为四寸六分，宽度为一寸，高度为一寸四分。

由昂的上方有斜蚂蚱头、斜撑头木和斜挑檐桁椀，后尾有六分头和麻叶头。当斗口的宽度为一寸时，由昂的高度为五寸五分，其宽度的计算方法见老角梁处的说明。单昂斗栱中的由昂，长度为二尺一寸七分四厘。重昂斗栱和单翘单昂斗栱中的由昂，长度为三尺三分。单翘重昂斗栱中的由昂，长度为三尺八寸八分六厘。重翘重昂斗栱中的由昂，长度为四尺七寸四分二厘。

搭角正蚂蚱头的后尾带正心万栱，

或者正心枋。当斗口的宽度为一寸时，正蚂蚱头的高度为二寸，宽度为一寸。单昂斗栱中的正蚂蚱头，长度为六寸。重昂斗栱中的正蚂蚱头，长度为九寸。单翘重昂斗栱中的正蚂蚱头，长度为一尺二寸。重翘重昂斗栱中的正蚂蚱头，长度为一尺五寸。正心万栱的长度为四寸六分，宽度为一寸二分四厘，高度为二寸。正心枋的一端与正蚂蚱头相连，长度与出廊的面宽相同，高度为二寸，厚度为一寸二分五厘。

搭角闹蚂蚱头的后尾带拽枋，或者带单才万栱。当斗口的宽度为一寸时，闹蚂蚱头的高度为二寸，宽度为一寸，长度与正蚂蚱头的相同。后拽枋的一端与蚂蚱头相连，长度与出廊的面宽尺寸相同，高度为二寸，宽度为一寸。单才万栱的高度为四分，宽度为一寸，长度为四寸六分。

搭角正撑头木的后尾带正心枋。当斗口的宽度为一寸时，正撑头木的高度为二寸，宽度为一寸，长度与斗口的相同。

搭角闹撑头木的后尾带拽枋。当斗口的宽度为一寸时，闹撑头木的高度为二寸，宽度为一寸，长度与正撑头木的长度相同。拽枋的一端与闹撑头木相连，长度与出廊的面宽相同，高度为二寸，厚度为一寸。

里连头合角的单才瓜栱，在重昂和单翘单昂斗栱中使用两个，当斗口的宽度为一寸时，每个单才瓜栱的长度为五寸四分。在单翘重昂斗栱中使用四个单才瓜栱，当斗口的宽度为一寸时，其中两个单才瓜栱的长度为五寸四分，另外两个单才瓜栱的长度为二寸二分。在重翘重昂斗栱中使用四个单才瓜栱，其中两个单才瓜栱的长度为五寸四分，另外两个单才瓜栱的长度为二寸二分。里连头合角的单才瓜栱的高度和宽度，均与平身科斗栱中的单才瓜栱的高度和宽度相同。

【原文】里连头合角单才万栱，如斗口重昂，单翘单昂者用二件，每斗口一寸，每件应长三寸八分。单翘重昂者用四件，内二件各长三寸八分，二件各长九寸。重翘重昂者用四件，内二件各长三寸八分，二件各长九分。其高、宽俱与平身科单才万栱尺寸同。

搭角把臂厢栱[1]，每斗口一寸，里头高一寸四分，宽一寸，搭角出头处高二寸，宽一寸。其长如斗口单昂者，应长一尺一寸四分。斗口重昂并单翘单昂者，应长一尺四寸四分。单翘重昂者，应长一尺七寸四分。重翘重昂者，应长二尺四分。

里连头合角厢栱，每斗口一寸，应高一寸四分，宽一寸。其长如斗口单昂者，应长一寸二分。斗口重昂并单翘单昂者，长一寸五分。单翘重昂者，长一寸八分。重翘重昂者，长二寸一分。

斜正心桁椀，如斗口单昂者，每斗口一寸，应长六寸。单翘单昂并斗口重昂者，长一尺二寸。单翘重昂者，长一尺八寸。重翘重昂者，长二尺四寸。再以一四乘之，即得通长之数。厚与由昂之宽同，高按平身科桁椀之法核算。

十八斗、槽升、三才升之长、高、宽尺寸，俱与平身科同。

贴斜翘昂升耳〔2〕，每斗口一寸，应高六分，宽二分四厘。其长在斜单翘者按单翘之宽，重翘者按重翘之宽，斜头昂者按斜头昂之宽，二昂者按二昂之宽，在由昂者按由昂之宽，外每斗口一寸，再加长四分八厘，即得升耳通长之数。

盖斗板〔3〕，每斗口一寸，应厚四分，宽二寸，长按斗科分档尺寸算。

斗槽板〔4〕，每斗口一寸，应厚四分，高五寸四分，长按斗科分档尺寸算。

斜盖斗板，每斗口一寸，应厚四分，宽二寸八分，长按斗科分档尺寸算。

【注释】〔1〕把臂厢栱：角科斗栱中的厢栱，位于搭角头昂的上方，与正蚂蚱头、闹蚂蚱头和由昂相交。

〔2〕耳：位于斗上半部分的构件，起着平衡和稳定栱身的作用。

〔3〕盖斗板：位于斗上方的木板，用于遮盖椽子。在宋代建筑中，该部件称为遮椽板。

〔4〕斗槽板：填补斗栱之间缝隙的木板，起着连接整套斗栱的作用，能防止鸟雀钻入缝隙。

【译解】里连头合角的单才万栱，与重昂斗栱一样，在单翘单昂斗栱中使用两个单才万栱。当斗口的宽度为一寸时，每个单才万栱的长度为三寸八分。在单翘重昂斗栱中使用四个单才万栱，当斗口的宽度为一寸时，其中两个单才万栱的长度为三寸八分，另外两个单才万栱的长度为九寸。在重翘重昂斗栱中使用四个单才万栱，其中两个单才万栱的长度为三寸八分，另外两个单才万栱的长度为九分。里连头合角的单才万栱的高度和宽度，均与平身科斗栱中的单才万栱的相同。

当斗口的宽度为一寸时，搭角把臂厢栱的内侧高度为一寸四分，宽度为一寸，搭角的出头部分的高度为二寸，宽度为一寸。单昂斗栱的把臂厢栱，长度为一尺一寸四分。重昂和单翘单昂斗栱中的把臂厢栱，长度为一尺四寸四分。单翘重昂斗栱中的把臂厢栱，长度为一尺七寸四分。重翘重昂斗栱中的把臂厢栱，长度为二尺四分。

当斗口的宽度为一寸时，里连头合角的厢栱高度为一寸四分，宽度为一寸。单昂斗栱中的合角厢栱，长度为一寸二分。重昂和单翘单昂斗栱中的合角厢栱，长度为一寸五分。单翘重昂斗栱中的合角厢栱，长度为一寸八分。重翘重昂斗栱中的合角厢栱，长度为二寸一分。

当斗口的宽度为一寸时，单昂斗栱中的斜正心桁椀，长度为六寸。重昂和单翘单昂斗栱中的斜正心桁椀，长度为一尺二寸。单翘重昂斗栱中的斜正心桁椀，长度为一尺八寸。重翘重昂斗栱中的斜正心桁椀，长度为二尺四寸。将重翘重昂斗栱中的斜正心桁椀的长度乘以一点四，可得斜正心桁椀的总长度。斜正心桁椀的厚度与由昂的宽度相同，斜正心桁椀的高度的计算方法与平身科斗栱中桁椀的高度的计算方法相同。

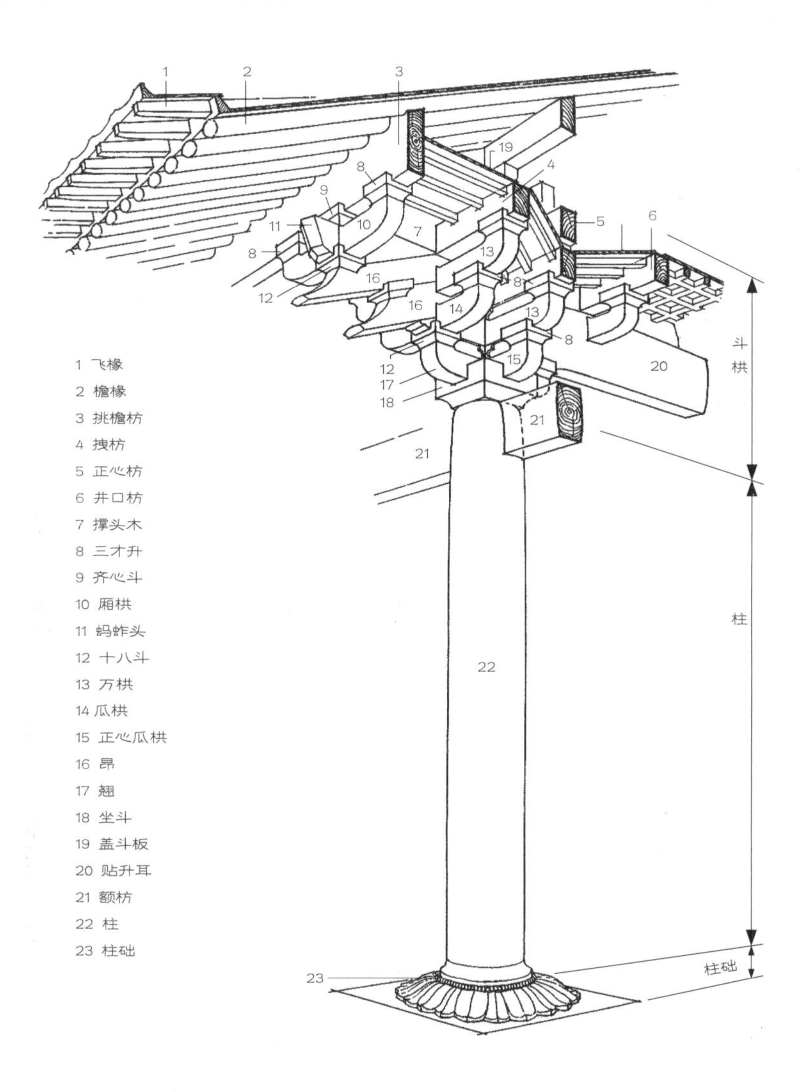


□ **斗栱**

斗栱自宋代起正式成为建筑的基本模数，它的构件也逐渐有了正式的名称。方形木块叫斗，弓形短木叫栱，斜置长木叫昂。斗栱一般置于柱头和额枋、屋面之间，用来支撑荷载梁架，挑出屋檐，兼具装饰作用。清代斗栱各部件之名较宋代则有所变化。

角科斗栱中的十八斗、槽升子、三才升的长度、高度和宽度，均与平身科斗栱的相同。

当斗口的宽度为一寸时，贴斜翘升耳和贴斜昂升耳的高度为六分，宽度为二分四厘。斜单翘升耳的长度与单翘的宽度相同。斜重翘升耳的长度与重翘的宽度相同。斜头昂升耳的长度与头昂的宽度相同。斜二昂升耳的长度与二昂的宽度相同。贴由昂升耳的长度与由昂的宽度相同。当斗口的宽度为一寸时，升耳需加长四分八厘，由此可得总长度。

当斗口的宽度为一寸时，盖斗板的厚度为四分，宽度为二寸，长度按照斗栱的间距进行计算。

当斗口的宽度为一寸时，斗槽板的厚度为四分，高度为五寸四分，长度按照斗栱的间距进行计算。

当斗口的宽度为一寸时，斜盖斗板的厚度为四分，宽度为二寸八分，长度按照斗栱的间距进行计算。

【原文】正心枋，每斗口一寸，应厚一寸二分五厘，高二寸，长按每间面阔尺寸算，内除桃尖梁之厚一份，外加入榫，两头各按本身之厚一份。

机枋、拽枋、挑檐枋，每斗口一寸，应高二寸，宽一寸，长俱按每间面阔尺寸算，内除桃尖梁之厚一份，外加入榫，两头各按本身之厚一份。

井口枋，每斗口一寸，应厚一寸，高随挑檐桁之径，长与机、拽枋同，梢间按斗科收拽架尺寸。

斜角翘昂本身之宽俱按斜角斗口宽尺寸算，至通宽尺寸，按老角梁宽尺寸，内除单翘之宽，下除尺寸若干，除单昂单翘照口数不加外，如斗口单昂者，将老角梁宽余剩尺寸二份均之，由昂得一份。斗口重昂者三份均之，二昂得一份，由昂得二份。单翘单昂者三份均之，单昂得一份，由昂得二份。单翘重昂者四份均之，头昂得一份，二昂得二份，由昂得三份。重翘重昂者五份均之，二翘得一份，头昂得二份，二昂得三份，由昂得四份。即得通宽之数。

宝瓶[1]，每斗口一寸，应高三寸五分，径与斜角由昂之宽同。

挑金[2]、溜金[3]平身斗科，其所用升、斗、栱、翘、昂等件按中线外面，俱同各样平身科，里面翘昂亦同平身科，不用栱升，安麻叶云[4]、三福云[5]。其蚂蚱头，里面六分头，以拽架加举，下接菊花头。撑头木里面以步架加举起秤杆[6]，桁椀里面以拽架加举，雕夔龙尾[7]。

麻叶云，每斗口一寸，应高二寸，宽一寸，长七寸六分。

三福云，每斗口一寸，应高三寸，宽一寸，长八分。

【注释】〔1〕宝瓶：在角科斗栱中用于承托角梁的构件，外形似花瓶，因此被称为“宝瓶”。

〔2〕挑金：即挑金斗栱，是溜金斗栱的特殊做法，多用于亭子和宫门等大式建筑。后尾有花台枋，秤杆后尾位于金檩下方，起着悬挑金檩的作用。

〔3〕溜金：即溜金斗栱，其中的翘、昂、撑头木等构件按举架的角度倾斜放置，撑头木和耍头延伸到金步的位置，安装三福云和麻叶云，桁椀后尾雕夔龙尾。溜金斗栱起着加强檐步和金步联系的作用，同时也能起着承托屋顶荷载的作用。

〔4〕麻叶云：位于耍头上方，刻有三角形云纹。

〔5〕三福云：即三伏云子。

〔6〕秤杆：位于溜金斗栱的中线内侧，自撑头木和桁椀后加长，倾斜向上延伸至金步，起着承托上方檩子的作用。

〔7〕夔龙尾：建筑构件中的装饰纹样。夔龙，古代传说中与龙相似的神奇动物，外观接近于蛇，是人们把龙和在陆地上崇拜的动物结合而成的形象。

**【译解】**当斗口的宽度为一寸时，正心枋的厚度为一寸二分五厘，高度为二寸，其长度在所在房间的面宽的基础上，减去桃尖梁的厚度，两端外加入榫的长度，入榫的长度与自身的厚度相同。

当斗口的宽度为一寸时，机枋、拽枋和挑檐枋的高度为二寸，宽度为一寸，其长度在所在房间的面宽的基础上，减去桃尖梁的厚度，两端外加入榫的长度，入榫的长度与自身的厚度相同。

当斗口的宽度为一寸时，井口枋的厚度为一寸，井口枋的高度与挑檐桁的直径相同，长度与机枋、拽枋的相同。梢间的井口枋的尺寸，可根据斗栱的数量减去相应的拽架尺寸来确定。

斜角的翘和昂的净宽度均由斜角斗栱的斗口宽度来确定。翘和昂连同斗栱的总宽度，为老角梁的宽度减去单翘的宽度，再减去一定的尺寸。单昂和单翘的宽度与斗口的宽度相同，不再额外加长。在单昂斗栱中，老角梁的宽度减去单翘的宽度后，将剩余的尺寸二等分，由昂的宽度等于其中的一小段宽度。在重昂斗栱中，将上述剩余尺寸三等分，二昂的宽度等于其中的一小段宽度，由昂的宽度等于其中的两小段宽度。在单翘单昂斗栱中，将上述剩余的尺寸三等分，单昂的宽度等于其中的一小段宽度，由昂的宽度等于其中的两小段宽度。在单翘重昂斗栱中，将上述剩余的尺寸四等分，头昂的宽度等于其中的一小段宽度，二昂的宽度等于其中的两小段长度，由昂的宽度等于其中的三小段宽度。在重翘重昂斗栱中，将上述的剩余尺寸五等分，二翘的宽度等于其中的一小段宽度，头昂的宽度等于其中的两小段宽度，二昂的宽度等于其中的三小段宽度，由昂的宽度等于其中的四小段宽度。将翘和昂的宽度，与加长的宽度相加，就能算出总宽度。

当斗口的宽度为一寸时，宝瓶的高度为三寸五分，其直径与斜角由昂的宽度相同。

挑金和溜金的平身科斗栱，其中线外侧的升、斗、栱、翘和昂等构件，与其他平身科斗栱的相同。其中线内侧的翘和昂与其他平身科斗栱的相同，但不使用栱和升，要安装麻叶云和三福云。蚂蚱头内侧的六分头，按照拽架的尺寸和举的比例加长，下方接菊花头。撑头木内侧按照步架的长度和举的比例加长秤杆部分，桁椀内侧按照拽架的尺寸和举的比例加长，加长的部分雕成夔龙尾。

当斗口的宽度为一寸时，麻叶云的高度为二寸，宽度为一寸，长度为七寸六分。

当斗口的宽度为一寸时，三福云的高度为三寸，宽度为一寸，长度为八分。

【原文】蚂蚱头后带举六分头，每斗口一寸，应宽一寸，按中线外面同平身科，中线里面，如斗口单昂者、斗口重昂者、单翘单昂者，六分头应举长一尺四寸八分，下接菊花头应举高七寸四分。如单翘重昂者、重翘重昂者，里面六分头应举长一尺八寸一分，下接菊花头应举高九寸五厘。

撑头木后带秤杆，每斗口一寸，应宽一寸，高二寸，按中线外面同平身科，按中线里面秤杆，以廊子步架加举，再加长一寸六分五厘。溜金斗科秤杆头镶入花台科[1]大斗内，则以步架加举核算。秤杆头下面带菊花头，应高四寸。

桁椀后带夔龙尾，每斗口一寸，应宽一寸，按中线外面同平身科。按中线里面，如斗口单昂者、斗口重昂者、单翘单昂者，应举长一尺七寸六分。如单翘重昂者，重翘重昂者，应举长二尺九分。

伏莲销[2]，每斗口一寸，应通长八寸。雕做伏莲头，应长一寸六分，见方一寸。

挑金溜金柱头科，其所用升、斗、栱、翘、昂、梁等件，外面俱同各样柱头科。惟里面翘梁上，不用栱升，安麻叶云、三福云。

麻叶云尺寸同前。

三福云尺寸同前。

挑金溜金角科，其所用升、斗、栱、翘、昂并斜翘、昂等件，外面俱同各样角科。惟里面从由昂后带六分头，下举高与平身科六分头下接菊花头之举高同。其秤杆以步架斜数加举得长，内除金柱径半份，外每柱径一尺加入榫一寸。斜翘、昂上所用里连头合角、麻叶云、三福云，系带连平身科里挑金麻叶云、三福云上。

桁椀后带夔龙尾，亦按平身科里挑金桁椀数目，斜长即是。其伏莲销，每斗口一寸，应通长一尺，雕做伏莲头，应长二寸二分，见方一寸四分。

廊子二面挑金平身斗科，里面六分头，秤杆、桁椀俱按步架尺寸折半核算。

【注释】〔1〕花台科：内檐斗栱的一种形式，起着承托花台枋的作用。其构图中心常有花台等装饰纹样，因此而得名。

〔2〕伏莲销：溜金斗栱后尾部件，起着连接各层秤杆的作用，上有形似莲花瓣的装饰，花瓣凸面朝下，因此被称为“伏莲”。

【译解】蚂蚱头的后尾带举六分头。当斗口的宽度为一寸时，蚂蚱头的宽度为一寸。蚂蚱头中线外侧的尺寸与平身科斗栱的相同。蚂蚱头中线内侧的尺寸与单昂斗栱、重昂斗栱和单翘单昂斗栱的相同，六分头加举的长度为一尺四寸八分，其下方接的菊花头加举的高度为七寸四分。单翘重昂斗栱和重翘重昂斗栱，六分头加举的长度为一尺八寸一分，下方接的菊花头加举的高度为九寸五厘。

撑头木的后尾有秤杆。当斗口的宽度为一寸时，撑头木的宽度为一寸，高度为二寸。撑头木中线外侧的尺寸与平身科斗栱的相同。撑头木中线内侧，用廊子的步架长度加举的比例计算之后，再加长一寸六分五厘。溜金斗栱的秤杆头伸入花台科斗栱中的大斗内部，秤杆的长度由步架的长度和举的比例来确定。秤杆头下方有菊花头，菊花头的高度为四寸。

桁椀的后尾带夔龙尾。当斗口的宽度为一寸时，桁椀的宽度为一寸。桁椀中线外侧的尺寸与平身科斗栱的相同，桁椀中线内侧的尺寸与单昂斗栱、重昂斗栱和单翘单昂斗栱的相同，桁椀加举的长度为一尺七寸六分。单翘重昂斗栱和重翘重昂斗栱的桁椀加举的长度为二尺九分。

当斗口的宽度为一寸时，伏莲销的长度为八寸。雕刻的伏莲头的长度为一寸六分，截面正方形的边长为一寸。

挑金和溜金的柱头科斗栱，其中线外侧使用的升、斗、栱、翘、昂和梁等构件，与其他柱头科斗栱所使用的均相同。在其中线内侧的翘和梁上不使用栱和升，要安装麻叶云和三福云。

麻叶云的尺寸与前述麻叶云的相同。

三福云的尺寸与前述三福云的相同。

挑金和溜金的角科斗栱，其中线外侧使用的升、斗、栱、翘、昂和斜翘、斜昂等构件，与其他角科斗栱所使用的均相同。其中线内侧的由昂的后尾带六分头，六分头加举的高度，与平身科斗栱中六分头下接菊花头加举的高度相同。秤杆的长度由步架的长度和举的比例来确定，再减去金柱径的一半，外加入榫的长度。当金柱径为一尺时，入榫的长度为一寸。斜翘和斜昂上所使用的里连头合角、麻叶云和三福云，与挑金的平身科斗栱中的构件尺寸相同。

桁椀后尾带夔龙尾，其长度由方五斜七法计算后得出的挑金的平身科桁椀的长度来确定。当斗口的宽度为一寸时，伏莲销的长度为一尺，其中雕刻的伏莲头，其长度为二寸二分，截面正方形的边长为一寸四分。

廊子两侧的挑金平身科斗栱，其中所使用的六分头、秤杆和桁椀等，都在步架长度的基础上进行折半计算。

## 一斗二升交麻叶[1]并一斗三升斗科

【注释】〔1〕一斗二升交麻叶：常见于廊、亭子或宫门上的斗栱，不出踩，使用一个斗和两个升，坐斗上雕刻麻叶云。

【译解】一斗二升交麻叶斗栱和一斗三升斗栱。

### 平身科

【译解】平身科斗栱

【原文】大斗一个，每斗口一寸，大斗应长三寸，宽三寸，高二寸，斗口高八分，斗底宽二寸二分，长二寸二分，高八分。

麻叶云，每斗口一寸，应长一尺二寸，高五寸三分三厘，宽一寸。

正心瓜栱，每斗口一寸，应长六寸二分，高二寸，宽一寸二分四厘。

【译解】每套斗栱使用一个大斗。当斗口的宽度为一寸时，大斗的长度为三寸，宽度为三寸，高度为二寸；斗口的高度为八分；斗底的宽度为二寸二分，长度为二寸二分，高度为八分。

当斗口的宽度为一寸时，麻叶云的长度为一尺二寸，高度为五寸三分三厘，宽度为一寸。

当斗口的宽度为一寸时，正心瓜栱的长度为六寸二分，高度为二寸，宽度为一寸二分四厘。

柱头科

【译解】柱头科斗栱

【原文】大斗一个，每斗口一寸，应长五寸，宽三寸，高二寸。

正心瓜栱，每斗口一寸，应长六寸二分，高二寸，宽一寸二分四厘。

翘头系抱头梁或柁头连做，自正心枋中以前得长，其一斗二升交麻叶者，每斗口一寸，应长八寸，一斗三升者，应长六寸，俱宽四寸，高随柁梁。

【译解】每套斗栱使用一个大斗。当斗口的宽度为一寸时，大斗的长度为五寸，宽度为三寸，高度为二寸。

当斗口的宽度为一寸时，正心瓜栱的长度为六寸二分，高度为二寸，宽度为一寸二分四厘。

翘头在制作抱头梁或柁头时一并制作，其长度与正心枋中心至抱头梁梁头的长度相同。在一斗二升交麻叶斗栱中，当斗口的宽度为一寸时，翘头的长度为八寸。在一斗三升斗栱中，当斗口的宽度为一寸时，翘头的长度为六寸。两种斗栱的翘头的宽度均为四寸，翘头的高度与柁头和抱头梁的相同。

角科

【译解】角科斗栱

【原文】大斗一个，长、宽、高并两面斗口尺寸，俱与平身科同。其安斜昂斗口，每平身科斗口一寸，应宽一寸五分，高七分。

斜昂后连带麻叶云子，每斗口一寸，应长一尺六寸八分，高六寸三分，宽一寸五分。

搭角正心瓜栱，每斗口一寸，应长八寸九分，高二寸，宽一寸二分四厘。

槽升，每斗口一寸，应长一寸三分，宽一寸七分二厘，高一寸，斗底宽一寸三分二厘，长九分，口高四分。

三才升，每斗口一寸，应长一寸三

分，宽一寸四分八厘，高一寸。

贴斜昂升耳，每斗口一寸，应高六分，宽二分四厘，其长按斜昂之宽，外每斗口一寸，再加长四分八厘。

贴翘头正升耳，每斗口一寸，应长一寸三分，高一寸，宽二分四厘。

斗槽板，每斗口一寸，应厚四分，高三寸四分，长按斗科分档尺寸算。

斗科分档尺寸，每斗口一寸，应档宽八寸，从两斗底中线算，如斗口二寸五分，每一档应宽二尺。

【译解】每套斗栱使用一个大斗，其长度、宽度、高度和两面的斗口宽度，均与平身科斗栱的相同。当平身科斗栱的斗口为一寸时，所安装的斜翘的斗口宽度为一寸五分，高度为七分。

斜昂的后尾带麻叶云，当斗口的宽度为一寸时，斜昂的长度为一尺六寸八分，高度为六寸三分，宽度为一寸五分。

当斗口的宽度为一寸时，搭角正心瓜栱的长度为八寸九分，高度为二寸，宽度为一寸二分四厘。

当斗口的宽度为一寸时，槽升子的长度为一寸三分，宽度为一寸七分二厘，高度为一寸。升底的宽度为一寸三分二厘，长度为九分。斗口的高度为四分。

当斗口的宽度为一寸时，三才升的长度为一寸三分，宽度为一寸四分八厘，高度为一寸。

当斗口的宽度为一寸时，斜昂上的升耳的高度为六分，宽度为二分四厘，升耳的长度与斜昂的宽度相同。除此之外，当斗口的宽度为一寸时，升耳的长度向外再加长四分八厘。

当斗口的宽度为一寸时，贴翘头正升耳的长度为一寸三分，高度为一寸，宽度为二分四厘。

当斗口的宽度为一寸时，斗槽板的厚度为四分，高度为三寸四分，其长度按照斗栱的间距进行计算。

当斗口的宽度为一寸时，相邻两个斗栱之间相距八寸。该尺寸从两个斗栱的斗底中线开始计算。若斗口的宽度为二寸五分，则相邻两个斗栱之间的距离为二尺。

## 三滴水品字斗科

【译解】三滴水品字科斗栱

### 平身科

【译解】平身科斗栱

【原文】大斗一个，每斗口一寸，应长三寸，宽三寸，高二寸。

头翘，每斗口一寸，应长七寸一分，宽二寸，高一寸。

二翘，每斗口一寸，应长一尺三寸一分，高、宽与头翘同。

撑头木后带麻叶云，每斗口一寸，应长一尺五寸，高、宽与翘同。

正心瓜栱，每斗口一寸，应长六寸二分，高二寸，宽一寸二分四厘。

正心万栱，每斗口一寸，应长九寸二分，高、宽与正心瓜栱同。

单才瓜栱，每斗口一寸，应长六寸二分，高一寸四分，宽一寸。

厢栱，每斗口一寸，应长七寸二分，高一寸四分，宽一寸。

十八斗，每斗口一寸，应长一寸八分，高一寸，宽一寸四分八厘。

槽升，每斗口一寸，应长一寸三分，高一寸，宽一寸七分二厘。

三才，每斗口一寸，应长一寸三分，高一寸，宽一寸四分八厘。

【译解】每套斗栱使用一个大斗，当斗口的宽度为一寸时，大斗的长度为三寸，宽度为三寸，高度为二寸。

当斗口的宽度为一寸时，头翘的长度为七寸一分，宽度为二寸，高度为一寸。

当斗口的宽度为一寸时，二翘的长度为一尺三寸一分，其宽度和高度与头翘的相同。

撑头木的后尾带麻叶云，当斗口的宽度为一寸时，撑头木的长度为一尺五寸，其宽度和高度与翘的相同。

当斗口的宽度为一寸时，正心瓜栱的长度为六寸二分，高度为二寸，宽度为一寸二分四厘。

当斗口的宽度为一寸时，正心万栱的长度为九寸二分，其高度和宽度与正心瓜栱的相同。

当斗口的宽度为一寸时，单才瓜栱的长度为六寸二分，高度为一寸四分，宽度为一寸。

当斗口的宽度为一寸时，厢栱的长度为七寸二分，高度为一寸四分，宽度为一寸。

当斗口的宽度为一寸时，十八斗的长度为一寸八分，高度为一寸，宽度为一寸四分八厘。

当斗口的宽度为一寸时，槽升子的长度为一寸三分，高度为一寸，宽度为一寸七分二厘。

当斗口的宽度为一寸时，三才升的长度为一寸三分，高度为一寸，宽度为一寸四分八厘。

柱头科

【译解】柱头科斗栱

【原文】大斗一个，每斗口一寸，应长四寸，宽三寸，高二寸。

头翘，每斗口一寸，应长七寸一分，宽二寸，高二寸。

二翘撑头木，俱系踩步梁连做。

贴斗耳[1]，每斗口一寸，应长一寸四分八厘，高一寸，宽二分四厘。

正心瓜栱、正心万栱、单才瓜栱、厢栱、槽升、三才升等件之长短、高、宽尺寸，俱与平身科算法尺寸同。

【注释】〔1〕斗耳：斗或升的上半部分，也被称为“斗帮”。

【译解】每套斗栱使用一个大斗，当斗口的宽度为一寸时，大斗的长度为四寸，宽度为三寸，高度为二寸。

当斗口的宽度为一寸时，头翘的长度为七寸一分，宽度为二寸，高度为二寸。

在制作踩步梁时一并制作二翘和撑头木。

当斗口的宽度为一寸时，斗耳的长度为一寸四分八厘，高度为一寸，宽度为二分四厘。

正心瓜栱、正心万栱、单才瓜栱、厢栱、槽升子、三才升等构件的长度、高度和宽度，与平身科斗栱的计算方法相同。

角科

【译解】角科斗栱

【原文】大斗一个，每斗口一寸，应长三寸，宽三寸，高二寸。

斜头翘，每斗口一寸，应高二寸，宽一寸五分，长按平身科头翘共长尺寸，每一尺加长四寸，即得通长之数。

搭角正头翘后带正心瓜栱，每斗口一寸，头翘应长三寸五分五厘，宽一寸，瓜栱长三寸一分，宽一寸二分四厘，俱高二寸。

斜二翘系斜踩步梁连做。

搭角正二翘后带正心万栱，每斗口一寸，正二翘应长六寸五分五厘，宽一寸，正心万栱长四寸六分，宽一寸二分四厘，俱高二寸。

搭角闹二翘后带单才瓜栱，每斗口一寸，闹二翘应长六寸五分五厘，宽一寸，高二寸，单才瓜栱长三寸一分，宽一寸，高一寸四分。

里连头合角单才瓜栱，每斗口一寸，应长五寸四分，宽一寸，高一寸四分。

里连头合角厢栱，每斗口一寸，应长一寸五分，高一寸四分，宽一寸。

贴斜头翘升耳，每斗口一寸，应高六分，宽二分四厘，长按头翘之宽外每斗口一寸，加长四分八厘，即得升耳通长之数。

十八斗、槽升、三才升之长、高、宽尺寸，俱与平身科同。

斗槽板，每斗口一寸，应厚四分，高五寸四分，长按斗科分档尺寸算，每斗口一寸，应档宽一尺一寸。

【译解】每套斗栱使用一个大斗，当斗口的宽度为一寸时，大斗的长度为三寸，宽度为三寸，高度为二寸。

当斗口的宽度为一寸时，斜头翘的高度为二寸，宽度为一寸五分，其长度由平身科斗栱中的头翘的长度来确定。当平身科斗栱中的头翘的长度为一尺时，斜头翘的长度为一尺四寸。

搭角正头翘的后尾带正心瓜栱。当斗

口的宽度为一寸时，头翘的长度为三寸五分五厘，宽度为一寸；正心瓜栱的长度为三寸一分，宽度为一寸二分四厘。头翘和正心瓜栱的高度均为二寸。

在制作斜踩步梁时一并制作斜头翘。

搭角正二翘的后尾带正心万栱。当斗口的宽度为一寸时，正二翘的长度为六寸五分五厘，宽度为一寸；正心万栱的长度为四寸六分，宽度为一寸二分四厘。正二翘和正心万栱的高度均为二寸。

搭角闹二翘的后尾带单才瓜栱。当斗口的宽度为一寸时，闹二翘的长度为六寸五分五厘，宽度为一寸，高度为二寸；单才瓜栱的长度为三寸一分，宽度为一寸，高度为一寸四分。

里连头合角的单才瓜栱，当斗口的宽度为一寸时，单才瓜栱的长度为五寸四分，宽度为一寸，高度为一寸四分。

里连头的合角厢栱，当斗口的宽度为一寸时，合角厢栱的长度为一寸五分，宽度为一寸，高度为一寸四分。

当斗口的宽度为一寸时，贴斜头翘升耳的高度为六分，宽度为二分四厘。贴斜头翘升耳的长度在头翘宽度的基础上加减，当斗口的宽度为一寸时，加长四分八厘，就可得升耳的总长度。

十八斗、槽升子、三才升的长度、高度和宽度，均与平身科斗栱的相同。

当斗口的宽度为一寸时，斗槽板的厚度为四分，高度为五寸四分，其长度按照斗栱之间的间距来计算，当斗口的宽度为一寸时，相邻斗栱之间的间距为一尺一寸。

## 内里棋盘板上安装品字科

【译解】在棋盘板上安装品字科斗栱。

【原文】大斗一个，每斗口一寸，应长三寸，宽一寸五分，高二寸。

头翘，每斗口一寸，应长三寸五分五厘，高二寸，宽一寸。

二翘，每斗口一寸，应长六寸五分五厘，高、宽与头翘同。

撑头木带麻叶云，每斗口一寸，应长九寸五分五厘，高、宽与翘同。

正心瓜栱，每斗口一寸，应长六寸二分，宽六分二厘，高二寸。

正心万栱，每斗口一寸，应长九寸二分，高、宽与正心瓜栱同。

麻叶云，每斗口一寸，应长八寸二分，高二寸，宽一寸。

三福云，每斗口一寸，应长七寸二分，高三寸，宽一寸。

十八斗，每斗口一寸，应长一寸八分，高一寸，宽一寸四分八厘。

槽升，每斗口一寸，应长一寸三分，宽八分六厘，高一寸。

【译解】每套斗栱使用一个大斗，当斗口的宽度为一寸时，大斗的长度为三寸，宽度为一寸五分，高度为二寸。

当斗口的宽度为一寸时，头翘的长度为三寸五分五厘，高度为二寸，宽度为一寸。

当斗口的宽度为一寸时，二翘的长度为六寸五分五厘，其宽度和高度与头翘的相同。

撑头木的后尾带麻叶云，当斗口的宽度为一寸时，撑头木的长度为九寸五分五厘，其宽度和高度与翘的相同。

当斗口的宽度为一寸时，正心瓜栱的长度为六寸二分，宽度为六分二厘，高度为二寸。

当斗口的宽度为一寸时，正心万栱的长度为九寸二分，其高度和宽度与正心瓜栱的相同。

当斗口的宽度为一寸时，麻叶云的长度为八寸二分，高度为二寸，宽度为一寸。

当斗口的宽度为一寸时，三福云的长度为七寸二分，高度为三寸，宽度为一寸。

当斗口的宽度为一寸时，十八斗的长度为一寸八分，高度为一寸，宽度为一寸四分八厘。

当斗口的宽度为一寸时，槽升子的长度为一寸三分，高度为一寸，宽度为八分六厘。

## 槅架科〔1〕

【注释】〔1〕槅架科：由荷叶墩、横栱雀替和贴耳斗组成的斗栱，起着承托承重梁的作用。

【译解】槅架科斗栱

**【原文】荷叶，每斗口一寸，应长九寸，宽二寸，高二寸。**

**栱，每斗口一寸，应长六寸二分，宽二寸，高二寸。**

**雀替，每斗口一寸，应长二尺，宽二寸，高四寸。**

**贴大斗耳，每斗口一寸，应长三寸，高二寸，厚八分八厘。**

**贴槽升耳，每斗口一寸，应长一寸三分，高一寸，宽二分四厘。**

【译解】当斗口的宽度为一寸时，荷叶墩的长度为九寸，宽度为二寸，高度为二寸。

当斗口的宽度为一寸时，栱的长度为六寸二分，宽度为二寸，高度为二寸。

当斗口的宽度为一寸时，雀替的长度为二尺，宽度为二寸，高度为四寸。

当斗口的宽度为一寸时，贴大斗耳的长度为三寸，高度为二寸，厚度为八分八厘。

当斗口的宽度为一寸时，贴槽升耳的长度为一寸三分，高度为一寸，宽度为二分四厘。

# 卷二十九

本卷详述各种斗栱的安装顺序和安装方法。

## 各项斗科安装之法按次第开后

【译解】各种斗栱的安装顺序和安装方法。

### 斗口单昂平身科

【译解】平身科单昂斗栱

【原文】第一层，大斗一个。

第二层，安头昂一件，中十字扣正心瓜栱一件，头昂上前安十八斗一个，后安三才升一个，正心瓜栱上两头安槽升二个。

第三层，安蚂蚱头一件，中十字扣正心万栱一件，前扣厢栱一件，蚂蚱头后安十八斗一个，正心万栱上两头安槽升二个，厢栱上两头安三才升二个。

第四层，安撑头木一件，中十字扣正心枋一根，前扣挑檐枋一根，后扣厢栱一件，厢栱上两头当中安三才升三个。

第五层，安桁椀一件，中十字扣正心枋一根，后扣井口枋一根。

【译解】第一层，安装一个大斗。

第二层，安装一个头昂，在与头昂成十字方向上安装一个正心瓜栱，在头昂上方前部安装一个十八斗，在其后部安装一个三才升，在正心瓜栱的两端各安装一个槽升子。

第三层，安装一个蚂蚱头，在与蚂蚱头成十字方向上安装一个正心万栱，在蚂蚱头前部安装一个厢栱，在其后部安装一个十八斗。在正心万栱的两端各安装一个槽升子，在厢栱的两端各安装一个三才升。

第四层，安装一个撑头木，在与撑头木成十字方向上安装一根正心枋，在撑头木前部安装一根挑檐枋，在后部安装一个厢栱。在厢栱的两端和正中各安装一个三才升。

第五层，安装一个桁椀，在与桁椀成十字方向上安装一根正心枋，在桁椀后部安装一根井口枋。

### 斗口单昂柱头科

【译解】柱头科单昂斗栱

【原文】第一层，大斗一个。

第二层，安头昂一件，中十字扣正心瓜栱一件，桶子十八斗一个，安槽升二个。

第三层，桃尖梁一件，中十字扣正心万栱一件，厢栱二件，槽升二个，三才升四个。

【译解】第一层，安装一个大斗。

第二层，安装一个头昂，在与头昂成十字方向上安装一个正心瓜栱、一个桶子十八斗，在正心瓜栱的两端各安装一个槽升子。

第三层，安装一根桃尖梁，在与桃尖梁成十字方向上安装一个正心万栱、两个厢栱，在正心万栱的两端各安装一个槽升子、两个三才升。

## 斗口单昂角科

【译解】角科单昂斗栱

【原文】第一层，大斗一个。

第二层，搭角正头昂二件，各后带正心瓜栱，斜头昂一件后带翘，正头昂上各安十八斗一个，正心瓜栱上各安槽升一个。

第三层，搭角正蚂蚱头二件，各后带正心万栱搭角把臂厢栱二件，由昂一件，后带麻叶头，正心万栱上各安槽升一个，厢栱上各安三才升二个，由昂上前贴升耳二个，由昂并第四层挑檐桁椀系一木连做。

第四层，搭角正撑头木二件，各后带正心枋。里连头合角厢栱二件，斜桁椀一件，厢栱上各安三才升一个。

【译解】第一层，安装一个大斗。

第二层，安装两个搭角正头昂，正头昂的后尾带正心瓜栱；安装一个斜头昂，斜头昂的后尾带翘。在两个正头昂上均安装一个十八斗，在两个正心瓜栱上均安装一个槽升子。

第三层，安装两个搭角正蚂蚱头，蚂蚱头的后尾各带一个正心万栱和搭角把臂厢栱，还带一个由昂，由昂的后尾有麻叶头。在每个正心万栱上安装一个槽升子，在每个厢栱上安装两个三才升。在由昂上方安装两个升耳。由昂和第四层的挑檐桁椀由一根木料一并制作。

第四层，安装两个搭角正撑头木，在撑头木的后尾均安装正心枋；此外，安装两个里连头合角厢栱、一个桁椀，在每个厢栱上安装一个三才升。

## 斗口重昂平身科

【译解】平身科重昂斗栱

【原文】第一层，大斗一个。

第二层，安头昂一件，中十字扣正心瓜栱一件，头昂上两头安十八斗二个，正心瓜栱上两头安槽升二个。

第三层，安二昂一件，中十字扣正心万栱一件，两头扣单才瓜栱二件，二昂上安十八斗一个。正心万栱上两头安槽升二个，单才瓜栱上两头安三才升四个。

第四层安蚂蚱头一件，中十字扣正心枋一根，两边扣单才万栱二件，前扣厢栱一件，蚂蚱头上后安十八斗一个，单才万栱上两头安三才升四个，厢栱上两头安三才升二个。

第五层，安撑头木一件，中十字扣正心枋一根，两边扣拽枋二根，前扣挑檐枋一根，后扣厢栱一件，厢栱上两头安三才升二个。

第六层，安桁椀一件，中十字扣正心枋一根，后带井口枋一根。

【译解】第一层，安装一个大斗。

第二层，安装一个头昂，在与头昂成十字方向上安装一个正心瓜栱，在头昂上方的两端各安装一个十八斗，在正心瓜栱的两端各安装一个槽升子。

第三层，安装一个二昂，在与二昂成十字方向上安装一个正心万栱，在二昂两端各安装一个单才瓜栱，在二昂上方安装一个十八斗。在正心万栱两端各安装一个槽升子，在单才瓜栱两端各安装两个三才升。

第四层，安装一个蚂蚱头，在与蚂蚱头成十字方向上安装一根正心枋，在蚂蚱头两端各安装一个单才万栱，在前部安装一个厢栱。在蚂蚱头上方后部安装一个十八斗，在单才万栱上方的两端各安装两个三才升，在厢栱两端各安装一个三才升。

第五层，安装一个撑头木，在与撑头木成十字方向上安装一根正心枋，在撑头木两端各安装一根拽枋，在前部安装一个挑檐枋，在后部安装一个厢栱，在厢栱上方两端各安装一个三才升。

第六层，安装一个桁椀，在与桁椀成十字方向上安装一根正心枋，在桁椀后部安装一根井口枋。

## 斗口重昂柱头科

【译解】柱头科重昂斗栱

【原文】第一层，大斗一个。

第二层，头昂一件，中十字扣正心瓜栱一件，桶子十八斗二个，槽升二个。

第三层，二昂一件，中十字扣正心万栱一件，单才瓜栱二件，桶子十八斗一个，槽升二个，三才升四个。

第四层，桃尖梁一件，单才万栱二件，厢栱二件，三才升八个。

【译解】第一层，安装一个大斗。

第二层，安装一个头昂，在与头昂成十字方向上安装一个正心瓜栱，在头昂上方安装两个桶子十八斗，在正心瓜栱的两端各安装一个槽升子。

第三层，安装一个二昂，在与二昂成十字方向上安装一个正心万栱、两个单才瓜栱，在二昂上方安装一个桶子十八斗，在正心万栱的两端各安装一个槽升子，在单才瓜栱的两端各安装两个三才升。

第四层，安装一根桃尖梁，安装两个单才万栱，安装两个厢栱，安装八个三才升。

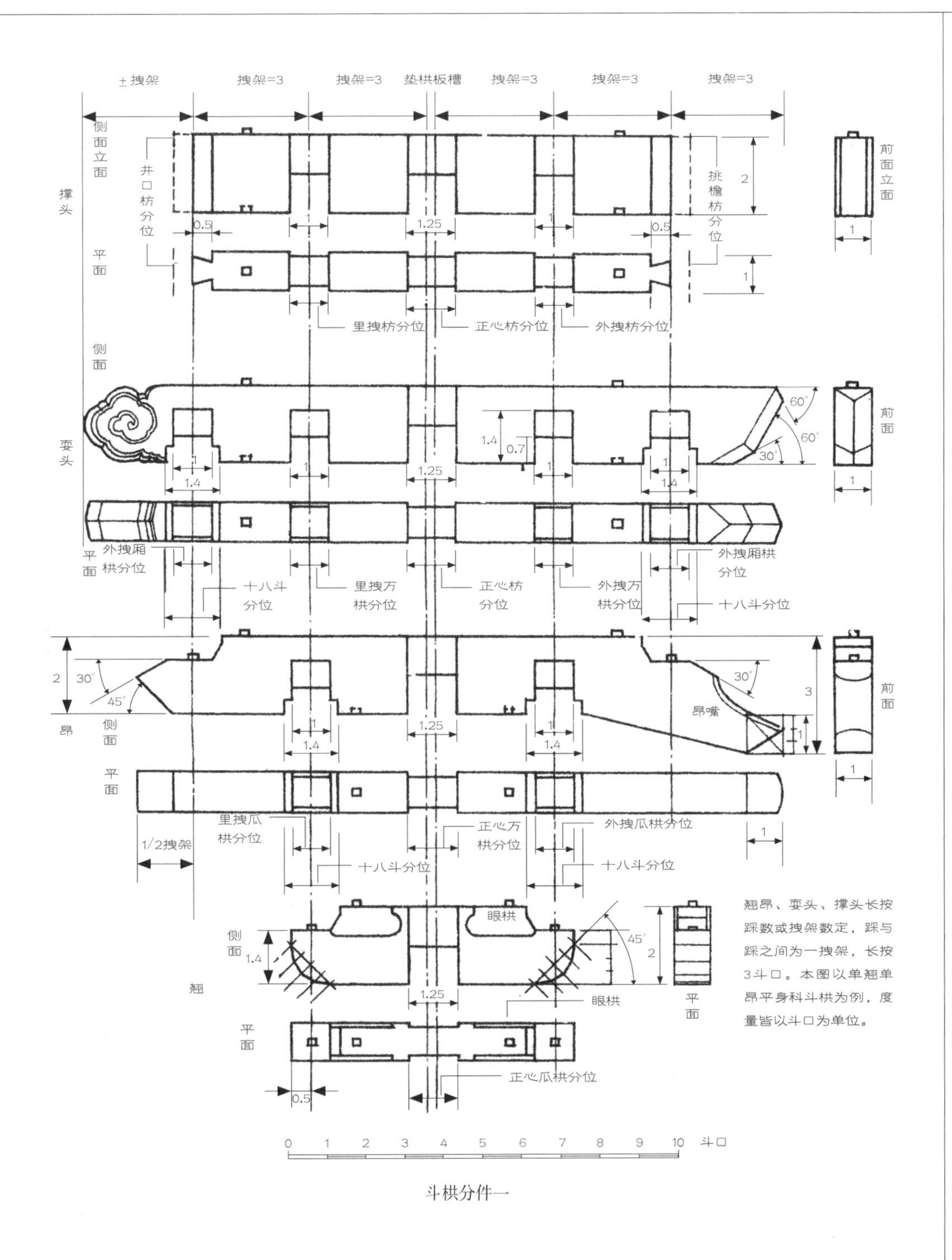
±拽架
拽架=3
拽架=3
垫栱板槽
拽架=3
拽架=3
拽架=3
侧面立面
撑头
井口枋分位
挑檐枋分位
前面立面
平面
里拽枋分位
正心枋分位
外拽枋分位
侧面
耍头
前面
平面
外拽厢栱分位
外拽厢栱分位
十八斗分位
里拽万栱分位
正心枋分位
外拽万栱分位
十八斗分位
昂
侧面
昂嘴
前面
平面
里拽瓜栱分位
正心万栱分位
外拽瓜栱分位
1/2拽架
十八斗分位
十八斗分位
眼栱
侧面
翘
眼栱
平面
平面
正心瓜栱分位
翘昂、耍头、撑头长按踩数或拽架数定，踩与踩之间为一拽架，长按3斗口。本图以单翘单昂平身科斗栱为例，度量皆以斗口为单位。
斗口

斗栱分件一

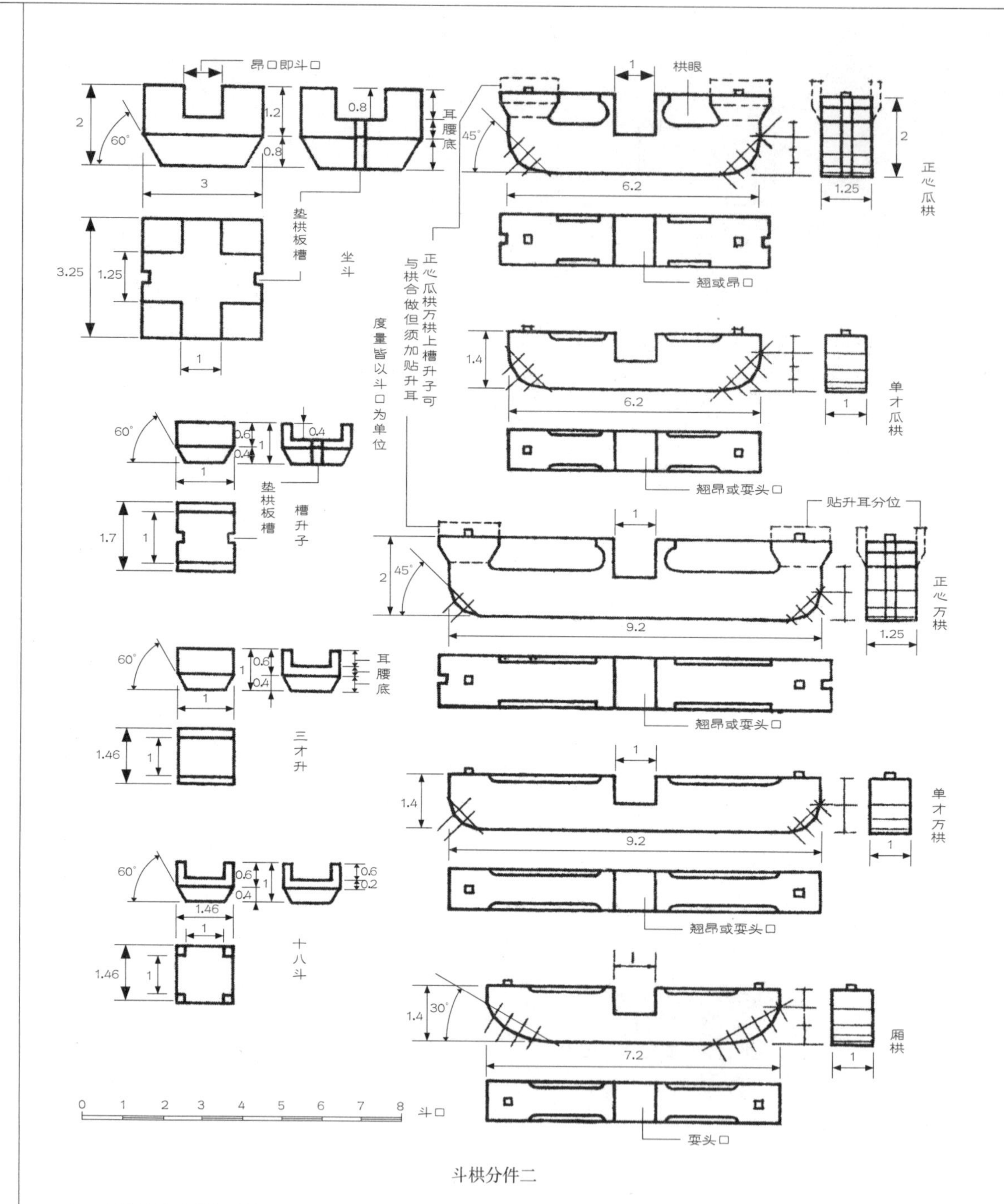


斗栱分件二

## □ 斗栱分件（单翘单昂五踩）

斗是斗形木垫块，栱是弓形短木。栱架在斗上，向外出挑，栱端之上再安斗，这样逐层纵横、交错叠加，形成上大下小的托架，最初，斗栱孤置于柱上或挑梁外端，分别起使梁的荷载传递于柱身和支承屋檐重量以增加出檐深度的作用。唐宋时，斗、栱同梁、枋结为一体，成为木构架维系其整体性的结构层的一部分。明清以后，斗栱的结构作用退化，成为主要起装饰作用的构件。

## 斗口重昂角科

【译解】角科重昂斗栱

【原文】第一层，大斗一个。

第二层，搭角正头昂二件，各后带正心瓜栱。斜头昂一件，后带翘。正头昂上各安十八斗一个，正心瓜栱上各安槽升一个，斜头昂上前后贴升耳四个。

第三层，搭角正二昂二件，各后带正心万栱。闹二昂二件，各后带单才瓜栱。里连头合角单才瓜栱二件。斜二昂一件，后带菊花头。正二昂上各安十八斗一个，正心万栱上各安槽升一个，闹二昂上各安十八斗一个，单才瓜栱上各安三才升一个，合角单才瓜栱上各安三才升一个，斜二昂上前贴升耳二个。

第四层，搭角正蚂蚱头二件，各后带正心枋。搭角闹蚂蚱头二件，各后带单才万栱。搭角把臂厢栱二件，里连头合角单才万栱二件。由昂一件，后带六分头、麻叶头。闹蚂蚱头所带万栱上各安三才升一个，把臂厢栱上各安三才升二个。里连头合角万栱上各安三才升一个，由昂上前后贴升耳四个，由昂与五层撑头木、挑檐桁椀系一木连做。

第五层，搭角撑头木二件，各后带正心枋。搭角闹撑头木二件，各后带拽枋。里连头合角厢栱二件，斜桁椀一件，里连头合角厢栱上各安三才升一个。

【译解】第一层，安装一个大斗。

第二层，安装两个搭角正头昂，正头昂的后尾带正心瓜栱。安装一个斜头昂，斜头昂的后尾带翘。在两个正头昂上均安装一个十八斗，在两个正心瓜栱上均安装一个槽升子，在斜头昂上方前后各装两个升耳。

第三层，安装两个搭角正二昂，正二昂的后尾带正心万栱。安装两个闹二昂，闹二昂的后尾带单才瓜栱。安装两个里连头合角单才瓜栱。安装一个斜二昂，其后尾带菊花头。在正二昂上安装一个十八斗，在正心万栱上安装一个槽升子，在闹二昂上安装一个十八斗，在单才瓜栱上安装一个三才升，在合角单才瓜栱上安装一个三才升，在斜二昂的前部安装两个升耳。

第四层，安装两个搭角正蚂蚱头，其后尾带正心枋。安装两个闹蚂蚱头，其后尾带单才万栱。安装两个搭角把臂厢栱、安装两个里连头合角单才万栱。安装一个由昂，由昂的后尾有六分头和麻叶头。在每个闹蚂蚱头的单才万栱上安装一个三才升。在每个把臂厢栱上安装两个三才升。在每个里连头合角万栱上安装一个三才升。在由昂上方前后安装四个升耳。由昂和第五层的撑头木、挑檐桁椀由一根木料一并制作。

第五层，安装两个搭角正撑头木，在其后尾安装正心枋。安装两个搭角闹撑头木，在其后尾安装拽枋。安装两个里连头合角厢栱、安装一个斜桁椀，在每个里连头合角厢栱上各安装一个三才升。

## 单翘单昂平身科

【译解】平身科单翘单昂斗栱

【原文】第一层，大斗一个。

第二层，安单翘一件，中十字扣正心瓜栱一件，单翘上两头安十八斗二个，正心瓜栱上两头安槽升二个。

第三层，安头昂一件，中十字扣正心万栱一件，两边扣单才瓜栱二件，头昂上前安十八斗一个，正心万栱上两头安槽升二个，单才瓜栱上两头安三才升四个。

第四层，安蚂蚱头一件，中十字扣正心枋一根，两边扣单才万栱二件，前扣厢栱一件，蚂蚱头上后安十八斗一个，单才万栱上两头安三才升四个，厢栱上两头安三才升二个。

第五层，安撑头木一件，中十字扣正心枋一根，两边扣拽枋二根，前带挑檐枋一根，后扣厢栱一件，厢栱上两头安三才升二个。

第六层，安桁椀一件，中十字扣正心枋一根，后带井口枋一根。

【译解】第一层，安装一个大斗。

第二层，安装一个单翘，在与单翘成十字方向上安装一个正心瓜栱，在单翘上方安装两个十八斗，在正心瓜栱上方安装两个槽升子。

第三层，安装一个头昂，在与头昂成十字方向上安装一个正心万栱，在两边各安装一个单才瓜栱。在头昂上方前部安装一个十八斗，在正心万栱两端各安装一个槽升子，在单才瓜栱两端各安装两个三才升。

第四层，安装一个蚂蚱头，在与蚂蚱头成十字方向上安装一根正心枋，在正心枋两端各安装一件单才万栱，在正心枋前部安装一个厢栱，在蚂蚱头后部安装一个十八斗，在单才万栱两端各安装两个三才升，在厢栱两端各安装一个三才升。

第五层，安装一个撑头木，在与撑头木成十字方向上安装一根正心枋，在正心枋两端安装两根拽枋，在正心枋前部安装一根挑檐枋、在后部安装一个厢栱。在厢栱两端各安装一个三才升。

第六层，安装一个桁椀，在与桁椀成十字方向上安装一根正心枋，在桁椀后部安装一根井口枋。

## 单翘单昂柱头科

【译解】柱头科单翘单昂斗栱

【原文】第一层，大斗一个。

第二层，安单翘一件，中十字扣正心瓜栱一件，桶子十八斗二个，槽升二个。

第三层，安头昂一件，中十字扣正心万栱一件，单才瓜栱二件，桶子十八斗一个，槽升二个，三才升四个。

第四层，桃尖梁一件，单才万栱二

件，厢栱二件，三才升八个。

【译解】第一层，安装一个大斗。

第二层，安装一个单翘，在与单翘成十字方向上安装一个正心瓜栱，在单翘上方安装两个桶子十八斗，在正心瓜栱两端各安装一个槽升子。

第三层，安装一个头昂，在与头昂成十字方向上安装一个正心万栱、两个单才瓜栱，在头昂上方安装一个桶子十八斗，在正心万栱两端各安装一个槽升子，在单才瓜栱的两端各安装两个三才升。

第四层，安装一根桃尖梁，安装两个单才万栱，安装两个厢栱，安装八个三才升。

## 单翘单昂角科

【译解】角科单翘单昂斗栱

【原文】第一层，大斗一个。

第二层，搭角正翘二件，各后带正心瓜栱。斜翘一件，正翘上各安十八斗一个。正心瓜栱上各安槽升一个。

第三层，搭角正头昂二件，各后带正心万栱。搭角闹昂二件，各后带单才瓜栱。里连头合角单才瓜栱二件。斜头昂一件，后带菊花头。正头昂上各安十八斗一个。正心万栱上各安槽升一个，闹昂上各安十八斗一个。闹昂所带单才瓜栱上各安三才升一个。里连头单才瓜栱上各安三才升一个。

第四层，搭角正蚂蚱头二件，各后带正心枋。搭角闹蚂蚱头二件，各后带单才万栱。搭角把臂厢栱二件，里连头合角单才万栱二件。由昂一件，后带六分头、麻叶头。闹蚂蚱头所带单才万栱上各安三才升一个，把臂厢栱上各安三才升一个，里连头单才万栱上各安三才升一个，闹昂前后贴升耳四个，由昂并挑檐桁椀系一木连做。

第五层，搭角正撑头木二件，各后带正心枋。搭角闹撑头木二件，各后带拽枋，里连头合角厢栱二件，斜桁椀一件，里连头厢栱上各安三才升一个。

【译解】第一层，安装一个大斗。

第二层，安装两个搭角正翘，正翘的后尾带正心瓜栱。安装一个斜翘。在正翘上方安装一个十八斗。在正心瓜栱上方各安装一个槽升子。

第三层，安装两个搭角正头昂，正头昂的后尾均带正心万栱。安装两个搭角闹昂，闹昂的后尾均带单才瓜栱。安装两个里连头合角单才瓜栱。安装一个斜头昂，头昂的后尾带菊花头。在正头昂上安装一个十八斗，在正心万栱上安装一个槽升子。在闹昂上安装一个十八斗。在闹昂带的单才瓜栱上方安装一个三才升。在里连头的单才瓜栱上方安装一个三才升。

第四层，安装两个搭角正蚂蚱头，其后尾带正心枋。安装两个闹蚂蚱头，其后尾带单才万栱。安装两个搭角把臂厢栱，安装两个里连头合角单才万栱，安装一个由昂，由昂的后尾有六分头和麻叶头。在闹蚂蚱头带的单才万栱上安装一个三才升，在把臂厢栱上安装一个三才升。在里连头单才万栱上安装一个三才升。在闹昂前后各安装两个升耳。由昂和挑檐桁椀由一根木料一并制作。

第五层，安装两个搭角正撑头木，在后尾安装正心枋。安装两个闹撑头木，其后尾安装拽枋。安装两个里连头合角厢栱，安装一个斜桁椀，在每个里连头厢栱上各安装一个三才升。

## 单翘重昂平身科

【译解】平身科单翘重昂斗栱

【原文】第一层，大斗一个。

第二层，安单翘一件，两头各安十八斗一个，中扣正心瓜栱一件，两头各安槽升一个。

第三层，安头昂一件，两头各安十八斗一个。中扣正心万栱一件。两头各安槽升一个，按正心万栱中线里外俱隔一拽架分位扣单才瓜栱二件，每件两头各安三才升一个。

第四层，安二昂一件，前头安十八斗一个，中扣正心枋一根，按正心枋中线里外俱隔一拽架分位扣单才万栱二件，隔二拽架分位扣单才瓜栱二件，每件两头各安三才升一个。

第五层，安蚂蚱头一件，后头安十八斗一个，中扣正心枋一根，按正心枋中线里外俱隔一拽架分位扣拽枋二根，隔二拽架分位扣单才万栱二件，隔三拽架分位前扣厢栱一件，其单才万栱、厢栱每件两头各安三才升一个。

第六层，安撑头木一件，中十字扣正心枋一根，按正心枋中线里外俱隔二拽架分位扣机枋二根，隔三拽架分位外扣挑檐枋一根，内扣厢栱一件，其厢栱两头各安三才升一个。

第七层，安桁椀一件，顶扣正心枋一根，其后隔三拽架分位，紧接井口枋。

【译解】第一层，安装一个大斗。

第二层，安装一个单翘，在两端均安装一个十八斗，在中心成十字方向上安装一个正心瓜栱，两端均安装一个槽升子。

第三层，安装一个头昂，两端均安装一个十八斗，在中心成十字方向上安装一个正心万栱，两端均安装一个槽升子。由正心万栱中线向内侧和外侧各量出一拽架长度，在两处均安装一个单才瓜栱，在瓜栱两端均安装一个三才升。

第四层，安装一个二昂，在二昂前部安装一个十八斗，在中心成十字方向上安装一根正心枋，由正心枋中线向内侧和外侧各量出一拽架长度，在两处均安装一个单才万栱；向两侧各量出两拽架长度，在两处均安装一个单才瓜栱。在万栱和瓜栱两端均安装一个三才升。

第五层，安装一个蚂蚱头，在后部安装一个十八斗，在中心成十字方向上安装一根正心枋，由正心枋中线向内侧和外侧各量出一拽架长度，在两处均安装一根拽枋；向两侧均量出两拽架长度，在两处均安装一个单才万栱；向两侧均量出三拽架长度，在两处均安装一个厢栱。在单才万栱和厢栱的两端均安装一个三才升。

第六层，安装一个撑头木，在与撑头木成十字方向上安装一根正心枋，由正心枋中线向内侧和外侧各量出两拽架长度，在两处均安装一根机枋；向两侧均量出三拽架长度，在外侧安装一根挑檐枋，在内侧安装一个厢栱，在厢栱两端均安装一个三才升。

第七层，安装一个桁椀，在上方安装一根正心枋，在后方距离桁椀三拽架的长度处，安装一根井口枋。

## 单翘重昂柱头科

【译解】柱头科单翘重昂斗栱

**【原文】第一层，大斗一个。**

**第二层，安单翘一件，中十字扣正心瓜栱一件，桶子十八斗二个，槽升二个。**

**第三层，安头昂一件，中十字扣正心万栱一件，单才瓜栱二件，桶子十八斗二个，槽升二个，三才升四个。**

**第四层，安二昂一件，单才万栱二件，单才瓜栱二件，桶子十八斗一个，三才升八个。**

**第五层，桃尖梁一件，单才万栱二件，厢栱二件，三才升八个。**

【译解】第一层，安装一个大斗。

第二层，安装一个单翘，在与单翘成十字方向上安装一个正心瓜栱，安装两个桶子十八斗，安装两个槽升子。

第三层，安装一个头昂，在与头昂成十字方向上安装一个正心万栱，安装两个单才瓜栱，安装两个桶子十八斗，安装两个槽升子，安装四个三才升。

第四层，安装一个二昂，安装两个单才万栱，安装两个单才瓜栱，安装一个桶子十八斗，安装八个三才升。

第五层，安装一根桃尖梁，安装两个单才万栱，安装两个厢栱，安装八个三才升。

## 单翘重昂角科

【译解】角科单翘重昂斗栱

**【原文】第一层，大斗一个。**

**第二层，搭角正翘二件，各后带正心瓜栱。斜翘一件。正翘上各安十八斗一个。栱上各安槽升一个。斜翘上前后贴升耳四个。**

**第三层，搭角正头昂二件，各后带**

正心万栱。闹头昂二件，各后带单才瓜栱。里连头合角单才瓜栱二件。斜角头昂一件，后带翘。正昂上各安十八斗一个，正心万栱上各安槽升一个，闹头昂上各安十八斗一个，闹昂后带单才瓜栱上各安三才升一个，斜角头昂前后贴升耳四个。

第四层，搭角正二昂二件，各后带正心枋。闹二昂四件，内二件各后带单才瓜栱，二件各后带单才万栱。里连头合角单才万栱二件。里连头合角单才瓜栱二件。斜角二昂一件，后带菊花头。正二昂上各安十八斗一个。闹二昂上各安十八斗一个。闹昂后带单才瓜栱、万栱上各安三才升一个。里连头合角万栱上各安三才升一个。斜角二昂上前贴升耳二个。

第五层，搭角正蚂蚱头二件，各后带正心枋。闹蚂蚱头四件，内二件各后带单才万栱，二件各后带拽枋。把臂厢栱二件。里连头合角单才万栱二件。由昂一件，后带麻叶头、六分头。把臂厢栱上各安三才升二个。闹蚂蚱头后带单才万栱上各安三才升一个。里连头合角单才万栱上各安三才升一个。由昂前后贴升耳四个。蚂蚱头、由昂并六层撑头木系一木连做。

第六层，搭角正撑头木二件，各后带正心枋。闹撑头木四件，各后带拽枋，里合角厢栱二件。

第七层，斜桁椀一件。

【译解】第一层，安装一个大斗。

第二层，安装两个搭角正翘，正翘后尾带正心瓜栱，在正翘上安装一个斜翘。在正翘上方安装一个十八斗。在正心瓜栱上安装一个槽升子，在斜翘上方前后各安装两个升耳。

第三层，安装两个搭角正头昂，正头昂的后尾带正心万栱。安装两个闹头昂，闹头昂的后尾带单才瓜栱。安装两个里连头合角单才瓜栱。安装一个斜头昂，斜头昂的后尾带翘。在正头昂上安装一个十八斗，在正心万栱上安装一个槽升子，在闹头昂上各安装一个十八斗，在闹头昂后尾带的单才瓜栱上安装一个三才升，在斜角头昂的前后各安装两个升耳。

第四层，安装两个搭角正二昂，正二昂的后尾带正心枋。安装四个闹二昂，其中两个后尾带单才瓜栱，另外两个闹二昂的后尾带单才万栱。安装两个里连头合角单才万栱。安装两个里连头合角单才瓜栱。安装一个斜角二昂，斜角二昂的后尾带菊花头。在正二昂上方各装一个十八斗，在闹二昂上方安装一个十八斗。在闹二昂后尾的单才瓜栱和单才万栱上方各安装一个三才升。在里连头合角万栱上方安装一个三才升。在斜角二昂上方前部安装两个升耳。

第五层，安装两个搭角正蚂蚱头，正蚂蚱头的后尾带正心枋。安装四个闹蚂蚱头，其中两个闹蚂蚱头的后尾带单才万栱，另外两个闹蚂蚱头的后尾带拽枋。安装两个把臂厢栱。安装两个里连头合角单才万栱。安装一个由昂，由昂后尾有麻叶头和六分头。在把臂厢栱上方安装两个三才升。在闹蚂蚱头后尾带的单才万栱上方安装一个三才升。在里连头合角单才万栱上方安装一个三才升。由昂的前部和后部各安装两个升耳。蚂蚱头、由昂与第六层的撑头木由一块木料一并制作。

第六层，安装两个搭角正撑头木，在其后尾安装正心枋。安装四个闹撑头木，在其后尾安装拽枋。安装两个里连头合角厢栱。

第七层，安装一个斜桁椀。

## 重翘重昂平身科

【译解】平身科重翘重昂斗栱

【原文】第一层，大斗一个。

第二层，安单翘一件，两头各安十八斗一个，中扣正心瓜栱一件，两头各安槽升一个。

第三层，安重翘一件，两头各安十八斗一个，中扣正心万栱一件，两头各安槽升一个，按正心万栱中线里外俱隔一拽架分位扣单才瓜栱二件，每件两头各安三才升一个。

第四层，安头昂一件，两头各安十八斗一个，中扣正心枋一根，按正心枋中线里外俱隔一拽架分位扣单才万栱二件，隔二拽架分位扣单才瓜栱二件，单才万栱、单才瓜栱每件两头各安三才升一个。

第五层，安二昂一件，两头各安十八斗一个，中扣正心枋一根，按正心枋中线里外俱隔一拽架分位，扣拽枋二根，隔二拽架分位扣单才万栱二件，隔三拽架分位扣单才瓜栱二件，单才万栱、瓜栱每件两头各安三才升一个。

第六层，安蚂蚱头一件，中扣正心枋一根，按正心枋中线里外俱隔二拽架分位扣机枋二根，隔三拽架分位扣单才万栱二件，隔四拽架分位外扣厢栱一件，单才万栱、厢栱每件两头各安三才升一个。

第七层，安撑头木一件，中扣正心枋一根，按正心枋中线里外俱隔四拽架分位扣拽枋二根，隔五拽架分位外扣挑檐枋一根，里扣厢栱一件，两头各安三才升一个。

第八层，安桁椀一件，顶扣正心枋二根半，其后隔四拽架分位紧接井口枋。

【译解】第一层，安装一个大斗。

第二层，安装一个单翘，在其两端均安装一个十八斗，在中心成十字方向上安装一个正心瓜栱，在其两端均安装一个槽升子。

第三层，安装一个重翘，在其两端均安装一个十八斗，在中心成十字方向上安装一个正心万栱，在其两端均安装一个槽升子。由正心万栱中线向内侧和外侧各量出一拽架长度，在两处均安装一个单才瓜栱，在瓜栱两端均安装一个三才升。

第四层，安装一个头昂，在其两端均安装一个十八斗，在中心成十字方向上安装一根正心枋，由正心枋中线向内侧和外侧各量出一拽架长度，在两处各安装一个单才万栱；向两侧各量出两拽架长度，在两处各安装一个单才瓜栱。万栱和瓜栱两端各安装一个三才升。

第五层，安装一个二昂，在其两端均安装一个十八斗，在中心成十字方向上安装一根正心枋。由正心枋中线向内侧和外侧各量出一拽架长度，在两处各安装一根拽枋；向两侧各量出两拽架长度，在两处各安装一个单才万栱；向两侧各量出三拽架长度，在两处各安装一个单才瓜栱。在单才万栱和单才瓜栱的两端均安装一个三才升。

第六层，安装一个蚂蚱头，在与蚂蚱头成十字方向上安装一根正心枋，由正心枋中线向内侧和外侧各量出两拽架长度，在两处各安装一根机枋；向两侧各量出三拽架长度，在两处各安装一个单才万栱；向外侧量出四拽架长度，安装一个厢栱。单才万栱和厢栱两端均安装一个三才升。

第七层，安装一个撑头木，在与撑头木成十字方向上安装一根正心枋，由正心枋中线向内侧和外侧各量出四拽架长度，在两处各安装一根拽枋；向两侧各量出五拽架长度，在外侧安装一根挑檐枋，在内侧安装一个厢栱。在厢栱两端各安装一个三才升。

第八层，安装一个桁椀，在其上方安装两根半正心枋，在其后方距离桁椀四拽架的长度处，安装一根井口枋。

## 重翘重昂柱头科

【译解】柱头科重翘重昂斗栱

【原文】第一层，大斗一个。

第二层，安头翘一件，中十字扣正心瓜栱一件，桶子十八斗二个，槽升二个。

第三层，安重翘一件，中十字扣正心万栱一件，单才瓜栱二件，桶子十八斗二个，槽升二个，三才升四个。

第四层，安头昂一件，单才万栱二件，单才瓜栱二件，桶子十八斗二个，三才升八个。

第五层，安二昂一件，单才万栱二件，单才瓜栱二件，桶子十八斗一个，三才升八个。

第六层，桃尖梁一件，单才万栱二件，厢栱二件，三才升八个。

【译解】第一层，安装一个大斗。

第二层，安装一个头翘，在与头翘成十字方向上安装一个正心瓜栱，安装两个桶子十八斗，安装两个槽升子。

第三层，安装一个重翘，在与重翘成十字方向上安装一个正心万栱，安装两个单才瓜栱，安装两个桶子十八斗，安装两个槽升子，安装四个三才升。

第四层，安装一个头昂，安装两个单才万栱，安装两个单才瓜栱，安装两个桶子十八斗，安装八个三才升。

第五层，安装一个二昂，安装两个单

才万栱，安装两个单才瓜栱，安装一个桶子十八斗，安装八个三才升。

第六层，安装一根桃尖梁，安装两个单才万栱，安装两个厢栱，安装八个三才升。

## 重翘重昂角科

【译解】角科重翘重昂斗栱

【原文】第一层，大斗一个。

第二层，搭角正头翘二件，各后带正心瓜栱，斜头翘一件，正翘上各安十八斗一个，栱上各安槽升一个，斜翘上前后贴升耳四个。

第三层，搭角正二翘二件，各后带正心万栱。搭角闹二翘二件，各后带单才瓜栱。里连头合角单才瓜栱二件，斜二翘一件，正二翘上各安十八斗一个，正心万栱上各安槽升一个，闹二翘上各安十八斗一个，单才瓜栱上各安三才升一个，斜翘上前后贴升耳四个。

第四层，搭角正头昂二件，各后带正心枋。搭角闹头昂四件，内二件各后带单才万栱，二件各后带单才瓜栱。里连头合角单才万栱二件，里连头合角单才瓜栱二件，斜头昂一件，正头昂上各安十八斗一个。闹头昂上各安十八斗一个。闹昂后带万栱、瓜栱上各安三才升一个。里连头万栱、瓜栱上各安三才升一个，斜头昂上前后贴升耳四个。

第五层，搭角正二昂二件，各后带正心枋。搭角闹二昂二件，内二件各后带单才瓜栱，二件各后带单才万栱，二件各后带拽枋，里连头合角单才万栱二件，里连头合角单才瓜栱二件，斜二昂一件后带菊花头，正二昂上各安十八斗一个，闹二昂上各安十八斗一个，闹昂后带万栱、瓜栱上各安三才升一个，里连头万栱上各安三才升一个，斜二昂上前贴耳二个。

第六层，搭角正蚂蚱头二被搭后带正心枋，搭角闹蚂蚱头六件，内二件各后带单才万栱，四件各后带拽枋，把臂厢栱二件，里连头合角单才万栱二件，由昂一件后带麻叶头、六分头，蚂蚱头后带万栱上各安三才升一个，把臂厢栱上各安三才升二个，由昂上前后贴升耳四个。

第七层，搭角正撑头木二件，各后带正心枋，闹撑头木六件，各后带拽枋，里连合角厢栱二件。

第八层，桁椀一件。

【译解】第一层，安装一个大斗。

第二层，安装两个搭角正头翘，正头翘的后尾带正心瓜栱。安装一个斜头翘。在正头翘上方安装一个十八斗。在正心瓜栱上方安装一个槽升子，在斜翘上方前后各安装两个升耳。

第三层，安装两个搭角正二翘，正二翘的后尾带正心万栱。安装两个搭角闹二翘，闹二翘的后尾带单才瓜栱。安装两个里连头合角单才瓜栱。安装一个斜二翘，在正二翘两端均安装一个十八斗。在正心万栱上方安装一个槽升子，在闹二翘上方安装一个十八斗，在单才瓜栱上方安装一个三才升，在斜翘的上方前后各安装两个升耳。

第四层，安装两个搭角正头昂，在正头昂的后尾安装正心枋。安装四个搭角闹头昂，其中两个闹头昂的后尾带单才万栱，另外两个后尾带单才瓜栱。安装两个里连头合角单才万栱。安装两个里连头合角单才瓜栱。安装一个斜头昂。在正头昂上方安装一个十八斗，在闹头昂上方安装一个十八斗。在闹头昂后尾的单才瓜栱和单才万栱上方各安装一个三才升。在里连头合角万栱和瓜栱上方均安装一个三才升。在斜头昂上方前后各安装两个升耳。

第五层，安装两个搭角正二昂，在正二昂的后尾安装正心枋。安装两个搭角闹二昂，其中两个闹二昂的后尾带单才瓜栱，另外两个闹二昂的后尾带单才万栱，两个闹二昂的后尾安装拽枋。安装两个里连头合角单才万栱。安装两个里连头合角单才瓜栱。安装一个斜二昂，斜二昂的后尾带菊花头。在正二昂上方安装一个十八斗，在闹二昂上方安装一个十八斗。在闹二昂后尾的单才万栱和单才瓜栱上方各安装一个三才升。在里连头合角单才万栱上方安装一个三才升。在斜二昂的上方前部共安装两个升耳。

第六层，安装两个搭角正蚂蚱头，在正蚂蚱头的后尾安装正心枋。安装六个搭角闹蚂蚱头，其中两个闹蚂蚱头的后尾带单才万栱，另外四个闹蚂蚱头的后尾安装拽枋。安装两个把臂厢栱，安装两个里连头合角单才万栱。安装一个由昂，由昂的后尾带麻叶头和六分头。在蚂蚱头后尾的万栱上方安装一个三才升，在把臂厢栱上方安装两个三才升，在由昂上方前后各安装两个升耳。

第七层，安装两个搭角正撑头木，在其后尾安装正心枋。安装六个闹撑头木，在其后尾安装拽枋。安装两个里连头合角厢栱。

第八层，安装一个斜桁椀。

## 祖重昂里挑金平身科

【译解】平身科祖重昂里挑金斗栱

【原文】第一层，大斗一个。

第二层，安单翘一件，两头各安十八斗一个，中扣正心瓜栱一件，两头各安槽升一件。

第三层，安重翘一件，两头各安十八斗一个，中扣正心万栱一件，两头各安槽升一个，按正心万栱中线里外俱隔一拽架分位外扣单才瓜栱一件，两头各安三才升一个，里扣麻叶云一件。

第四层，安头昂一件，两头各安十八斗一个，中扣正心枋一根，按正心枋中线外隔一拽架分位扣单才万栱一件，里外俱隔二拽架分位外扣单才瓜栱一件，里扣麻叶云一件，单才万栱、单才瓜栱每件两头各安三才升一个。

第五层，安二昂一件，两头各安十八斗一个，中扣正心枋一根，按正心枋中线外隔一拽架分位扣拽枋一根，隔二拽架分位扣单才万栱一件，里外隔三拽架分位外扣单才瓜栱一件，里扣麻叶云一件，单才万栱、单才瓜栱每件两头各安三才升一个。

第六层，安蚂蚱头一件，中扣正心枋一根，按正心枋中线外隔一拽架分位扣机枋一根，里外俱隔二拽架分位外扣机枋一根，里扣三福云一件，外隔三拽架分位扣单才万栱一件，隔四拽架分位扣厢栱一件，单才万栱、厢栱每件两头各安三才升一个，里面六分头下举高接菊花头，上安十八斗二个，凿通眼，穿伏莲销一根。

第七层，安撑头木一件，中扣正心枋一根，按正心枋中线外隔一拽架分位扣拽枋一根，隔二拽架分位扣拽枋一根，里外俱隔三拽架分位外扣拽枋一根，里扣三福云一件，外隔四拽架分位扣檐枋一根，里隔五拽架分位扣三福云一件，里面秤杆举高下带菊花头，上面做六分头，安花台科，凿通眼，穿伏莲销一根。

第八层，安桁椀一件，中扣正心枋二根半，按正心枋中线，里隔五拽架分位，凿通眼，穿伏莲销一根做夔龙尾。

【译解】第一层，安装一个大斗。

第二层，安装一个单翘，在其两端各安装一个桶子十八斗，在中心成十字方向上安装一个正心瓜栱，在其两端各安装一个槽升子。

第三层，安装一个重翘，在两端各安装一个桶子十八斗，在中心成十字方向上安装一个正心万栱，在其两端各安装一个槽升子。由正心万栱中线向内侧和外侧各量出一拽架长度，在两处各安装一个单才瓜栱，在瓜栱的两端各安装一个三才升，在其内侧安装一个麻叶云。

第四层，安装一个头昂，在其两端各安装一个桶子十八斗，在中心成十字方向上安装一根正心枋，由正心枋中线向内侧和外侧各量出一拽架长度，在两处各安装一个单才万栱；向两侧各量出两拽架长度，在两处各安装一个单才瓜栱，在内侧安装一个麻叶云。在单才万栱和单才瓜栱两端各安装一个三才升。

第五层，安装一个二昂，在两端各安装一个十八斗，在中心成十字方向上安装一根正心枋。由正心枋中线向内侧和外侧各量出一拽架长度，在两处各安装一根拽枋；向两侧各量出两拽架长度，在两处各安装一个单才万栱，在内侧安装一个麻叶云。在单才万栱和单才瓜栱的两端各安装一个三才升。

第六层，安装一个蚂蚱头，在与蚂蚱头成十字方向上安装一根正心枋，由正心枋中线向外侧量出一拽架长度，安装一根机枋。向内侧和外侧各量出两拽架长度，在外侧各安装一根机枋，在内侧安装一个三福云；向外侧量出三拽架长度，安装一个单才万栱；向外侧量出四拽架长度，安装一个厢栱。在单才万栱和厢栱的两端各安装一个三才升。内侧的六分头倾斜向上安装，其后尾带菊花头，在上方安装两个十八斗。凿出一个通眼，其中穿一根伏莲销。

第七层，安装一个撑头木，在与撑头木成十字方向上安装一根正心枋，由正心枋中线向外侧量出一拽架长度，安装一根拽枋；向外侧量出两拽架长度，安装一根拽枋；向内侧和外侧各量出三拽架长度，在外侧安装一根拽枋，在内侧安装一个三福云；向外侧量出四拽架长度，安装一根檐枋；向内侧量出五拽架长度，安装一个三福云。内侧秤杆倾斜向上安装，其后尾带菊花头，将其上方制作成六分头，安装花台科斗栱。凿出一个通眼，其中穿一根伏莲销。

第八层，安装一个桁椀，在上方中心安装两根半正心枋，从正心枋中线向内侧量出五拽架长度，凿出一个通眼，其中穿一根伏莲销，将其后尾制作成夔龙尾。

## 祖重昂里挑金柱头科

【译解】柱头科祖重昂里挑金斗栱

【原文】第一层，大斗一个。

第二层，安头翘一件，中十字扣正心瓜栱一件，桶子十八斗二个，槽升二个。

第三层，安重翘一件，中十字扣正心万栱一件，单才瓜栱一件，麻叶云一件，桶子十八斗二个，槽升二个，三才升二个。

第四层，安头昂一件，单才万栱一件，单才瓜栱一件，麻叶云一件，桶子十八斗二个，三才升四个。

第五层，安二昂一件，单才万栱一件，单才瓜栱一件，麻叶云一件，桶子十八斗一个，三才升四个，升耳二个。

第六层，桃尖梁一件，单才万栱一件，厢栱一件，三才升四个，升耳二个，三福云二件。

【译解】第一层，安装一个大斗。

第二层，安装一个头翘，在与头翘成十字方向上安装一个正心瓜栱，在头翘上方安装两个桶子十八斗，安装两个槽升子。

第三层，安装一个重翘，在与重翘成十字方向上安装一个正心万栱、一个单才瓜栱、一个麻叶云，在重翘上方安装两个桶子十八斗，在正心万栱两端各安装一个槽升子，在单才瓜栱两端各安装一个三才升。

第四层，安装一个头昂，安装一个单才万栱，安装一个单才瓜栱，安装一个麻叶云，安装两个桶子十八斗，安装四个三才升。

第五层，安装一个二昂，安装一个单才万栱，安装一个单才瓜栱，安装一个麻叶云，安装一个桶子十八斗，安装四个三才升，安装两个升耳。

第六层，安装一根桃尖梁，安装一个单才万栱，安装一个厢栱，安装四个三才升，安装两个升耳，安装两个三福云。

## 祖重昂里挑金角科

【译解】角科祖重昂里挑金斗栱

【原文】第一层，大斗一个。

第二层，搭角正头翘二件，各后带正心瓜栱。斜头翘一件，正头翘上各安十八斗一个，正心瓜栱上各安槽升一个，斜头翘上前后贴升耳四个。

第三层，搭角正二翘二件，各后带正心万栱。搭角闹二翘二件，各后带单才瓜栱。里连头合角麻叶云二件，斜二翘一件，正二翘上各安十八斗一个，正心万栱上各安槽升一个，闹二翘上各安十八斗一个，单才瓜栱上各安三才升一个，斜二翘上前后贴升耳四个。

第四层，搭角正头昂二件，各后带正心枋。搭角闹头昂四件，内二件各后带单才万栱，二件各后带单才瓜栱。里连头合角麻叶云二件，斜头昂一件，正头昂、闹头昂上各安十八斗一个，单才万栱、瓜栱上各安三才升一个，斜头昂上前后贴升耳四个。

第五层，搭角正二昂二件，各后带正心枋。搭角闹二昂六件，内二件各后带拽枋，二件各后带单才万栱，二件各后带单才瓜栱。里连头合角麻叶云二件。斜二昂一件，后带菊花头。正二昂上各安十八斗一个，闹二昂上各安十八斗一个，单才瓜栱、万栱上各安三才升一个，斜二昂上前贴升耳二个。

第六层，搭角正蚂蚱头二件，各后带正心枋。搭角闹蚂蚱头六件，内二件各后带单才万栱，四件各后带拽枋，把臂厢栱二件，里连头合角三福云二件。由昂一件，后带举高六分头，下接菊花头，上并秤杆镶入金柱。单才万栱上各安三才升一个，把臂厢栱上各安三才升二个，由昂上前后贴升耳四个，由昂里面六分头上锭三福云二件，中穿伏莲销一根。

第七层，搭角正撑头木二件，各后带正心枋。闹撑头木六件，各后带拽枋。

第八层，斜桁椀一件，后带夔龙尾。

【译解】第一层，安装一个大斗。

第二层，安装两个搭角正头翘，头翘的后尾带正心瓜栱。安装一个斜头翘。在正头翘上方安装一个十八斗。在正心瓜栱上安装一个槽升子，在斜头翘上方前后各安装两个贴升耳。

第三层，安装两个搭角正二翘，正二翘的后尾带正心万栱。安装两个搭角闹二翘，闹二翘的后尾带单才瓜栱。安装两个里连头合角麻叶云。安装一个斜二翘，在正二翘两端均安装一个十八斗。在正心万栱上方安装一个槽升子，在闹二翘上方安装一个十八斗。在单才瓜栱上方安装一个三才升，在斜二翘的上方前后各安装两个贴升耳。

第四层，安装两个搭角正头昂，在正头昂的后尾安装正心枋。安装四个搭角闹头昂，其中两个闹头昂的后尾带单才万栱，另外两个闹头昂的后尾带单才瓜栱。

安装两个里连头合角麻叶云。安装一个斜头昂。在正头昂和闹头昂上方各安装一个十八斗。在单才瓜栱和单才万栱上方各安装一个三才升。在斜头昂上方前后各安装两个贴升耳。

第五层，安装两个搭角正二昂，在正头昂的后尾安装正心枋。安装六个搭角闹二昂，其中两个闹二昂的后尾带拽枋，两个闹二昂的后尾带单才万栱，另外两个闹二昂的后尾带单才瓜栱。安装两个里连头合角麻叶云。安装一个斜二昂，斜二昂的后尾带菊花头。在正二昂上方安装一个十八斗，在闹二昂上方安装一个十八斗。在单才万栱和单才瓜栱上方安装一个三才升。在斜二昂的上方前部安装两个升耳。

第六层，安装两个搭角正蚂蚱头，在其后尾安装正心枋。安装六个搭角闹蚂蚱头，其中两个搭角闹蚂蚱头的后尾带单才万栱，在另外四个搭角闹蚂蚱头的后尾安装拽枋。安装两个把臂厢栱。安装两个里连头合角三福云。安装一个由昂，在由昂的后尾倾斜向上安装六分头，其下方安装菊花头，将上方的秤杆镶入金柱中。在单才万栱上方安装一个三才升，在把臂厢栱上方安装两个三才升，在由昂上方前后各安装两个升耳。在由昂内侧的六分头两端各安装一个三福云，在中间凿出一个通眼，其中穿一根伏莲销。

第七层，安装两个搭角正撑头木，在其后尾安装正心枋。安装六个闹撑头木，在其后尾安装拽枋。

第八层，安装一个斜桁椀，将其后尾制作成夔龙尾。

## 一斗二升交麻叶并一斗三升平身科

【译解】平身科一斗二升交麻叶斗栱和一斗三升斗栱。

【原文】第一层，大斗一个。

第二层，安麻叶云一件，中十字扣正心瓜栱一件，正心瓜栱上两头各安槽升一个，其一斗三升去麻叶云，中添槽升一个。

【译解】第一层，安装一个大斗。

第二层，安装一个麻叶云，在与麻叶云成十字方向上安装一个正心瓜栱。在正心瓜栱上方两端各安装一个槽升子。在一斗三升斗栱的中央不安装麻叶云，安装一个槽升子。

## 一斗二升交麻叶并一斗三升柱头科

【译解】柱头科一斗二升交麻叶斗栱和一斗三升斗栱。

【原文】第一层，大斗一个。

第二层，安正心瓜栱一件，翘头一件，正心瓜栱上两头各安槽升一个。其翘头系抱头梁或柁头连做。一斗三升，两边各贴正升耳一个。

【译解】第一层，安装一个大斗。

第二层，安装一个正心瓜栱，安装一个翘头。在正心瓜栱两端各安装一个槽升子。翘头在制作抱头梁或柁头时一并制作。在一斗三升斗栱中，两端各安装一个贴正升耳。

## 一斗二升交麻叶并一斗三升角科

【译解】角科一斗二升交麻叶斗栱和一斗三升斗栱。

【原文】第一层，大斗一个。

第二层，搭角正心瓜栱二件。斜昂一件，后带麻叶云。正心瓜栱上前各安三才升一个，后各安槽升一个，斜昂上前贴升耳二个。

【译解】第一层，安装一个大斗。

第二层，安装两个搭角正心瓜栱。安装一个斜昂，斜昂的后尾带麻叶云。在正心瓜栱上方前部安装一个三才升，在其后部安装一个槽升子。在斜昂上方前部安装两个升耳。

## 三滴水品字平身科

【译解】平身科三滴水品字科斗栱

【原文】第一层，大斗一个。

第二层，安头翘一件，前后各安十八斗一个，中扣正心瓜栱一件，两头各安槽升一个。

第三层，安二翘一件，后安十八斗一个，中扣正心万栱一件，两头各安槽升一个，前后各安单才瓜栱一件，每件两头各安三才升一个。

第四层，安撑头木一件，后带麻叶云，后安厢栱一件，两头各安三才升一个。

【译解】第一层，安装一个大斗。

第二层，安装一个头翘，在其两端各安装一个十八斗，在中心成十字方向上安装一个正心瓜栱，在其两端各安装一个槽升子。

第三层，安装一个二翘，在其后部安装一个十八斗，在中心成十字方向上安装一个正心万栱，在其两端各安装一个槽升子。在其前后两端各安装一个单才瓜栱，在瓜栱的两端各安装一个三才升。

第四层，安装一个撑头木，撑头木的后尾带麻叶云。安装一个厢栱，在厢栱的两端各安装一个三才升。

## 三滴水品字柱头科

【译解】柱头科三滴水品字科斗栱

【原文】第一层，大斗一个。

第二层，安头翘一件，前安桶子十八斗一个，后贴升耳二个，中扣正心瓜栱一件，两头各安槽升一个。

第三层，二翘系踩步梁头连做，前后各安单才瓜栱一件，两头各安三才升一个，中扣正心万栱一件，两头各安槽升一个。

第四层，撑头木系踩步梁头连做，后安厢栱一件，两头各安三才升一个。

【译解】第一层，安装一个大斗。

第二层，安装一个头翘，在前部安装一个桶子十八斗，在后部安装两个升耳，在中心成十字方向上安装一个正心瓜栱，在其两端各安装一个槽升子。

第三层，在制作踩步梁梁头时一并制作二翘。在二翘的前后两端各安装一个单才瓜栱，在瓜栱的两端各安装一个三才升。在中心成十字方向上安装一个正心万栱，在其两端各安装一个槽升子。

第四层，在制作踩步梁梁头时一并制作撑头木，在其后部安装一个厢栱，在其两端各均装一个三才升。

### 三滴水品字角科

【译解】角科三滴水品字科斗栱

【原文】第一层，大斗一个。

第二层，搭角正头翘二件，各后带正心瓜栱。斜头翘一件。正头翘上各安十八斗一个，正心瓜栱上各安槽升一个，斜头翘上前后贴升耳四个。

第三层，搭角正二翘二件，各后带正心万栱。搭角闹二翘二件，各后带单才瓜栱。里连头合角单才瓜栱二件，斜二翘系斜踩步梁头连做，正心万栱上各安槽升一个，单才瓜栱上各安三才升一个，合角单才瓜栱上各安三才升一个。

第四层，撑头木系斜踩步梁头连做，后安里连头合角厢栱二件，每件上安三才升一个。

【译解】第一层，安装一个大斗。

第二层，安装两个搭角正头翘，搭角正头翘的后尾带正心瓜栱。安装一个斜翘。在正头翘上方安装一个十八斗，在正心瓜栱上方安装一个槽升子，在斜头翘上方前后各安装两个贴升耳。

第三层，安装两个搭角正二翘，搭角正二翘的后尾带正心万栱。安装两个搭角闹二翘，搭角闹二翘的后尾带单才瓜栱。安装两个里连头合角单才瓜栱。在制作踩步梁梁头时一并制作斜二翘。在正心万栱上方安装一个槽升子，在单才瓜栱上方安装一个三才升，在合角单才瓜栱上方各安装一个三才升。

第四层，在制作踩步梁梁头时一并制作撑头木，在其后部安装两个里连头合角厢栱，在每个厢栱两端各安装一个三才升。

### 内里品字科

【译解】内里品字科斗栱

【原文】第一层，大斗一个。

第二层，安头翘一件，前安十八斗一个，后厢正心瓜栱一件，两头各安槽升一个。

第三层，安二翘一件，前安十八斗一个，中扣麻叶云一件，后厢正心万栱一件，两头各安槽升一个。再此项品字科之翘向无定数，系按棋盘板高低增减，每增一翘加长一拽架，再加十八斗、三福云、麻叶云各一件，以此递增，其减法与增法同。

第四层，撑头木一件，后带麻叶云，后厢三福云二件。

【译解】第一层，安装一个大斗。

第二层，安装一个头翘，在头翘的前部安装一个十八斗，在头翘的后部横向安装一个正心瓜栱，在其两端均安装一个槽升子。

第三层，安装一个二翘，在二翘的前部安装一个十八斗，在其中间安装一个麻叶云，在其后部横向安装一个正心万栱，在其两端各安装一个槽升子。若此类品字科斗栱中的翘数不确定，则按照棋盘板的高度进行增减。增加一个翘，需加长一拽架长度，在前述构件的基础上再安装一个十八斗、一个三福云和一个麻叶云。若翘数继续增加，则长度和构件依次递增。当翘数减少时，缩减的长度和构件与加法的算法相同。

第四层，安装一个撑头木，撑头木的后尾带麻叶云。在后部横向安装两个三福云。

## 槅架科

【译解】槅架科斗栱

【原文】第一层，荷叶一件，两边贴大斗耳各一个。

第二层，瓜栱一件，两边贴槽升耳各三个。

第三层，雀替一件。

【译解】第一层，安装一个荷叶橔，在其两端各安装一个贴大斗耳。

第二层，安装一个瓜栱，在其两端各安装一个贴槽升耳。

第三层，安装一个雀替。

# 卷三十

本卷详述当斗口为一寸时，平身科、柱头科、角科的单昂斗栱中各构件的尺寸。

## 斗科斗口一寸尺寸

【译解】当斗口为一寸时，各类斗栱的尺寸。

## 斗口单昂平身科、柱头科、角科斗口一寸各件尺寸

【译解】当斗口为一寸时，平身科、柱头科、角科的单昂斗栱中各构件的尺寸。

### 平身科

【译解】平身科斗栱

【原文】大斗一个，见方三寸，高二寸。

单昂一件，长九寸八分五厘，高三寸，宽一寸。

蚂蚱头一件，长一尺二寸五分四厘，高二寸，宽一寸。

撑头木一件，长六寸，高二寸，宽一寸。

正心瓜栱一件，长六寸二分，高二寸，宽一寸二分四厘。

正心万栱一件，长九寸二分，高二寸，宽一寸二分四厘。

厢栱二件，各长七寸二分，高一寸四分，宽一寸。

桁椀一件，长六寸，高一寸五分，宽一寸。

十八斗二个，各长一寸八分，高一寸，宽一寸四分八厘。

槽升四个，各长一寸三分，高一寸，宽一寸七分二厘。

三才升六个，各长一寸三分，高一寸，宽一寸四分八厘。

【译解】大斗一个，长度、宽度均为三寸，高度为二寸。

单昂一件，长度为九寸八分五厘，高度为三寸，宽度为一寸。

蚂蚱头一件，长度为一尺二寸五分四厘，高度为二寸，宽度为一寸。

撑头木一件，长度为六寸，高度为二寸，宽度为一寸。

正心瓜栱一件，长度为六寸二分，高度为二寸，宽度为一寸二分四厘。

正心万栱一件，长度为九寸二分，高度为二寸，宽度为一寸二分四厘。

厢栱两件，长度均为七寸二分，高度均为一寸四分，宽度均为一寸。

桁椀一件，长度为六寸，高度为一寸五分，宽度为一寸。

十八斗两个，长度均为一寸八分，高度均为一寸，宽度均为一寸四分八厘。

槽升子四个，长度均为一寸三分，高度均为一寸，宽度均为一寸七分二厘。

三才升六个，长度均为一寸三分，高度均为一寸，宽度均为一寸四分八厘。

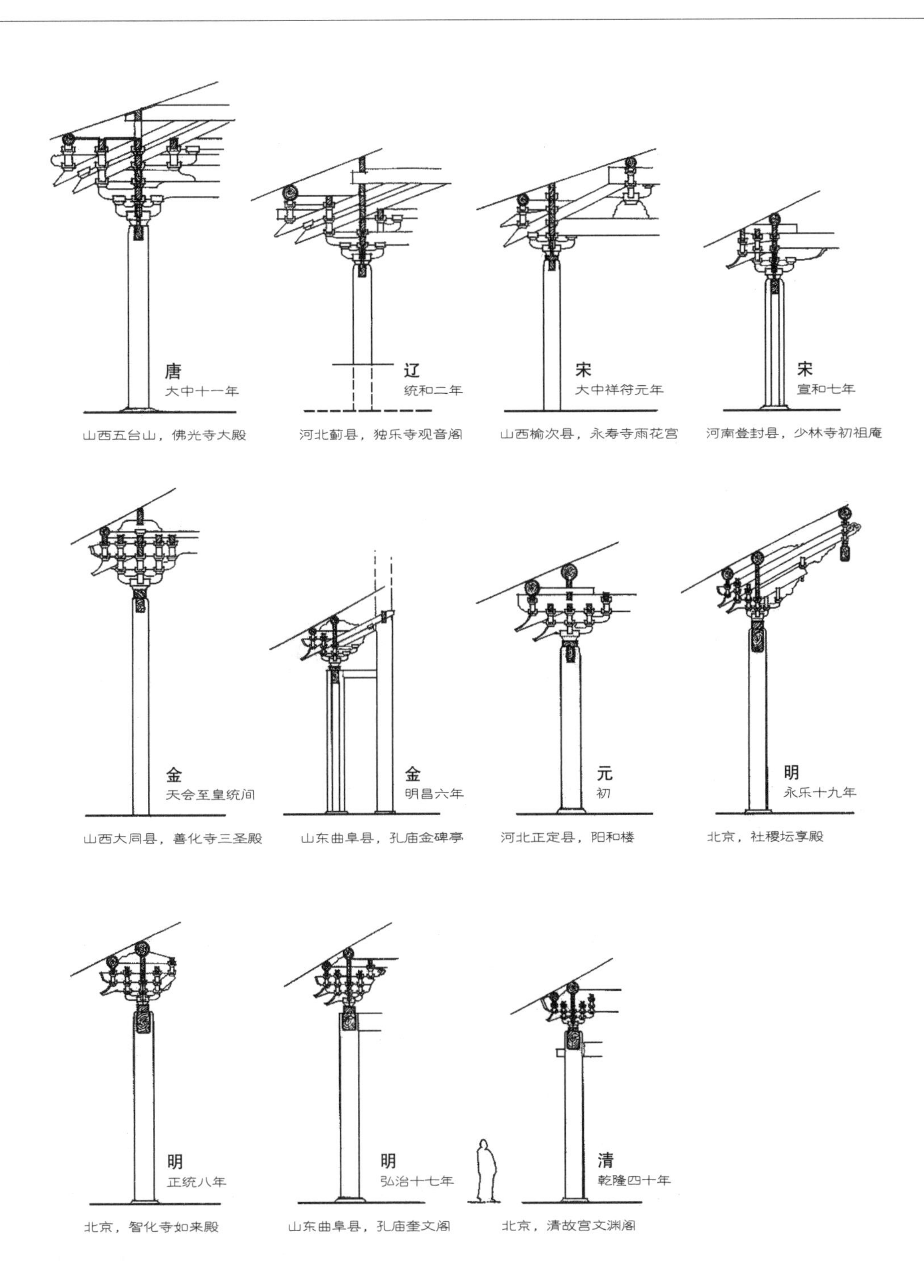


□ **历代斗栱演变**

斗栱是负责传载建筑屋檐负重的核心结构，历经数代，至今仍是中国古建的显著特征之一。

柱头科

【译解】柱头科斗栱

【原文】大斗一个，长四寸，高二寸，宽三寸。

单昂一件，长九寸八分五厘，高三寸，宽二寸。

正心瓜栱一件，长六寸二分，高二寸，宽一寸二分四厘。

正心万栱一件，长九寸二分，高二寸，宽一寸二分四厘。

厢栱二件，各长七寸二分，高一寸四分，宽一寸。

桶子十八斗一个，长四寸八分，高一寸，宽一寸四分八厘。

槽升二个，各长一寸三分，高一寸，宽一寸七分二厘。

三才升五个，各长一寸三分，高一寸，宽一寸四分八厘。

【译解】大斗一个，长度为四寸，高度为二寸，宽度为三寸。

单昂一件，长度为九寸八分五厘，高度为三寸，宽度为二寸。

正心瓜栱一件，长度为六寸二分，高度为二寸，宽度为一寸二分四厘。

正心万栱一件，长度为九寸二分，高度为二寸，宽度为一寸二分四厘。

厢栱两件，长度均为七寸二分，高度均为一寸四分，宽度均为一寸。

桶子十八斗一个，长度为四寸八分，高度为一寸，宽度为一寸四分八厘。

槽升子两个，长度均为一寸三分，高度均为一寸，宽度均为一寸七分二厘。

三才升五个，长度均为一寸三分，高度均为一寸，宽度均为一寸四分八厘。

角科

【译解】角科斗栱

【原文】大斗一个，见方三寸，高二寸。

斜昂一件，长一尺三寸七分九厘，高三寸，宽一寸五分。

搭角正昂带正心瓜栱二件，各长九寸四分，高三寸，宽一寸二分四厘。

由昂一件，长二尺一寸七分四厘，高五寸五分，宽一寸九分五厘。

搭角正蚂蚱头带正心万栱二件，各长一尺六分，高二寸，宽一寸二分四厘。

搭角正撑头木二件，各长三寸，高二寸，宽一寸。

把臂厢栱二件，各长一尺一寸四分，高二寸，宽一寸。

里连头合角厢栱二件，各长一寸二分，高一寸四分，宽一寸。

斜桁椀一件，长八寸四分，高一寸五分，宽一寸九分五厘。

十八斗二个，槽升四个，三才升六个，俱与平身科尺寸同。

【译解】大斗一个，长度、宽度均为三寸，高度为二寸。

斜昂一件，长度为一尺三寸七分九厘，高度为三寸，宽度为一寸五分。

带正心瓜栱的搭角正昂两件，长度均为九寸四分，高度均为三寸，宽度均为一寸二分四厘。

由昂一件，长度为二尺一寸七分四厘，高度为五寸五分，宽度为一寸九分五厘。

带正心万栱的搭角正蚂蚱头两件，长度均为一尺六分，高度均为二寸，宽度均为一寸二分四厘。

搭角正撑头木两件，长度均为三寸，高度均为二寸，宽度均为一寸。

把臂厢栱两件，长度均为一尺一寸四分，高度均为二寸，宽度均为一寸。

里连头合角厢栱两件，长度均为一寸二分，高度均为一寸四分，宽度均为一寸。

斜桁椀一件，长度为八寸四分，高度为一寸五分，宽度为一寸九分五厘。

十八斗两个，槽升子四个，三才升六个，它们的尺寸均与平身科斗栱的尺寸相同。

## 斗口重昂平身科、柱头科、角科斗口一寸各件尺寸

【译解】当斗口为一寸时，平身科、柱头科、角科的重昂斗栱中各构件的尺寸。

### 平身科

【译解】平身科斗栱

【原文】大斗一个，见方三寸，高二寸。

头昂一件，长九寸八分五厘，高三寸，宽一寸。

二昂一件，长一尺五寸三分，高三寸，宽一寸。

蚂蚱头一件，长一尺五寸六分，高二寸，宽一寸。

撑头木一件，长一尺五寸五分四厘，高二寸，宽一寸。

正心瓜栱一件，长六寸二分，高二寸，宽一寸二分四厘。

正心万栱一件，长九寸二分，高二寸，宽一寸二分四厘。

单才瓜栱二件，各长六寸二分，高一寸四分，宽一寸。

单才万栱二件，各长九寸二分，高一寸四分，宽一寸。

厢栱二件，各长七寸二分，高一寸四分，宽一寸。

桁椀一件，长一尺二寸，高三寸，宽一寸。

十八斗四个，各长一寸八分，高一寸，宽一寸四分八厘。

槽升四个，各长一寸三分，高一寸，宽一寸七分二厘。

三才升十二个，各长一寸三分，高一寸，宽一寸四分八厘。

【译解】大斗一个，长度、宽度均为三寸，高度为二寸。

头昂一件，长度为九寸八分五厘，高度为三寸，宽度为一寸。

二昂一件，长度为一尺五寸三分，高度为三寸，宽度为一寸。

蚂蚱头一件，长度为一尺五寸六分，高度为二寸，宽度为一寸。

撑头木一件，长度为一尺五寸五分四厘，高度为二寸，宽度为一寸。

正心瓜栱一件，长度为六寸二分，高度为二寸，宽度为一寸二分四厘。

正心万栱一件，长度为九寸二分，高度为二寸，宽度为一寸二分四厘。

单才瓜栱两件，长度均为六寸二分，高度均为一寸四分，宽度均为一寸。

单才万栱两件，长度均为九寸二分，高度均为一寸四分，宽度均为一寸。

厢栱两件，长度均为七寸二分，高度均为一寸四分，宽度均为一寸。

桁椀一件，长度为一尺二寸，高度为三寸，宽度为一寸。

十八斗四个，长度均为一寸八分，高度均为一寸，宽度均为一寸四分八厘。

槽升子四个，长度均为一寸三分，高度均为一寸，宽度均为一寸七分二厘。

三才升十二个，长度均为一寸三分，高度均为一寸，宽度均为一寸四分八厘。

柱头科

【译解】柱头科斗栱

【原文】大斗一个，长四寸，高二寸，宽三寸。

头昂一件，长九寸八分五厘，高三寸，宽二寸。

二昂一件，长一尺五寸三分，高三寸，宽三寸。

正心瓜栱一件，长六寸二分，高二寸，宽一寸二分四厘。

正心万栱一件，长九寸二分，高二寸，宽一寸二分四厘。

单才瓜栱二件，各长六寸二分，高一寸四分，宽一寸。

单才万栱二件，各长九寸二分，高一寸四分，宽一寸。

厢栱二件，各长七寸二分，高一寸四分，宽一寸。

桶子十八斗三个，内二个各长三寸八分，一个长四寸八分，俱高一寸，宽一寸四分八厘。

槽升四个，各长一寸三分，高一寸，宽一寸七分二厘。

三才升十二个，各长一寸三分，高一寸，宽一寸四分八厘。

【译解】大斗一个，长度为四寸，高度为二寸，宽度为三寸。

头昂一件，长度为九寸八分五厘，高度为三寸，宽度为二寸。

二昂一件，长度为一尺五寸三分，高度为三寸，宽度为三寸。

正心瓜栱一件，长度为六寸二分，高度为二寸，宽度为一寸二分四厘。

正心万栱一件，长度为九寸二分，高度为二寸，宽度为一寸二分四厘。

单才瓜栱两件，长度均为六寸二分，高度均为一寸四分，宽度均为一寸。

单才万栱两件，长度均为九寸二分，高度均为一寸四分，宽度均为一寸。

厢栱两件，长度均为七寸二分，高度均为一寸四分，宽度均为一寸。

桶子十八斗三个，其中两个长度为三寸八分，一个长度为四寸八分，高度均为一寸，宽度均为一寸四分八厘。

槽升子四个，长度均为一寸三分，高度均为一寸，宽度均为一寸七分二厘。

三才升十二个，长度均为一寸三分，高度均为一寸，宽度均为一寸四分八厘。

角科

【译解】角科斗栱

【原文】大斗一个，见方三寸，高二寸。

斜头昂一件，长一尺三寸七分九厘，高三寸，宽一寸五分。

搭角正头昂带正心瓜栱二件，各长九寸四分，高三寸，宽一寸二分四厘。

斜二昂一件，长二尺一寸四分二厘，高三寸，宽一寸八分。

搭角正二昂带正心万栱二件，各长一尺三寸九分，高三寸，宽一寸二分四厘。

搭角闹二昂带单才瓜栱二件，各长一尺二寸四分，高三寸，宽一寸。

由昂一件，长三尺三分，高五寸五分，宽二寸一分。

搭角正蚂蚱头二件，各长九寸，高二寸，宽一寸。

搭角闹蚂蚱头带单才万栱二件，各长一尺三寸六分，高二寸，宽一寸。

把臂厢栱二件，各长一尺四寸四分，高二寸，宽一寸。

里连头合角单才瓜栱二件，各长五寸四分，高一寸四分，宽一寸。

里连头合角单才万栱二件，各长三寸八分，高一寸四分，宽一寸。

搭角正撑头木二件，闹撑头木二件，各长六寸，高二寸，宽一寸。

里连头合角厢栱二件，各长一寸五分，高一寸四分，宽一寸。

斜桁椀一件，长一尺六寸八分，高三寸，宽二寸一分。

贴升耳十个，内四个各长一寸九分八厘，二个各长二寸四分八厘，四个各长二寸九分八厘，俱高六分，宽二分四厘。

十八斗六个，槽升四个，三才升十二个，俱与平身科尺寸同。

【译解】大斗一个，长度、宽度均为三寸，高度为二寸。

斜头昂一件，长度为一尺三寸七分九厘，高度为三寸，宽度为一寸五分。

带正心瓜栱的搭角正头昂两件，长度均为九寸四分，高度均为三寸，宽度均为一寸二分四厘。

斜二昂一件，长度为二尺一寸四分二厘，高度为三寸，宽度为一寸八分。

带正心万栱的搭角正二昂两件，长度均为一尺三寸九分，高度均为三寸，宽度均为一寸二分四厘。

带单才瓜栱的搭角闹二昂两件，长度均为一尺二寸四分，高度均为三寸，宽度均为一寸。

由昂一件，长度为三尺三分，高度为五寸五分，宽度为二寸一分。

搭角正蚂蚱头两件，长度均为九寸，高度均为二寸，宽度均为一寸。

带单才万栱的搭角闹蚂蚱头两件，长度均为一尺三寸六分，高度均为二寸，宽度均为一寸。

把臂厢栱两件，长度均为一尺四寸四分，高度均为二寸，宽度均为一寸。

里连头合角单才瓜栱两件，长度均为五寸四分，高度均为一寸四分，宽度均为一寸。

里连头合角单才万栱两件，长度均为三寸八分，高度均为一寸四分，宽度均为一寸。

搭角正撑头木两件，闹撑头木两件，长度均为六寸，高度均为二寸，宽度均为一寸。

里连头合角厢栱两件，长度均为一寸五分，高度均为一寸四分，宽度均为一寸。

斜桁椀一件，长度为一尺六寸八分，高度为三寸，宽度为二寸一分。

贴升耳十个，其中四个长度为一寸九分八厘，两个长度为二寸四分八厘，四个长度为二寸九分八厘，高度均为六分，宽度均为二分四厘。

十八斗六个，槽升子四个，三才升十二个，它们的尺寸均与平身科斗栱的尺寸相同。

## 单翘单昂平身科、柱头科、角科斗口一寸各件尺寸

【译解】当斗口为一寸时，平身科、柱头科、角科的单翘单昂斗栱中各构件的尺寸。

### 平身科

【译解】平身科斗栱

**【原文】单翘一件，长七寸一分，高二寸，宽一寸。**

**其余各件，俱与斗口重昂平身科尺寸同。**

【译解】单翘一件，长度为七寸一分，高度为二寸，宽度为一寸。

其余构件的尺寸均与平身科重昂斗栱的尺寸相同。

柱头科

【译解】柱头科斗栱

**【原文】单翘一件，长七寸一分，高二寸，宽二寸。**

**其余各件，俱与斗口重昂柱头科尺寸同。**

【译解】单翘一件，长度为七寸一分，高度为二寸，宽度为二寸。

其余构件的尺寸均与柱头科重昂斗栱的尺寸相同。

角科

【译解】角科斗栱

**【原文】斜翘一件，长九寸九分四厘，高二寸，宽一寸五分。**

**搭角正翘带正心瓜栱二件，各长六寸六分五厘，高二寸，宽一寸二分四厘。**

**其余各件，俱与斗口重昂角科尺寸同。**

【译解】斜翘一件，长度为九寸九分四厘，高度为二寸，宽度为一寸五分。

带正心瓜栱的搭角正翘两件，长度均为六寸六分五厘，高度均为二寸，宽度均为一寸二分四厘。

其余构件的尺寸均与角科重昂斗栱的尺寸相同。

## 单翘重昂平身科、柱头科、角科斗口一寸各件尺寸

【译解】当斗口为一寸时，平身科、柱头科、角科的单翘重昂斗栱中各构件的尺寸。

平身科

【译解】平身科斗栱

**【原文】大斗一个，见方三寸，高二寸。**

**单翘一件，长七寸一分，高二寸，宽一寸。**

**头昂一件，长一尺五寸八分五厘，高三寸，宽一寸。**

**二昂一件，长二尺一寸三分，高三寸，宽一寸。**

**蚂蚱头一件，长二尺一寸六分，高二寸，宽一寸。**

**撑头木一件，长二尺一寸五分四厘，高二寸，宽一寸。**

**正心瓜栱一件，长六寸二分，高二寸，宽一寸二分四厘。**

**正心万栱一件，长九寸二分，高二**

寸，宽一寸二分四厘。

单才瓜栱四件，各长六寸二分，高一寸四分，宽一寸。

单才万栱四件，各长九寸二分，高一寸四分，宽一寸。

厢栱二件，各长七寸二分，高一寸四分，宽一寸。

桁椀一件，长一尺八寸，高四寸五分，宽一寸。

十八斗六个，各长一寸八分，高一寸，宽一寸四分八厘。

槽升四个，各长一寸三分，高一寸，宽一寸七分二厘。

三才升二十个，各长一寸三分，高一寸，宽一寸四分八厘。

【译解】大斗一个，长度、宽度均为三寸，高度为二寸。

单翘一件，长度为七寸一分，高度为二寸，宽度为一寸。

头昂一件，长度为一尺五寸八分五厘，高度为三寸，宽度为一寸。

二昂一件，长度为二尺一寸三分，高度为三寸，宽度为一寸。

蚂蚱头一件，长度为二尺一寸六分，高度为二寸，宽度为一寸。

撑头木一件，长度为二尺一寸五分四厘，高度为二寸，宽度为一寸。

正心瓜栱一件，长度为六寸二分，高度为二寸，宽度为一寸二分四厘。

正心万栱一件，长度为九寸二分，高度为二寸，宽度为一寸二分四厘。

单才瓜栱四件，长度均为六寸二分，高度均为一寸四分，宽度均为一寸。

单才万栱四件，长度均为九寸二分，高度均为一寸四分，宽度均为一寸。

厢栱两件，长度均为七寸二分，高度均为一寸四分，宽度均为一寸。

桁椀一件，长度为一尺八寸，高度为四寸五分，宽度为一寸。

十八斗六个，长度均为一寸八分，高度均为一寸，宽度均为一寸四分八厘。

槽升子四个，长度均为一寸三分，高度均为一寸，宽度均为一寸七分二厘。

三才升二十个，长度均为一寸三分，高度均为一寸，宽度均为一寸四分八厘。

柱头科

【译解】柱头科斗栱

【原文】大斗一个，长四寸，高二寸，宽三寸。

单翘一件，长七寸一分，高二寸，宽二寸。

头昂一件，长一尺五寸八分五厘，高三寸，宽二寸六分六厘六毫。

二昂一件，长二尺一寸三分，高三寸，宽三寸三分三厘三毫。

正心瓜栱一件，长六寸二分，高二寸，宽一寸二分四厘。

正心万栱一件，长九寸二分，高二寸，宽一寸二分四厘。

单才瓜栱四件，各长六寸二分，高一寸四分，宽一寸。

单才万栱四件，各长九寸二分，高一寸四分，宽一寸。

厢栱二件，各长七寸二分，高一寸四分，宽一寸。

桶子十八斗五个，内二个各长三寸四分六厘六毫，二个各长四寸一分三厘三毫，一个长四寸八分，俱高一寸，宽一寸四分八厘。

槽升四个，各长一寸三分，高一寸，宽一寸七分二厘。

三才升二十个，各长一寸三分，高一寸，宽一寸四分八厘。

【译解】大斗一个，长度为四寸，高度为二寸，宽度为三寸。

单翘一件，长度为七寸一分，高度为二寸，宽度为二寸。

头昂一件，长度为一尺五寸八分五厘，高度为三寸，宽度为二寸六分六厘六毫。

二昂一件，长度为二尺一寸三分，高度为三寸，宽度为三寸三分三厘三毫。

正心瓜栱一件，长度为六寸二分，高度为二寸，宽度为一寸二分四厘。

正心万栱一件，长度为九寸二分，高度为二寸，宽度为一寸二分四厘。

单才瓜栱四件，长度均为六寸二分，高度均为一寸四分，宽度均为一寸。

单才万栱四件，长度均为九寸二分，高度均为一寸四分，宽度均为一寸。

厢栱两件，长度均为七寸二分，高度均为一寸四分，宽度均为一寸。

桶子十八斗五个，其中两个长度均为三寸四分六厘六毫，两个长度均为四寸一分三厘三毫，一个长度为四寸八分，高度均为一寸，宽度均为一寸四分八厘。

槽升子四个，长度均为一寸三分，高度均为一寸，宽度均为一寸七分二厘。

三才升二十个，长度均为一寸三分，高度均为一寸，宽度均为一寸四分八厘。

### 角科

【译解】角科斗栱

【原文】大斗一个，见方三寸，高二寸。

斜翘一件，长九寸九分四厘，高二寸，宽一寸五分。

搭角正翘带正心瓜栱二件，各长六寸六分五厘，高二寸，宽一寸二分四厘。

斜头昂一件，长二尺二寸一分九厘，高三寸，宽一寸七分二厘五毫。

搭角正头昂带正心万栱二件，各长一尺三寸九分，高三寸，宽一寸二分四厘。

搭角闹头昂带单才瓜栱二件，各长一尺二寸四分，高三寸，宽一寸。

里连头合角单才瓜栱二件，各长五寸四分，高一寸四分，宽一寸。

斜二昂一件，长二尺九寸八分二厘，高三寸，宽一寸九分五厘。

搭角正二昂二件，各长一尺二寸三分，高三寸，宽一寸。

搭角闹二昂带单才万栱二件，各长一尺六寸九分，高三寸，宽一寸。

搭角闹二昂带单才瓜栱二件，各长一尺五寸四分，高三寸，宽一寸。

里连头合角单才万栱二件，各长三寸八分，高一寸四分，宽一寸。

里连头合角单才瓜栱二件，各长二寸二分，高一寸四分，宽一寸。

由昂一件，长三尺八寸八分六厘，高五寸五分，宽二寸一分七厘五毫。

搭角正蚂蚱头二件、闹蚂蚱头二件，各长一尺二寸，高二寸，宽一寸。

搭角闹蚂蚱头带单才万栱二件，各长一尺六寸六分，高二寸，宽一寸。

里连头合角单才万栱二件，各长九寸，高一寸四分，宽一寸。

把臂厢栱二件，各长一尺七寸四分，高二寸，宽一寸。

搭角正撑头木二件、闹撑头木四件，各长九寸，高二寸，宽一寸。

里连头合角厢栱二件，各长一寸八分，高一寸四分，宽一寸。

斜桁椀一件，长二尺五寸二分，高四寸五分，宽二寸一分七厘五毫。

贴升耳十四个，内四个各长一寸九分八厘，四个各长二寸二分五毫，二个各长二寸四分三厘，四个各长二寸六分五厘五毫，俱高六分，宽二分四厘。

十八斗十二个，槽升四个，三才升十六个，俱与平身科尺寸同。

【译解】大斗一个，长度、宽度均为三寸，高度为二寸。

斜翘一件，长度为九寸九分四厘，高度为二寸，宽度为一寸五分。

带正心瓜栱的搭角正翘两件，长度均为六寸六分五厘，高度均为二寸，宽度均为一寸二分四厘。

斜头昂一件，长度为二尺二寸一分九厘，高度为三寸，宽度为一寸七分二厘五毫。

带正心万栱的搭角正头昂两件，长度均为一尺三寸九分，高度均为三寸，宽度均为一寸二分四厘。

带单才瓜栱的搭角闹头昂两件，长度均为一尺二寸四分，高度均为三寸，宽度均为一寸。

里连头合角单才瓜栱两件，长度均为五寸四分，高度均为一寸四分，宽度均为一寸。

斜二昂一件，长度为二尺九寸八分二厘，高度为三寸，宽度为一寸九分五厘。

搭角正二昂两件，长度均为一尺二寸三分，高度均为三寸，宽度均为一寸。

带单才万栱的搭角闹二昂两件，长度均为一尺六寸九分，高度均为三寸，宽度均为一寸。

带单才瓜栱的搭角闹二昂两件，长度均为一尺五寸四分，高度均为三寸，宽度均为一寸。

里连头合角单才万栱两件，长度均为

三寸八分，高度均为一寸四分，宽度均为一寸。

里连头合角单才瓜栱两件，长度均为二寸二分，高度均为一寸四分，宽度均为一寸。

由昂一件，长度为三尺八寸八分六厘，高度为五寸五分，宽度为二寸一分七厘五毫。

搭角正蚂蚱头两件、闹蚂蚱头两件，长度均为一尺二寸，高度均为二寸，宽度均为一寸。

带单才万栱的搭角闹蚂蚱头两件，长度均为一尺六寸六分，高度均为二寸，宽度均为一寸。

里连头合角单才万栱两件，长度均为九寸，高度均为一寸四分，宽度均为一寸。

把臂厢栱两件，长度均为一尺七寸四分，高度均为二寸，宽度均为一寸。

搭角正撑头木两件、闹撑头木四件，长度均为九寸，高度均为二寸，宽度均为一寸。

里连头合角厢栱两件，长度均为一寸八分，高度均为一寸四分，宽度均为一寸。

斜桁椀一件，长度为二尺五寸二分，高度为四寸五分，宽度为二寸一分七厘五毫。

贴升耳十四个，其中四个长度为一寸九分八厘，四个长度为二寸二分五毫，两个长度为二寸四分三厘，四个长度为二寸六分五厘五毫，高度均为六分，宽度均为二分四厘。

十八斗十二个，槽升子四个，三才升十六个，它们的尺寸均与平身科斗栱的尺寸相同。

## 重翘重昂平身科、柱头科、角科斗口一寸各件尺寸

【译解】当斗口为一寸时，平身科、柱头科、角科的重翘重昂斗栱中各构件的尺寸。

### 平身科

【译解】平身科斗栱

【原文】大斗一个，见方三寸，高二寸。

头翘一件，长七寸一分，高二寸，宽一寸。

重翘一件，长一尺三寸一分，高二寸，宽一寸。

头昂一件，长二尺一寸八分五厘，高三寸，宽一寸。

二昂一件，长二尺七寸三分，高三寸，宽一寸。

蚂蚱头一件，长二尺七寸六分，高二寸，宽一寸。

撑头木一件，长二尺七寸五分四厘，高二寸，宽一寸。

正心瓜栱一件，长六寸二分，高二寸，宽一寸二分四厘。

正心万栱一件，长九寸二分，高二寸，宽一寸二分四厘。

单才瓜栱六件，各长六寸二分，高一寸四分，宽一寸。

单才万栱六件，各长九寸二分，高一寸四分，宽一寸。

厢栱二件，各长七寸二分，高一寸四分，宽一寸。

桁椀一件，长二尺四寸，高六寸，宽一寸。

十八斗八个，各长一寸八分，高一寸，宽一寸四分八厘。

槽升四个，各长一寸三分，高一寸，宽一寸七分二厘。

三才升二十八个，各长一寸三分，高一寸，宽一寸四分八厘。

【译解】大斗一个，长度、宽度均为三寸，高度为二寸。

头翘一件，长度为七寸一分，高度为二寸，宽度为一寸。

重翘一件，长度为一尺三寸一分，高度为二寸，宽度为一寸。

头昂一件，长度为二尺一寸八分五厘，高度为三寸，宽度为一寸。

二昂一件，长度为二尺七寸三分，高度为三寸，宽度为一寸。

蚂蚱头一件，长度为二尺七寸六分，高度为二寸，宽度为一寸。

撑头木一件，长度为二尺七寸五分四厘，高度为二寸，宽度为一寸。

正心瓜栱一件，长度为六寸二分，高度为二寸，宽度为一寸二分四厘。

正心万栱一件，长度为九寸二分，高度为二寸，宽度为一寸二分四厘。

单才瓜栱六件，长度均为六寸二分，高度均为一寸四分，宽度均为一寸。

单才万栱六件，长度均为九寸二分，高度均为一寸四分，宽度均为一寸。

厢栱两件，长度均为七寸二分，高度均为一寸四分，宽度均为一寸。

桁椀一件，长度为二尺四寸，高度为六寸，宽度为一寸。

十八斗八个，长度均为一寸八分，高度均为一寸，宽度均为一寸四分八厘。

槽升子四个，长度均为一寸三分，高度均为一寸，宽度均为一寸七分二厘。

三才升二十八个，长度均为一寸三分，高度均为一寸，宽度均为一寸四分八厘。

柱头科

【译解】柱头科斗栱

【原文】大斗一个，长四寸，高二寸，宽三寸。

头翘一件，长七寸一分，高二寸，宽二寸。

重翘一件，长一尺三寸一分，高二寸，宽二寸五分。

头昂一件，长二尺一寸八分五厘，高三寸，宽三寸。

二昂一件，长二尺七寸三分，高三寸，宽三寸五分。

正心瓜栱一件，长六寸二分，高二寸，宽一寸二分四厘。

正心万栱一件，长九寸二分，高二寸，宽一寸二分四厘。

单才瓜栱六件，各长六寸二分，高一寸四分，宽一寸。

单才万栱六件，各长九寸二分，高一寸四分，宽一寸。

厢栱二件，各长七寸二分，高一寸四分，宽一寸。

桶子十八斗七个，内二个各长三寸三分，二个各长三寸八分，二个各长四寸三分，一个长四寸八分，俱高一寸，宽一寸四分八厘。

槽升四个，各长一寸三分，高一寸，宽一寸七分二厘。

三才升二十个，各长一寸三分，高一寸，宽一寸四分八厘。

【译解】大斗一个，长度为四寸，高度为二寸，宽度为三寸。

头翘一件，长度为七寸一分，高度为二寸，宽度为二寸。

重翘一件，长度为一尺三寸一分，高度为二寸，宽度为二寸五分。

头昂一件，长度为二尺一寸八分五厘，高度为三寸，宽度为三寸。

二昂一件，长度为二尺七寸三分，高度为三寸，宽度为三寸五分。

正心瓜栱一件，长度为六寸二分，高度为二寸，宽度为一寸二分四厘。

正心万栱一件，长度为九寸二分，高度为二寸，宽度为一寸二分四厘。

单才瓜栱六件，长度均为六寸二分，高度均为一寸四分，宽度均为一寸。

单才万栱六件，长度均为九寸二分，高度均为一寸四分，宽度均为一寸。

厢栱两件，长度均为七寸二分，高度均为一寸四分，宽度均为一寸。

桶子十八斗七个，其中两个长度为三寸三分，两个长度为三寸八分，两个长度为四寸三分，一个长度为四寸八分，高度均为一寸，宽度均为一寸四分八厘。

槽升子四个，长度均为一寸三分，高度均为一寸，宽度均为一寸七分二厘。

三才升二十个，长度均为一寸三分，高度均为一寸，宽度均为一寸四分八厘。

## 角科

【译解】角科斗栱

【原文】大斗一个，见方三寸，高二寸。

斜头翘一件，长九寸九分四厘，高二寸，宽一寸五分。

搭角正头翘带正心瓜栱二件，各长六寸六分五厘，高二寸，宽一寸二分四厘。

斜二翘一件，长一尺八寸三分四厘，高二寸，宽一寸八分八厘。

搭角正二翘带正心万栱二件，各长一尺一寸一分五厘，高二寸，宽一寸二分四厘。

搭角闹二翘带单才瓜栱二件，各长九寸六分五厘，高二寸，宽一寸。

里连头合角单才瓜栱二件，各长五寸四分，高一寸四分，宽一寸。

斜头昂一件，长三尺五分九厘，高三寸，宽一寸八分六厘。

搭角正头昂二件，各长一尺二寸三分，高三寸，宽一寸。

搭角闹头昂带单才瓜栱二件，各长一尺五寸四分，高三寸，宽一寸。

搭角闹头昂带单才万栱二件，各长一尺六寸九分，高三寸，宽一寸。

里连头合角单才万栱二件，各长三寸八分，高一寸四分，宽一寸。

里连头合角单才瓜栱二件，各长二寸二分，高一寸四分，宽一寸。

斜二昂一件，长三尺八寸二分二厘，高三寸，宽二寸四厘。

搭角正二昂二件、闹二昂二件，各长一尺五寸三分，高三寸，宽一寸。

搭角闹二昂带单才万栱二件，各长一尺九寸九分，高三寸，宽一寸。

搭角闹二昂带单才瓜栱二件，各长一尺八寸四分，高三寸，宽一寸。

里连头合角单才万栱二件，各长九分，高一寸四分，宽一寸。

由昂一件，长四尺七寸四分二厘，高五寸五分，宽二寸二分二厘。

搭角正蚂蚱头二件、闹蚂蚱头四件，各长一尺五寸，高二寸，宽一寸。

搭角闹蚂蚱头带单才万栱二件，各长一尺九寸六分，高二寸，宽一寸。

把臂厢栱二件，各长二尺四分，高二寸，宽一寸。

搭角正撑头木二件、闹撑头木六件，各长一尺二寸，高二寸，宽一寸。

里连头合角厢栱二件，各长二寸一分，高一寸四分，宽一寸。

斜桁椀一件，长三尺三寸六分，高六寸，宽二寸二分二厘。

贴升耳十八个，内四个各长一寸九分八厘，四个各长二寸一分六厘，四个各长二寸三分四厘，二个各长二寸五分二厘，四个各长二寸七分，俱高六分，宽二分四厘。

十八斗二十个，槽升四个，三才升二十个，俱与平身科尺寸同。

【译解】大斗一个，长度、宽度均为三寸，高度为二寸。

斜头翘一件，长度为九寸九分四厘，高度为二寸，宽度为一寸五分。

带正心瓜栱的搭角正头翘两件，长度均为六寸六分五厘，高度均为二寸，宽度均为一寸二分四厘。

斜二翘一件，长度为一尺八寸三分四厘，高度为二寸，宽度为一寸六分八厘。

带正心万栱的搭角正二翘两件，长度均为一尺一寸一分五厘，高度均为二寸，宽度均为一寸二分四厘。

带单才瓜栱的搭角闹二翘两件，长度均为九寸六分五厘，高度均为二寸，宽度均为一寸。

里连头合角单才瓜栱两件，长度均为五寸四分，高度均为一寸四分，宽度均为一寸。

斜头昂一件，长度为三尺五分九厘，高度为三寸，宽度为一寸八分六厘。

搭角正头昂两件，长度均为一尺二寸三分，高度均为三寸，宽度均为一寸。

带单才瓜栱的搭角闹头昂两件，长度均为一尺五寸四分，高度均为三寸，宽度均为一寸。

带单才万栱的搭角闹头昂两件，长度均为一尺六寸九分，高度均为三寸，宽度均为一寸。

里连头合角单才万栱两件，长度均为三寸八分，高度均为一寸四分，宽度均为一寸。

里连头合角单才瓜栱两件，长度均为二寸二分，高度均为一寸四分，宽度均为一寸。

斜二昂一件，长度为三尺八寸二分二厘，高度为三寸，宽度为二寸四厘。

搭角正二昂两件、闹二昂两件，长度均为一尺五寸三分，高度均为三寸，宽度均为一寸。

带单才万栱的搭角闹二昂两件，长度均为一尺九寸九分，高度均为三寸，宽度均为一寸。

带单才瓜栱的搭角闹二昂两件，长度均为一尺八寸四分，高度均为三寸，宽度均为一寸。

里连头合角单才万栱两件，长度均为九分，高度均为一寸四分，宽度均为一寸。

由昂一件，长度为四尺七寸四分二厘，高度为五寸五分，宽度为二寸二分二厘。

搭角正蚂蚱头两件、闹蚂蚱头四件，长度均为一尺五寸，高度均为二寸，宽度均为一寸。

带单才万栱的搭角闹蚂蚱头两件，长度均为一尺九寸六分，高度均为二寸，宽度均为一寸。

把臂厢栱两件，长度均为二尺四分，高度均为二寸，宽度均为一寸。

搭角正撑头木两件、闹撑头木六件，长度均为一尺二寸，高度均为二寸，宽度均为一寸。

里连头合角厢栱两件，长度均为二寸一分，高度均为一寸四分，宽度均为一寸。

斜桁椀一件，长度为三尺三寸六分，高度为六寸，宽度为二寸二分二厘。

贴升耳十八个，其中四个长度为一寸九分八厘，四个长度为二寸一分六厘，四个长度为二寸三分四厘，两个长度为二寸五分二厘，四个长度为二寸七分，高度均为六分，宽度均为二分四厘。

十八斗二十个，槽升子四个，三才升二十个，它们的尺寸均与平身科斗栱的尺寸相同。

## 一斗二升交麻叶并一斗三升平身科、柱头科、角科俱斗口一寸各件尺寸

【译解】当斗口为一寸时，平身科、柱头科、角科的一斗二升交麻叶斗栱和一斗三升斗栱中各构件的尺寸。

### 平身科

【译解】平身科斗栱

【原文】（其一斗三升去麻叶云，中加槽升一个。）

大斗一个，见方三寸，高二寸。

麻叶云一件，长一尺二寸，高五寸三分三厘，宽一寸。

正心瓜栱一件，长六寸二分，高二寸，宽一寸二分四厘。

槽升二个，各长一寸三分，高一寸，宽一寸七分二厘。

【译解】（在一斗三升斗栱中央不安装麻叶云，安装一个槽升子。）

大斗一个，长度、宽度均为三寸，高度为二寸。

麻叶云一件，长度为一尺二寸，高度为五寸三分三厘，宽度为一寸。

正心瓜栱一件，长度为六寸二分，高度为二寸，宽度为一寸二分四厘。

槽升子两个，长度均为一寸三分，高度均为一寸，宽度均为一寸七分二厘。

### 柱头科

【译解】柱头科斗栱

【原文】大斗一个，长五寸，高二寸，宽三寸。

正心瓜栱一件，长六寸二分，高二寸，宽一寸二分四厘。

槽升二个，各长一寸三分，高一寸，宽一寸七分二厘。

贴正升耳二个，各长一寸三分，高一寸，宽二分四厘。

【译解】大斗一个，长度为五寸，高度为二寸，宽度为三寸。

正心瓜栱一件，长度为六寸二分，高度为二寸，宽度为一寸二分四厘。

槽升子两个，长度均为一寸三分，高度均为一寸，宽度均为一寸七分二厘。

贴正升耳两个，长度均为一寸三分，高度均为一寸，宽度均为二分四厘。

### 角科

【译解】角科斗栱

【原文】大斗一个，见方三寸，高二寸。

斜昂一件，长一尺六寸八分，高六寸三分，宽一寸五分。

搭角正心瓜栱二件，各长八寸九

分，高二寸，宽一寸二分四厘。

槽升二个，各长一寸三分，高一寸，宽一寸七分二厘。

三才升二个，各长一寸三分，高一寸，宽一寸四分八厘。

贴斜升耳二个，各长一寸九分八厘，高六分，宽二分四厘。

【译解】大斗一个，长度、宽度均为三寸，高度为二寸。

斜昂一件，长度为一尺六寸八分，高度为六寸三分，宽度为一寸五分。

搭角正心瓜栱两件，长度均为八寸九分，高度均为二寸，宽度均为一寸二分四厘。

槽升子两个，长度均为一寸三分，高度均为一寸，宽度均为一寸七分二厘。

三才升两个，长度均为一寸三分，高度均为一寸，宽度均为一寸四分八厘。

贴斜升耳两个，长度均为一寸九分八厘，高度均为六分，宽度均为二分四厘。

## 三滴水品字平身科、柱头科、角科斗口一寸各件尺寸

【译解】当斗口为一寸时，平身科、柱头科、角科三滴水品字科斗栱中各构件的尺寸。

### 平身科

【译解】平身科斗栱

【原文】大斗一个，见方三寸，高二寸。

头翘一件，长七寸一分，高二寸，宽一寸。

二翘一件，长一尺三寸一分，高二寸，宽一寸。

撑头木一件，长一尺五寸，高二寸，宽一寸。

正心瓜栱一件，长六寸二分，高二寸，宽一寸二分四厘。

正心万栱一件，长九寸二分，高二寸，宽一寸二分四厘。

单才瓜栱二件，各长六寸二分，高一寸四分，宽一寸。

厢栱一件，长七寸二分，高一寸四分，宽一寸。

十八斗三个，各长一寸八分，高一寸，宽一寸四分八厘。

槽升四个，各长一寸三分，高一寸，宽一寸七分二厘。

三才升六个，各长一寸三分，高一寸，宽一寸四分八厘。

【译解】大斗一个，长度、宽度均为三寸，高度为二寸。

头翘一件，长度为七寸一分，高度为二寸，宽度为一寸。

二翘一件，长度为一尺三寸一分，高

度为二寸，宽度为一寸。

撑头木一件，长度为一尺五寸，高度为二寸，宽度为一寸。

正心瓜栱一件，长度为六寸二分，高度为二寸，宽度为一寸二分四厘。

正心万栱一件，长度为九寸二分，高度为二寸，宽度为一寸二分四厘。

单才瓜栱两件，长度均为六寸二分，高度均为一寸四分，宽度均为一寸。

厢栱一件，长度为七寸二分，高度为一寸四分，宽度为一寸。

十八斗三个，长度均为一寸八分，高度均为一寸，宽度均为一寸四分八厘。

槽升子四个，长度均为一寸三分，高度均为一寸，宽度均为一寸七分二厘。

三才升六个，长度均为一寸三分，高度均为一寸，宽度均为一寸四分八厘。

柱头科

【译解】柱头科斗栱

**【原文】大斗一个，长五寸，高二寸，宽三寸。**

**头翘一件，长七寸一分，高二寸，宽二寸。**

**正心瓜栱一件，长六寸二分，高二寸，宽一寸二分四厘。**

**正心万栱一件，长九寸二分，高二寸，宽一寸二分四厘。**

**单才瓜栱二件，各长六寸二分，高一寸四分，宽一寸。**

**厢栱一件，长七寸二分，高一寸四分，宽一寸。**

**桶子十八斗一个，长四寸八分，高一寸，宽一寸四分八厘。**

**槽升四个，各长一寸三分，高一寸，宽一寸七分二厘。**

**三才升六个，各长一寸三分，高一寸，宽一寸四分八厘。**

**贴斗耳二个，各长一寸四分八厘，高一寸，宽二分四厘。**

【译解】大斗一个，长度为五寸，高度为二寸，宽度为三寸。

头翘一件，长度为七寸一分，高度为二寸，宽度为二寸。

正心瓜栱一件，长度为六寸二分，高度为二寸，宽度为一寸二分四厘。

正心万栱一件，长度为九寸二分，高度为二寸，宽度为一寸二分四厘。

单才瓜栱两件，长度均为六寸二分，高度均为一寸四分，宽度均为一寸。

厢栱一件，长度为七寸二分，高度为一寸四分，宽度为一寸。

桶子十八斗一个，长度为四寸八分，高度为一寸，宽度为一寸四分八厘。

槽升子四个，长度均为一寸三分，高度均为一寸，宽度均为一寸七分二厘。

三才升六个，长度均为一寸三分，高度均为一寸，宽度均为一寸四分八厘。

贴斗耳两个，长度均为一寸四分八厘，高度均为一寸，宽度均为二分四厘。

角科

【译解】角科斗栱

【原文】大斗一个，见方三寸，高二寸。

斜头翘一件，长九寸九分四厘，高二寸，宽一寸五分。

搭角正头翘带正心瓜栱二件，各长六寸六分五厘，高二寸，宽一寸二分四厘。

搭角正二翘带正心万栱两件，各长一尺一寸一分五厘，高二寸，宽一寸二分四厘。

搭角闹二翘带单才瓜栱二件，各长九寸六分五厘，高二寸，宽一寸。

里连头合角单才瓜栱二件，各长五寸四分，高一寸四分，宽一寸。

里连头合角厢栱二件，各长一寸五分，高一寸四分，宽一寸。

贴升耳四个，各长一寸九分八厘，高六分，宽二分四厘。

十八斗二个、槽升四个、三才升六个，俱与平身科尺寸同。

【译解】大斗一个，长度、宽度均为三寸，高度为二寸。

斜头翘一件，长度为九寸九分四厘，高度为二寸，宽度为一寸五分。

带正心瓜栱的搭角正头翘两件，长度均为六寸六分五厘，高度均为二寸，宽度均为一寸二分四厘。

带正心万栱的搭角正二翘两件，长度均为一尺一寸一分五厘，高度均为二寸，宽度均为一寸二分四厘。

带单才瓜栱的搭角闹二翘两件，长度均为九寸六分五厘，高度均为二寸，宽度均为一寸。

里连头合角单才瓜栱两件，长度均为五寸四分，高度均为一寸四分，宽度均为一寸。

里连头合角厢栱两件，长度均为一寸五分，高度均为一寸四分，宽度均为一寸。

贴升耳四个，长度均为一寸九分八厘，高度均为六分，宽度均为二分四厘。

十八斗两个、槽升子四个、三才升六个，它们的尺寸均与平身科斗栱的尺寸相同。

## 内里品字科斗口一寸各件尺寸

【译解】当斗口为一寸时，内里品字科的斗栱中各构件的尺寸。

【原文】大斗一个，长三寸，高二寸，宽一寸五分。

头翘一件，长三寸五分五厘，高二寸，宽一寸。

二翘一件，长六寸五分五厘，高二寸，宽一寸。

撑头木一件，长九寸五分五厘，高二寸，宽一寸。

正心瓜栱一件，长六寸二分，高二寸，宽六分二厘。

正心万栱一件，长九寸二分，高二寸，宽六分二厘。

麻叶云一件，长八寸二分，高二寸，宽一寸。

三福云二件，各长七寸二分，高三寸，宽一寸。

十八斗二个，各长一寸八分，高一寸，宽一寸四分八厘。

槽升四个，各长一寸三分，高一寸，宽八分六厘。

【译解】大斗一个，长度为三寸，高度为二寸，宽度为一寸五分。

头翘一件，长度为三寸五分五厘，高度为二寸，宽度为一寸。

二翘一件，长度为六寸五分五厘，高度为二寸，宽度为一寸。

撑头木一件，长度为九寸五分五厘，高度为二寸，宽度为一寸。

正心瓜栱一件，长度为六寸二分，高度为二寸，宽度为六分二厘。

正心万栱一件，长度为九寸二分，高度为二寸，宽度为六分二厘。

麻叶云一件，长度为八寸二分，高度为二寸，宽度为一寸。

三福云两件，长度均为七寸二分，高度均为三寸，宽度均为一寸。

十八斗两个，长度均为一寸八分，高度均为一寸，宽度均为一寸四分八厘。

槽升子四个，长度均为一寸三分，高度均为一寸，宽度均为八分六厘。

## 槅架科斗口一寸各件尺寸

【译解】当斗口为一寸时，槅架科的斗栱中各构件的尺寸。

【原文】贴大斗耳二个，各长三寸，高二寸，厚八分八厘。

荷叶一件，长九寸，高二寸，宽二寸。

栱一件，长六寸二分，高二寸，宽二寸。

雀替一件，长二尺，高四寸，宽二寸。

贴槽升耳六个，各长一寸三分，高一寸，宽二分四厘。

【译解】贴大斗耳两个，长度均为三寸，高度均为二寸，厚度均为八分八厘。

荷叶橔一件，长度为九寸，高度为二寸，宽度为二寸。

栱一件，长度为六寸二分，高度为二寸，宽度为二寸。

雀替一件，长度为二尺，高度为四寸，宽度为二寸。

贴槽升耳六个，长度均为一寸三分，高度均为一寸，宽度均为二分四厘。

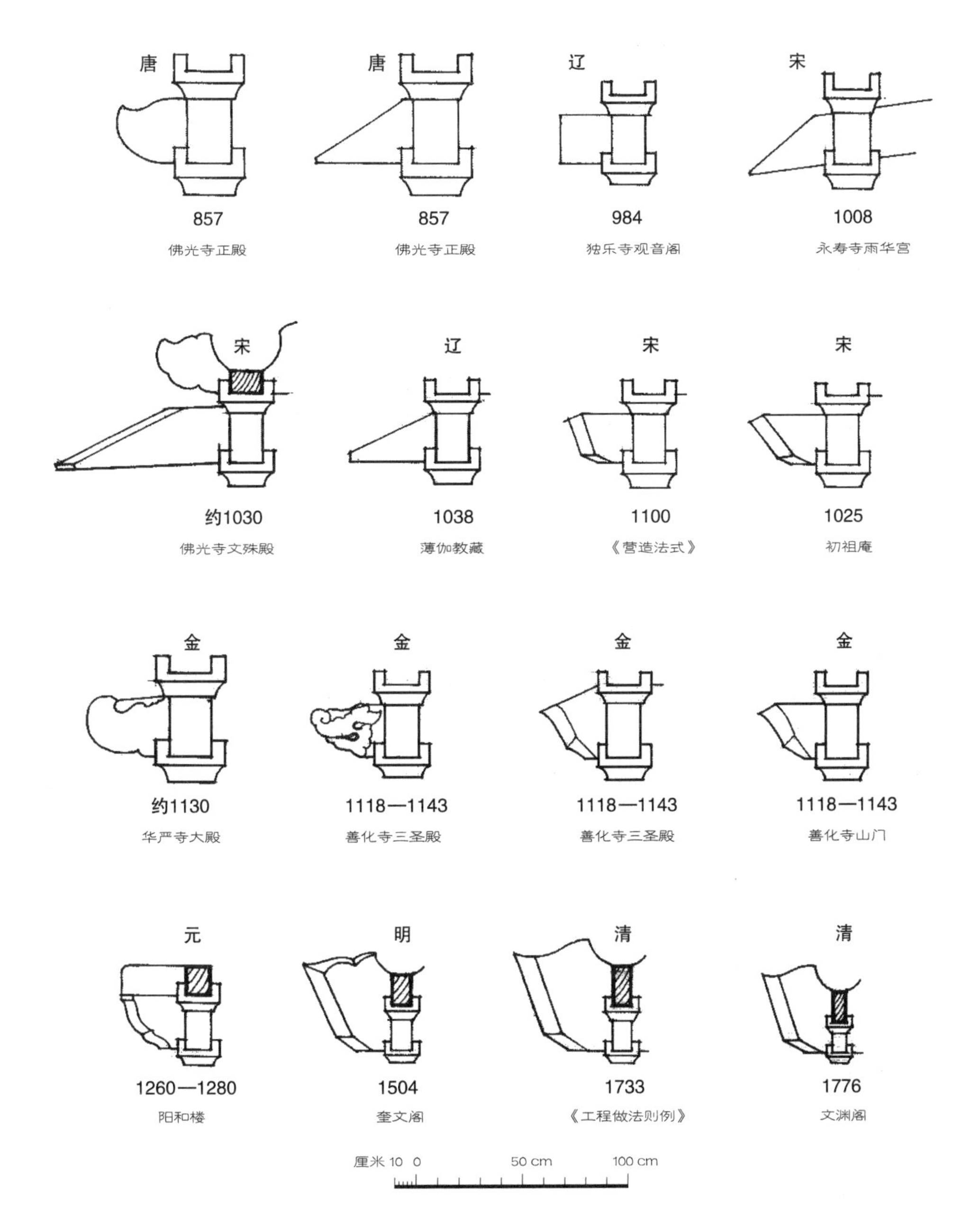


## □ 历代耍头演变

耍头的正式记载最早刊于宋《营造法式》，称爵头、耍头、胡孙头或蜉定头。而其外伸部分通常被加工成几个连续转折的斜刃面，因形似“蚂蚱头”，故在清工部《工程做法则例》中又称“蚂蚱头”。

# 卷三十一

本卷详述当斗口为一寸五分时，各类斗栱的尺寸。

## 斗科斗口一寸五分尺寸

【译解】当斗口为一寸五分时，各类斗栱的尺寸。

## 斗口单昂平身科、柱头科、角科斗口一寸五分各件尺寸

【译解】当斗口为一寸五分时，平身科、柱头科、角科的单昂斗栱中各构件的尺寸。

### 平身科

【译解】平身科斗栱

【原文】大斗一个，见方四寸五分，高三寸。

单昂一件，长一尺四寸七分七厘五毫，高四寸五分，宽一寸五分。

蚂蚱头一件，长一尺八寸八分一厘，高三寸，宽一寸五分。

撑头木一件，长九寸，高三寸，宽一寸五分。

正心瓜栱一件，长九寸三分，高三寸，宽一寸八分六厘。

正心万栱一件，长一尺三寸八分，高三寸，宽一寸八分六厘。

厢栱二件，各长一尺八分，高二寸一分，宽一寸五分。

桁椀一件，长九寸，高二寸二分五厘，宽一寸五分。

十八斗二个，各长二寸七分，高一寸五分，宽二寸二分二厘。

槽升四个，各长一寸九分五厘，高一寸五分，宽二寸五分八厘。

三才升六个，各长一寸九分五厘，高一寸五分，宽二寸二分二厘。

【译解】大斗一个，长度、宽度均为四寸五分，高度为三寸。

单昂一件，长度为一尺四寸七分七厘五毫，高度为四寸五分，宽度为一寸五分。

蚂蚱头一件，长度为一尺八寸八分一厘，高度为三寸，宽度为一寸五分。

撑头木一件，长度为九寸，高度为三寸，宽度为一寸五分。

正心瓜栱一件，长度为九寸三分，高度为三寸，宽度为一寸八分六厘。

正心万栱一件，长度为一尺三寸八分，高度为三寸，宽度为一寸八分六厘。

厢栱两件，长度均为一尺八分，高度均为二寸一分，宽度均为一寸五分。

桁椀一件，长度为九寸，高度为二寸二分五厘，宽度为一寸五分。

十八斗两个，长度均为二寸七分，高度均为一寸五分，宽度均为二寸二分二厘。

槽升子四个，长度均为一寸九分五厘，高度均为一寸五分，宽度均为二寸五分八厘。

三才升六个，长度均为一寸九分五厘，高度均为一寸五分，宽度均为二寸二分二厘。

柱头科

【译解】柱头科斗栱

【原文】大斗一个，长六寸，高三寸，宽四寸五分。

单昂一件，长一尺四寸七分七厘五毫，高四寸五分，宽三寸。

正心瓜栱一件，长九寸三分，高三寸，宽一寸八分六厘。

正心万栱一件，长一尺三寸八分，高三寸，宽一寸八分六厘。

厢栱二件，各长一尺八分，高二寸一分，宽一寸五分。

桶子十八斗一个，长七寸二分，高一寸五分，宽二寸二分二厘。

槽升二个，各长一寸九分五厘，高一寸五分，宽二寸五分八厘。

三才升四个，各长一寸九分五厘，高一寸五分，宽二寸二分二厘。

【译解】大斗一个，长度为六寸，高度为三寸，宽度为四寸五分。

单昂一件，长度为一尺四寸七分七厘五毫，高度为四寸五分，宽度为三寸。

正心瓜栱一件，长度为九寸三分，高度为三寸，宽度为一寸八分六厘。

正心万栱一件，长度为一尺三寸八分，高度为三寸，宽度为一寸八分六厘。

厢栱两件，长度均为一尺八分，高度均为二寸一分，宽度均为一寸五分。

桶子十八斗一个，长度为七寸二分，高度为一寸五分，宽度为二寸二分二厘。

槽升子两个，长度均为一寸九分五厘，高度均为一寸五分，宽度均为二寸五分八厘。

三才升四个，长度均为一寸九分五厘，高度均为一寸五分，宽度均为二寸二分二厘。

角科

【译解】角科斗栱

【原文】大斗一个，见方四寸五分，高三寸。

斜昂一件，长二尺六分八厘五毫，高四寸五分，宽二寸二分五厘。

搭角正昂带正心瓜栱二件，各长一尺四寸一分，高四寸五分，宽一寸八分六厘。

由昂一件，长三尺二寸六分一厘，高八寸二分五厘，宽三寸一分二厘五毫。

搭角正蚂蚱头带正心万栱二件，各长一尺五寸九分，高四寸五分，宽一寸八分六厘。

搭角正撑头木二件，各长四寸五分，高三寸，宽一寸五分。

把臂厢栱二件，各长一尺七寸一

分，高三寸，宽一寸五分。

里连头合角厢栱二件，各长一寸八分，高二寸一分，宽一寸五分。

斜桁椀一件，长一尺二寸六分，高二寸二分五厘，宽三寸一分二厘五毫。

十八斗二个，槽升四个，三才升六个，俱与平身科尺寸同。

【译解】大斗一个，长度、宽度均为四寸五分，高度为三寸。

斜昂一件，长度为二尺六分八厘五毫，高度为四寸五分，宽度为二寸二分五厘。

带正心瓜栱的搭角正昂两件，长度均为一尺四寸一分，高度均为四寸五分，宽度均为一寸八分六厘。

由昂一件，长度为三尺二寸六分一厘，高度为八寸二分五厘，宽度为三寸一分二厘五毫。

带正心万栱的搭角正蚂蚱头两件，长度均为一尺五寸九分，高度均为四寸五分，宽度均为一寸八分六厘。

搭角正撑头木两件，长度均为四寸五分，高度均为三寸，宽度均为一寸五分。

把臂厢栱两件，长度均为一尺七寸一分，高度均为三寸，宽度均为一寸五分。

里连头合角厢栱两件，长度均为一寸八分，高度均为二寸一分，宽度均为一寸五分。

斜桁椀一件，长度为一尺二寸六分，高度为二寸二分五厘，宽度为三寸一分二厘五毫。

十八斗两个，槽升子四个，三才升六个，它们的尺寸均与平身科斗栱的尺寸相同。

## 斗口重昂平身科、柱头科、角科斗口一寸五分各件尺寸

【译解】当斗口为一寸五分时，平身科、柱头科、角科的重昂斗栱中各构件的尺寸。

### 平身科

【译解】平身科斗栱

【原文】大斗一个，见方四寸五分，高三寸。

头昂一件，长一尺四寸七分七厘五毫，高四寸五分，宽一寸五分。

二昂一件，长二尺二寸九分五厘，高四寸五分，宽一寸五分。

蚂蚱头一件，长二尺三寸四分，高三寸，宽一寸五分。

撑头木一件，长二尺三寸三分一厘，高三寸，宽一寸五分。

正心瓜栱一件，长九寸三分，高三寸，宽一寸八分六厘。

正心万栱一件，长一尺三寸八分，高三寸，宽一寸八分六厘。

单才瓜栱二件，各长九寸三分，高

二寸一分，宽一寸五分。

单才万栱二件，各长一尺三寸八分，高二寸一分，宽一寸五分。

厢栱二件，各长一尺八分，高二寸一分，宽一寸五分。

桁椀一件，长一尺八寸，高四寸五分，宽一寸五分。

十八斗四个，各长二寸七分，高一寸五分，宽二寸二分二厘。

槽升四个，各长一寸九分五厘，高一寸五分，宽二寸五分八厘。

三才升十二个，各长一寸九分五厘，高一寸五分，宽二寸二分二厘。

【译解】大斗一个，长度、宽度均为四寸五分，高度为三寸。

头昂一件，长度为一尺四寸七分七厘五毫，高度为四寸五分，宽度为一寸五分。

二昂一件，长度为二尺二寸九分五厘，高度为四寸五分，宽度为一寸五分。

蚂蚱头一件，长度为二尺三寸四分，高度为三寸，宽度为一寸五分。

撑头木一件，长度为二尺三寸三分一厘，高度为三寸，宽度为一寸五分。

正心瓜栱一件，长度为九寸三分，高度为三寸，宽度为一寸八分六厘。

正心万栱一件，长度为一尺三寸八分，高度为三寸，宽度为一寸八分六厘。

单才瓜栱两件，长度均为九寸三分，高度均为二寸一分，宽度均为一寸五分。

单才万栱两件，长度均为一尺三寸八分，高度均为二寸一分，宽度均为一寸五分。

厢栱两件，长度均为一尺八分，高度均为二寸一分，宽度均为一寸五分。

桁椀一件，长度为一尺八寸，高度为四寸五分，宽度为一寸五分。

十八斗四个，长度均为二寸七分，高度均为一寸五分，宽度均为二寸二分二厘。

槽升子四个，长度均为一寸九分五厘，高度均为一寸五分，宽度均为二寸五分八厘。

三才升十二个，长度均为一寸九分五厘，高度均为一寸五分，宽度均为二寸二分二厘。

### 柱头科

【译解】柱头科斗栱

【原文】大斗一个，长六寸，高三寸，宽四寸五分。

头昂一件，长一尺四寸七分七厘五毫，高四寸五分，宽三寸。

二昂一件，长二尺二寸九分五厘，高四寸五分，宽四寸五分。

正心瓜栱一件，长九寸三分，高三寸，宽一寸八分六厘。

正心万栱一件，长一尺三寸八分，高三寸，宽一寸八分六厘。

单才瓜栱二件，各长九寸三分，高二寸一分，宽一寸五分。

单才万栱二件，各长一尺三寸八

分，高二寸一分，宽一寸五分。

厢栱二件，各长一尺八分，高二寸一分，宽一寸五分。

桶子十八斗三个，内二个各长五寸七分，一个长七寸二分，俱高一寸五分，宽二寸二分二厘。

槽升四个，各长一寸九分五厘，高一寸五分，宽二寸五分八厘。

三才升十二个，各长一寸九分五厘，高一寸五分，宽二寸二分二厘。

【译解】大斗一个，长度为六寸，高度为三寸，宽度为四寸五分。

头昂一件，长度为一尺四寸七分七厘五毫，高度为四寸五分，宽度为三寸。

二昂一件，长度为二尺二寸九分五厘，高度为四寸五分，宽度为四寸五分。

正心瓜栱一件，长度为九寸三分，高度为三寸，宽度为一寸八分六厘。

正心万栱一件，长度为一尺三寸八分，高度为三寸，宽度为一寸八分六厘。

单才瓜栱两件，长度均为九寸三分，高度均为二寸一分，宽度均为一寸五分。

单才万栱两件，长度均为一尺三寸八分，高度均为二寸一分，宽度均为一寸五分。

厢栱两件，长度均为一尺八分，高度均为二寸一分，宽度均为一寸五分。

桶子十八斗三个，其中两个长度均为五寸七分，一个长度为七寸二分，高度均为一寸五分，宽度均为二寸二分二厘。

槽升子四个，长度均为一寸九分五厘，高度均为一寸五分，宽度均为二寸五分八厘。

三才升十二个，长度均为一寸九分五厘，高度均为一寸五分，宽度均为二寸二分二厘。

角科

【译解】角科斗栱

【原文】大斗一个，见方四寸五分，高三寸。

斜头昂一件，长二尺六分八厘五毫，高四寸五分，宽二寸二分五厘。

搭角正头昂带正心瓜栱二件，各长一尺四寸一分，高四寸五分，宽一寸八分六厘。

斜二昂一件，长三尺二寸一分三厘，高四寸五分，宽二寸八分三厘三毫。

搭角正二昂带正心万栱二件，各长二尺八分五厘，高四寸五分，宽一寸八分六厘。

搭角闹二昂带单才瓜栱二件，各长一尺八寸六分，高四寸五分，宽一寸五分。

由昂一件，长四尺五寸四分五厘，高八寸二分五厘，宽三寸四分一厘六毫。

搭角正蚂蚱头二件，各长一尺三寸五分，高三寸，宽一寸五分。

搭角闹蚂蚱头带单才万栱二件，各长二尺四分，高三寸，宽一寸五分。

把臂厢栱二件，各长二尺一寸六

分，高三寸，宽一寸五分。

里连头合角单才瓜栱二件，各长八寸一分，高二寸一分，宽一寸五分。

里连头合角单才万栱二件，各长五寸七分，高二寸一分，宽一寸五分。

搭角正撑头木二件，闹撑头木二件，各长九寸，高三寸，宽一寸五分。

里连头合角厢栱二件，各长二寸二分五厘，高二寸一分，宽一寸五分。

斜桁椀一件，长二尺五寸二分，高四寸五分，宽三寸四分一厘六毫。

贴升耳十个，内四个各长二寸九分七厘，二个各长三寸五分五厘三毫，四个各长四寸一分三厘六毫，俱高九分，宽三分六厘。

十八斗六个，槽升四个，三才升十二个，俱与平身科尺寸同。

【译解】大斗一个，长度、宽度均为四寸五分，高度为三寸。

斜头昂一件，长度为二尺六分八厘五毫，高度为四寸五分，宽度为二寸二分五厘。

带正心瓜栱的搭角正头昂两件，长度均为一尺四寸一分，高度均为四寸五分，宽度均为一寸八分六厘。

斜二昂一件，长度为三尺二寸一分三厘，高度为四寸五分，宽度为二寸八分三厘三毫。

带正心万栱的搭角正二昂两件，长度均为二尺八分五厘，高度均为四寸五分，宽度均为一寸八分六厘。

带单才瓜栱的搭角闹二昂两件，长度均为一尺八寸六分，高度均为四寸五分，宽度均为一寸五分。

由昂一件，长度为四尺五寸四分五厘，高度为八寸二分五厘，宽度为三寸四分一厘六毫。

搭角正蚂蚱头两件，长度均为一尺三寸五分，高度均为三寸，宽度均为一寸五分。

带单才万栱的搭角闹蚂蚱头两件，长度均为二尺四分，高度均为三寸，宽度均为一寸五分。

把臂厢栱两件，长度均为二尺一寸六分，高度均为三寸，宽度均为一寸五分。

里连头合角单才瓜栱两件，长度均为八寸一分，高度均为二寸一分，宽度均为一寸五分。

里连头合角单才万栱两件，长度均为五寸七分，高度均为二寸一分，宽度均为一寸五分。

搭角正撑头木两件、闹撑头木两件，长度均为九寸，高度均为三寸，宽度均为一寸五分。

里连头合角厢栱两件，长度均为二寸二分五厘，高度均为二寸一分，宽度均为一寸五分。

斜桁椀一件，长度为二尺五寸二分，高度为四寸五分，宽度为三寸四分一厘六毫。

贴升耳十个，其中四个长度为二寸九分七厘，两个长度为三寸五分五厘三毫，四个长度为四寸一分三厘六毫，高度均为九分，宽度均为三分六厘。

十八斗六个，槽升子四个，三才升

十二个，它们的尺寸均与平身科斗栱的尺寸相同。

## 单翘单昂平身科、柱头科、角科斗口一寸五分各件尺寸

【译解】当斗口为一寸五分时，平身科、柱头科、角科的单翘单昂斗栱中各构件的尺寸。

### 平身科

【译解】平身科斗栱

**【原文】单翘一件，长一尺六分五厘，高三寸，宽一寸五分。**

**其余各件，俱与斗口重昂平身科尺寸同。**

【译解】单翘一件，长度为一尺六分五厘，高度为三寸，宽度为一寸五分。

其余构件的尺寸均与平身科重昂斗栱的尺寸相同。

### 柱头科

【译解】柱头科斗栱

**【原文】单翘一件，长一尺六分五厘，高三寸，宽三寸。**

**其余各件，俱与斗口重昂柱头科尺寸同。**

【译解】单翘一件，长度为一尺六分五厘，高度为三寸，宽度为三寸。

其余构件的尺寸均与柱头科重昂斗栱的尺寸相同。

### 角科

【译解】角科斗栱

**【原文】斜翘一件，长一尺四寸九分一厘，高三寸，宽二寸二分五厘。**

**搭角正翘带正心瓜栱二件，各长九寸九分七厘五毫，高三寸，宽一寸八分六厘。**

**其余各件，俱与斗口重昂角科尺寸同。**

【译解】斜翘一件，长度为一尺四寸九分一厘，高度为三寸，宽度为二寸二分五厘。

带正心瓜栱的搭角正翘两件，长度均为九寸九分七厘五毫，高度均为三寸，宽度均为一寸八分六厘。

其余构件的尺寸均与角科重昂斗栱的尺寸相同。

## 单翘重昂平身科、柱头科、角科斗口一寸五分各件尺寸

【译解】当斗口为一寸五分时，平身科、柱头科、角科的单翘重昂斗栱中各构件的尺寸。

### 平身科

【译解】平身科斗栱

【原文】大斗一个，见方四寸五分，高三寸。

单翘一件，长一尺六分五厘，高三寸，宽一寸五分。

头昂一件，长二尺三寸七分七厘五毫，高四寸五分，宽一寸五分。

二昂一件，长三尺一寸九分五厘，高四寸五分，宽一寸五分。

蚂蚱头一件，长三尺二寸四分，高三寸，宽一寸五分。

撑头木一件，长三尺二寸三分一厘，高三寸，宽一寸五分。

正心瓜栱一件，长九寸三分，高三寸，宽一寸八分六厘。

正心万栱一件，长一尺三寸八分，高三寸，宽一寸八分六厘。

单才瓜栱四件，各长九寸三分，高二寸一分，宽一寸五分。

单才万栱四件，各长一尺三寸八分，高二寸一分，宽一寸五分。

厢栱二件，各长一尺八分，高二寸一分，宽一寸五分。

桁椀一件，长二尺七寸，高六寸七分五厘，宽一寸五分。

十八斗六个，各长二寸七分，高一寸五分，宽二寸二分二厘。

槽升四个，各长一寸九分五厘，高一寸五分，宽二寸五分八厘。

三才升二十个，各长一寸九分五厘，高一寸五分，宽二寸二分二厘。

【译解】大斗一个，长度、宽度均为四寸五分，高度为三寸。

单翘一件，长度为一尺六分五厘，高度为三寸，宽度为一寸五分。

头昂一件，长度为二尺三寸七分七厘五毫，高度为四寸五分，宽度为一寸五分。

二昂一件，长度为三尺一寸九分五厘，高度为四寸五分，宽度为一寸五分。

蚂蚱头一件，长度为三尺二寸四分，高度为三寸，宽度为一寸五分。

撑头木一件，长度为三尺二寸三分一厘，高度为三寸，宽度为一寸五分。

正心瓜栱一件，长度为九寸三分，高度为三寸，宽度为一寸八分六厘。

正心万栱一件，长度为一尺三寸八分，高度为三寸，宽度为一寸八分六厘。

单才瓜栱四件，长度均为九寸三分，高度均为二寸一分，宽度均为一寸五分。

单才万栱四件，长度均为一尺三寸

八分，高度均为二寸一分，宽度均为一寸五分。

厢栱两件，长度均为一尺八分，高度均为二寸一分，宽度均为一寸五分。

桁椀一件，长度为二尺七寸，高度为六寸七分五厘，宽度为一寸五分。

十八斗六个，长度均为二寸七分，高度均为一寸五分，宽度均为二寸二分二厘。

槽升子四个，长度均为一寸九分五厘，高度均为一寸五分，宽度均为二寸五分八厘。

三才升二十个，长度均为一寸九分五厘，高度均为一寸五分，宽度均为二寸二分二厘。

柱头科

【译解】柱头科斗栱

**【原文】大斗一个，长六寸，高三寸，宽四寸五分。**

**单翘一件，长一尺六分五厘，高三寸，宽三寸。**

**头昂一件，长二尺三寸七分七厘五毫，高四寸五分，宽四寸五分。**

**二昂一件，长三尺一寸九分五厘，高四寸五分，宽五寸。**

**正心瓜栱一件，长九寸三分，高三寸，宽一寸八分六厘。**

**正心万栱一件，长一尺三寸八分，高三寸，宽一寸八分六厘。**

**单才瓜栱四件，各长九寸三分，高二寸一分，宽一寸五分。**

**单才万栱四件，各长一尺三寸八分，高二寸一分，宽一寸五分。**

**厢栱二件，各长一尺八分，高二寸一分，宽一寸五分。**

**桶子十八斗五个，内二个各长四寸二分，二个各长五寸二分，一个长六寸二分，俱高一寸五分，宽二寸二分二厘。**

**槽升四个，各长一寸九分五厘，高一寸五分，宽二寸五分八厘。**

**三才升二十个，各长一寸九分五厘，高一寸五分，宽二寸二分二厘。**

【译解】大斗一个，长度为六寸，高度为三寸，宽度为四寸五分。

单翘一件，长度为一尺六分五厘，高度为三寸，宽度为三寸。

头昂一件，长度为二尺三寸七分七厘五毫，高度为四寸五分，宽度为四寸五分。

二昂一件，长度为三尺一寸九分五厘，高度为四寸五分，宽度为五寸。

正心瓜栱一件，长度为九寸三分，高度为三寸，宽度为一寸八分六厘。

正心万栱一件，长度为一尺三寸八分，高度为三寸，宽度为一寸八分六厘。

单才瓜栱四件，长度均为九寸三分，高度均为二寸一分，宽度均为一寸五分。

单才万栱四件，长度均为一尺三寸八分，高度均为二寸一分，宽度均为一寸五分。

厢栱两件，长度均为一尺八分，高度均为二寸一分，宽度均为一寸五分。

桶子十八斗五个，其中两个长度为四寸二分，两个长度为五寸二分，一个长度为六寸二分，高度均为一寸五分，宽度均为二寸二分二厘。

槽升子四个，长度均为一寸九分五厘，高度均为一寸五分，宽度均为二寸五分八厘。

三才升二十个，长度均为一寸九分五厘，高度均为一寸五分，宽度均为二寸二分二厘。

角科

【译解】角科斗栱

【原文】大斗一个，见方四寸五分，高三寸。

斜翘一件，长一尺四寸九分一厘，高三寸，宽二寸二分五厘。

搭角正翘带正心瓜栱二件，各长九寸九分七厘五毫，高三寸，宽一寸八分六厘。

斜头昂一件，长三尺三寸二分八厘五毫，高四寸五分，宽二寸六分八厘七毫五丝。

搭角正头昂带正心万栱二件，各长二尺八分五厘，高四寸五分，宽一寸八分六厘。

搭角闹头昂带单才瓜栱二件，各长一尺八寸六分，高四寸五分，宽一寸五分。

里连头合角单才瓜栱二件，各长八寸一分，高二寸一分，宽一寸五分。

斜二昂一件，长四尺四寸七分三厘，高四寸五分，宽三寸一分二厘五毫。

搭角正二昂二件，各长一尺八寸四分五厘，高四寸五分，宽一寸五分。

搭角闹二昂带单才万栱二件，各长二尺五寸三分五厘，高四寸五分，宽一寸五分。

搭角闹二昂带单才瓜栱二件，各长二尺三寸一分，高四寸五分，宽一寸五分。

里连头合角单才万栱二件，各长五寸七分，高二寸一分，宽一寸五分。

里连头合角单才瓜栱二件，各长三寸三分，高二寸一分，宽一寸五分。

由昂一件，长五尺八寸二分九厘，高八寸二分五厘，宽三寸五分六厘二毫五丝。

搭角正蚂蚱头二件、闹蚂蚱头二件，各长一尺八寸，高三寸，宽一寸五分。

搭角闹蚂蚱头带单才万栱二件，各长二尺四寸九分，高三寸，宽一寸五分。

里连头合角单才万栱二件，各长一寸三分五厘，高二寸一分，宽一寸五分。

把臂厢栱二件，各长二尺六寸一分，高三寸，宽一寸五分。

搭角正撑头木二件、闹撑头木四件，各长一尺三寸五分，高三寸，宽一寸五分。

里连头合角厢栱二件，各长二寸七

分，高二寸一分，宽一寸五分。

斜桁椀一件，长三尺七寸八分，高六寸七分五厘，宽三寸五分六厘二毫五丝。

贴升耳十四个，内四个各长二寸九分七厘，四个各长三寸四分，四个各长三寸八分四厘五毫，二个各长四寸二分八厘二毫五丝，俱高九分，宽三分六厘。

十八斗十二个，槽升四个，三才升十六个，俱与平身科尺寸同。

【译解】大斗一个，长度、宽度均为四寸五分，高度为三寸。

斜翘一件，长度为一尺四寸九分一厘，高度为三寸，宽度为二寸二分五厘。

带正心瓜栱的搭角正翘两件，长度均为九寸九分七厘五毫，高度均为三寸，宽度均为一寸八分六厘。

斜头昂一件，长度为三尺三寸二分八厘五毫，高度为四寸五分，宽度为二寸六分八厘七毫五丝。

带正心万栱的搭角正头昂两件，长度均为二尺八分五厘，高度均为四寸五分，宽度均为一寸八分六厘。

带单才瓜栱的搭角闹头昂两件，长度均为一尺八寸六分，高度均为四寸五分，宽度均为一寸五分。

里连头合角单才瓜栱两件，长度均为八寸一分，高度均为二寸一分，宽度均为一寸五分。

斜二昂一件，长度为四尺四寸七分三厘，高度为四寸五分，宽度为三寸一分二厘五毫。

搭角正二昂两件，长度均为一尺八寸四分五厘，高度均为四寸五分，宽度均为一寸五分。

带单才万栱的搭角闹二昂两件，长度均为二尺五寸三分五厘，高度均为四寸五分，宽度均为一寸五分。

带单才瓜栱的搭角闹二昂两件，长度均为二尺三寸一分，高度均为四寸五分，宽度均为一寸五分。

里连头合角单才万栱两件，长度均为五寸七分，高度均为二寸一分，宽度均为一寸五分。

里连头合角单才瓜栱两件，长度均为三寸三分，高度均为二寸一分，宽度均为一寸五分。

由昂一件，长度为五尺八寸二分九厘，高度为八寸二分五厘，宽度为三寸五分六厘二毫五丝。

搭角正蚂蚱头两件、闹蚂蚱头两件，长度均为一尺八寸，高度均为三寸，宽度均为一寸五分。

带单才万栱的搭角闹蚂蚱头两件，长度均为二尺四寸九分，高度均为三寸，宽度均为一寸五分。

里连头合角单才万栱两件，长度均为一寸三分五厘，高度均为二寸一分，宽度均为一寸五分。

把臂厢栱两件，长度均为二尺六寸一分，高度均为三寸，宽度均为一寸五分。

搭角正撑头木两件、闹撑头木四件，长度均为一尺三寸五分，高度均为三寸，宽度均为一寸五分。

里连头合角厢栱两件，长度均为二寸七分，高度均为二寸一分，宽度均为一寸五分。

斜桁椀一件，长度为三尺七寸八分，高度为六寸七分五厘，宽度为三寸五分六厘二毫五丝。

贴升耳十四个，其中四个长度为二寸九分七厘，四个长度为三寸四分，四个长度为三寸八分四厘五毫，两个长度为四寸二分八厘二毫五丝，高度均为九分，宽度均为三分六厘。

十八斗十二个，槽升子四个，三才升十六个，它们的尺寸均与平身科斗栱的尺寸相同。

## 重翘重昂平身科、柱头科、角科斗口一寸五分各件尺寸

【译解】当斗口为一寸五分时，平身科、柱头科、角科的重翘重昂斗栱中各构件的尺寸。

### 平身科

【译解】平身科斗栱

【原文】大斗一个，见方四寸五分，高三寸。

头翘一件，长一尺六分五厘，高三寸，宽一寸五分。

重翘一件，长一尺九寸六分五厘，高三寸，宽一寸五分。

头昂一件，长三尺二寸七分七厘五毫，高四寸五分，宽一寸五分。

二昂一件，长四尺九分五厘，高四寸五分，宽一寸五分。

蚂蚱头一件，长四尺一寸四分，高三寸，宽一寸五分。

撑头木一件，长四尺一寸三分一厘，高三寸，宽一寸五分。

正心瓜栱一件，长九寸三分，高三寸，宽一寸八分六厘。

正心万栱一件，长一尺三寸八分，高三寸，宽一寸八分六厘。

单才瓜栱六件，各长九寸三分，高二寸一分，宽一寸五分。

单才万栱六件，各长一尺三寸八分，高二寸一分，宽一寸五分。

厢栱二件，各长一尺八分，高二寸一分，宽一寸五分。

桁椀一件，长三尺六寸，高九寸，宽一寸五分。

十八斗八个，各长二寸七分，高一寸五分，宽二寸二分二厘。

槽升四个，各长一寸九分五厘，高一寸五分，宽二寸五分八厘。

三才升二十八个，各长一寸九分五厘，高一寸五分，宽二寸二分二厘。

【译解】大斗一个，长度、宽度均为四寸五分，高度为三寸。

头翘一件，长度为一尺六分五厘，高度为三寸，宽度为一寸五分。

重翘一件，长度为一尺九寸六分五厘，高度为三寸，宽度为一寸五分。

头昂一件，长度为三尺二寸七分七厘五毫，高度为四寸五分，宽度为一寸五分。

二昂一件，长度为四尺九分五厘，高度为四寸五分，宽度为一寸五分。

蚂蚱头一件，长度为四尺一寸四分，高度为三寸，宽度为一寸五分。

撑头木一件，长度为四尺一寸三分一厘，高度为三寸，宽度为一寸五分。

正心瓜栱一件，长度为九寸三分，高度为三寸，宽度为一寸八分六厘。

正心万栱一件，长度为一尺三寸八分，高度为三寸，宽度为一寸八分六厘。

单才瓜栱六件，长度均为九寸三分，高度均为二寸一分，宽度均为一寸五分。

单才万栱六件，长度均为一尺三寸八分，高度均为二寸一分，宽度均为一寸五分。

厢栱两件，长度均为一尺八分，高度均为二寸一分，宽度均为一寸五分。

桁椀一件，长度为三尺六寸，高度为九寸，宽度为一寸五分。

十八斗八个，长度均为二寸七分，高度均为一寸五分，宽度均为二寸二分二厘。

槽升子四个，长度均为一寸九分五厘，高度均为一寸五分，宽度均为二寸五分八厘。

三才升二十八个，长度均为一寸九分五厘，高度均为一寸五分，宽度均为二寸二分二厘。

柱头科

【译解】柱头科斗栱

【原文】大斗一个，长六寸，高三寸，宽四寸五分。

头翘一件，长一尺六分五厘，高三寸，宽三寸。

重翘一件，长一尺九寸六分五厘，高三寸，宽三寸七分五厘。

头昂一件，长三尺二寸七分七厘五毫，高四寸五分，宽四寸五分。

二昂一件，长四尺九分五厘，高四寸五分，宽五寸二分五厘。

正心瓜栱一件，长九寸三分，高三寸，宽一寸八分六厘。

正心万栱一件，长一尺三寸八分，高三寸，宽一寸八分六厘。

单才瓜栱六件，各长九寸三分，高二寸一分，宽一寸五分。

单才万栱六件，各长一尺三寸八分，高二寸一分，宽一寸五分。

厢栱二件，各长一尺八分，高二寸一分，宽一寸五分。

桶子十八斗七个，内二个各长四寸九分五厘，二个各长五寸七分，二个各长六寸四分五厘，一个长七寸二分，俱高一寸五分，宽二寸二分二厘。

槽升四个，各长一寸九分五厘，高一寸五分，宽二寸五分八厘。

三才升二十个，各长一寸九分五厘，高一寸五分，宽二寸二分二厘。

【译解】大斗一个，长度为六寸，高度为三寸，宽度为四寸五分。

头翘一件，长度为一尺六分五厘，高度为三寸，宽度为三寸。

重翘一件，长度为一尺九寸六分五厘，高度为三寸，宽度为三寸七分五厘。

头昂一件，长度为三尺二寸七分七厘五毫，高度为四寸五分，宽度为四寸五分。

二昂一件，长度为四尺九分五厘，高度为四寸五分，宽度为五寸二分五厘。

正心瓜栱一件，长度为九寸三分，高度为三寸，宽度为一寸八分六厘。

正心万栱一件，长度为一尺三寸八分，高度为三寸，宽度为一寸八分六厘。

单才瓜栱六件，长度均为九寸三分，高度均为二寸一分，宽度均为一寸五分。

单才万栱六件，长度均为一尺三寸八分，高度均为二寸一分，宽度均为一寸五分。

厢栱两件，长度均为一尺八分，高度均为二寸一分，宽度均为一寸五分。

桶子十八斗七个，其中两个长度为四寸九分五厘，两个长度为五寸七分，两个长度为六寸四分五厘，一个长度为七寸二分，高度均为一寸五分，宽度均为二寸二分二厘。

槽升子四个，长度均为一寸九分五厘，高度均为一寸五分，宽度均为二寸五分八厘。

三才升二十个，长度均为一寸九分五厘，高度均为一寸五分，宽度均为二寸二分二厘。

角科

【译解】角科斗栱

【原文】大斗一个，见方四寸五分，高三寸。

斜头翘一件，长一尺四寸九分一厘，高三寸，宽二寸二分五厘。

搭角正头翘带正心瓜栱二件，各长九寸九分七厘五毫，高三寸，宽一寸八分六厘。

斜二翘一件，长二尺七寸五分一厘，高三寸，宽二寸六分。

搭角正二翘带正心万栱二件，各长一尺六寸七分二厘五毫，高三寸，宽一寸八分六厘。

搭角闹二翘带单才瓜栱二件，各长一尺四寸四分七厘五毫，高三寸，宽一寸五分。

里连头合角单才瓜栱二件，各长八寸一分，高二寸一分，宽一寸五分。

斜头昂一件，长四尺五寸八分八厘五毫，高四寸五分，宽二寸九分五厘。

搭角正头昂二件，各长一尺八寸四

分五厘，高四寸五分，宽一寸五分。

搭角闹头昂带单才瓜栱二件，各长二尺三寸一分，高四寸五分，宽一寸五分。

搭角闹头昂带单才万栱二件，各长二尺五寸三分五厘，高四寸五分，宽一寸五分。

里连头合角单才万栱二件，各长五寸七分，高二寸一分，宽一寸五分。

里连头合角单才瓜栱二件，各长三寸三分，高二寸一分，宽一寸五分。

斜二昂一件，长五尺七寸三分三厘，高四寸五分，宽三寸三分。

搭角正二昂二件、闹二昂二件，各长二尺二寸九分五厘，高四寸五分，宽一寸五分。

搭角闹二昂带单才万栱二件，各长二尺九寸八分五厘，高四寸五分，宽一寸五分。

搭角闹二昂带单才瓜栱二件，各长二尺七寸六分，高四寸五分，宽一寸五分。

里连头合角单才万栱二件，各长一寸三分五厘，高二寸一分，宽一寸五分。

由昂一件，长七尺一寸一分三厘，高八寸二分五厘，宽三寸六分五厘。

搭角正蚂蚱头二件、闹蚂蚱头四件，各长二尺二寸五分，高三寸，宽一寸五分。

搭角闹蚂蚱头带单才万栱二件，各长二尺九寸四分，高三寸，宽一寸五分。

把臂厢栱二件，各长三尺六分，高三寸，宽一寸五分。

搭角正撑头木二件、闹撑头木六件，各长一尺八寸，高三寸，宽一寸五分。

里连头合角厢栱二件，各长三寸一分五厘，高二寸一分，宽一寸五分。

斜桁椀一件，长五尺四分，高九寸，宽三寸六分五厘。

贴升耳十八个，内四个各长二寸九分七厘，四个各长三寸三分二厘，四个各长三寸六分七厘，四个各长四寸二厘，二个各长四寸三分七厘，俱高九分，宽三分六厘。

十八斗二十个，槽升四个，三才升二十个，俱与平身科尺寸同。

【译解】大斗一个，长度、宽度均为四寸五分，高度为三寸。

斜头翘一件，长度为一尺四寸九分一厘，高度为三寸，宽度为二寸二分五厘。

带正心瓜栱的搭角正头翘两件，长度均为九寸九分七厘五毫，高度均为三寸，宽度均为一寸八分六厘。

斜二翘一件，长度为二尺七寸五分一厘，高度为三寸，宽度为二寸六分。

带正心万栱的搭角正二翘两件，长度均为一尺六寸七分二厘五毫，高度均为三寸，宽度均为一寸八分六厘。

带单才瓜栱的搭角闹二翘两件，长度均为一尺四寸四分七厘五毫，高度均为三寸，宽度均为一寸五分。

里连头合角单才瓜栱两件，长度均为八寸一分，高度均为二寸一分，宽度均为一寸五分。

斜头昂一件，长度为四尺五寸八分八厘五毫，高度为四寸五分，宽度为二寸九分五厘。

搭角正头昂两件，长度均为一尺八寸四分五厘，高度均为四寸五分，宽度均为一寸五分。

带单才瓜栱的搭角闹头昂两件，长度均为二尺三寸一分，高度均为四寸五分，宽度均为一寸五分。

带单才万栱的搭角闹头昂两件，长度均为二尺五寸三分五厘，高度均为四寸五分，宽度均为一寸五分。

里连头合角单才万栱两件，长度均为五寸七分，高度均为二寸一分，宽度均为一寸五分。

里连头合角单才瓜栱两件，长度均为三寸三分，高度均为二寸一分，宽度均为一寸五分。

斜二昂一件，长度为五尺七寸三分三厘，高度为四寸五分，宽度为三寸三分。

搭角正二昂两件、闹二昂两件，长度均为二尺二寸九分五厘，高度均为四寸五分，宽度均为一寸五分。

带单才万栱的搭角闹二昂两件，长度均为二尺九寸八分五厘，高度均为四寸五分，宽度均为一寸五分。

带单才瓜栱的搭角闹二昂两件，长度均为二尺七寸六分，高度均为四寸五分，宽度均为一寸五分。

里连头合角单才万栱两件，长度均为一寸三分五厘，高度均为二寸一分，宽度均为一寸五分。

由昂一件，长度为七尺一寸一分三厘，高度为八寸二分五厘，宽度为三寸六分五厘。

搭角正蚂蚱头两件、闹蚂蚱头四件，长度均为二尺二寸五分，高度均为三寸，宽度均为一寸五分。

带单才万栱的搭角闹蚂蚱头两件，长度均为二尺九寸四分，高度均为三寸，宽度均为一寸五分。

把臂厢栱两件，长度均为三尺六分，高度均为三寸，宽度均为一寸五分。

搭角正撑头木两件、闹撑头木六件，长度均为一尺八寸，高度均为三寸，宽度均为一寸五分。

里连头合角厢栱两件，长度均为三寸一分五厘，高度均为二寸一分，宽度均为一寸五分。

斜桁椀一件，长度为五尺四分，高度为九寸，宽度为三寸六分五厘。

贴升耳十八个，其中四个长度为二寸九分七厘，四个长度为三寸三分二厘，四个长度为三寸六分七厘，四个长度为四寸二厘，两个长度为四寸三分七厘，高度均为九分，宽度均为三分六厘。

十八斗二十个，槽升子四个，三才升二十个，它们的尺寸均与平身科斗栱的尺寸相同。

## 一斗二升交麻叶并一斗三升平身科、柱头科、角科俱斗口一寸五分各件尺寸

【译解】当斗口为一寸五分时，平身科、柱头科、角科的一斗二升交麻叶斗栱和一斗三升斗栱中各构件的尺寸。

### 平身科

【译解】平身科斗栱

【原文】（其一斗三升去麻叶云，中加槽升一个。）

大斗一个，见方四寸五分，高三寸。

麻叶云一件，长一尺八寸，高七寸九分九厘五毫，宽一寸五分。

正心瓜栱一件，长九寸三分，高三寸，宽一寸八分六厘。

槽升二个，各长一寸九分五厘，高一寸五分，宽二寸五分八厘。

【译解】（在一斗三升斗栱中央不安装麻叶云，安装一个槽升子。）

大斗一个，长度、宽度均为四寸五分，高度为三寸。

麻叶云一件，长度为一尺八寸，高度为七寸九分九厘五毫，宽度为一寸五分。

正心瓜栱一件，长度为九寸三分，高度为三寸，宽度为一寸八分六厘。

槽升子两个，长度均为一寸九分五厘，高度均为一寸五分，宽度均为二寸五分八厘。

### 柱头科

【译解】柱头科斗栱

【原文】大斗一个，长七寸五分，高三寸，宽四寸五分。

正心瓜栱一件，长九寸三分，高三寸，宽一寸八分六厘。

槽升二个，各长一寸九分五厘，高一寸五分，宽二寸五分八厘。

贴正升耳二个，各长一寸九分五厘，高一寸五分，宽三分六厘。

【译解】大斗一个，长度为七寸五分，高度为三寸，宽度为四寸五分。

正心瓜栱一件，长度为九寸三分，高度为三寸，宽度为一寸八分六厘。

槽升子两个，长度均为一寸九分五厘，高度均为一寸五分，宽度均为二寸五分八厘。

贴正升耳两个，长度均为一寸九分五厘，高度均为一寸五分，宽度均为三分六厘。

### 角科

【译解】角科斗栱

【原文】大斗一个，见方四寸五分，高三寸。

斜昂一件，长二尺五寸二分，高九寸四分五厘，宽二寸二分五厘。

搭角正心瓜栱二件，各长一尺三寸三分五厘，高三寸，宽一寸八分六厘。

槽升二个，各长一寸九分五厘，高一寸五分，宽二寸五分八厘。

三才升二个，各长一寸九分五厘，高一寸五分，宽二寸二分二厘。

贴斜升耳二个，各长二寸九分七厘，高九分，宽三分六厘。

【译解】大斗一个，长度、宽度均为四寸五分，高度为三寸。

斜昂一件，长度为二尺五寸二分，高度为九寸四分五厘，宽度为二寸二分五厘。

搭角正心瓜栱两件，长度均为一尺三寸三分五厘，高度均为三寸，宽度均为一寸八分六厘。

槽升子两个，长度均为一寸九分五厘，高度均为一寸五分，宽度均为二寸五分八厘。

三才升两个，长度均为一寸九分五厘，高度均为一寸五分，宽度均为二寸二分二厘。

贴斜升耳两个，长度均为二寸九分七厘，高度均为九分，宽度均为三分六厘。

## 三滴水品字平身科、柱头科、角科斗口一寸五分各件尺寸

【译解】当斗口为一寸五分时，平身科、柱头科、角科三滴水品字科斗栱中各构件的尺寸。

### 平身科

【译解】平身科斗栱

【原文】大斗一个，见方四寸五分，高三寸。

头翘一件，长一尺六分五厘，高三寸，宽一寸五分。

二翘一件，长一尺九寸六分五厘，高三寸，宽一寸五分。

撑头木一件，长二尺二寸五分，高三寸，宽一寸五分。

正心瓜栱一件，长九寸三分，高三寸，宽一寸八分六厘。

正心万栱一件，长一尺三寸八分，高三寸，宽一寸八分六厘。

单才瓜栱二件，各长九寸三分，高二寸一分，宽一寸五分。

厢栱一件，长一尺八分，高二寸一分，宽一寸五分。

十八斗三个，各长二寸七分，高一寸五分，宽二寸二分二厘。

槽升四个，各长一寸九分五厘，高

一寸五分，宽二寸五分八厘。

三才升六个，各长一寸九分五厘，高一寸五分，宽二寸二分二厘。

【译解】大斗一个，长度、宽度均为四寸五分，高度为三寸。

头翘一件，长度为一尺六分五厘，高度为三寸，宽度为一寸五分。

二翘一件，长度为一尺九寸六分五厘，高度为三寸，宽度为一寸五分。

撑头木一件，长度为二尺二寸五分，高度为三寸，宽度为一寸五分。

正心瓜栱一件，长度为九寸三分，高度为三寸，宽度为一寸八分六厘。

正心万栱一件，长度为一尺三寸八分，高度为三寸，宽度为一寸八分六厘。

单才瓜栱两件，长度均为九寸三分，高度均为二寸一分，宽度均为一寸五分。

厢栱一件，长度为一尺八分，高度为二寸一分，宽度为一寸五分。

十八斗三个，长度均为二寸七分，高度均为一寸五分，宽度均为二寸二分二厘。

槽升子四个，长度均为一寸九分五厘，高度均为一寸五分，宽度均为二寸五分八厘。

三才升六个，长度均为一寸九分五厘，高度均为一寸五分，宽度均为二寸二分二厘。

柱头科

【译解】柱头科斗栱

【原文】大斗一个，长七寸五分，高三寸，宽四寸五分。

头翘一件，长一尺六分五厘，高三寸，宽三寸。

正心瓜栱一件，长九寸三分，高三寸，宽一寸八分六厘。

正心万栱一件，长一尺三寸八分，高三寸，宽一寸八分六厘。

单才瓜栱二件，各长九寸三分，高二寸一分，宽一寸五分。

厢栱一件，长一尺八分，高二寸一分，宽一寸五分。

桶子十八斗一个，长七寸二分，高一寸五分，宽二寸二分二厘。

槽升四个，各长一寸九分五厘，高一寸五分，宽二寸五分八厘。

三才升六个，各长一寸九分五厘，高一寸五分，宽二寸二分二厘。

贴斗耳二个，各长二寸二分二厘，高一寸五分，宽三分六厘。

【译解】大斗一个，长度为七寸五分，高度为三寸，宽度为四寸五分。

头翘一件，长度为一尺六分五厘，高度为三寸，宽度为三寸。

正心瓜栱一件，长度为九寸三分，高度为三寸，宽度为一寸八分六厘。

正心万栱一件，长度为一尺三寸八

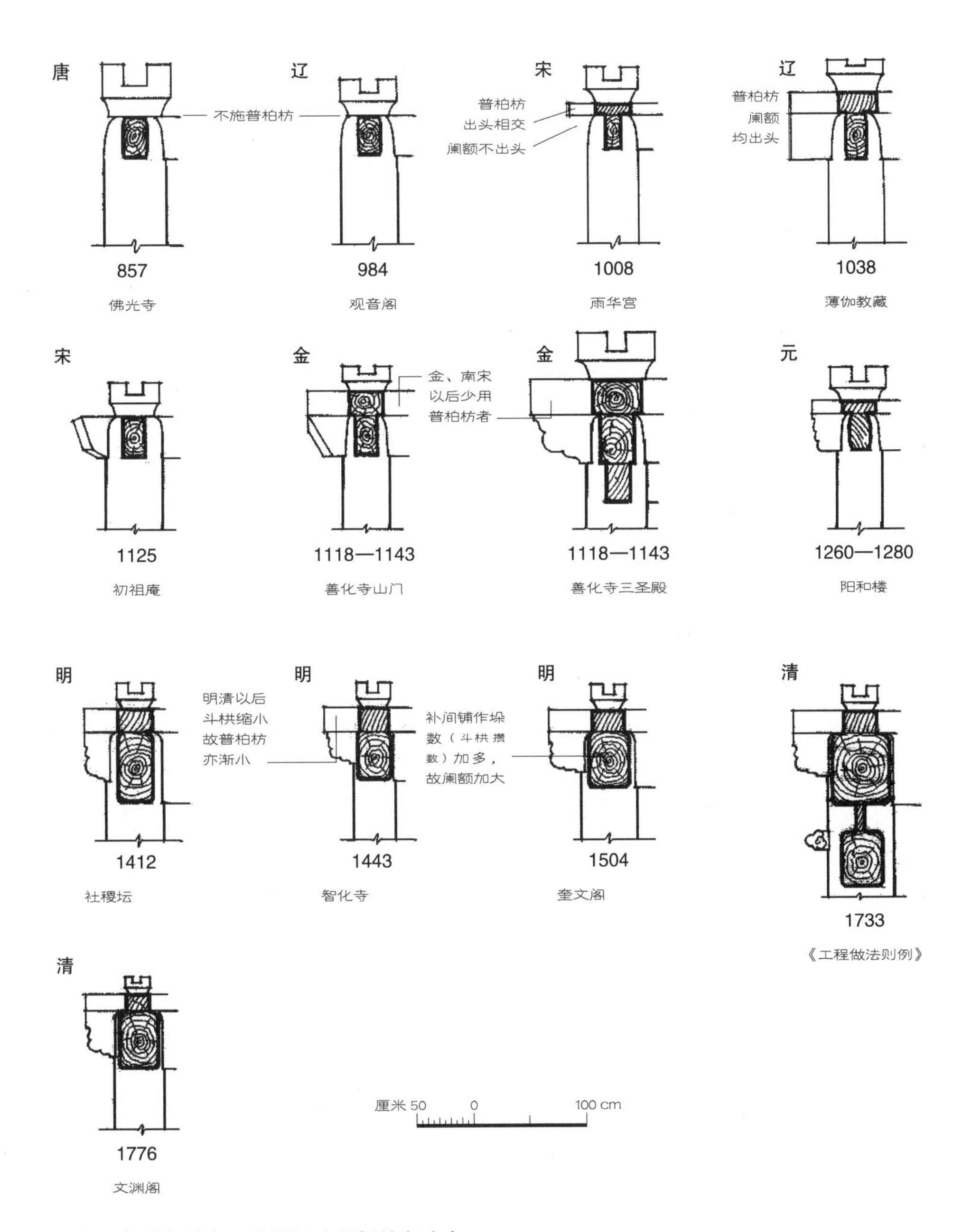


## □ 历代阑额（额枋）、普柏枋（平板枋）演变

在这种柱子上端联络与承重的水平构件，就其被发现的时间而言，在我国南北朝的石窟建筑中就已可以看到，彼时多置于柱顶；在隋唐以后被移到柱间。到宋代，此类构件被称为“阑额”，明清则称“额枋”。

分，高度为三寸，宽度为一寸八分六厘。

单才瓜栱两件，长度均为九寸三分，高度均为二寸一分，宽度均为一寸五分。

厢栱一件，长度为一尺八分，高度为二寸一分，宽度为一寸五分。

桶子十八斗一个，长度为七寸二分，高度为一寸五分，宽度为二寸二分二厘。

槽升子四个，长度均为一寸九分五厘，高度均为一寸五分，宽度均为二寸五分八厘。

三才升六个，长度均为一寸九分五厘，高度均为一寸五分，宽度均为二寸二分二厘。

贴斗耳两个，长度均为二寸二分二厘，高度均为一寸五分，宽度均为三分六厘。

## 角科

【译解】角科斗栱

【原文】大斗一个，见方四寸五分，高三寸。

斜头翘一件，长一尺四寸九分一厘，高三寸，宽二寸二分五厘。

搭角正头翘带正心瓜栱二件，各长九寸九分七厘五毫，高三寸，宽一寸八分六厘。

搭角正二翘带正心万栱二件，各长一尺六寸七分二厘五毫，高三寸，宽一寸八分六厘。

搭角闹二翘带单才瓜栱二件，各长一尺四寸四分七厘五毫，高三寸，宽一寸五分。

里连头合角单才瓜栱二件，各长八寸一分，高二寸一分，宽一寸五分。

里连头合角厢栱二件，各长二寸二分五厘，高二寸一分，宽一寸五分。

贴升耳四个，各长二寸九分七厘，高九分，宽三分六厘。

十八斗二个、槽升四个、三才升六个，俱与平身科尺寸同。

【译解】大斗一个，长度、宽度均为四寸五分，高度为三寸。

斜头翘一件，长度为一尺四寸九分一厘，高度为三寸，宽度为二寸二分五厘。

带正心瓜栱的搭角正头翘两件，长度均为九寸九分七厘五毫，高度均为三寸，宽度均为一寸八分六厘。

带正心万栱的搭角正二翘两件，长度均为一尺六寸七分二厘五毫，高度均为三寸，宽度均为一寸八分六厘。

带单才瓜栱的搭角闹二翘两件，长度均为一尺四寸四分七厘五毫，高度均为三寸，宽度均为一寸五分。

里连头合角单才瓜栱两件，长度均为八寸一分，高度均为二寸一分，宽度均为一寸五分。

里连头合角厢栱两件，长度均为二寸二分五厘，高度均为二寸一分，宽度均为一寸五分。

贴升耳四个，长度均为二寸九分七

厘，高度均为九分，宽度均为三分六厘。

十八斗两个、槽升子四个、三才升六个，它们的尺寸均与平身科斗栱的尺寸相同。

## 内里品字科斗口一寸五分各件尺寸

【译解】当斗口为一寸五分时，内里品字科的斗栱中各构件的尺寸。

【原文】大斗一个，长四寸五分，高三寸，宽二寸二分五厘。

头翘一件，长五寸三分二厘五毫，高三寸，宽一寸五分。

二翘一件，长九寸八分二厘五毫，高三寸，宽一寸五分。

撑头木一件，长一尺四寸三分二厘五毫，高三寸，宽一寸五分。

正心瓜栱一件，长九寸三分，高三寸，宽九分三厘。

正心万栱一件，长一尺三寸八分，高三寸，宽九分三厘。

麻叶云一件，长一尺二寸三分，高三寸，宽一寸五分。

三福云二件，各长一尺八分，高四寸五分，宽一寸五分。

十八斗二个，各长二寸七分，高一寸五分，宽二寸二分二厘。

槽升四个，各长一寸九分五厘，高一寸五分，宽一寸二分九厘。

【译解】大斗一个，长度为四寸五分，高度为三寸，宽度为二寸二分五厘。

头翘一件，长度为五寸三分二厘五毫，高度为三寸，宽度为一寸五分。

二翘一件，长度为九寸八分二厘五毫，高度为三寸，宽度为一寸五分。

撑头木一件，长度为一尺四寸三分二厘五毫，高度为三寸，宽度为一寸五分。

正心瓜栱一件，长度为九寸三分，高度为三寸，宽度为九分三厘。

正心万栱一件，长度为一尺三寸八分，高度为三寸，宽度为九分三厘。

麻叶云一件，长度为一尺二寸三分，高度为三寸，宽度为一寸五分。

三福云两件，长度均为一尺八分，高度均为四寸五分，宽度均为一寸五分。

十八斗两个，长度均为二寸七分，高度均为一寸五分，宽度均为二寸二分二厘。

槽升子四个，长度均为一寸九分五厘，高度均为一寸五分，宽度均为一寸二分九厘。

## 槅架科斗口一寸五分各件尺寸

【译解】当斗口为一寸五分时，槅架科的斗栱中各构件的尺寸。

【原文】贴大斗耳二个，各长四寸五分，高三寸，厚一寸三分二厘。

荷叶一件，长一尺三寸五分，高三寸，宽三寸。

栱一件，长九寸三分，高三寸，宽三寸。

雀替一件，长三尺，高六寸，宽三寸。

贴槽升耳六个，各长一寸九分五厘，高一寸五分，宽三分六厘。

【详解】贴大斗耳两个，长度均为四寸五分，高度均为三寸，厚度均为一寸三分二厘。

荷叶橔一件，长度为一尺三寸五分，高度为三寸，宽度为三寸。

栱一件，长度为九寸三分，高度为三寸，宽度为三寸。

雀替一件，长度为三尺，高度为六寸，宽度为三寸。

贴槽升耳六个，长度均为一寸九分五厘，高度均为一寸五分，宽度均为三分六厘。

# 卷三十二

本卷详述当斗口为二寸时，各类斗栱的尺寸。

## 斗科斗口二寸尺寸

【译解】当斗口为二寸时，各类斗栱的尺寸。

## 斗口单昂平身科、柱头科、角科斗口二寸各件尺寸

【译解】当斗口为二寸时，平身科、柱头科、角科的单昂斗栱中各构件的尺寸。

### 平身科

【译解】平身科斗栱

【原文】大斗一个，见方六寸，高四寸。

单昂一件，长一尺九寸七分，高六寸，宽二寸。

蚂蚱头一件，长二尺五寸八厘，高四寸，宽二寸。

撑头木一件，长一尺二寸，高四寸，宽二寸。

正心瓜栱一件，长一尺二寸四分，高四寸，宽二寸四分八厘。

正心万栱一件，长一尺八寸四分，高四寸，宽二寸四分八厘。

厢栱二件，各长一尺四寸四分，高二寸八分，宽二寸。

桁椀一件，长一尺二寸，高三寸，宽二寸。

十八斗二个，各长三寸六分，高二寸，宽二寸九分六厘。

槽升四个，各长二寸六分，高二寸，宽三寸四分四厘。

三才升六个，各长二寸六分，高二寸，宽二寸九分六厘。

【译解】大斗一个，长度、宽度均为六寸，高度为四寸。

单昂一件，长度为一尺九寸七分，高度为六寸，宽度为二寸。

蚂蚱头一件，长度为二尺五寸八厘，高度为四寸，宽度为二寸。

撑头木一件，长度为一尺二寸，高度为四寸，宽度为二寸。

正心瓜栱一件，长度为一尺二寸四分，高度为四寸，宽度为二寸四分八厘。

正心万栱一件，长度为一尺八寸四分，高度为四寸，宽度为二寸四分八厘。

厢栱两件，长度均为一尺四寸四分，高度均为二寸八分，宽度均为二寸。

桁椀一件，长度为一尺二寸，高度为三寸，宽度为二寸。

十八斗两个，长度均为三寸六分，高度均为二寸，宽度均为二寸九分六厘。

槽升子四个，长度均为二寸六分，高度均为二寸，宽度均为三寸四分四厘。

三才升六个，长度均为二寸六分，高度均为二寸，宽度均为二寸九分六厘。

柱头科

【译解】柱头科斗栱

【原文】大斗一个，长八寸，高四寸，宽六寸。

单昂一件，长一尺九寸七分，高六寸，宽四寸。

正心瓜栱一件，长一尺二寸四分，高四寸，宽二寸四分八厘。

正心万栱一件，长一尺八寸四分，高四寸，宽二寸四分八厘。

厢栱二件，各长一尺四寸四分，高二寸八分，宽二寸。

桶子十八斗一个，长九寸六分，高二寸，宽二寸九分六厘。

槽升二个，各长二寸六分，高二寸，宽三寸四分四厘。

三才升四个，各长二寸六分，高二寸，宽二寸九分六厘。

【译解】大斗一个，长度为八寸，高度为四寸，宽度为六寸。

单昂一件，长度为一尺九寸七分，高度为六寸，宽度为四寸。

正心瓜栱一件，长度为一尺二寸四分，高度为四寸，宽度为二寸四分八厘。

正心万栱一件，长度为一尺八寸四分，高度为四寸，宽度为二寸四分八厘。

厢栱两件，长度均为一尺四寸四分，高度均为二寸八分，宽度均为二寸。

桶子十八斗一个，长度为九寸六分，高度为二寸，宽度为二寸九分六厘。

槽升子两个，长度均为二寸六分，高度均为二寸，宽度均为三寸四分四厘。

三才升四个，长度均为二寸六分，高度均为二寸，宽度均为二寸九分六厘。

角科

【译解】角科斗栱

【原文】大斗一个，见方六寸，高四寸。

斜昂一件，长二尺七寸五分八厘，高六寸，宽三寸。

搭角正昂带正心瓜栱二件，各长一尺八寸八分，高六寸，宽二寸四分八厘。

由昂一件，长四尺三寸四分七厘，高一尺一寸，宽四寸五分。

搭角正蚂蚱头带正心万栱二件，各长二尺一寸二分，高四寸，宽二寸四分八厘。

搭角正撑头木二件，各长六寸，高四寸，宽二寸。

把臂厢栱二件，各长二尺二寸八分，高四寸，宽二寸。

里连头合角厢栱二件，各长二寸四分，高二寸八分，宽二寸。

斜桁椀一件，长一尺六寸八分，高三寸，宽四寸五分。

十八斗二个，槽升四个，三才升六个，俱与平身科尺寸同。

【译解】大斗一个，长度、宽度均为六寸，高度为四寸。

斜昂一件，长度为二尺七寸五分八厘，高度为六寸，宽度为三寸。

带正心瓜栱的搭角正昂两件，长度均为一尺八寸八分，高度均为六寸，宽度均为二寸四分八厘。

由昂一件，长度为四尺三寸四分七厘，高度为一尺一寸，宽度为四寸五分。

带正心万栱的搭角正蚂蚱头两件，长度均为二尺一寸二分，高度均为四寸，宽度均为二寸四分八厘。

搭角正撑头木两件，长度均为六寸，高度均为四寸，宽度均为二寸。

把臂厢栱两件，长度均为二尺二寸八分，高度均为四寸，宽度均为二寸。

里连头合角厢栱两件，长度均为二寸四分，高度均为二寸八分，宽度均为二寸。

斜桁椀一件，长度为一尺六寸八分，高度为三寸，宽度为四寸五分。

十八斗两个，槽升子四个，三才升六个，它们的尺寸均与平身科斗栱的尺寸相同。

## 斗口重昂平身科、柱头科、角科斗口二寸各件尺寸

【译解】当斗口为二寸时，平身科、柱头科、角科的重昂斗栱中各构件的尺寸。

### 平身科

【译解】平身科斗栱

【原文】大斗一个，见方六寸，高四寸。

头昂一件，长一尺九寸七分，高六寸，宽二寸。

二昂一件，长三尺六分，高六寸，宽二寸。

蚂蚱头一件，长三尺一寸二分，高四寸，宽二寸。

撑头木一件，长三尺一寸八厘，高四寸，宽二寸。

正心瓜栱一件，长一尺二寸四分，高四寸，宽二寸四分八厘。

正心万栱一件，长一尺八寸四分，高四寸，宽二寸四分八厘。

单才瓜栱二件，各长一尺二寸四分，高二寸八分，宽二寸。

单才万栱二件，各长一尺八寸四分，高二寸八分，宽二寸。

厢栱二件，各长一尺四寸四分，高二寸八分，宽二寸。

桁椀一件，长二尺四寸，高六寸，宽二寸。

十八斗四个，各长三寸六分，高二寸，宽二寸九分六厘。

槽升四个，各长二寸六分，高二寸，宽三寸四分四厘。

三才升十二个，各长二寸六分，高

二寸，宽二寸九分六厘。

【译解】大斗一个，长度、宽度均为六寸，高度为四寸。

头昂一件，长度为一尺九寸七分，高度为六寸，宽度为二寸。

二昂一件，长度为三尺六分，高度为六寸，宽度为二寸。

蚂蚱头一件，长度为三尺一寸二分，高度为四寸，宽度为二寸。

撑头木一件，长度为三尺一寸八厘，高度为四寸，宽度为二寸。

正心瓜栱一件，长度为一尺二寸四分，高度为四寸，宽度为二寸四分八厘。

正心万栱一件，长度为一尺八寸四分，高度为四寸，宽度为二寸四分八厘。

单才瓜栱两件，长度均为一尺二寸四分，高度均为二寸八分，宽度均为二寸。

单才万栱两件，长度均为一尺八寸四分，高度均为二寸八分，宽度均为二寸。

厢栱两件，长度均为一尺四寸四分，高度均为二寸八分，宽度均为二寸。

桁椀一件，长度为二尺四寸，高度为六寸，宽度为二寸。

十八斗四个，长度均为三寸六分，高度均为二寸，宽度均为二寸九分六厘。

槽升子四个，长度均为二寸六分，高度均为二寸，宽度均为三寸四分四厘。

三才升十二个，长度均为二寸六分，高度均为二寸，宽度均为二寸九分六厘。

柱头科

【译解】柱头科斗栱

【原文】大斗一个，长八寸，高四寸，宽六寸。

头昂一件，长一尺九寸七分，高六寸，宽四寸。

二昂一件，长三尺六分，高六寸，宽六寸。

正心瓜栱一件，长一尺二寸四分，高四寸，宽二寸四分八厘。

正心万栱一件，长一尺八寸四分，高四寸，宽二寸四分八厘。

单才瓜栱二件，各长一尺二寸四分，高二寸八分，宽二寸。

单才万栱二件，各长一尺八寸四分，高二寸八分，宽二寸。

厢栱二件，各长一尺四寸四分，高二寸八分，宽二寸。

桶子十八斗三个，内二个各长七寸六分，一个长九寸六分，俱高二寸，宽二寸九分六厘。

槽升四个，各长二寸六分，高二寸，宽三寸四分四厘。

三才升十二个，各长二寸六分，高二寸，宽二寸九分六厘。

【译解】大斗一个，长度为八寸，高度为四寸，宽度为六寸。

头昂一件，长度为一尺九寸七分，高度为六寸，宽度为四寸。

二昂一件，长度为三尺六分，高度为六寸，宽度为六寸。

正心瓜栱一件，长度为一尺二寸四分，高度为四寸，宽度为二寸四分八厘。

正心万栱一件，长度为一尺八寸四分，高度为四寸，宽度为二寸四分八厘。

单才瓜栱两件，长度均为一尺二寸四分，高度均为二寸八分，宽度均为二寸。

单才万栱两件，长度均为一尺八寸四分，高度均为二寸八分，宽度均为二寸。

厢栱两件，长度均为一尺四寸四分，高度均为二寸八分，宽度均为二寸。

桶子十八斗三个，其中两个长度为七寸六分，一个长度为九寸六分，高度均为二寸，宽度均为二寸九分六厘。

槽升子四个，长度均为二寸六分，高度均为二寸，宽度均为三寸四分四厘。

三才升十二个，长度均为二寸六分，高度均为二寸，宽度均为二寸九分六厘。

角科

【译解】角科斗栱

【原文】大斗一个，见方六寸，高四寸。

斜头昂一件，长二尺七寸五分八厘，高六寸，宽三寸。

搭角正头昂带正心瓜栱二件，各长一尺八寸八分，高六寸，宽二寸四分八厘。

斜二昂一件，长四尺二寸八分四厘，高六寸，宽四寸。

搭角正二昂带正心万栱二件，各长二尺七寸八分，高六寸，宽二寸四分八厘。

搭角闹二昂带单才瓜栱二件，各长二尺四寸八分，高六寸，宽二寸。

由昂一件，长六尺六分，高一尺一寸，宽五寸。

搭角正蚂蚱头二件，各长一尺八寸，高四寸，宽二寸。

搭角闹蚂蚱头带单才万栱二件，各长二尺七寸二分，高四寸，宽二寸。

把臂厢栱二件，各长二尺八寸八分，高四寸，宽二寸。

里连头合角单才瓜栱二件，各长一尺八分，高二寸八分，宽二寸。

里连头合角单才万栱二件，各长七寸六分，高二寸八分，宽二寸。

搭角正撑头木二件，闹撑头木二件，各长一尺二寸，高四寸，宽二寸。

里连头合角厢栱二件，各长三寸，高二寸八分，宽二寸。

斜桁椀一件，长三尺三寸六分，宽六寸三分三厘三毫，高六寸。

贴科升耳十个，内四个各长四寸六分，二个各长六寸二分六厘六毫，四个各长七寸九分三厘三毫，俱高一寸二分，宽四分八厘。

十八斗六个，槽升四个，三才升十二个，俱与平身科尺寸同。

【译解】大斗一个，长度、宽度均为六

寸，高度为四寸。

斜头昂一件，长度为二尺七寸五分八厘，高度为六寸，宽度为三寸。

带正心瓜栱的搭角正头昂两件，长度均为一尺八寸八分，高度均为六寸，宽度均为二寸四分八厘。

斜二昂一件，长度为四尺二寸八分四厘，高度为六寸，宽度为四寸。

带正心万栱的搭角正二昂两件，长度均为二尺七寸八分，高度均为六寸，宽度均为二寸四分八厘。

带单才瓜栱的搭角闹二昂两件，长度均为二尺四寸八分，高度均为六寸，宽度均为二寸。

由昂一件，长度为六尺六分，高度为一尺一寸，宽度为五寸。

搭角正蚂蚱头两件，长度均为一尺八寸，高度均为四寸，宽度均为二寸。

带单才万栱的搭角闹蚂蚱头两件，长度均为二尺七寸二分，高度均为四寸，宽度均为二寸。

把臂厢栱两件，长度均为二尺八寸八分，高度均为四寸，宽度均为二寸。

里连头合角单才瓜栱两件，长度均为一尺八分，高度均为二寸八分，宽度均为二寸。

里连头合角单才万栱两件，长度均为七寸六分，高度均为二寸八分，宽度均为二寸。

搭角正撑头木两件，闹撑头木两件，长度均为一尺二寸，高度均为四寸，宽度均为二寸。

里连头合角厢栱两件，长度均为三寸，高度均为二寸八分，宽度均为二寸。

斜桁椀一件，长度为三尺三寸六分，宽度为六寸三分三厘三毫，高度为六寸。

贴科升耳十个，其中四个长度为四寸六分，两个长度为六寸二分六厘六毫，四个长度为七寸九分三厘三毫，高度均为一寸二分，宽度均为四分八厘。

十八斗六个，槽升子四个，三才升十二个，它们的尺寸均与平身科斗栱的尺寸相同。

## 单翘单昂平身科、柱头科、角科斗口二寸各件尺寸

【译解】当斗口为二寸时，平身科、柱头科、角科的单翘单昂斗栱中各构件的尺寸。

### 平身科

【译解】平身科斗栱

**【原文】单翘一件，长一尺四寸二分，高四寸，宽二寸。**

**其余各件，俱与斗口重昂平身科尺寸同。**

【译解】单翘一件，长度为一尺四寸二分，高度为四寸，宽度为二寸。

其余构件的尺寸，均与平身科重昂斗栱的尺寸相同。

柱头科

【译解】柱头科斗栱

【原文】单翘一件，长一尺四寸二分，高四寸，宽四寸。

其余各件，俱与斗口重昂柱头科尺寸同。

【译解】单翘一件，长度为一尺四寸二分，高度为四寸，宽度为四寸。

其余构件的尺寸均与柱头科重昂斗栱的尺寸相同。

角科

【译解】角科斗栱

【原文】斜翘一件，长一尺九寸八分八厘，高四寸，宽三寸。

搭角正翘带正心瓜栱二件，各长一尺三寸三分，高四寸，宽二寸四分八厘。

其余各件，俱与斗口重昂角科尺寸同。

【译解】斜翘一件，长度为一尺九寸八分八厘，高度为四寸，宽度为三寸。

带正心瓜栱的搭角正翘两件，长度均为一尺三寸三分，高度均为四寸，宽度均为二寸四分八厘。

其余构件的尺寸均与角科重昂斗栱的尺寸相同。

## 单翘重昂平身科、柱头科、角科斗口二寸各件尺寸

【译解】当斗口为二寸时，平身科、柱头科、角科的单翘重昂斗栱中各构件的尺寸。

平身科

【译解】平身科斗栱

【原文】大斗一个，见方六寸，高四寸。

单翘一件，长一尺四寸二分，高四寸，宽二寸。

头昂一件，长三尺一寸七分，高六寸，宽二寸。

二昂一件，长四尺二寸六分，高六寸，宽二寸。

蚂蚱头一件，长四尺三寸二分，高四寸，宽二寸。

撑头木一件，长四尺三寸，高四寸，宽二寸。

正心瓜栱一件，长一尺二寸四分，

高四寸，宽二寸四分八厘。

正心万栱一件，长一尺八寸四分，高四寸，宽二寸四分八厘。

单才瓜栱四件，各长一尺二寸四分，高二寸八分，宽二寸。

单才万栱四件，各长一尺八寸四分，高二寸八分，宽二寸。

厢栱二件，各长一尺四寸四分，高二寸八分，宽二寸。

桁椀一件，长三尺六寸，高九寸，宽二寸。

十八斗六个，各长三寸六分，高二寸，宽二寸九分六厘。

槽升四个，各长二寸六分，高二寸，宽三寸四分四厘。

三才升二十个，各长二寸六分，高二寸，宽二寸九分六厘。

【译解】大斗一个，长度、宽度均为六寸，高度为四寸。

单翘一件，长度为一尺四寸二分，高度为四寸，宽度为二寸。

头昂一件，长度为三尺一寸七分，高度为六寸，宽度为二寸。

二昂一件，长度为四尺二寸六分，高度为六寸，宽度为二寸。

蚂蚱头一件，长度为四尺三寸二分，高度为四寸，宽度为二寸。

撑头木一件，长度为四尺三寸，高度为四寸，宽度为二寸。

正心瓜栱一件，长度为一尺二寸四分，高度为四寸，宽度为二寸四分八厘。

正心万栱一件，长度为一尺八寸四分，高度为四寸，宽度为二寸四分八厘。

单才瓜栱四件，长度均为一尺二寸四分，高度均为二寸八分，宽度均为二寸。

单才万栱四件，长度均为一尺八寸四分，高度均为二寸八分，宽度均为二寸。

厢栱两件，长度均为一尺四寸四分，高度均为二寸八分，宽度均为二寸。

桁椀一件，长度为三尺六寸，高度为九寸，宽度为二寸。

十八斗六个，长度均为三寸六分，高度均为二寸，宽度均为二寸九分六厘。

槽升子四个，长度均为二寸六分，高度均为二寸，宽度均为三寸四分四厘。

三才升二十个，长度均为二寸六分，高度均为二寸，宽度均为二寸九分六厘。

柱头科

【译解】柱头科斗栱

【原文】大斗一个，长八寸，高四寸，宽六寸。

单翘一件，长一尺四寸二分，高四寸，宽四寸。

头昂一件，长三尺一寸七分，高六寸，宽五寸三分三厘三毫。

二昂一件，长四尺二寸六分，高六寸，宽六寸六分六厘六毫。

正心瓜栱一件，长一尺二寸四分，高四寸，宽二寸四分八厘。

正心万栱一件，长一尺八寸四分，高四寸，宽二寸四分八厘。

单才瓜栱四件，各长一尺二寸四分，高二寸八分，宽二寸。

单才万栱四件，各长一尺八寸四分，高二寸八分，宽二寸。

厢栱二件，各长一尺四寸四分，高二寸八分，宽二寸。

桶子十八斗五个，内二个各长六寸九分三厘三毫，二个各长八寸二分六厘六毫，一个长九寸八分，俱高二寸，宽二寸九分六厘。

槽升四个，各长二寸六分，高二寸，宽三寸四分四厘。

三才升二十个，各长二寸六分，高二寸，宽二寸九分六厘。

【译解】大斗一个，长度为八寸，高度为四寸，宽度为六寸。

单翘一件，长度为一尺四寸二分，高度为四寸，宽度为四寸。

头昂一件，长度为三尺一寸七分，高度为六寸，宽度为五寸三分三厘三毫。

二昂一件，长度为四尺二寸六分，高度为六寸，宽度为六寸六分六厘六毫。

正心瓜栱一件，长度为一尺二寸四分，高度为四寸，宽度为二寸四分八厘。

正心万栱一件，长度为一尺八寸四分，高度为四寸，宽度为二寸四分八厘。

单才瓜栱四件，长度均为一尺二寸四分，高度均为二寸八分，宽度均为二寸。

单才万栱四件，长度均为一尺八寸四分，高度均为二寸八分，宽度均为二寸。

厢栱两件，长度均为一尺四寸四分，高度均为二寸八分，宽度均为二寸。

桶子十八斗五个，其中两个长度为六寸九分三厘三毫，两个长度为八寸二分六厘六毫，一个长度为九寸八分，高度均为二寸，宽度均为二寸九分六厘。

槽升子四个，长度均为二寸六分，高度均为二寸，宽度均为三寸四分四厘。

三才升二十个，长度均为二寸六分，高度均为二寸，宽度均为二寸九分六厘。

角科

【译解】角科斗栱

【原文】大斗一个，见方六寸，高四寸。

斜翘一件，长一尺九寸八分八厘，高四寸，宽三寸。

搭角正翘带正心瓜栱二件，各长一尺三寸三分，高四寸，宽二寸四分八厘。

斜头昂一件，长四尺四寸三分八厘，高六寸，宽三寸七分五厘。

搭角正头昂带正心万栱二件，各长二尺七寸八分，高六寸，宽二寸四分八厘。

搭角闹头昂带单才瓜栱二件，各长二尺四寸八分，高六寸，宽二寸。

里连头合角单才瓜栱二件，各长一尺八分，高二寸八分，宽二寸。

斜二昂一件，长五尺九寸六分四

厘，高六寸，宽四寸五分。

搭角正二昂二件，各长二尺四寸六分，高六寸，宽二寸。

搭角闹二昂带单才万栱二件，各长三尺三寸八分，高六寸，宽二寸。

搭角闹二昂带单才瓜栱二件，各长三尺八分，高六寸，宽二寸。

里连头合角单才万栱二件，各长七寸六分，高二寸八分，宽二寸。

里连头合角单才瓜栱二件，各长四寸四分，高二寸八分，宽二寸。

由昂一件，长七尺七寸七分二厘，高一尺一寸，宽五寸二分五厘。

搭角正蚂蚱头二件、闹蚂蚱头二件，各长二尺四寸，高四寸，宽二寸。

搭角闹蚂蚱头带单才万栱二件，各长三尺三寸二分，高四寸，宽二寸。

里连头合角单才万栱二件，各长一寸八分，高二寸八分，宽二寸。

搭角正撑头木二件、闹撑头木四件，各长一尺八寸，高四寸，宽二寸。

里连头合角厢栱二件，各长五寸六分，高二寸八分，宽二寸。

把臂厢栱二件，各长三尺四寸八分，高四寸，宽二寸。

斜桁椀一件，长五尺四分，高九寸，宽五寸二分五厘。

贴斜升耳十四个，内四个各长三寸九分六厘，四个各长四寸七分一厘，四个各长五寸四分六厘，二个各长六寸二分一厘，俱高二寸，宽四分八厘。

十八斗十二个，槽升四个，三才升十六个，俱与平身科尺寸同。

【译解】大斗一个，长度、宽度均为六寸，高度为四寸。

斜翘一件，长度为一尺九寸八分八厘，高度为四寸，宽度为三寸。

带正心瓜栱的搭角正翘两件，长度均为一尺三寸三分，高度均为四寸，宽度均为二寸四分八厘。

斜头昂一件，长度为四尺四寸三分八厘，高度为六寸，宽度为三寸七分五厘。

带正心万栱的搭角正头昂两件，长度均为二尺七寸八分，高度均为六寸，宽度均为二寸四分八厘。

带单才瓜栱的搭角闹头昂两件，长度均为二尺四寸八分，高度均为六寸，宽度均为二寸。

里连头合角单才瓜栱两件，长度均为一尺八分，高度均为二寸八分，宽度均为二寸。

斜二昂一件，长度为五尺九寸六分四厘，高度为六寸，宽度为四寸五分。

搭角正二昂两件，长度均为二尺四寸六分，高度均为六寸，宽度均为二寸。

带单才万栱的搭角闹二昂两件，长度均为三尺三寸八分，高度均为六寸，宽度均为二寸。

带单才瓜栱的搭角闹二昂两件，长度均为三尺八分，高度均为六寸，宽度均为二寸。

里连头合角单才万栱两件，长度均为

七寸六分，高度均为二寸八分，宽度均为二寸。

里连头合角单才瓜栱两件，长度均为四寸四分，高度均为二寸八分，宽度均为二寸。

由昂一件，长度为七尺七寸七分二厘，高度为一尺一寸，宽度为五寸二分五厘。

搭角正蚂蚱头两件，闹蚂蚱头两件，长度均为二尺四寸，高度均为四寸，宽度均为二寸。

带单才万栱的搭角闹蚂蚱头两件，长度均为三尺三寸二分，高度均为四寸，宽度均为二寸。

里连头合角单才万栱两件，长度均为一寸八分，高度均为二寸八分，宽度均为二寸。

搭角正撑头木两件，闹撑头木四件，长度均为一尺八寸，高度均为四寸，宽度均为二寸。

里连头合角厢栱两件，长度均为五寸六分，高度均为二寸八分，宽度均为二寸。

把臂厢栱两件，长度均为三尺四寸八分，高度均为四寸，宽度均为二寸。

斜桁椀一件，长度为五尺四分，高度为九寸，宽度为五寸二分五厘。

贴斜升耳十四个，其中四个长度为三寸九分六厘，四个长度为四寸七分一厘，四个长度为五寸四分六厘，两个长度为六寸二分一厘，高度均为二寸，宽度均为四分八厘。

十八斗十二个，槽升子四个，三才升十六个，它们的尺寸均与平身科斗栱的尺寸相同。

## 重翘重昂平身科、柱头科、角科斗口二寸各件尺寸

【译解】当斗口为二寸时，平身科、柱头科、角科的重翘重昂斗栱中各构件的尺寸。

### 平身科

【译解】平身科斗栱

【原文】大斗一个，见方六寸，高四寸。

单翘一件，长一尺四寸二分，高四寸，宽二寸。

重翘一件，长二尺六寸二分，高四寸，宽二寸。

头昂一件，长四尺三寸七分，高六寸，宽二寸。

二昂一件，长五尺四寸六分，高六寸，宽二寸。

蚂蚱头一件，长五尺五寸二分，高四寸，宽二寸。

撑头木一件，长五尺五寸八厘，高四寸，宽二寸。

正心瓜栱一件，长一尺二寸四分，高四寸，宽二寸四分八厘。

正心万栱一件，长一尺八寸四分，高四寸，宽二寸四分八厘。

单才瓜栱六件，各长一尺二寸四分，高二寸八分，宽二寸。

单才万栱六件，各长一尺八寸四分，高二寸八分，宽二寸。

厢栱二件，各长一尺四寸四分，高二寸八分，宽二寸。

桁椀一件，长四尺八寸，高一尺二寸，宽二寸。

十八斗八个，各长三寸六分，高二寸，宽二寸九分六厘。

槽升四个，各长二寸六分，高二寸，宽三寸四分四厘。

三才升二十八个，各长二寸六分，高二寸，宽二寸九分六厘。

【译解】大斗一个，长度、宽度均为六寸，高度为四寸。

单翘一件，长度为一尺四寸二分，高度为四寸，宽度为二寸。

重翘一件，长度为二尺六寸二分，高度为四寸，宽度为二寸。

头昂一件，长度为四尺三寸七分，高度为六寸，宽度为二寸。

二昂一件，长度为五尺四寸六分，高度为六寸，宽度为二寸。

蚂蚱头一件，长度为五尺五寸二分，高度为四寸，宽度为二寸。

撑头木一件，长度为五尺五寸八厘，高度为四寸，宽度为二寸。

正心瓜栱一件，长度为一尺二寸四分，高度为四寸，宽度为二寸四分八厘。

正心万栱一件，长度为一尺八寸四分，高度为四寸，宽度为二寸四分八厘。

单才瓜栱六件，长度均为一尺二寸四分，高度均为二寸八分，宽度均为二寸。

单才万栱六件，长度均为一尺八寸四分，高度均为二寸八分，宽度均为二寸。

厢栱两件，长度均为一尺四寸四分，高度均为二寸八分，宽度均为二寸。

桁椀一件，长度为四尺八寸，高度为一尺二寸，宽度为二寸。

十八斗八个，长度均为三寸六分，高度均为二寸，宽度均为二寸九分六厘。

槽升子四个，长度均为二寸六分，高度均为二寸，宽度均为三寸四分四厘。

三才升二十八个，长度均为二寸六分，高度均为二寸，宽度均为二寸九分六厘。

## 柱头科

【译解】柱头科斗栱

【原文】大斗一个，长八寸，高四寸，宽六寸。

头翘一件，长一尺四寸二分，高四寸，宽四寸。

重翘一件，长二尺六寸二分，高四寸，宽五寸。

头昂一件，长四尺三寸七分，高六寸，宽六寸。

二昂一件，长五尺四寸六分，高六寸，宽七寸。

正心瓜栱一件，长一尺二寸四分，高四寸，宽二寸四分八厘。

正心万栱一件，长一尺八寸四分，高四寸，宽二寸四分八厘。

单才瓜栱六件，各长一尺二寸四分，高二寸八分，宽二寸。

单才万栱六件，各长一尺八寸四分，高二寸八分，宽二寸。

厢栱二件，各长一尺四寸四分，高二寸八分，宽二寸。

桶子十八斗七个，内二个各长六寸六分，二个各长七寸六分，二个各长八寸六分，一个长九寸六分，俱高二寸，宽二寸九分六厘。

槽升四个，各长三寸二分五厘，高二寸五分，宽四寸三分。

三才升二十个，各长三寸二分五厘，高二寸五分，宽三寸七分。

【译解】大斗一个，长度为八寸，高度为四寸，宽度为六寸。

头翘一件，长度为一尺四寸二分，高度为四寸，宽度为四寸。

重翘一件，长度为二尺六寸二分，高度为四寸，宽度为五寸。

头昂一件，长度为四尺三寸七分，高度为六寸，宽度为六寸。

二昂一件，长度为五尺四寸六分，高度为六寸，宽度为七寸。

正心瓜栱一件，长度为一尺二寸四分，高度为四寸，宽度为二寸四分八厘。

正心万栱一件，长度为一尺八寸四分，高度为四寸，宽度为二寸四分八厘。

单才瓜栱六件，长度均为一尺二寸四分，高度均为二寸八分，宽度均为二寸。

单才万栱六件，长度均为一尺八寸四分，高度均为二寸八分，宽度均为二寸。

厢栱两件，长度均为一尺四寸四分，高度均为二寸八分，宽度均为二寸。

桶子十八斗七个，其中两个长度为六寸六分，两个长度为七寸六分，两个长度为八寸六分，一个长度为九寸六分，高度均为二寸，宽度均为二寸九分六厘。

槽升子四个，长度均为三寸二分五厘，高度均为二寸五分，宽度均为四寸三分。

三才升二十个，长度均为三寸二分五厘，高度均为二寸五分，宽度均为三寸七分。

## 角科

【译解】角科斗栱

【原文】大斗一个，见方六寸，高四寸。

斜头翘一件，长一尺九寸八分八厘，高四寸，宽三寸。

搭角正头翘带正心瓜栱二件，各长一尺三寸三分，高四寸，宽二寸四分八厘。

斜二翘一件，长三尺六寸六分八厘，高四寸，宽三寸六分。

搭角正二翘带正心万栱二件，各长二尺二寸三分，高四寸，宽二寸四分八厘。

搭角闹二翘带单才瓜栱二件，各长一尺九寸三分，高四寸，宽二寸。

里连头合角单才瓜栱二件，各长一尺八分，高二寸八分，宽二寸。

斜头昂一件，长六尺一寸一分八厘，高六寸，宽四寸二分。

搭角正头昂二件，各长二尺四寸六分，高六寸，宽二寸。

搭角闹头昂带单才瓜栱二件，各长三尺八分，高六寸，宽二寸。

搭角闹头昂带单才万栱二件，各长三尺三寸八分，高六寸，宽二寸。

里连头合角单才万栱二件，各长七寸六分，高二寸八分，宽二寸。

里连头合角单才瓜栱二件，各长四寸四分，高二寸八分，宽二寸。

斜二昂一件，长七尺六寸四分四厘，高六寸，宽四寸八分。

搭角正二昂二件、闹二昂二件，各长三尺，高六寸，宽二寸。

搭角闹二昂带单才万栱二件，各长三尺九寸二分，高六寸，宽二寸。

搭角闹二昂带单才瓜栱二件，各长三尺六寸二分，高六寸，宽二寸。

里连头合角单才万栱二件，各长一寸八分，高二寸八分，宽二寸。

由昂一件，长九尺四寸八分四厘，高一尺一寸，宽五寸四分。

搭角正蚂蚱头二件、闹蚂蚱头四件，各长三尺，高四寸，宽二寸。

搭角闹蚂蚱头带单才万栱二件，各长三尺九寸二分，高四寸，宽二寸。

把臂厢栱二件，各长二尺八分，高四寸，宽二寸。

搭角正撑头木二件、闹撑头木六件，各长二尺四寸，高四寸，宽二寸。

里连头合角厢栱二件，各长四寸二分，高二寸八分，宽二寸。

斜桁椀一件，长六尺七寸二分，高一尺二寸，宽五寸四分。

贴升耳十八个，内四个各长三寸九分六厘，四个各长四寸五分六厘，四个各长五寸一分六厘，四个各长五寸七分六厘，二个各长六寸三分六厘，俱高一寸二分，宽四分八厘。

十八斗二十个，槽升四个，三才升二十个，俱与平身科尺寸同。

【译解】大斗一个，长度、宽度均为六寸，高度为四寸。

斜头翘一件，长度为一尺九寸八分八厘，高度为四寸，宽度为三寸。

带正心瓜栱的搭角正头翘两件，长度均为一尺三寸三分，高度均为四寸，宽度均为二寸四分八厘。

斜二翘一件，长度为三尺六寸六分八厘，高度为四寸，宽度为三寸六分。

带正心万栱的搭角正二翘两件，长度

均为二尺二寸三分，高度均为四寸，宽度均为二寸四分八厘。

带单才瓜栱的搭角闹二翘两件，长度均为一尺九寸三分，高度均为四寸，宽度均为二寸。

里连头合角单才瓜栱两件，长度均为一尺八分，高度均为二寸八分，宽度均为二寸。

斜头昂一件，长度为六尺一寸一分八厘，高度为六寸，宽度为四寸二分。

搭角正头昂两件，长度均为二尺四寸六分，高度均为六寸，宽度均为二寸。

带单才瓜栱的搭角闹头昂两件，长度均为三尺八分，高度均为六寸，宽度均为二寸。

带单才万栱的搭角闹头昂两件，长度均为三尺三寸八分，高度均为六寸，宽度均为二寸。

里连头合角单才万栱两件，长度均为七寸六分，高度均为二寸八分，宽度均为二寸。

里连头合角单才瓜栱两件，长度均为四寸四分，高度均为二寸八分，宽度均为二寸。

斜二昂一件，长度为七尺六寸四分四厘，高度为六寸，宽度为四寸八分。

搭角正二昂两件，闹二昂两件，长度均为三尺，高度均为六寸，宽度均为二寸。

带单才万栱的搭角闹二昂两件，长度均为三尺九寸二分，高度均为六寸，宽度均为二寸。

带单才瓜栱的搭角闹二昂两件，长度均为三尺六寸二分，高度均为六寸，宽度均为二寸。

里连头合角单才万栱两件，长度均为一寸八分，高度均为二寸八分，宽度均为二寸。

由昂一件，长度为九尺四寸八分四厘，高度为一尺一寸，宽度为五寸四分。

搭角正蚂蚱头两件，闹蚂蚱头四件，长度均为三尺，高度均为四寸，宽度均为二寸。

带单才万栱的搭角闹蚂蚱头两件，长度均为三尺九寸二分，高度均为四寸，宽度均为二寸。

把臂厢栱两件，长度均为二尺八分，高度均为四寸，宽度均为二寸。

搭角正撑头木两件，闹撑头木六件，长度均为二尺四寸，高度均为四寸，宽度均为二寸。

里连头合角厢栱两件，长度均为四寸二分，高度均为二寸八分，宽度均为二寸。

斜桁椀一件，长度为六尺七寸二分，高度为一尺二寸，宽度为五寸四分。

贴升耳十八个，其中四个长度为三寸九分六厘，四个长度为四寸五分六厘，四个长度为五寸一分六厘，四个长度为五寸七分六厘，两个长度为六寸三分六厘，高度均为一寸二分，宽度均为四分八厘。

十八斗二十个，槽升子四个，三才升二十个，它们的尺寸均与平身科斗栱的尺寸相同。

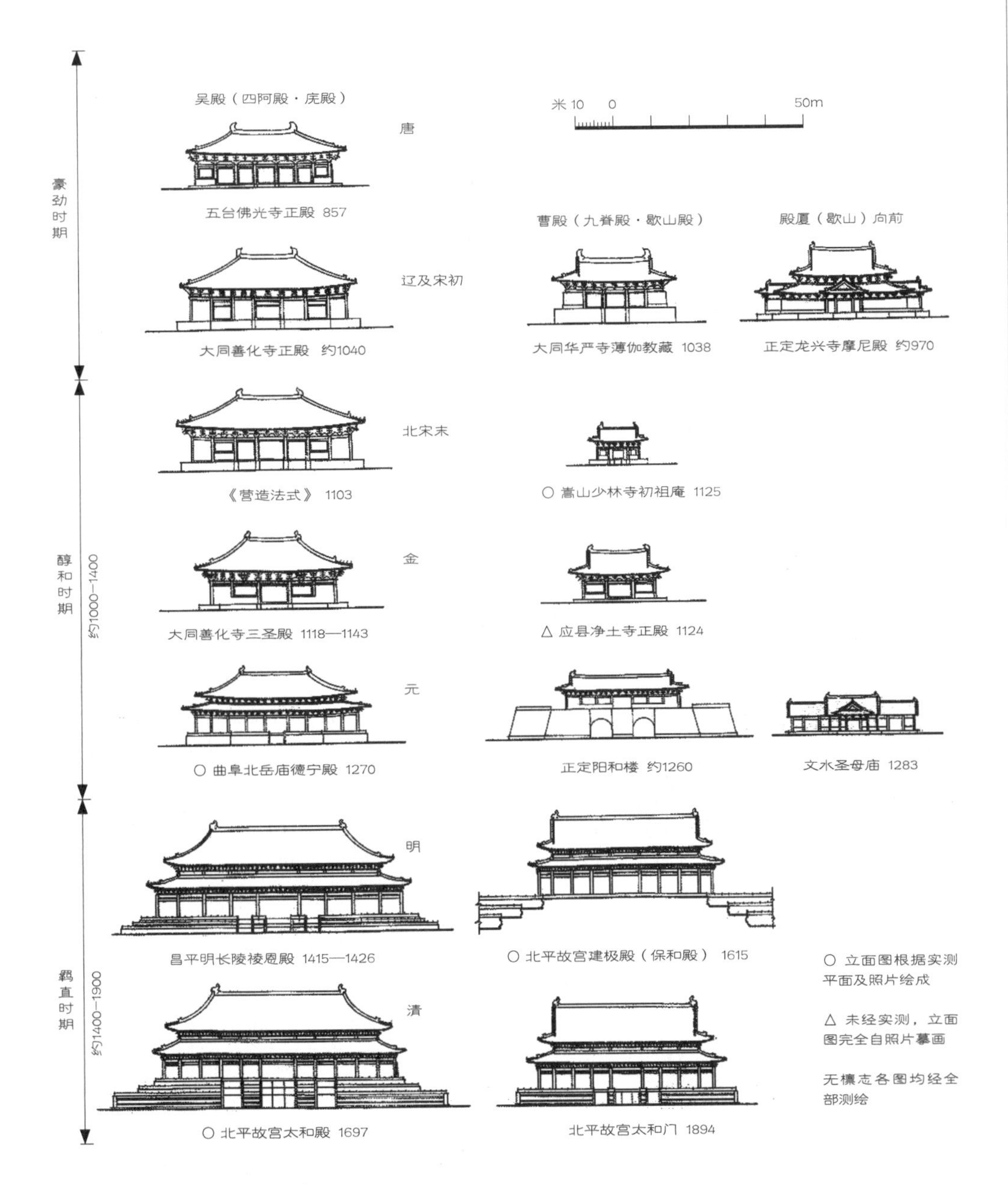


□ **历代木构殿堂的外观演变**

明清时期，随着大木料的日渐匮乏与烧砖、制作琉璃技术的成熟，尤其是营造理念的转变，此时的晚期古建由早期的重结构、轻装饰，逐渐转变为重装饰、轻结构，如屋坡陡峻、出檐缩短、殿角翘起、斗栱缩小等，呈现出了与早期古建不同的审美趣味。

## 一斗二升交麻叶并一斗三升平身科、柱头科、角科俱斗口二寸各件尺寸

【译解】当斗口为二寸时，平身科、柱头科、角科的一斗二升交麻叶斗栱和一斗三升斗栱中各构件的尺寸。

### 平身科

【译解】平身科斗栱

【原文】（其一斗三升去麻叶云，中加槽升一个。）

大斗一个，见方六寸，高四寸。

麻叶云一件，长二尺四寸，高一尺六分六厘，宽二寸。

正心瓜栱一件，长一尺二寸四分，高四寸，宽二寸四分八厘。

槽升二个，各长二寸六分，高二寸，宽三寸四分四厘。

【译解】（在一斗三升斗栱中央不安装麻叶云，安装一个槽升子。）

大斗一个，长度、宽度均为六寸，高度为四寸。

麻叶云一件，长度为二尺四寸，高度为一尺六分六厘，宽度为二寸。

正心瓜栱一件，长度为一尺二寸四分，高度为四寸，宽度为二寸四分八厘。

槽升子两个，长度均为二寸六分，高度均为二寸，宽度均为三寸四分四厘。

### 柱头科

【译解】柱头科斗栱

【原文】大斗一个，长一尺，高四寸，宽六寸。

正心瓜栱一件，长一尺二寸四分，高四寸，宽二寸四分八厘。

槽升二个，各长二寸六分，高二寸，宽三寸四分四厘。

贴正升耳二个，各长二寸六分，高二寸，宽四分八厘。

【译解】大斗一个，长度为一尺，高度为四寸，宽度为六寸。

正心瓜栱一件，长度为一尺二寸四分，高度为四寸，宽度为二寸四分八厘。

槽升子两个，长度均为二寸六分，高度均为二寸，宽度均为三寸四分四厘。

贴正升耳两个，长度均为二寸六分，高度均为二寸，宽度均为四分八厘。

### 角科

【译解】角科斗栱

【原文】大斗一个，见方六寸，高四寸。

斜昂一件，长三尺三寸六分，高一尺二寸六分，宽三寸。

搭角正心瓜栱二件，各长一尺七寸

八分，高四寸，宽二寸四分八厘。

槽升二个，各长二寸六分，高二寸，宽三寸四分四厘。

三才升二个，各长二寸六分，高二寸，宽二寸九分六厘。

贴斜升耳二个，各长三寸九分六厘，高一寸二分，宽四分八厘。

【译解】大斗一个，长度、宽度均为六寸，高度为四寸。

斜昂一件，长度为三尺三寸六分，高度为一尺二寸六分，宽度为三寸。

搭角正心瓜栱两件，长度均为一尺七寸八分，高度均为四寸，宽度均为二寸四分八厘。

槽升子两个，长度均为二寸六分，高度均为二寸，宽度均为三寸四分四厘。

三才升两个，长度均为二寸六分，高度均为二寸，宽度均为二寸九分六厘。

贴斜升耳两个，长度均为三寸九分六厘，高度均为一寸二分，宽度均为四分八厘。

## 三滴水品字平身科、柱头科、角科斗口二寸各件尺寸

【译解】当斗口为二寸时，平身科、柱头科、角科三滴水品字科斗栱中各构件的尺寸。

### 平身科

【译解】平身科斗栱

【原文】大斗一个，见方六寸，高四寸。

头翘一件，长一尺四寸二分，高四寸，宽二寸。

二翘一件，长二尺六寸二分，高四寸，宽二寸。

撑头木一件，长三尺，高四寸，宽二寸。

正心瓜栱一件，长一尺二寸四分，高四寸，宽二寸四分八厘。

正心万栱一件，长一尺八寸四分，高四寸，宽二寸四分八厘。

单才瓜栱二件，各长一尺二寸四分，高二寸八分，宽二寸。

厢栱一件，长一尺四寸四分，高二寸八分，宽二寸。

十八斗三个，各长三寸六分，高二寸，宽二寸九分六厘。

槽升四个，各长二寸六分，高二寸，宽三寸四分四厘。

三才升六个，各长二寸六分，高二寸，宽二寸九分六厘。

【译解】大斗一个，长度、宽度均为六寸，高度为四寸。

头翘一件，长度为一尺四寸二分，高度为四寸，宽度为二寸。

二翘一件，长度为二尺六寸二分，高度为四寸，宽度为二寸。

撑头木一件，长度为三尺，高度为四寸，宽度为二寸。

正心瓜栱一件，长度为一尺二寸四分，高度为四寸，宽度为二寸四分八厘。

正心万栱一件，长度为一尺八寸四分，高度为四寸，宽度为二寸四分八厘。

单才瓜栱两件，长度均为一尺二寸四分，高度均为二寸八分，宽度均为二寸。

厢栱一件，长度为一尺四寸四分，高度为二寸八分，宽度为二寸。

十八斗三个，长度均为三寸六分，高度均为二寸，宽度均为二寸九分六厘。

槽升子四个，长度均为二寸六分，高度均为二寸，宽度均为三寸四分四厘。

三才升六个，长度均为二寸六分，高度均为二寸，宽度均为二寸九分六厘。

柱头科

【译解】柱头科斗栱

【原文】大斗一个，长一尺，高四寸，宽六寸。

头翘一件，长一尺四寸二分，高四寸，宽四寸。

正心瓜栱一件，长一尺二寸四分，高四寸，宽二寸四分八厘。

正心万栱一件，长一尺八寸四分，高四寸，宽二寸四分八厘。

单才瓜栱二件，各长一尺二寸四分，高二寸八分，宽二寸。

厢栱一件，长一尺四寸四分，高二寸八分，宽二寸。

桶子十八斗一个，长九寸六分，高二寸，宽二寸九分六厘。

槽升四个，各长二寸六分，高二寸，宽三寸四分四厘。

三才升六个，各长二寸六分，高二寸，宽二寸九分六厘。

贴斗耳二个，各长二寸九分六厘，高二寸，宽四分八厘。

【译解】大斗一个，长度为一尺，高度为四寸，宽度为六寸。

头翘一件，长度为一尺四寸二分，高度为四寸，宽度为四寸。

正心瓜栱一件，长度为一尺二寸四分，高度为四寸，宽度为二寸四分八厘。

正心万栱一件，长度为一尺八寸四分，高度为四寸，宽度为二寸四分八厘。

单才瓜栱两件，长度均为一尺二寸四分，高度均为二寸八分，宽度均为二寸。

厢栱一件，长度为一尺四寸四分，高度为二寸八分，宽度为二寸。

桶子十八斗一个，长度为九寸六分，高度为二寸，宽度为二寸九分六厘。

槽升子四个，长度均为二寸六分，高度均为二寸，宽度均为三寸四分四厘。

三才升六个，长度均为二寸六分，高度均为二寸，宽度均为二寸九分六厘。

贴斗耳两个，长度均为二寸九分六

厘，高度均为二寸，宽度均为四分八厘。

## 角科

【译解】角科斗栱

【原文】大斗一个，见方六寸，高四寸。

斜头翘一件，长一尺九寸八分八厘，高四寸，宽三寸。

搭角正头翘带正心瓜栱二件，各长一尺三寸三分，高四寸，宽二寸四分八厘。

搭角正二翘带正心万栱二件，各长二尺二寸三分，高四寸，宽二寸四分八厘。

搭角闹二翘带单才瓜栱二件，各长一尺九寸三分，高四寸，宽二寸。

里连头合角单才瓜栱二件，各长一尺八分，高二寸八分，宽二寸。

里连头合角厢栱二件，各长三寸，高二寸八分，宽二寸。

贴升耳四个，各长三寸九分六厘，高一寸二分，宽四分八厘。

十八斗二个、槽升四个、三才升六个，俱与平身科尺寸同。

【译解】大斗一个，长度、宽度均为六寸，高度为四寸。

斜头翘一件，长度为一尺九寸八分八厘，高度为四寸，宽度为三寸。

带正心瓜栱的搭角正头翘两件，长度均为一尺三寸三分，高度均为四寸，宽度均为二寸四分八厘。

带正心万栱的搭角正二翘两件，长度均为二尺二寸三分，高度均为四寸，宽度均为二寸四分八厘。

带单才瓜栱的搭角闹二翘两件，长度均为一尺九寸三分，高度均为四寸，宽度均为二寸。

里连头合角单才瓜栱两件，长度均为一尺八分，高度均为二寸八分，宽度均为二寸。

里连头合角厢栱两件，长度均为三寸，高度均为二寸八分，宽度均为二寸。

贴升耳四个，长度均为三寸九分六厘，高度均为一寸二分，宽度均为四分八厘。

十八斗两个、槽升子四个、三才升六个，它们的尺寸均与平身科斗栱的尺寸相同。

## 内里品字科斗口二寸各件尺寸

【译解】当斗口为二寸时，内里品字科斗栱中各构件的尺寸。

【原文】大斗一个，长六寸，高四寸，宽三寸。

头翘一件，长七寸一分，高四寸，宽二寸。

二翘一件，长一尺三寸一分，高四寸，宽二寸。

撑头木一件，长一尺九寸一分，高四寸，宽二寸。

正心瓜栱一件，长一尺二寸四分，高四寸，宽一寸二分四厘。

正心万栱一件，长一尺八寸四分，高四寸，宽一寸二分四厘。

麻叶云一件，长一尺六寸四分，高四寸，宽二寸。

三福云二件，各长一尺四寸四分，高六寸，宽二寸。

十八斗二个，各长三寸六分，高二寸，宽二寸九分六厘。

槽升四个，各长二寸六分，高二寸，宽一寸七分二厘。

【译解】大斗一个，长度为六寸，高度为四寸，宽度为三寸。

头翘一件，长度为七寸一分，高度为四寸，宽度为二寸。

二翘一件，长度为一尺三寸一分，高度为四寸，宽度为二寸。

撑头木一件，长度为一尺九寸一分，高度为四寸，宽度为二寸。

正心瓜栱一件，长度为一尺二寸四分，高度为四寸，宽度为一寸二分四厘。

正心万栱一件，长度为一尺八寸四分，高度为四寸，宽度为一寸二分四厘。

麻叶云一件，长度为一尺六寸四分，高度为四寸，宽度为二寸。

三福云两件，长度均为一尺四寸四分，高度均为六寸，宽度均为二寸。

十八斗两个，长度均为三寸六分，高度均为二寸，宽度均为二寸九分六厘。

槽升子四个，长度均为二寸六分，高度均为二寸，宽度均为一寸七分二厘。

## 槅架科斗口二寸各件尺寸

【译解】当斗口为二寸时，槅架科斗栱中各构件的尺寸。

【原文】贴大斗耳两个，各长六寸，高四寸，厚一寸七分六厘。

荷叶一件，长一尺八寸，高四寸，宽四寸。

栱一件，长一尺二寸四分，高四寸，宽四寸。

雀替一件，长四尺，高八寸，宽四寸。

贴槽升耳六个，各长二寸六分，高二寸，宽四分八厘。

【译解】贴大斗耳两个，长度均为六寸，高度均为四寸，厚度均为一寸七分六厘。

荷叶橔一件，长度为一尺八寸，高度为四寸，宽度为四寸。

栱一件，长度为一尺二寸四分，高度为四寸，宽度为四寸。

雀替一件，长度为四尺，高度为八寸，宽度为四寸。

贴槽升耳六个，长度均为二寸六分，高度均为二寸，宽度均为四分八厘。

# 卷三十三

本卷详述当斗口为二寸五分时，各类斗栱的尺寸。

## 斗科斗口二寸五分尺寸

【译解】当斗口为二寸五分时，各类斗栱的尺寸。

## 斗口单昂平身科、柱头科、角科斗口二寸五分各件尺寸

【译解】当斗口为二寸五分时，平身科、柱头科、角科的单昂斗栱中各构件的尺寸。

### 平身科

【译解】平身科斗栱

【原文】大斗一个，见方七寸五分，高五寸。

单昂一件，长二尺四寸六分二厘五毫，高七寸五分，宽二寸五分。

蚂蚱头一件，长三尺一寸三分五厘，高五寸，宽二寸五分。

撑头木一件，长一尺五寸，高五寸，宽二寸五分。

正心瓜栱一件，长一尺五寸，高五寸，宽三寸一分。

正心万栱一件，长二尺三寸，高五寸，宽三寸一分。

厢栱二件，各长一尺八寸，高三寸五分，宽二寸五分。

桁椀一件，长一尺五寸，高三寸七分五厘，宽二寸五分。

十八斗二个，各长四寸五分，高二寸五分，宽三寸七分。

槽升四个，各长三寸二分五厘，高二寸五分，宽四寸三分。

三才升六个，各长三寸二分五厘，高二寸五分，宽三寸七分。

【译解】大斗一个，长度、宽度均为七寸五分，高度为五寸。

单昂一件，长度为二尺四寸六分二厘五毫，高度为七寸五分，宽度为二寸五分。

蚂蚱头一件，长度为三尺一寸三分五厘，高度为五寸，宽度为二寸五分。

撑头木一件，长度为一尺五寸，高度为五寸，宽度为二寸五分。

正心瓜栱一件，长度为一尺五寸，高度为五寸，宽度为三寸一分。

正心万栱一件，长度为二尺三寸，高度为五寸，宽度为三寸一分。

厢栱两件，长度均为一尺八寸，高度均为三寸五分，宽度均为二寸五分。

桁椀一件，长度为一尺五寸，高度为三寸七分五厘，宽度为二寸五分。

十八斗两个，长度均为四寸五分，高度均为二寸五分，宽度均为三寸七分。

槽升子四个，长度均为三寸二分五厘，高度均为二寸五分，宽度均为四寸三分。

三才升六个，长度均为三寸二分五厘，高度均为二寸五分，宽度均为三寸七分。

柱头科

【译解】柱头科斗栱

【原文】大斗一个，长一尺，高五寸，宽七寸五分。

单昂一件，长二尺四寸六分二厘五毫，高七寸五分，宽五寸。

正心瓜栱一件，长一尺五寸五分，高五寸，宽三寸一分。

正心万栱一件，长二尺三寸，高五寸，宽三寸一分。

厢栱二件，各长一尺八寸，高三寸五分，宽二寸五分。

桶子十八斗一个，长一尺二寸，高二寸五分，宽三寸七分。

槽升二个，各长三寸二分五厘，高二寸五分，宽四寸三分。

三才升五个，各长三寸二分五厘，高二寸五分，宽三寸七分。

【译解】大斗一个，长度为一尺，高度为五寸，宽度为七寸五分。

单昂一件，长度为二尺四寸六分二厘五毫，高度为七寸五分，宽度为五寸。

正心瓜栱一件，长度为一尺五寸五分，高度为五寸，宽度为三寸一分。

正心万栱一件，长度为二尺三寸，高度为五寸，宽度为三寸一分。

厢栱两件，长度均为一尺八寸，高度均为三寸五分，宽度均为二寸五分。

桶子十八斗一个，长度为一尺二寸，高度为二寸五分，宽度为三寸七分。

槽升子两个，长度均为三寸二分五厘，高度均为二寸五分，宽度均为四寸三分。

三才升五个，长度均为三寸二分五厘，高度均为二寸五分，宽度均为三寸七分。

角科

【译解】角科斗栱

【原文】大斗一个，见方七寸五分，高五寸。

斜昂一件，长三尺四寸四分七厘五毫，高七寸五分，宽三寸七分五厘。

搭角正昂带正心瓜栱二件，各长二尺三寸五分，高七寸五分，宽三寸一分。

由昂一件，长五尺四寸三分五厘，高一尺三寸七分五厘，宽五寸三分七厘五毫。

搭角正蚂蚱头带正心万栱二件，各长三尺四寸，高五寸，宽三寸一分。

搭角正撑头木二件，各长一尺五寸，高五寸，宽二寸五分。

把臂厢栱二件，各长二尺八寸五

分，高五寸，宽二寸五分。

里连头合角厢栱二件，各长三寸，高三寸五分，宽二寸五分。

斜桁椀一件，长二尺一寸，高三寸七分五厘，宽五寸三分七厘五毫。

十八斗二个，槽升四个，三才升六个，俱与平身科尺寸同。

【译解】大斗一个，长度、宽度均为七寸五分，高度为五寸。

斜昂一件，长度为三尺四寸四分七厘五毫，高度为七寸五分，宽度为三寸七分五厘。

带正心瓜栱的搭角正昂两件，长度均为二尺三寸五分，高度均为七寸五分，宽度均为三寸一分。

由昂一件，长度为五尺四寸三分五厘，高度为一尺三寸七分五厘，宽度为五寸三分七厘五毫。

带正心万栱的搭角正蚂蚱头两件，长度均为三尺四寸，高度均为五寸，宽度均为三寸一分。

搭角正撑头木两件，长度均为一尺五寸，高度均为五寸，宽度均为二寸五分。

把臂厢栱两件，长度均为二尺八寸五分，高度均为五寸，宽度均为二寸五分。

里连头合角厢栱两件，长度均为三寸，高度均为三寸五分，宽度均为二寸五分。

斜桁椀一件，长度为二尺一寸，高度为三寸七分五厘，宽度为五寸三分七厘五毫。

十八斗两个，槽升子四个，三才升六个，它们的尺寸均与平身科斗栱的尺寸相同。

## 斗口重昂平身科、柱头科、角科斗口二寸五分各件尺寸

【译解】当斗口为二寸五分时，平身科、柱头科、角科的重昂斗栱中各构件的尺寸。

### 平身科

【译解】平身科斗栱

【原文】大斗一个，见方七寸五分，高五寸。

头昂一件，长二尺四寸六分二厘五毫，高七寸五分，宽二寸五分。

二昂一件，长三尺八寸二分五厘，高七寸五分，宽二寸五分。

蚂蚱头一件，长三尺九寸，高五寸，宽二寸五分。

撑头木一件，长三尺八寸八分五厘，高五寸，宽二寸五分。

正心瓜栱一件，长一尺五寸五分，高五寸，宽三寸一分。

正心万栱一件，长二尺三寸，高五寸，宽三寸一分。

单才瓜栱二件，各长一尺五寸五分，高三寸五分，宽二寸五分。

单才万栱二件，各长二尺三寸，高三寸五分，宽二寸五分。

厢栱二件，各长一尺八寸，高三寸五分，宽二寸五分。

桁椀一件，长三尺，高七寸五分，宽二寸五分。

十八斗四个，各长四寸五分，高二寸五分，宽三寸七分。

槽升四个，各长三寸二分五厘，高二寸五分，宽四寸三分。

三才升十二个，各长三寸二分五厘，高二寸五分，宽三寸七分。

【译解】大斗一个，长度、宽度均为七寸五分，高度为五寸。

头昂一件，长度为二尺四寸六分二厘五毫，高度为七寸五分，宽度为二寸五分。

二昂一件，长度为三尺八寸二分五厘，高度为七寸五分，宽度为二寸五分。

蚂蚱头一件，长度为三尺九寸，高度为五寸，宽度为二寸五分。

撑头木一件，长度为三尺八寸八分五厘，高度为五寸，宽度为二寸五分。

正心瓜栱一件，长度为一尺五寸五分，高度为五寸，宽度为三寸一分。

正心万栱一件，长度为二尺三寸，高度为五寸，宽度为三寸一分。

单才瓜栱两件，长度均为一尺五寸五分，高度均为三寸五分，宽度均为二寸五分。

单才万栱两件，长度均为二尺三寸，高度均为三寸五分，宽度均为二寸五分。

厢栱两件，长度均为一尺八寸，高度均为三寸五分，宽度均为二寸五分。

桁椀一件，长度为三尺，高度为七寸五分，宽度为二寸五分。

十八斗四个，长度均为四寸五分，高度均为二寸五分，宽度均为三寸七分。

槽升子四个，长度均为三寸二分五厘，高度均为二寸五分，宽度均为四寸三分。

三才升十二个，长度均为三寸二分五厘，高度均为二寸五分，宽度均为三寸七分。

柱头科

【译解】柱头科斗栱

【原文】大斗一个，长一尺，高五寸，宽七寸五分。

头昂一件，长二尺四寸六分二厘五毫，高七寸五分，宽五寸。

二昂一件，长三尺八寸二分五厘，高七寸五分，宽七寸五分。

正心瓜栱一件，长一尺五寸五分，高五寸，宽三寸一分。

正心万栱一件，长二尺三寸，高五寸，宽三寸一分。

单才瓜栱二件，各长一尺五寸五分，高三寸五分，宽二寸五分。

单才万栱二件，各长二尺三寸，高三寸五分，宽二寸五分。

厢栱二件，各长一尺八寸，高三寸五分，宽二寸五分。

桶子十八斗三个，内二个各长九寸五分，一个长一尺二寸，俱高二寸五分，宽三寸七分。

槽升四个，各长三寸二分五厘，高二寸五分，宽四寸三分。

三才升十二个，各长三寸二分五厘，高二寸五分，宽三寸七分。

【译解】大斗一个，长度为一尺，高度为五寸，宽度为七寸五分。

头昂一件，长度为二尺四寸六分二厘五毫，高度为七寸五分，宽度为五寸。

二昂一件，长度为三尺八寸二分五厘，高度为七寸五分，宽度为七寸五分。

正心瓜栱一件，长度为一尺五寸五分，高度为五寸，宽度为三寸一分。

正心万栱一件，长度为二尺三寸，高度为五寸，宽度为三寸一分。

单才瓜栱两件，长度均为一尺五寸五分，高度均为三寸五分，宽度均为二寸五分。

单才万栱两件，长度均为二尺三寸，高度均为三寸五分，宽度均为二寸五分。

厢栱两件，长度均为一尺八寸，高度均为三寸五分，宽度均为二寸五分。

桶子十八斗三个，其中两个长度为九寸五分，一个长度为一尺二寸，高度均为二寸五分，宽度均为三寸七分。

槽升子四个，长度均为三寸二分五厘，高度均为二寸五分，宽度均为四寸三分。

三才升十二个，长度均为三寸二分五厘，高度均为二寸五分，宽度均为三寸七分。

角科

【译解】角科斗栱

【原文】大斗一个，见方七寸五分，高五寸。

斜头昂一件，长三尺四寸四分七厘五毫，高七寸五分，宽三寸七分五厘。

搭角正头昂带正心瓜栱二件，各长二尺三寸五分，高七寸五分，宽三寸一分。

斜二昂一件，长五尺三寸五分五厘，高七寸五分，宽四寸八分三厘。

搭角正二昂带正心万栱二件，各长三尺四寸七分五厘，高七寸五分，宽三寸一分。

搭角闹二昂带单才瓜栱二件，各长三尺一寸，高七寸五分，宽二寸五分。

由昂一件，长七尺五寸七分五厘，高一尺三寸七分五厘，宽五寸九分二厘。

搭角正蚂蚱头二件，各长二尺二寸五分，高五寸，宽二寸五分。

搭角闹蚂蚱头带单才万栱二件，各长三尺四寸，高五寸，宽二寸五分。

把臂厢栱二件，各长三尺六寸，高

五寸，宽二寸五分。

里连头合角单才瓜栱二件，各长一尺三寸五分，高三寸五分，宽二寸五分。

里连头合角单才万栱二件，各长九寸五分，高三寸五分，宽二寸五分。

搭角正撑头木二件，闹撑头木二件，各长一尺七寸，高五寸，宽二寸五分。

里连头合角厢栱二件，各长三寸七分五厘，高三寸五分，宽二寸五分。

斜桁椀一件，长四尺二寸，高七寸五分，宽五寸四分二厘。

贴升耳十个，内四个各长四寸九分五厘，二个各长六寸三厘，四个各长七寸一分二厘，俱高一寸五分，宽六分。

十八斗六个，槽升四个，三才升十二个，俱与平身科尺寸同。

【译解】大斗一个，长度、宽度均为七寸五分，高度为五寸。

斜头昂一件，长度为三尺四寸四分七厘五毫，高度为七寸五分，宽度为三寸七分五厘。

带正心瓜栱的搭角正头昂两件，长度均为二尺三寸五分，高度均为七寸五分，宽度均为三寸一分。

斜二昂一件，长度为五尺三寸五分五厘，高度为七寸五分，宽度为四寸八分三厘。

带正心万栱的搭角正二昂两件，长度均为三尺四寸七分五厘，高度均为七寸五分，宽度均为三寸一分。

带单才瓜栱的搭角闹二昂两件，长度均为三尺一寸，高度均为七寸五分，宽度均为二寸五分。

由昂一件，长度为七尺五寸七分五厘，高度为一尺三寸七分五厘，宽度为五寸九分二厘。

搭角正蚂蚱头两件，长度均为二尺二寸五分，高度均为五寸，宽度均为二寸五分。

带单才万栱的搭角闹蚂蚱头两件，长度均为三尺四寸，高度均为五寸，宽度均为二寸五分。

把臂厢栱两件，长度均为三尺六寸，高度均为五寸，宽度均为二寸五分。

里连头合角单才瓜栱两件，长度均为一尺三寸五分，高度均为三寸五分，宽度均为二寸五分。

里连头合角单才万栱两件，长度均为九寸五分，高度均为三寸五分，宽度均为二寸五分。

搭角正撑头木两件、闹撑头木两件，长度均为一尺七寸，高度均为五寸，宽度均为二寸五分。

里连头合角厢栱两件，长度均为三寸七分五厘，高度均为三寸五分，宽度均为二寸五分。

斜桁椀一件，长度为四尺二寸，高度为七寸五分，宽度为五寸四分二厘。

贴升耳十个，其中四个长度为四寸九分五厘，两个长度为六寸三厘，四个长度为七寸一分二厘，高度均为一寸五分，宽度均为六分。

十八斗六个，槽升子四个，三才升十二个，它们的尺寸均与平身科斗栱的尺寸相同。

## 单翘单昂平身科、柱头科、角科斗口二寸五分各件尺寸

【译解】当斗口为二寸五分时，平身科、柱头科、角科的单翘单昂斗栱中各构件的尺寸。

### 平身科

【译解】平身科斗栱

**【原文】单翘一件，长一尺七寸七分五厘，高五寸，宽二寸五分。**

**其余各件，俱与斗口重昂平身科尺寸同。**

【译解】单翘一件，长度为一尺七寸七分五厘，高度为五寸，宽度为二寸五分。

其余构件的尺寸，均与平身科重昂斗栱的尺寸相同。

### 柱头科

【译解】柱头科斗栱

**【原文】单翘一件，长一尺七寸七分五厘，高五寸，宽五寸。**

**其余各件，俱与斗口重昂柱头科尺寸同。**

【译解】单翘一件，长度为一尺七寸七分五厘，高度为五寸，宽度为五寸。

其余构件的尺寸均与柱头科重昂斗栱的尺寸相同。

### 角科

【译解】角科斗栱

**【原文】斜翘一件，长二尺四寸八分五厘，高五寸，宽三寸七分五厘。**

**搭角正翘带正心瓜栱二件，各长一尺六寸六分二厘五毫，高五寸，宽三寸一分。**

**其余各件，俱与斗口重昂角科尺寸同。**

【译解】斜翘一件，长度为二尺四寸八分五厘，高度为五寸，宽度为三寸七分五厘。

带正心瓜栱的搭角正翘两件，长度均为一尺六寸六分二厘五毫，高度均为五寸，宽度均为三寸一分。

其余构件的尺寸均与角科重昂斗栱的尺寸相同。

## 单翘重昂平身科、柱头科、角科斗口二寸五分各件尺寸

【译解】当斗口为二寸五分时，平身

科、柱头科、角科的单翘重昂斗栱中各构件的尺寸。

平身科

【译解】平身科斗栱

【原文】大斗一个，见方七寸五分，高五寸。

单翘一件，长一尺七寸七分五厘，高五寸，宽二寸五分。

头昂一件，长三尺九寸六分二厘五毫，高七寸五分，宽二寸五分。

二昂一件，长五尺三寸二分五厘，高七寸五分，宽二寸五分。

蚂蚱头一件，长五尺四寸，高五寸，宽二寸五分。

撑头木一件，长五尺三寸八分五厘，高五寸，宽二寸五分。

正心瓜栱一件，长一尺五寸五分，高五寸，宽三寸一分。

正心万栱一件，长二尺三寸，高五寸，宽三寸一分。

单才瓜栱四件，各长一尺五寸五分，高三寸五分，宽二寸五分。

单才万栱四件，各长二尺三寸，高三寸五分，宽二寸五分。

厢栱二件，各长一尺八寸，高三寸五分，宽二寸五分。

桁椀一件，长四尺五寸，高一尺一寸二分五厘，宽二寸五分。

十八斗六个，各长四寸五分，高二寸五分，宽三寸七分。

槽升四个，各长三寸二分五厘，高二寸五分，宽四寸三分。

三才升二十个，各长三寸二分五厘，高二寸五分，宽三寸七分。

【译解】大斗一个，长度、宽度均为七寸五分，高度为五寸。

单翘一件，长度为一尺七寸七分五厘，高度为五寸，宽度为二寸五分。

头昂一件，长度为三尺九寸六分二厘五毫，高度为七寸五分，宽度为二寸五分。

二昂一件，长度为五尺三寸二分五厘，高度为七寸五分，宽度为二寸五分。

蚂蚱头一件，长度为五尺四寸，高度为五寸，宽度为二寸五分。

撑头木一件，长度为五尺三寸八分五厘，高度为五寸，宽度为二寸五分。

正心瓜栱一件，长度为一尺五寸五分，高度为五寸，宽度为三寸一分。

正心万栱一件，长度为二尺三寸，高度为五寸，宽度为三寸一分。

单才瓜栱四件，长度均为一尺五寸五分，高度均为三寸五分，宽度均为二寸五分。

单才万栱四件，长度均为二尺三寸，高度均为三寸五分，宽度均为二寸五分。

厢栱两件，长度均为一尺八寸，高度均为三寸五分，宽度均为二寸五分。

桁椀一件，长度为四尺五寸，高度为

一尺一寸二分五厘，宽度为二寸五分。

十八斗六个，长度均为四寸五分，高度均为二寸五分，宽度均为三寸七分。

槽升子四个，长度均为三寸二分五厘，高度均为二寸五分，宽度均为四寸三分。

三才升二十个，长度均为三寸二分五厘，高度均为二寸五分，宽度均为三寸七分。

柱头科

【译解】柱头科斗栱

【原文】大斗一个，长一尺，高五寸，宽七寸五分。

单翘一件，长一尺七寸七分五厘，高五寸，宽五寸。

头昂一件，长三尺九寸六分二厘五毫，高七寸五分，宽六寸六分六厘六毫。

二昂一件，长五尺三寸二分五厘，高七寸五分，宽八寸三分三厘三毫。

正心瓜栱一件，长一尺五寸五分，高五寸，宽三寸一分。

正心万栱一件，长二尺三寸，高五寸，宽三寸一分。

单才瓜栱四件，各长一尺五寸五分，高三寸五分，宽二寸五分。

单才万栱四件，各长二尺三寸，高三寸五分，宽二寸五分。

厢栱二件，各长一尺八寸，高三寸五分，宽二寸五分。

桶子十八斗五个，内二个各长八寸六分六厘六毫，二个各长一尺三分三厘三毫，一个长一尺二寸，俱高二寸五分，宽三寸七分。

槽升四个，各长三寸二分五厘，高二寸五分，宽四寸三分。

三才升二十个，各长三寸二分五厘，高二寸五分，宽三寸七分。

【译解】大斗一个，长度为一尺，高度为五寸，宽度为七寸五分。

单翘一件，长度为一尺七寸七分五厘，高度为五寸，宽度为五寸。

头昂一件，长度为三尺九寸六分二厘五毫，高度为七寸五分，宽度为六寸六分六厘六毫。

二昂一件，长度为五尺三寸二分五厘，高度为七寸五分，宽度为八寸三分三厘三毫。

正心瓜栱一件，长度为一尺五寸五分，高度为五寸，宽度为三寸一分。

正心万栱一件，长度为二尺三寸，高度为五寸，宽度为三寸一分。

单才瓜栱四件，长度均为一尺五寸五分，高度均为三寸五分，宽度均为二寸五分。

单才万栱四件，长度均为二尺三寸，高度均为三寸五分，宽度均为二寸五分。

厢栱两件，长度均为一尺八寸，高度均为三寸五分，宽度均为二寸五分。

桶子十八斗五个，其中两个长度为八

寸六分六厘六毫，两个长度为一尺三分三厘三毫，一个长度为一尺二寸，高度均为二寸五分，宽度均为三寸七分。

槽升子四个，长度均为三寸二分五厘，高度均为二寸五分，宽度均为四寸三分。

三才升二十个，长度均为三寸二分五厘，高度均为二寸五分，宽度均为三寸七分。

角科

【译解】角科斗栱

【原文】大斗一个，见方七寸五分，高五寸。

斜翘一件，长二尺四寸八分五厘，高五寸，宽三寸七分五厘。

搭角正翘带正心瓜栱二件，各长一尺六寸六分二厘五毫，高五寸，宽三寸一分。

斜头昂一件，长五尺五寸四分七厘五毫，高七寸五分，宽四寸五分六厘二毫五丝。

搭角正头昂带正心万栱二件，各长三尺四寸七分五厘，高七寸五分，宽三寸一分。

搭角闹头昂带单才瓜栱二件，各长三尺一寸，高七寸五分，宽二寸五分。

里连头合角单才瓜栱二件，各长一尺三寸五分，高三寸五分，宽二寸五分。

斜二昂一件，长七尺四寸五分五厘，高七寸五分，宽五寸三分七厘五毫。

搭角正二昂二件，各长三尺七寸五厘，高七寸五分，宽二寸五分。

搭角闹二昂带单才万栱二件，各长四尺二寸二分五厘，高七寸五分，宽二寸五分。

搭角闹二昂带单才瓜栱二件，各长三尺八寸五分，高七寸五分，宽二寸五分。

里连头合角单才万栱二件，各长九寸五分，高三寸五分，宽二寸五分。

里连头合角单才瓜栱二件，各长五寸五分，高三寸五分，宽二寸五分。

由昂一件，长九尺七寸一分五厘，高一尺三寸七分五厘，宽六寸一分八厘七毫五丝。

搭角正蚂蚱头二件、闹蚂蚱头二件，各长三尺，高五寸，宽二寸五分。

搭角闹蚂蚱头带单才万栱二件，各长四尺一寸五分，高五寸，宽二寸五分。

里连头合角单才万栱二件，各长二寸二分五厘，高三寸五分，宽二寸五分。

把臂厢栱二件，各长四尺三寸五分，高五寸，宽二寸五分。

搭角正撑头木二件、闹撑头木四件，各长二尺二寸五分，高五寸，宽二寸五分。

里连头合角厢栱二件，各长四寸五分，高三寸五分，宽二寸五分。

斜桁椀一件，长六尺三寸，高一尺一寸二分五厘，宽六寸一分八厘七毫五丝。

贴升耳十四个，内四个各长四寸九分五厘，四个各长五寸七分六厘二毫五

**丝，二个各长六寸五分七厘五毫，四个各长七寸三分八厘七毫五丝，俱高一寸五分，宽六分。**

**十八斗十二个，槽升四个，三才升十六个，俱与平身科尺寸同。**

**【译解】**大斗一个，长度、宽度均为七寸五分，高度为五寸。

斜翘一件，长度为二尺四寸八分五厘，高度为五寸，宽度为三寸七分五厘。

带正心瓜栱的搭角正翘两件，长度均为一尺六寸六分二厘五毫，高度均为五寸，宽度均为三寸一分。

斜头昂一件，长度为五尺五寸四分七厘五毫，高度为七寸五分，宽度为四寸五分六厘二毫五丝。

带正心万栱的搭角正头昂两件，长度均为三尺四寸七分五厘，高度均为七寸五分，宽度均为三寸一分。

带单才瓜栱的搭角闹头昂两件，长度均为三尺一寸，高度均为七寸五分，宽度均为二寸五分。

里连头合角单才瓜栱两件，长度均为一尺三寸五分，高度均为三寸五分，宽度均为二寸五分。

斜二昂一件，长度为七尺四寸五分五厘，高度为七寸五分，宽度为五寸三分七厘五毫。

搭角正二昂两件，长度均为三尺七寸五厘，高度均为七寸五分，宽度均为二寸五分。

带单才万栱的搭角闹二昂两件，长度均为四尺二寸二分五厘，高度均为七寸五分，宽度均为二寸五分。

带单才瓜栱的搭角闹二昂两件，长度均为三尺八寸五分，高度均为七寸五分，宽度均为二寸五分。

里连头合角单才万栱两件，长度均为九寸五分，高度均为三寸五分，宽度均为二寸五分。

里连头合角单才瓜栱两件，长度均为五寸五分，高度均为三寸五分，宽度均为二寸五分。

由昂一件，长度为九尺七寸一分五厘，高度为一尺三寸七分五厘，宽度为六寸一分八厘七毫五丝。

搭角正蚂蚱头两件、闹蚂蚱头两件，长度均为三尺，高度均为五寸，宽度均为二寸五分。

带单才万栱的搭角闹蚂蚱头两件，长度均为四尺一寸五分，高度均为五寸，宽度均为二寸五分。

里连头合角单才万栱两件，长度均为二寸二分五厘，高度均为三寸五分，宽度均为二寸五分。

把臂厢栱两件，长度均为四尺三寸五分，高度均为五寸，宽度均为二寸五分。

搭角正撑头木两件，闹撑头木四件，长度均为二尺二寸五分，高度均为五寸，宽度均为二寸五分。

里连头合角厢栱两件，长度均为四寸五分，高度均为三寸五分，宽度均为二寸五分。

斜桁椀一件，长度为六尺三寸，高度

为一尺一寸二分五厘，宽度为六寸一分八厘七毫五丝。

贴升耳十四个，其中四个长度为四寸九分五厘，四个长度为五寸七分六厘二毫五丝，两个长度为六寸五分七厘五毫，四个长度为七寸三分八厘七毫五丝，高度均为一寸五分，宽度均为六分。

十八斗十二个，槽升子四个，三才升十六个，它们的尺寸均与平身科斗栱的尺寸相同。

## 重翘重昂平身科、柱头科、角科斗口二寸五分各件尺寸

【译解】当斗口为二寸五分时，平身科、柱头科、角科的重翘重昂斗栱中各构件的尺寸。

### 平身科

【译解】平身科斗栱

【原文】大斗一个，见方七寸五分，高五寸。

头翘一件，长一尺七寸七分五厘，高五寸，宽二寸五分。

重翘一件，长三尺二寸七分五厘，高五寸，宽二寸五分。

头昂一件，长五尺四寸六分二厘五毫，高七寸五分，宽二寸五分。

二昂一件，长六尺八寸二分五厘，高七寸五分，宽二寸五分。

蚂蚱头一件，长六尺九寸，高五寸，宽二寸五分。

撑头木一件，长六尺八寸八分五厘，高五寸，宽二寸五分。

正心瓜栱一件，长一尺五寸五分，高五寸，宽三寸一分。

正心万栱一件，长二尺三寸，高五寸，宽三寸一分。

单才瓜栱六件，各长一尺五寸五分，高三寸五分，宽二寸五分。

单才万栱六件，各长二尺三寸，高三寸五分，宽二寸五分。

厢栱二件，各长一尺八寸，高三寸五分，宽二寸五分。

桁椀一件，长六尺，高一尺五寸，宽二寸五分。

十八斗八个，各长四寸五分，高二寸五分，宽三寸七分。

槽升四个，各长三寸二分五厘，高二寸五分，宽四寸三分。

三才升二十八个，各长三寸二分五厘，高二寸五分，宽三寸七分。

【译解】大斗一个，长度、宽度均为七寸五分，高度为五寸。

头翘一件，长度为一尺七寸七分五厘，高度为五寸，宽度为二寸五分。

重翘一件，长度为三尺二寸七分五厘，高度为五寸，宽度为二寸五分。

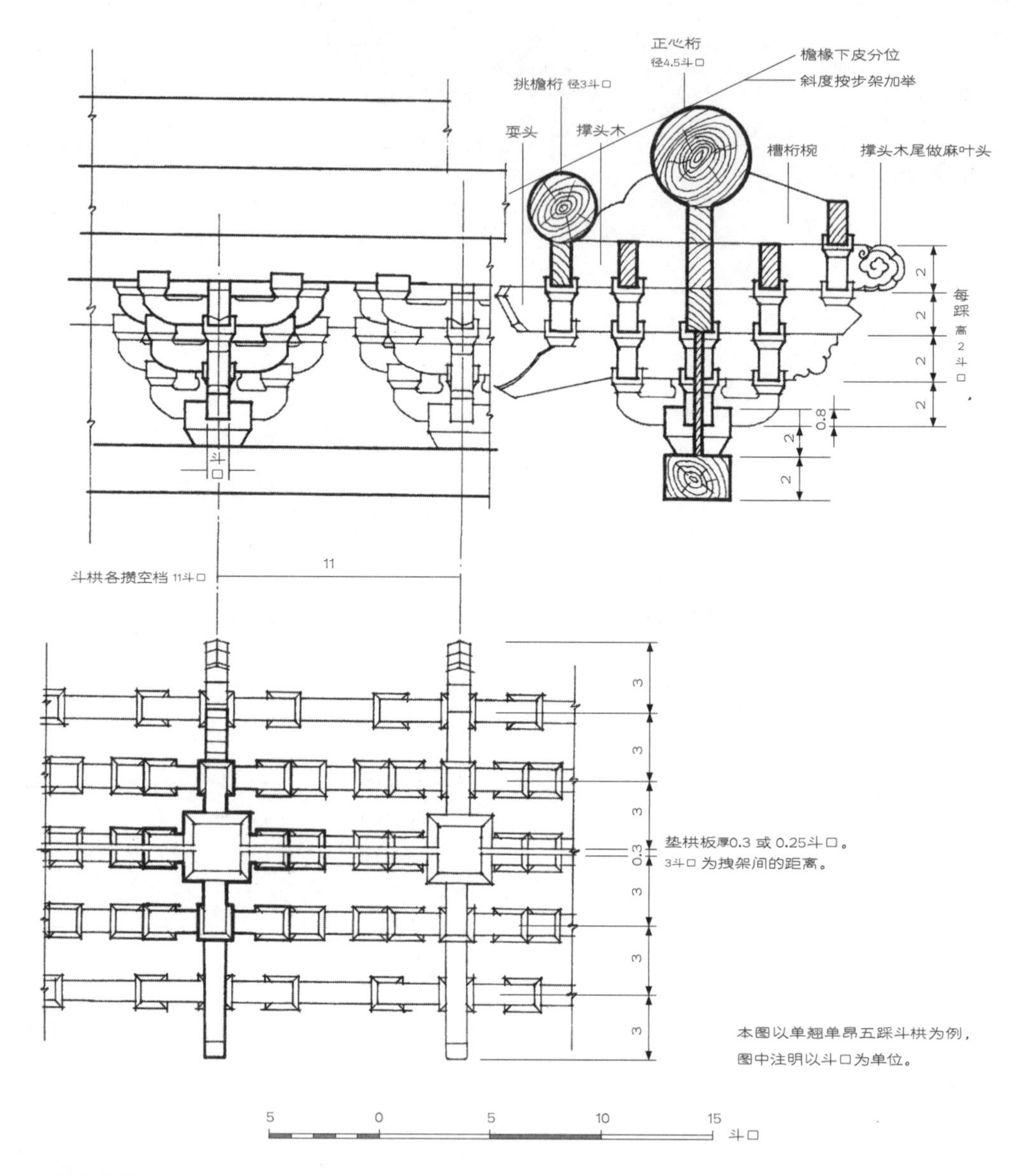


## □ 平身斗栱

平身斗栱即为位于梁架与柱间额枋之上的一类斗栱。清式斗栱种类繁多，结构复杂，不过其各类构件的组合具有共同之处。

头昂一件，长度为五尺四寸六分二厘五毫，高度为七寸五分，宽度为二寸五分。

二昂一件，长度为六尺八寸二分五厘，高度为七寸五分，宽度为二寸五分。

蚂蚱头一件，长度为六尺九寸，高度为五寸，宽度为二寸五分。

撑头木一件，长度为六尺八寸八分五厘，高度为五寸，宽度为二寸五分。

正心瓜栱一件，长度为一尺五寸五分，高度为五寸，宽度为三寸一分。

正心万栱一件，长度为二尺三寸，高度为五寸，宽度为三寸一分。

单才瓜栱六件，长度均为一尺五寸五分，高度均为三寸五分，宽度均为二寸五分。

单才万栱六件，长度均为二尺三寸，高度均为三寸五分，宽度均为二寸五分。

厢栱两件，长度均为一尺八寸，高度均为三寸五分，宽度均为二寸五分。

桁椀一件，长度为六尺，高度为一尺五寸，宽度为二寸五分。

十八斗八个，长度均为四寸五分，高度均为二寸五分，宽度均为三寸七分。

槽升子四个，长度均为三寸二分五厘，高度均为二寸五分，宽度均为四寸三分。

三才升二十八个，长度均为三寸二分五厘，高度均为二寸五分，宽度均为三寸七分。

柱头科

【译解】柱头科斗栱

【原文】大斗一个，长一尺，高五寸，宽七寸五分。

头翘一件，长一尺七寸七分五厘，高五寸，宽五寸。

二翘一件，长三尺二寸七分五厘，高五寸，宽六寸二分五厘。

头昂一件，长五尺四寸六分二厘五毫，高七寸五分，宽七寸五分。

二昂一件，长六尺八寸二分五厘，高七寸五分，宽八寸七分五厘。

正心瓜栱一件，长一尺五寸五分，高五寸，宽三寸一分。

正心万栱一件，长二尺三寸，高五寸，宽三寸一分。

单才瓜栱六件，各长一尺五寸五分，高三寸五分，宽二寸五分。

单才万栱六件，各长二尺三寸，高三寸五分，宽二寸五分。

厢栱二件，各长一尺八寸，高三寸五分，宽二寸五分。

桶子十八斗七个，内二个各长八寸二分五厘，二个各长九寸五分，二个各长一尺七分五厘，一个长一尺二寸，俱高二寸五分，宽三寸七分。

槽升四个，各长三寸二分五厘，高二寸五分，宽四寸三分。

三才升二十个，各长三寸二分五

厘，高二寸五分，宽三寸七分。

【译解】大斗一个，长度为一尺，高度为五寸，宽度为七寸五分。

头翘一件，长度为一尺七寸七分五厘，高度为五寸，宽度为五寸。

二翘一件，长度为三尺二寸七分五厘，高度为五寸，宽度为六寸二分五厘。

头昂一件，长度为五尺四寸六分二厘五毫，高度为七寸五分，宽度为七寸五分。

二昂一件，长度为六尺八寸二分五厘，高度为七寸五分，宽度为八寸七分五厘。

正心瓜栱一件，长度为一尺五寸五分，高度为五寸，宽度为三寸一分。

正心万栱一件，长度为二尺三寸，高度为五寸，宽度为三寸一分。

单才瓜栱六件，长度均为一尺五寸五分，高度均为三寸五分，宽度均为二寸五分。

单才万栱六件，长度均为二尺三寸，高度均为三寸五分，宽度均为二寸五分。

厢栱两件，长度均为一尺八寸，高度均为三寸五分，宽度均为二寸五分。

桶子十八斗七个，其中两个长度为八寸二分五厘，两个长度为九寸五分，两个长度为一尺七分五厘，一个长度为一尺二寸，高度均为二寸五分，宽度均为三寸七分。

槽升子四个，长度均为三寸二分五厘，高度均为二寸五分，宽度均为四寸三分。

三才升二十个，长度均为三寸二分五厘，高度均为二寸五分，宽度均为三寸七分。

角科

【译解】角科斗栱

【原文】大斗一个，见方七寸五分，高五寸。

斜头翘一件，长二尺四寸八分五厘，高五寸，宽三寸七分五厘。

搭角正头翘带正心瓜栱二件，各长一尺六寸六分二厘五毫，高五寸，宽三寸一分。

斜二翘一件，长四尺五寸八分五厘，高五寸，宽四寸四分。

搭角正二翘带正心万栱二件，各长二尺七寸八分七厘五毫，高五寸，宽三寸一分。

搭角闹二翘带单才瓜栱二件，各长二尺四寸一分二厘五毫，高五寸，宽二寸五分。

里连头合角单才瓜栱二件，各长一尺三寸五分，高三寸五分，宽二寸五分。

斜头昂一件，长七尺六寸四分七厘五毫，高七寸五分，宽五寸五厘。

搭角正头昂二件，各长三尺七分五厘，高七寸五分，宽二寸五分。

搭角闹头昂带单才瓜栱二件，各长三尺八寸五分，高七寸五分，宽二寸五分。

搭角闹头昂带单才万栱二件，各长四尺二寸二分五厘，高七寸五分，宽二寸五分。

里连头合角单才万栱二件，各长九

寸五分，高三寸五分，宽二寸五分。

里连头合角单才瓜栱二件，各长五寸五分，高三寸五分，宽二寸五分。

斜二昂一件，长九尺五寸五分五厘，高七寸五分，宽五寸七分。

搭角正二昂二件，各长三尺八寸二分五厘，高七寸五分，宽二寸五分。

搭角闹二昂带单才万栱二件，各长四尺九寸七分五厘，高七寸五分，宽二寸五分。

搭角闹二昂带单才瓜栱二件，各长四尺六寸，高七寸五分，宽二寸五分。

里连头合角单才万栱二件，各长二寸二分五厘，高三寸五分，宽二寸五分。

由昂一件，长十一尺八寸五分五厘，高一尺三寸七分五厘，宽六寸三分五厘。

搭角正蚂蚱头二件、闹蚂蚱头四件，各长三尺七寸五分，高五寸，宽二寸五分。

搭角闹蚂蚱头带单才万栱二件，各长四尺九寸，高五寸，宽二寸五分。

把臂厢栱二件，各长五尺一寸，高五寸，宽二寸五分。

搭角正撑头木二件、闹撑头木六件，各长三尺，高五寸，宽二寸五分。

里连头合角厢栱二件，各长五寸二分五厘，高三寸五分，宽二寸五分。

斜桁椀一件，长八尺四寸，高一尺五寸，宽六寸三分五厘。

贴升耳十八个，内四个各长四寸九分五厘，四个各长五寸六分，四个各长六寸二分五厘，二个各长六寸九分，四个各长七寸五分五厘，俱高一寸五分，宽六分。

十八斗二十个，槽升四个，三才升二十个，俱与平身科尺寸同。

【译解】大斗一个，长度、宽度均为七寸五分，高度为五寸。

斜头翘一件，长度为二尺四寸八分五厘，高度为五寸，宽度为三寸七分五厘。

带正心瓜栱的搭角正头翘两件，长度均为一尺六寸六分二厘五毫，高度均为五寸，宽度均为三寸一分。

斜二翘一件，长度为四尺五寸八分五厘，高度为五寸，宽度为四寸四分。

带正心万栱的搭角正二翘两件，长度均为二尺七寸八分七厘五毫，高度均为五寸，宽度均为三寸一分。

带单才瓜栱的搭角闹二翘两件，长度均为二尺四寸一分二厘五毫，高度均为五寸，宽度均为二寸五分。

里连头合角单才瓜栱两件，长度均为一尺三寸五分，高度均为三寸五分，宽度均为二寸五分。

斜头昂一件，长度为七尺六寸四分七厘五毫，高度为七寸五分，宽度为五寸五厘。

搭角正头昂两件，长度均为三尺七分五厘，高度均为七寸五分，宽度均为二寸五分。

带单才瓜栱的搭角闹头昂两件，长度均为三尺八寸五分，高度均为七寸五分，宽度均为二寸五分。

带单才万栱的搭角闹头昂两件，长度

均为四尺二寸二分五厘，高度均为七寸五分，宽度均为二寸五分。

里连头合角单才万栱两件，长度均为九寸五分，高度均为三寸五分，宽度均为二寸五分。

里连头合角单才瓜栱两件，长度均为五寸五分，高度均为三寸五分，宽度均为二寸五分。

斜二昂一件，长度为九尺五寸五分五厘，高度为七寸五分，宽度为五寸七分。

搭角正二昂两件，长度均为三尺八寸二分五厘，高度均为七寸五分，宽度均为二寸五分。

带单才万栱的搭角闹二昂两件，长度均为四尺九寸七分五厘，高度均为七寸五分，宽度均为二寸五分。

带单才瓜栱的搭角闹二昂两件，长度均为四尺六寸，高度均为七寸五分，宽度均为二寸五分。

里连头合角单才万栱两件，长度均为二寸二分五厘，高度均为三寸五分，宽度均为二寸五分。

由昂一件，长度为十一尺八寸五分五厘，高度为一尺三寸七分五厘，宽度为六寸三分五厘。

搭角正蚂蚱头两件、闹蚂蚱头四件，长度均为三尺七寸五分，高度均为五寸，宽度均为二寸五分。

带单才万栱的搭角闹蚂蚱头两件，长度均为四尺九寸，高度均为五寸，宽度均为二寸五分。

把臂厢栱两件，长度均为五尺一寸，高度均为五寸，宽度均为二寸五分。

搭角正撑头木两件、闹撑头木六件，长度均为三尺，高度均为五寸，宽度均为二寸五分。

里连头合角厢栱两件，长度均为五寸二分五厘，高度均为三寸五分，宽度均为二寸五分。

斜桁椀一件，长度为八尺四寸，高度为一尺五寸，宽度为六寸三分五厘。

贴升耳十八个，其中四个长度为四寸九分五厘，四个长度为五寸六分，四个长度为六寸二分五厘，两个长度为六寸九分，四个长度为七寸五分五厘，高度均为一寸五分，宽度均为六分。

十八斗二十个，槽升子四个，三才升二十个，它们的尺寸均与平身科斗栱的尺寸相同。

## 一斗二升交麻叶并一斗三升平身科、柱头科、角科俱斗口二寸五分各件尺寸

【译解】当斗口为二寸五分时，平身科、柱头科、角科的一斗二升交麻叶斗栱和一斗三升斗栱中各构件的尺寸。

### 平身科

【译解】平身科斗栱

【原文】（其一斗三升去麻叶云，中加槽升一个。）

大斗一个，见方七寸五分，高五寸。

麻叶云一件，长三尺，高一尺三寸三分二厘五毫，宽二寸五分。

正心瓜栱一件，长一尺五寸五分，高五寸，宽三寸一分。

槽升二个，各长三寸二分五厘，高二寸五分，宽四寸三分。

【译解】（在一斗三升斗栱中央不安装麻叶云，安装一个槽升子。）

大斗一个，长度、宽度均为七寸五分，高度为五寸。

麻叶云一件，长度为三尺，高度为一尺三寸三分二厘五毫，宽度为二寸五分。

正心瓜栱一件，长度为一尺五寸五分，高度为五寸，宽度为三寸一分。

槽升子两个，长度均为三寸二分五厘，高度均为二寸五分，宽度均为四寸三分。

柱头科

【译解】柱头科斗栱

【原文】大斗一个，长一尺二寸五分，高五寸，宽七寸五分。

正心瓜栱一件，长一尺五寸五分，高五寸，宽三寸一分。

槽升二个，各长三寸二分五厘，高二寸五分，宽四寸三分。

贴正升耳二个，各长三寸二分五厘，高二寸五分，宽六分。

【译解】大斗一个，长度为一尺二寸五分，高度为五寸，宽度为七寸五分。

正心瓜栱一件，长度为一尺五寸五分，高度为五寸，宽度为三寸一分。

槽升子两个，长度均为三寸二分五厘，高度均为二寸五分，宽度均为四寸三分。

贴正升耳两个，长度均为三寸二分五厘，高度均为二寸五分，宽度均为六分。

角科

【译解】角科斗栱

【原文】大斗一个，见方七寸五分，高五寸。

斜昂一件，长四尺二寸，高一尺五寸七分五厘，宽三寸七分五厘。

搭角正心瓜栱二件，各长二尺二寸二分五厘，高五寸，宽三寸一分。

槽升二个，各长三寸二分五厘，高二寸五分，宽四寸三分。

三才升二个，各长三寸二分五厘，高二寸五分，宽三寸七分。

贴斜升耳二个，各长四寸九分五厘，高一寸五分，宽六分。

【译解】大斗一个，长度、宽度均为七

寸五分，高度为五寸。

斜昂一件，长度为四尺二寸，高度为一尺五寸七分五厘，宽度为三寸七分五厘。

搭角正心瓜栱两件，长度均为二尺二寸二分五厘，高度均为五寸，宽度均为三寸一分。

槽升子两个，长度均为三寸二分五厘，高度均为二寸五分，宽度均为四寸三分。

三才升两个，长度均为三寸二分五厘，高度均为二寸五分，宽度均为三寸七分。

贴斜升耳两个，长度均为四寸九分五厘，高度均为一寸五分，宽度均为六分。

## 三滴水品字平身科、柱头科、角科斗口二寸五分各件尺寸

【译解】当斗口为二寸五分时，平身科、柱头科、角科三滴水品字科斗栱中各构件的尺寸。

### 平身科

【译解】平身科斗栱

【原文】大斗一个，见方七寸五分，高五寸。

头翘一件，长一尺七寸七分五厘，高五寸，宽二寸五分。

二翘一件，长三尺二寸七分五厘，高五寸，宽二寸五分。

撑头木一件，长三尺七寸五分，高五寸，宽二寸五分。

正心瓜栱一件，长一尺五寸五分，高五寸，宽三寸一分。

正心万栱一件，长二尺三寸，高五寸，宽三寸一分。

单才瓜栱二件，各长一尺五寸五分，高三寸五分，宽二寸五分。

厢栱一件，长一尺八寸，高三寸五分，宽二寸五分。

十八斗三个，各长四寸五分，高二寸五分，宽三寸七分。

槽升四个，各长三寸二分五厘，高二寸五分，宽四寸三分。

三才升六个，各长三寸二分五厘，高二寸五分，宽三寸七分。

【译解】大斗一个，长度、宽度均为七寸五分，高度为五寸。

头翘一件，长度为一尺七寸七分五厘，高度为五寸，宽度为二寸五分。

二翘一件，长度为三尺二寸七分五厘，高度为五寸，宽度为二寸五分。

撑头木一件，长度为三尺七寸五分，高度为五寸，宽度为二寸五分。

正心瓜栱一件，长度为一尺五寸五分，高度为五寸，宽度为三寸一分。

正心万栱一件，长度为二尺三寸，高度为五寸，宽度为三寸一分。

单才瓜栱两件，长度均为一尺五寸五分，高度均为三寸五分，宽度均为二寸

五分。

厢栱一件，长度为一尺八寸，高度为三寸五分，宽度为二寸五分。

十八斗三个，长度均为四寸五分，高度均为二寸五分，宽度均为三寸七分。

槽升子四个，长度均为三寸二分五厘，高度均为二寸五分，宽度均为四寸三分。

三才升六个，长度均为三寸二分五厘，高度均为二寸五分，宽度均为三寸七分。

柱头科

【译解】柱头科斗栱

【原文】大斗一个，长一尺二寸五分，高五寸，宽七寸五分。

头翘一件，长一尺七寸七分五厘，高五寸，宽五寸。

正心瓜栱一件，长一尺五寸五分，高五寸，宽三寸一分。

正心万栱一件，长二尺三寸，高五寸，宽三寸一分。

单才瓜栱二件，各长一尺五寸五分，高三寸五分，宽二寸五分。

厢栱一件，长一尺八寸，高三寸五分，宽二寸五分。

桶子十八斗一个，长一尺二寸，高二寸五分，宽三寸七分。

槽升四个，各长三寸二分五厘，高二寸五分，宽四寸三分。

三才升六个，各长三寸二分五厘，高二寸五分，宽三寸七分。

贴斗耳二个，各长三寸七分，高二寸五分，宽六分。

【译解】大斗一个，长度为一尺二寸五分，高度为五寸，宽度为七寸五分。

头翘一件，长度为一尺七寸七分五厘，高度为五寸，宽度为五寸。

正心瓜栱一件，长度为一尺五寸五分，高度为五寸，宽度为三寸一分。

正心万栱一件，长度为二尺三寸，高度为五寸，宽度为三寸一分。

单才瓜栱两件，长度均为一尺五寸五分，高度均为三寸五分，宽度均为二寸五分。

厢栱一件，长度为一尺八寸，高度为三寸五分，宽度为二寸五分。

桶子十八斗一个，长度为一尺二寸，高度为二寸五分，宽度为三寸七分。

槽升子四个，长度均为三寸二分五厘，高度均为二寸五分，宽度均为四寸三分。

三才升六个，长度均为三寸二分五厘，高度均为二寸五分，宽度均为三寸七分。

贴斗耳两个，长度均为三寸七分，高度均为二寸五分，宽度均为六分。

角科

【译解】角科斗栱

【原文】大斗一个，见方七寸五分，高五寸。

斜头翘一件，长二尺四寸八分五厘，高五寸，宽三寸七分五厘。

搭角正头翘带正心瓜栱二件，各长一尺六寸六分二厘五毫，高五寸，宽三寸一分。

搭角正二翘带正心万栱二件，各长二尺七寸八分七厘五毫，高五寸，宽三寸一分。

搭角闹二翘带单才瓜栱二件，各长二尺四寸一分二厘五毫，高五寸，宽二寸五分。

里连头合角单才瓜栱二件，各长一尺三寸五分，高三寸五分，宽二寸五分。

里连头合角厢栱二件，各长三寸七分五厘，高三寸五分，宽二寸五分。

贴升耳四个，各长四寸九分五厘，高一寸五分，宽六分。

十八斗二个、槽升四个、三才升六个，俱与平身科尺寸同。

【译解】大斗一个，长度、宽度均为七寸五分，高度为五寸。

斜头翘一件，长度为二尺四寸八分五厘，高度为五寸，宽度为三寸七分五厘。

带正心瓜栱的搭角正头翘两件，长度均为一尺六寸六分二厘五毫，高度均为五寸，宽度均为三寸一分。

带正心万栱的搭角正二翘两件，长度均为二尺七寸八分七厘五毫，高度均为五寸，宽度均为三寸一分。

带单才瓜栱的搭角闹二翘两件，长度均为二尺四寸一分二厘五毫，高度均为五寸，宽度均为二寸五分。

里连头合角单才瓜栱两件，长度均为一尺三寸五分，高度均为三寸五分，宽度均为二寸五分。

里连头合角厢栱两件，长度均为三寸七分五厘，高度均为三寸五分，宽度均为二寸五分。

贴升耳四个，长度均为四寸九分五厘，高度均为一寸五分，宽度均为六分。

十八斗两个、槽升子四个、三才升六个，它们的尺寸均与平身科斗栱的尺寸相同。

## 内里品字科斗口二寸五分各件尺寸

【译解】当斗口为二寸五分时，内里品字科斗栱中各构件的尺寸。

【原文】大斗一个，长七寸五分，高五寸，宽三寸七分五厘。

头翘一件，长八寸八分七厘五毫，高五寸，宽二寸五分。

二翘一件，长一尺六寸三分七厘五毫，高五寸，宽二寸五分。

撑头木一件，长二尺三寸八分七厘五毫，高五寸，宽二寸五分。

正心瓜栱一件，长一尺五寸五分，高五寸，宽一寸五分五厘。

正心万栱一件，长二尺三寸，高五寸，宽一寸五分五厘。

麻叶云一件，长二尺五分，高五寸，宽二寸五分。

三福云二件，各长一尺八寸，高七寸五分，宽二寸五分。

十八斗二个，各长四寸五分，高二寸五分，宽三寸七分。

槽升四个，各长三寸二分五厘，高二寸五分，宽二寸一分五厘。

【译解】大斗一个，长度为七寸五分，高度为五寸，宽度为三寸七分五厘。

头翘一件，长度为八寸八分七厘五毫，高度为五寸，宽度为二寸五分。

二翘一件，长度为一尺六寸三分七厘五毫，高度为五寸，宽度为二寸五分。

撑头木一件，长度为二尺三寸八分七厘五毫，高度为五寸，宽度为二寸五分。

正心瓜栱一件，长度为一尺五寸五分，高度为五寸，宽度为一寸五分五厘。

正心万栱一件，长度为二尺三寸，高度为五寸，宽度为一寸五分五厘。

麻叶云一件，长度为二尺五分，高度为五寸，宽度为二寸五分。

三福云两件，长度均为一尺八寸，高度均为七寸五分，宽度均为二寸五分。

十八斗两个，长度均为四寸五分，高度均为二寸五分，宽度均为三寸七分。

槽升子四个，长度均为三寸二分五厘，高度均为二寸五分，宽度均为二寸一分五厘。

## 槅架科斗口二寸五分各件尺寸

【译解】当斗口为二寸五分时，槅架科斗栱中各构件的尺寸。

【原文】贴大斗耳二个，各长七寸五分，高五寸，厚二寸二分。

荷叶一件，长二尺二寸五分，高五寸，宽五寸。

栱一件，长一尺五寸五分，高五寸，宽五寸。

雀替一件，长五尺，高一尺，宽五寸。

贴槽升耳六个，各长三寸二分五厘，高二寸五分，宽六分。

【译解】贴大斗耳两个，长度均为七寸五分，高度均为五寸，厚度均为二寸二分。

荷叶橔一件，长度为二尺二寸五分，高度为五寸，宽度为五寸。

栱一件，长度为一尺五寸五分，高度为五寸，宽度为五寸。

雀替一件，长度为五尺，高度为一尺，宽度为五寸。

贴槽升耳六个，长度均为三寸二分五厘，高度均为二寸五分，宽度均为六分。

# 卷三十四

本卷详述当斗口为三寸时，各类斗栱的尺寸。

## 斗科斗口三寸尺寸

【译解】当斗口为三寸时，各类斗栱的尺寸。

## 斗口单昂平身科、柱头科、角科斗口三寸各件尺寸

【译解】当斗口为三寸时，平身科、柱头科、角科的单昂斗栱中各构件的尺寸。

### 平身科

【译解】平身科斗栱

【原文】大斗一个，见方九寸，高六寸。

单昂一件，长二尺九寸五分五厘，高九寸，宽三寸。

蚂蚱头一件，长三尺七寸六分二厘，高六寸，宽三寸。

撑头木一件，长一尺八寸，高六寸，宽三寸。

正心瓜栱一件，长一尺八寸六分，高六寸，宽三寸七分二厘。

正心万栱一件，长二尺七寸六分，高六寸，宽三寸七分二厘。

厢栱二件，各长二尺一寸六分，高四寸二分，宽三寸。

桁椀一件，长一尺八寸，高四寸五分，宽三寸。

十八斗二个，各长五寸四分，高三寸，宽四寸四分四厘。

槽升四个，各长三寸九分，高三寸，宽五寸一分六厘。

三才升六个，各长三寸九分，高三寸，宽四寸四分四厘。

【译解】大斗一个，长度、宽度均为九寸，高度为六寸。

单昂一件，长度为二尺九寸五分五厘，高度为九寸，宽度为三寸。

蚂蚱头一件，长度为三尺七寸六分二厘，高度为六寸，宽度为三寸。

撑头木一件，长度为一尺八寸，高度为六寸，宽度为三寸。

正心瓜栱一件，长度为一尺八寸六分，高度为六寸，宽度为三寸七分二厘。

正心万栱一件，长度为二尺七寸六分，高度为六寸，宽度为三寸七分二厘。

厢栱两件，长度均为二尺一寸六分，高度均为四寸二分，宽度均为三寸。

桁椀一件，长度为一尺八寸，高度为四寸五分，宽度为三寸。

十八斗两个，长度均为五寸四分，高度均为三寸，宽度均为四寸四分四厘。

槽升子四个，长度均为三寸九分，高度均为三寸，宽度均为五寸一分六厘。

三才升六个，长度均为三寸九分，高度均为三寸，宽度均为四寸四分四厘。

柱头科

【译解】柱头科斗栱

【原文】大斗一个，长一尺二寸，高六寸，宽九寸。

单昂一件，长二尺九寸五分五厘，高九寸，宽六寸。

正心瓜栱一件，长一尺八寸六分，高六寸，宽三寸七分二厘。

正心万栱一件，长二尺七寸六分，高六寸，宽三寸七分二厘。

厢栱二件，各长二尺一寸六分，高四寸二分，宽三寸。

桶子十八斗一个，长一尺四寸四分，高三寸，宽四寸四分四厘。

槽升二个，各长三寸九分，高三寸，宽五寸一分六厘。

三才升五个，各长三寸九分，高三寸，宽四寸四分四厘。

【译解】大斗一个，长度为一尺二寸，高度为六寸，宽度为九寸。

单昂一件，长度为二尺九寸五分五厘，高度为九寸，宽度为六寸。

正心瓜栱一件，长度为一尺八寸六分，高度为六寸，宽度为三寸七分二厘。

正心万栱一件，长度为二尺七寸六分，高度为六寸，宽度为三寸七分二厘。

厢栱两件，长度均为二尺一寸六分，高度均为四寸二分，宽度均为三寸。

桶子十八斗一个，长度为一尺四寸四分，高度为三寸，宽度为四寸四分四厘。

槽升子两个，长度均为三寸九分，高度均为三寸，宽度均为五寸一分六厘。

三才升五个，长度均为三寸九分，高度均为三寸，宽度均为四寸四分四厘。

角科

【译解】角科斗栱

【原文】大斗一个，见方九寸，高六寸。

斜昂一件，长四尺一寸三分七厘，高九寸，宽四寸五分。

搭角正昂带正心瓜栱二件，各长二尺八寸二分，高九寸，宽三寸七分二厘。

由昂一件，长六尺五寸二分二厘，高一尺六寸五分，宽六寸二分五厘。

搭角正蚂蚱头带正心万栱二件，各长三尺一寸八分，高六寸，宽三寸七分二厘。

搭角正撑头木二件，各长九寸，高六寸，宽三寸。

把臂厢栱二件，各长三尺四寸二分，高六寸，宽三寸。

里连头合角厢栱二件，各长三寸六分，高四寸二分，宽三寸。

斜桁椀一件，长二尺五寸二分，高四寸五分，宽六寸二分五厘。

十八斗二个，槽升四个，三才升六个，俱与平身科尺寸同。

【译解】大斗一个，长度、宽度均为九寸，高度为六寸。

斜昂一件，长度为四尺一寸三分七厘，高度为九寸，宽度为四寸五分。

带正心瓜栱的搭角正昂两件，长度均为二尺八寸二分，高度均为九寸，宽度均为三寸七分二厘。

由昂一件，长度为六尺五寸二分二厘，高度为一尺六寸五分，宽度为六寸二分五厘。

带正心万栱的搭角正蚂蚱头两件，长度均为三尺一寸八分，高度均为六寸，宽度均为三寸七分二厘。

搭角正撑头木两件，长度均为九寸，高度均为六寸，宽度均为三寸。

把臂厢栱两件，长度均为三尺四寸二分，高度均为六寸，宽度均为三寸。

里连头合角厢栱两件，长度均为三寸六分，高度均为四寸二分，宽度均为三寸。

斜桁椀一件，长度为二尺五寸二分，高度为四寸五分，宽度为六寸二分五厘。

十八斗两个，槽升子四个，三才升六个，它们的尺寸均与平身科斗栱的尺寸相同。

## 斗口重昂平身科、柱头科、角科斗口三寸各件尺寸

【译解】当斗口为三寸时，平身科、柱头科、角科的重昂斗栱中各构件的尺寸。

### 平身科

【译解】平身科斗栱

【原文】大斗一个，见方九寸，高六寸。

头昂一件，长二尺九寸五分五厘，高九寸，宽三寸。

二昂一件，长四尺五寸九分，高九寸，宽三寸。

蚂蚱头一件，长四尺六寸八分，高六寸，宽三寸。

撑头木一件，长四尺六寸六分二厘，高六寸，宽三寸。

正心瓜栱一件，长一尺八寸六分，高六寸，宽三寸七分二厘。

正心万栱一件，长二尺七寸六分，高六寸，宽三寸七分二厘。

单才瓜栱二件，各长一尺八寸六分，高四寸二分，宽三寸。

单才万栱二件，各长二尺七寸六分，高四寸二分，宽三寸。

厢栱二件，各长二尺一寸六分，高四寸二分，宽三寸。

桁椀一件，长三尺六寸，高九寸，宽三寸。

十八斗四个，各长五寸四分，高三寸，宽四寸四分四厘。

槽升四个，各长三寸九分，高三寸，宽五寸一分六厘。

三才升十二个，各长三寸九分，高

三寸，宽四寸四分四厘。

【译解】大斗一个，长度、宽度均为九寸，高度为六寸。

头昂一件，长度为二尺九寸五分五厘，高度为九寸，宽度为三寸。

二昂一件，长度为四尺五寸九分，高度为九寸，宽度为三寸。

蚂蚱头一件，长度为四尺六寸八分，高度为六寸，宽度为三寸。

撑头木一件，长度为四尺六寸六分二厘，高度为六寸，宽度为三寸。

正心瓜栱一件，长度为一尺八寸六分，高度为六寸，宽度为三寸七分二厘。

正心万栱一件，长度为二尺七寸六分，高度为六寸，宽度为三寸七分二厘。

单才瓜栱两件，长度均为一尺八寸六分，高度均为四寸二分，宽度均为三寸。

单才万栱两件，长度均为二尺七寸六分，高度均为四寸二分，宽度均为三寸。

厢栱两件，长度均为二尺一寸六分，高度均为四寸二分，宽度均为三寸。

桁椀一件，长度为三尺六寸，高度为九寸，宽度为三寸。

十八斗四个，长度均为五寸四分，高度均为三寸，宽度均为四寸四分四厘。

槽升子四个，长度均为三寸九分，高度均为三寸，宽度均为五寸一分六厘。

三才升十二个，长度均为三寸九分，高度均为三寸，宽度均为四寸四分四厘。

柱头科

【译解】柱头科斗栱

【原文】大斗一个，长一尺二寸，高六寸，宽九寸。

头昂一件，长二尺九寸五分五厘，高九寸，宽六寸。

二昂一件，长四尺五寸九分，高九寸，宽九寸。

正心瓜栱一件，长一尺八寸六分，高六寸，宽三寸七分二厘。

正心万栱一件，长二尺七寸六分，高六寸，宽三寸七分二厘。

单才瓜栱二件，各长一尺八寸六分，高四寸二分，宽三寸。

单才万栱二件，各长二尺七寸六分，高四寸二分，宽三寸。

厢栱二件，各长二尺一寸六分，高四寸二分，宽三寸。

桶子十八斗三个，内二个各长一尺一寸四分，一个长一尺四寸四分，俱高三寸，宽四寸四分四厘。

槽升四个，各长三寸九分，高三寸，宽五寸一分六厘。

三才升十二个，各长三寸九分，高三寸，宽四寸四分四厘。

【译解】大斗一个，长度为一尺二寸，高度为六寸，宽度为九寸。

头昂一件，长度为二尺九寸五分五厘，高度为九寸，宽度为六寸。

二昂一件，长度为四尺五寸九分，高度为九寸，宽度为九寸。

正心瓜栱一件，长度为一尺八寸六分，高度为六寸，宽度为三寸七分二厘。

正心万栱一件，长度为二尺七寸六分，高度为六寸，宽度为三寸七分二厘。

单才瓜栱两件，长度均为一尺八寸六分，高度均为四寸二分，宽度均为三寸。

单才万栱两件，长度均为二尺七寸六分，高度均为四寸二分，宽度均为三寸。

厢栱两件，长度均为二尺一寸六分，高度均为四寸二分，宽度均为三寸。

桶子十八斗三个，其中两个长度为一尺一寸四分，一个长度为一尺四寸四分，高度均为三寸，宽度均为四寸四分四厘。

槽升子四个，长度均为三寸九分，高度均为三寸，宽度均为五寸一分六厘。

三才升十二个，长度均为三寸九分，高度均为三寸，宽度均为四寸四分四厘。

角科

【译解】角科斗栱

【原文】大斗一个，见方九寸，高六寸。

斜头昂一件，长四尺一寸三分七厘，高九寸，宽四寸五分。

搭角正头昂带正心瓜栱二件，各长二尺八寸二分，高九寸，宽三寸七分二厘。

斜二昂一件，长六尺四寸二分六厘，高九寸，宽五寸六分六厘。

搭角正二昂带正心万栱二件，各长四尺一寸七分，高九寸，宽三寸七分二厘。

搭角闹二昂带单才瓜栱二件，各长三尺七寸二分，高九寸，宽三寸。

由昂一件，长九尺九分，高一尺六寸五分，宽六寸八分。

搭角正蚂蚱头二件，各长二尺七寸，高六寸，宽三寸。

搭角闹蚂蚱头带单才万栱二件，各长四尺八分，高六寸，宽三寸。

把臂厢栱二件，各长四尺三寸二分，高六寸，宽三寸。

里连头合角单才瓜栱二件，各长一尺六寸二分，高四寸二分，宽三寸。

里连头合角单才万栱二件，各长一尺一寸四分，高四寸二分，宽三寸。

搭角正撑头木二件，闹撑头木二件，各长一尺八寸，高六寸，宽三寸。

里连头合角厢栱二件，各长四寸五分，高四寸二分，宽三寸。

斜桁椀一件，长五尺四分，高九寸，宽六寸八分。

贴升耳十个，内四个各长五寸九分四厘，二个各长七寸一分，四个各长六寸八分，俱高一寸八分，宽七分二厘。

十八斗六个，槽升四个，三才升十二个，俱与平身科尺寸同。

【译解】大斗一个，长度、宽度均为九寸，高度为六寸。

斜头昂一件，长度为四尺一寸三分七厘，高度为九寸，宽度为四寸五分。

带正心瓜栱的搭角正头昂两件，长度均为二尺八寸二分，高度均为九寸，宽度均为三寸七分二厘。

斜二昂一件，长度为六尺四寸二分六厘，高度为九寸，宽度为五寸六分六厘。

带正心万栱的搭角正二昂两件，长度均为四尺一寸七分，高度均为九寸，宽度均为三寸七分二厘。

带单才瓜栱的搭角闹二昂两件，长度均为三尺七寸二分，高度均为九寸，宽度均为三寸。

由昂一件，长度为九尺九分，高度为一尺六寸五分，宽度为六寸八分。

搭角正蚂蚱头两件，长度均为二尺七寸，高度均为六寸，宽度均为三寸。

带单才万栱的搭角闹蚂蚱头两件，长度均为四尺八分，高度均为六寸，宽度均为三寸。

把臂厢栱两件，长度均为四尺三寸二分，高度均为六寸，宽度均为三寸。

里连头合角单才瓜栱两件，长度均为一尺六寸二分，高度均为四寸二分，宽度均为三寸。

里连头合角单才万栱两件，长度均为一尺一寸四分，高度均为四寸二分，宽度均为三寸。

搭角正撑头木两件，闹撑头木两件，长度均为一尺八寸，高度均为六寸，宽度均为三寸。

里连头合角厢栱两件，长度均为四寸五分，高度均为四寸二分，宽度均为三寸。

斜桁椀一件，长度为五尺四分，高度为九寸，宽度为六寸八分。

贴升耳十个，其中四个长度为五寸九分四厘，两个长度为七寸一分，四个长度为六寸八分，高度均为一寸八分，宽度均为七分二厘。

十八斗六个，槽升子四个，三才升十二个，它们的尺寸均与平身科斗栱的尺寸相同。

## 单翘单昂平身科、柱头科、角科斗口三寸各件尺寸

【译解】当斗口为三寸时，平身科、柱头科、角科的单翘单昂斗栱中各构件的尺寸。

### 平身科

【译解】平身科斗栱

**【原文】单翘一件，长二尺一寸三分，高六寸，宽三寸。**

**其余各件，俱与斗口重昂平身科尺寸同。**

【译解】单翘一件，长度为二尺一寸三分，高度为六寸，宽度为三寸。

其余构件的尺寸均与平身科重昂斗栱

的尺寸相同。

柱头科

【译解】柱头科斗栱

【原文】单翘一件，长二尺一寸三分，高六寸，宽六寸。

其余各件，俱与斗口重昂柱头科尺寸同。

【译解】单翘一件，长度为二尺一寸三分，高度为六寸，宽度为六寸。

其余构件的尺寸均与柱头科重昂斗栱的尺寸相同。

角科

【译解】角科斗栱

【原文】斜翘一件，长二尺九寸八分二厘，高六寸，宽四寸五分。

搭角正翘带正心瓜栱二件，各长一尺九寸九分五厘，高六寸，宽三寸七分二厘。

其余各件，俱与斗口重昂角科尺寸同。

【译解】斜翘一件，长度为二尺九寸八分二厘，高度为六寸，宽度为四寸五分。

带正心瓜栱的搭角正翘两件，长度均为一尺九寸九分五厘，高度均为六寸，宽度均为三寸七分二厘。

其余构件的尺寸均与角科重昂斗栱的尺寸相同。

## 单翘重昂平身科、柱头科、角科斗口三寸各件尺寸

【译解】当斗口为三寸时，平身科、柱头科、角科的单翘重昂斗栱中各构件的尺寸。

平身科

【译解】平身科斗栱

【原文】大斗一个，见方九寸，高六寸。

单翘一件，长二尺一寸三分，高六寸，宽三寸。

头昂一件，长四尺七寸五分五厘，高九寸，宽三寸。

二昂一件，长六尺三寸九分，高九寸，宽三寸。

蚂蚱头一件，长六尺四寸八分，高六寸，宽三寸。

撑头木一件，长六尺四寸六分二厘，高六寸，宽三寸。

正心瓜栱一件，长一尺八寸六分，高六寸，宽三寸七分二厘。

正心万栱一件，长二尺七寸六分，

高六寸，宽三寸七分二厘。

单才瓜栱四件，各长一尺八寸六分，高四寸二分，宽三寸。

单才万栱四件，各长二尺七寸六分，高四寸二分，宽三寸。

厢栱二件，各长二尺一寸六分，高四寸二分，宽三寸。

桁椀一件，长五尺四寸，高一尺三寸五分，宽三寸。

十八斗六个，各长五寸四分，高三寸，宽四寸四分四厘。

槽升四个，各长三寸九分，高三寸，宽五寸一分六厘。

三才升二十个，各长三寸九分，高三寸，宽四寸四分四厘。

【译解】大斗一个，长度、宽度均为九寸，高度为六寸。

单翘一件，长度为二尺一寸三分，高度为六寸，宽度为三寸。

头昂一件，长度为四尺七寸五分五厘，高度为九寸，宽度为三寸。

二昂一件，长度为六尺三寸九分，高度为九寸，宽度为三寸。

蚂蚱头一件，长度为六尺四寸八分，高度为六寸，宽度为三寸。

撑头木一件，长度为六尺四寸六分二厘，高度为六寸，宽度为三寸。

正心瓜栱一件，长度为一尺八寸六分，高度为六寸，宽度为三寸七分二厘。

正心万栱一件，长度为二尺七寸六分，高度为六寸，宽度为三寸七分二厘。

单才瓜栱四件，长度均为一尺八寸六分，高度均为四寸二分，宽度均为三寸。

单才万栱四件，长度均为二尺七寸六分，高度均为四寸二分，宽度均为三寸。

厢栱两件，长度均为二尺一寸六分，高度均为四寸二分，宽度均为三寸。

桁椀一件，长度为五尺四寸，高度为一尺三寸五分，宽度为三寸。

十八斗六个，长度均为五寸四分，高度均为三寸，宽度均为四寸四分四厘。

槽升子四个，长度均为三寸九分，高度均为三寸，宽度均为五寸一分六厘。

三才升二十个，长度均为三寸九分，高度均为三寸，宽度均为四寸四分四厘。

柱头科

【译解】柱头科斗栱

【原文】大斗一个，长一尺二寸，高六寸，宽九寸。

单翘一件，长二尺一寸三分，高六寸，宽六寸。

头昂一件，长四尺七寸五分五厘，高九寸，宽八寸。

二昂一件，长六尺三寸九分，高九寸，宽一尺。

正心瓜栱一件，长一尺八寸六分，高六寸，宽三寸七分二厘。

正心万栱一件，长二尺七寸六分，高六寸，宽三寸七分二厘。

单才瓜栱四件，各长一尺八寸六分，高四寸二分，宽三寸。

单才万栱四件，各长二尺七寸六分，高四寸二分，宽三寸。

厢栱二件，各长二尺一寸六分，高四寸二分，宽三寸。

桶子十八斗五个，内二个各长八寸四分，二个各长一尺四分，一个长一尺四寸四分，俱高三寸，宽四寸四分四厘。

槽升四个，各长三寸九分，高三寸，宽五寸一分。

三才升二十个，各长三寸九分，高三寸，宽四寸四分四厘。

【译解】大斗一个，长度为一尺二寸，高度为六寸，宽度为九寸。

单翘一件，长度为二尺一寸三分，高度为六寸，宽度为六寸。

头昂一件，长度为四尺七寸五分五厘，高度为九寸，宽度为八寸。

二昂一件，长度为六尺三寸九分，高度为九寸，宽度为一尺。

正心瓜栱一件，长度为一尺八寸六分，高度为六寸，宽度为三寸七分二厘。

正心万栱一件，长度为二尺七寸六分，高度为六寸，宽度为三寸七分二厘。

单才瓜栱四件，长度均为一尺八寸六分，高度均为四寸二分，宽度均为三寸。

单才万栱四件，长度均为二尺七寸六分，高度均为四寸二分，宽度均为三寸。

厢栱两件，长度均为二尺一寸六分，高度均为四寸二分，宽度均为三寸。

桶子十八斗五个，其中两个长度为八寸四分，两个长度为一尺四分，一个长度为一尺四寸四分，高度均为三寸，宽度均为四寸四分四厘。

槽升子四个，长度均为三寸九分，高度均为三寸，宽度均为五寸一分。

三才升二十个，长度均为三寸九分，高度均为三寸，宽度均为四寸四分四厘。

角科

【译解】角科斗栱

【原文】大斗一个，见方九寸，高六寸。

斜翘一件，长二尺九寸八分二厘，高六寸，宽四寸五分。

搭角正翘带正心瓜栱二件，各长一尺九寸九分五厘，高六寸，宽三寸七分二厘。

斜头昂一件，长六尺六寸五分七厘，高九寸，宽五寸三分七厘五毫。

搭角正头昂带正心万栱二件，各长四尺一寸七分，高九寸，宽三寸七分二厘。

搭角闹头昂带单才瓜栱二件，各长三尺七寸二分，高九寸，宽三寸。

里连头合角单才瓜栱二件，各长一尺六寸二分，高四寸二分，宽三寸。

斜二昂一件，长八尺九寸四分六厘，高九寸，宽六寸二分五厘。

搭角正二昂二件，各长三尺六寸九分，高九寸，宽三寸。

搭角闹二昂带单才瓜栱二件，各长四尺六寸二分，高九寸，宽三寸。

搭角闹二昂带单才万栱二件，各长五尺七分，高九寸，宽三寸。

里连头合角单才万栱二件，各长一尺一寸四分，高四寸二分，宽三寸。

里连头合角单才瓜栱二件，各长六寸六分，高四寸二分，宽三寸。

由昂一件，长十一尺六寸五分八厘，高一尺六寸五分，宽七寸一分二厘五毫。

搭角正蚂蚱头二件、闹蚂蚱头二件，各长三尺六寸，高六寸，宽三寸。

搭角闹蚂蚱头带单才万栱二件，各长四尺九寸八分，高六寸，宽三寸。

里连头合角单才万栱二件，各长二寸七分，高四寸二分，宽三寸。

把臂厢栱二件，各长五尺二寸二分，高六寸，宽三寸。

搭角正撑头木二件、闹撑头木四件，各长二尺七寸，高六寸，宽三寸。

里连头合角厢栱二件，各长五寸四分，高四寸二分，宽三寸。

斜桁椀一件，长七尺五寸六分，高一尺三寸五分，宽七寸一分二厘五毫。

贴升耳十四个，内四个各长五寸九分四厘，四个各长六寸八分一厘五毫，四个各长七寸六分九厘，二个各长八寸五分六厘五毫，俱高一寸八分，宽七分二厘。

十八斗十二个，槽升四个，三才升十六个，俱与平身科尺寸同。

【译解】大斗一个，长度、宽度均为九寸，高度为六寸。

斜翘一件，长度为二尺九寸八分二厘，高度为六寸，宽度为四寸五分。

带正心瓜栱的搭角正翘两件，长度均为一尺九寸九分五厘，高度均为六寸，宽度均为三寸七分二厘。

斜头昂一件，长度为六尺六寸五分七厘，高度为九寸，宽度为五寸三分七厘五毫。

带正心万栱的搭角正头昂两件，长度均为四尺一寸七分，高度均为九寸，宽度均为三寸七分二厘。

带单才瓜栱的搭角闹头昂两件，长度均为三尺七寸二分，高度均为九寸，宽度均为三寸。

里连头合角单才瓜栱两件，长度均为一尺六寸二分，高度均为四寸二分，宽度均为三寸。

斜二昂一件，长度为八尺九寸四分六厘，高度为九寸，宽度为六寸二分五厘。

搭角正二昂两件，长度均为三尺六寸九分，高度均为九寸，宽度均为三寸。

带单才瓜栱的搭角闹二昂两件，长度均为四尺六寸二分，高度均为九寸，宽度均为三寸。

带单才万栱的搭角闹二昂两件，长度均为五尺七分，高度均为九寸，宽度均为三寸。

里连头合角单才万栱两件，长度均为一尺一寸四分，高度均为四寸二分，宽度均为三寸。

里连头合角单才瓜栱两件，长度均为

六寸六分，高度均为四寸二分，宽度均为三寸。

由昂一件，长度为十一尺六寸五分八厘，高度为一尺六寸五分，宽度为七寸一分二厘五毫。

搭角正蚂蚱头两件、闹蚂蚱头两件，长度均为三尺六寸，高度均为六寸，宽度均为三寸。

带单才万栱的搭角闹蚂蚱头两件，长度均为四尺九寸八分，高度均为六寸，宽度均为三寸。

里连头合角单才万栱两件，长度均为二寸七分，高度均为四寸二分，宽度均为三寸。

把臂厢栱两件，长度均为五尺二寸二分，高度均为六寸，宽度均为三寸。

搭角正撑头木两件、闹撑头木四件，长度均为二尺七寸，高度均为六寸，宽度均为三寸。

里连头合角厢栱两件，长度均为五寸四分，高度均为四寸二分，宽度均为三寸。

斜桁椀一件，长度为七尺五寸六分，高度为一尺三寸五分，宽度为七寸一分二厘五毫。

贴升耳十四个，其中四个长度为五寸九分四厘，四个长度为六寸八分一厘五毫，四个长度为七寸六分九厘，两个长度为八寸五分六厘五毫，高度均为一寸八分，宽度均为七分二厘。

十八斗十二个，槽升子四个，三才升十六个，它们的尺寸均与平身科斗栱的尺寸相同。

## 重翘重昂平身科、柱头科、角科斗口三寸各件尺寸

【译解】当斗口为三寸时，平身科、柱头科、角科的重翘重昂斗栱中各构件的尺寸。

### 平身科

【译解】平身科斗栱

【原文】大斗一个，见方九寸，高六寸。

头翘一件，长二尺一寸三分，高六寸，宽三寸。

重翘一件，长三尺九寸三分，高六寸，宽三寸。

头昂一件，长六尺五寸五分五厘，高九寸，宽三寸。

二昂一件，长八尺一寸九分，高九寸，宽三寸。

蚂蚱头一件，长八尺二寸八分，高六寸，宽三寸。

撑头木一件，长八尺二寸六分二厘，高六寸，宽三寸。

正心瓜栱一件，长一尺八寸六分，高六寸，宽三寸七分二厘。

正心万栱一件，长二尺七寸六分，高六寸，宽三寸七分二厘。

单才瓜栱六件，各长一尺八寸六分，高四寸二分，宽三寸。

单才万栱六件，各长二尺七寸六分，高四寸二分，宽三寸。

厢栱二件，各长二尺一寸六分，高四寸二分，宽三寸。

桁椀一件，长七尺二寸，高一尺八寸，宽三寸。

十八斗八个，各长五寸四分，高三寸，宽四寸四分四厘。

槽升四个，各长三寸九分，高三寸，宽五寸一分六厘。

三才升二十八个，各长三寸九分，高三寸，宽四寸四分四厘。

【译解】大斗一个，长度、宽度均为九寸，高度为六寸。

头翘一件，长度为二尺一寸三分，高度为六寸，宽度为三寸。

重翘一件，长度为三尺九寸三分，高度为六寸，宽度为三寸。

头昂一件，长度为六尺五寸五分五厘，高度为九寸，宽度为三寸。

二昂一件，长度为八尺一寸九分，高度为九寸，宽度为三寸。

蚂蚱头一件，长度为八尺二寸八分，高度为六寸，宽度为三寸。

撑头木一件，长度为八尺二寸六分二厘，高度为六寸，宽度为三寸。

正心瓜栱一件，长度为一尺八寸六分，高度为六寸，宽度为三寸七分二厘。

正心万栱一件，长度为二尺七寸六分，高度为六寸，宽度为三寸七分二厘。

单才瓜栱六件，长度均为一尺八寸六分，高度均为四寸二分，宽度均为三寸。

单才万栱六件，长度均为二尺七寸六分，高度均为四寸二分，宽度均为三寸。

厢栱两件，长度均为二尺一寸六分，高度均为四寸二分，宽度均为三寸。

桁椀一件，长度为七尺二寸，高度为一尺八寸，宽度为三寸。

十八斗八个，长度均为五寸四分，高度均为三寸，宽度均为四寸四分四厘。

槽升子四个，长度均为三寸九分，高度均为三寸，宽度均为五寸一分六厘。

三才升二十八个，长度均为三寸九分，高度均为三寸，宽度均为四寸四分四厘。

## 柱头科

【译解】柱头科斗栱

【原文】大斗一个，长一尺二寸，高六寸，宽九寸。

头翘一件，长二尺一寸三分，高六寸，宽六寸。

重翘一件，长三尺九寸三分，高六寸，宽七寸五分。

头昂一件，长六尺五寸五分五厘，高九寸，宽九寸。

二昂一件，长八尺一寸九分，高九

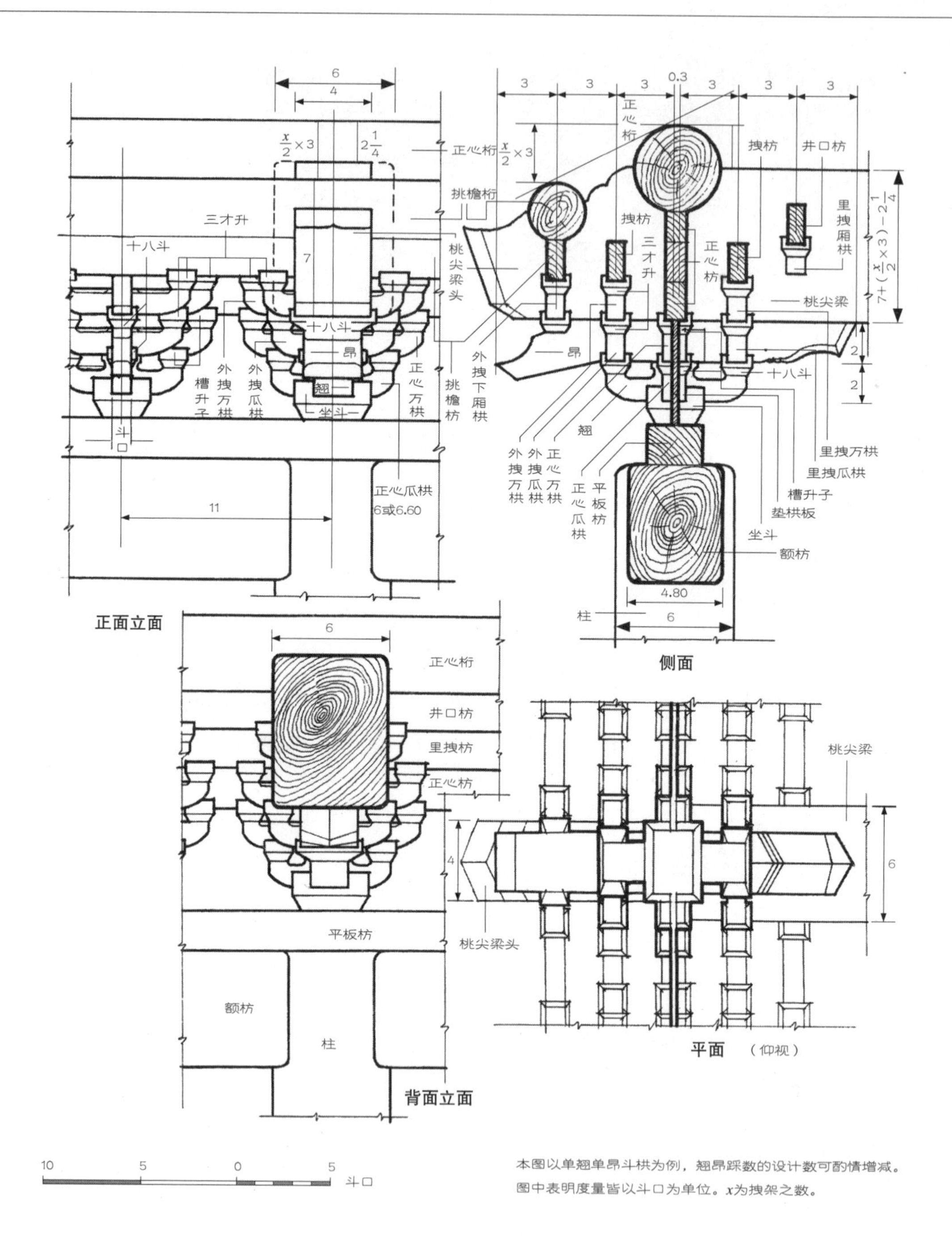


本图以单翘单昂斗栱为例，翘昂踩数的设计数可酌情增减。图中表明度量皆以斗口为单位。$x$为拽架之数。

## □ 柱头科斗栱

柱头科斗栱位于梁架与柱头之间，由梁架传导的屋面荷载会由柱科斗栱直接传至柱子、基础之上，因此，柱头科斗栱较平身科斗栱更具承重之用。

寸，宽一尺五分。

正心瓜栱一件，长一尺八寸六分，高六寸，宽三寸七分二厘。

正心万栱一件，长二尺七寸六分，高六寸，宽三寸七分二厘。

单才瓜栱六件，各长一尺八寸六分，高四寸二分，宽三寸。

单才万栱六件，各长二尺七寸六分，高四寸二分，宽三寸。

厢栱二件，各长二尺一寸六分，高四寸二分，宽三寸。

桶子十八斗七个，内二个各长九寸九分，二个各长一尺一寸四分，二个各长一尺二寸九分，一个长一尺四寸四分，俱高三寸，宽四寸四分四厘。

槽升四个，各长三寸九分，高三寸，宽五寸一分六厘。

三才升二十个，各长三寸九分，高三寸，宽四寸四分四厘。

【译解】大斗一个，长度为一尺二寸，高度为六寸，宽度为九寸。

头翘一件，长度为二尺一寸三分，高度为六寸，宽度为六寸。

重翘一件，长度为三尺九寸三分，高度为六寸，宽度为七寸五分。

头昂一件，长度为六尺五寸五分五厘，高度为九寸，宽度为九寸。

二昂一件，长度为八尺一寸九分，高度为九寸，宽度为一尺五分。

正心瓜栱一件，长度为一尺八寸六分，高度为六寸，宽度为三寸七分二厘。

正心万栱一件，长度为二尺七寸六分，高度为六寸，宽度为三寸七分二厘。

单才瓜栱六件，长度均为一尺八寸六分，高度均为四寸二分，宽度均为三寸。

单才万栱六件，长度均为二尺七寸六分，高度均为四寸二分，宽度均为三寸。

厢栱两件，长度均为二尺一寸六分，高度均为四寸二分，宽度均为三寸。

桶子十八斗七个，其中两个长度为九寸九分，两个长度为一尺一寸四分，两个长度为一尺二寸九分，一个长度为一尺四寸四分，高度均为三寸，宽度均为四寸四分四厘。

槽升子四个，长度均为三寸九分，高度均为三寸，宽度均为五寸一分六厘。

三才升二十个，长度均为三寸九分，高度均为三寸，宽度均为四寸四分四厘。

## 角科

【译解】角科斗栱

【原文】大斗一个，见方九寸，高六寸。

斜头翘一件，长二尺九寸八分二厘，高六寸，宽四寸五分。

搭角正头翘带正心瓜栱二件，各长一尺九寸九分五厘，高六寸，宽三寸七分二厘。

斜二翘一件，长五尺五寸二厘，高六寸，宽五寸二分。

搭角正二翘带正心万栱二件，各长

三尺三寸四分五厘，高六寸，宽三寸七分二厘。

搭角闹二翘带单才瓜栱二件，各长二尺八寸九分五厘，高四寸二分，宽三寸。

里连头合角单才瓜栱二件，各长一尺六寸二分，高四寸二分，宽三寸。

斜头昂一件，长九尺一寸七分七厘，高九寸，宽五寸九分。

搭角正头昂二件，各长三尺六寸九分，高九寸，宽三寸。

搭角闹头昂带单才瓜栱二件，各长四尺六寸二分，高九寸，宽三寸。

搭角闹头昂带单才万栱二件，各长五尺七分，高九寸，宽三寸。

里连头合角单才万栱二件，各长一尺一寸四分，高四寸二分，宽三寸。

里连头合角单才瓜栱二件，各长六寸六分，高四寸二分，宽三寸。

斜二昂一件，长十一尺四寸六分六厘，高九寸，宽六寸六分。

搭角正二昂二件、闹二昂二件，各长四尺五寸九分，高九寸，宽三寸。

搭角闹二昂带单才万栱二件，各长五尺九寸七分，高九寸，宽三寸。

搭角闹二昂带单才瓜栱二件，各长五尺五寸二分，高九寸，宽三寸。

里连头合角单才万栱二件，各长二寸七分，高四寸二分，宽三寸。

由昂一件，长十四尺二寸二分六厘，高九寸，宽七寸三分。

搭角正蚂蚱头二件、闹蚂蚱头四件，各长四尺五寸，高六寸，宽三寸。

搭角闹蚂蚱头带单才万栱二件，各长五尺八寸八分，高六寸，宽三寸。

把臂厢栱二件，各长六尺一寸二分，高六寸，宽三寸。

搭角正撑头木二件、闹撑头木六件，各长三尺六寸，高六寸，宽三寸。

里连头合角厢栱二件，各长六寸三分，高四寸二分，宽三寸。

斜桁椀一件，长十尺八分，高一尺八寸，宽七寸三分。

贴升耳十八个，内四个各长五寸九分四厘，四个各长六寸六分四厘，四个各长七寸三分四厘，四个各长八寸四厘，二个各长八寸七分四厘，俱高一寸八分，宽七分二厘。

十八斗二十个，槽升四个，三才升二十个，俱与平身科尺寸同。

【译解】大斗一个，长度、宽度均为九寸，高度为六寸。

斜头翘一件，长度为二尺九寸八分二厘，高度为六寸，宽度为四寸五分。

带正心瓜栱的搭角正头翘两件，长度均为一尺九寸九分五厘，高度均为六寸，宽度均为三寸七分二厘。

斜二翘一件，长度为五尺五寸二厘，高度为六寸，宽度为五寸二分。

带正心万栱的搭角正二翘两件，长度均为三尺三寸四分五厘，高度均为六寸，宽度均为三寸七分二厘。

带单才瓜栱的搭角闹二翘两件，长度

均为二尺八寸九分五厘，高度均为四寸二分，宽度均为三寸。

里连头合角单才瓜栱两件，长度均为一尺六寸二分，高度均为四寸二分，宽度均为三寸。

斜头昂一件，长度为九尺一寸七分七厘，高度为九寸，宽度为五寸九分。

搭角正头昂两件，长度均为三尺六寸九分，高度均为九寸，宽度均为三寸。

带单才瓜栱的搭角闹头昂两件，长度均为四尺六寸二分，高度均为九寸，宽度均为三寸。

带单才万栱的搭角闹头昂两件，长度均为五尺七分，高度均为九寸，宽度均为三寸。

里连头合角单才万栱两件，长度均为一尺一寸四分，高度均为四寸二分，宽度均为三寸。

里连头合角单才瓜栱两件，长度均为六寸六分，高度均为四寸二分，宽度均为三寸。

斜二昂一件，长度为十一尺四寸六分六厘，高度为九寸，宽度为六寸六分。

搭角正二昂两件、闹二昂两件，长度均为四尺五寸九分，高度均为九寸，宽度均为三寸。

带单才万栱的搭角闹二昂两件，长度均为五尺九寸七分，高度均为九寸，宽度均为三寸。

带单才瓜栱的搭角闹二昂两件，长度均为五尺五寸二分，高度均为九寸，宽度均为三寸。

里连头合角单才万栱两件，长度均为二寸七分，高度均为四寸二分，宽度均为三寸。

由昂一件，长度为十四尺二寸二分六厘，高度为九寸，宽度为七寸三分。

搭角正蚂蚱头两件、闹蚂蚱头四件，长度均为四尺五寸，高度均为六寸，宽度均为三寸。

带单才万栱的搭角闹蚂蚱头两件，长度均为五尺八寸八分，高度均为六寸，宽度均为三寸。

把臂厢栱两件，长度均为六尺一寸二分，高度均为六寸，宽度均为三寸。

搭角正撑头木两件、闹撑头木六件，长度均为三尺六寸，高度均为六寸，宽度均为三寸。

里连头合角厢栱两件，长度均为六寸三分，高度均为四寸二分，宽度均为三寸。

斜桁椀一件，长度为十尺八分，高度为一尺八寸，宽度为七寸三分。

贴升耳十八个，其中四个长度为五寸九分四厘，四个长度为六寸六分四厘，四个长度为七寸三分四厘，四个长度为八寸四厘，两个长度为八寸七分四厘，高度均为一寸八分，宽度均为七分二厘。

十八斗二十个，槽升子四个，三才升二十个，它们的尺寸均与平身科斗栱的尺寸相同。

## 一斗二升交麻叶并一斗三升平身科、柱头科、角科俱斗口三寸各件尺寸

【译解】当斗口为三寸时，在平身科、柱头科、角科的一斗二升交麻叶斗栱和一斗三升斗栱中各构件的尺寸。

### 平身科

【译解】平身科斗栱

【原文】（其一斗三升去麻叶云，中加槽升一个。）

大斗一个，见方九寸，高六寸。

麻叶云一件，长三尺六寸，高一尺五寸九分九厘，宽三寸。

正心瓜栱一件，长一尺八寸六分，高六寸，宽三寸七分二厘。

槽升二个，各长三寸九分，高三寸，宽五寸一分六厘。

【译解】（在一斗三升斗栱中央不安装麻叶云，安装一个槽升子。）

大斗一个，长度、宽度均为九寸，高度为六寸。

麻叶云一件，长度为三尺六寸，高度为一尺五寸九分九厘，宽度为三寸。

正心瓜栱一件，长度为一尺八寸六分，高度为六寸，宽度为三寸七分二厘。

槽升子两个，长度均为三寸九分，高度均为三寸，宽度均为五寸一分六厘。

### 柱头科

【译解】柱头科斗栱

【原文】大斗一个，长一尺五寸，高六寸，宽九寸。

正心瓜栱一件，长一尺八寸六分，高六寸，宽三寸七分二厘。

槽升二个，各长三寸九分，高三寸，宽五寸一分六厘。

贴正升耳二个，各长三寸九分，高三寸，宽七分二厘。

【译解】大斗一个，长度为一尺五寸，高度为六寸，宽度为九寸。

正心瓜栱一件，长度为一尺八寸六分，高度为六寸，宽度为三寸七分二厘。

槽升子两个，长度均为三寸九分，高度均为三寸，宽度均为五寸一分六厘。

贴正升耳两个，长度均为三寸九分，高度均为三寸，宽度均为七分二厘。

### 角科

【译解】角科斗栱

【原文】大斗一个，见方九寸，高六寸。

斜昂一件，长五尺四分，高一尺八寸九分，宽四寸五分。

搭角正心瓜栱二件，各长二尺六寸

七分，高六寸，宽三寸七分二厘。

槽升二个，各长三寸九分，高三寸，宽五寸一分六厘。

三才升二个，各长三寸九分，高三寸，宽四寸四分四厘。

贴斜升耳二个，各长五寸九分四厘，高一寸八分，宽七分二厘。

【译解】大斗一个，长度、宽度均为九寸，高度为六寸。

斜昂一件，长度为五尺四分，高度为一尺八寸九分，宽度为四寸五分。

搭角正心瓜栱两件，长度均为二尺六寸七分，高度均为六寸，宽度均为三寸七分二厘。

槽升子两个，长度均为三寸九分，高度均为三寸，宽度均为五寸一分六厘。

三才升两个，长度均为三寸九分，高度均为三寸，宽度均为四寸四分四厘。

贴斜升耳两个，长度均为五寸九分四厘，高度均为一寸八分，宽度均为七分二厘。

### 三滴水品字平身科、柱头科、角科斗口三寸各件尺寸

【译解】当斗口为三寸时，在平身科、柱头科、角科三滴水品字科斗栱中各构件的尺寸。

#### 平身科

【译解】平身科斗栱

【原文】大斗一个，见方九寸，高六寸。

头翘一件，长二尺一寸三分，高六寸，宽三寸。

二翘一件，长三尺九寸三分，高六寸，宽三寸。

撑头木一件，长四尺五寸，高六寸，宽三寸。

正心瓜栱一件，长一尺八寸六分，高六寸，宽三寸七分二厘。

正心万栱一件，长二尺七寸六分，高六寸，宽三寸七分二厘。

单才瓜栱二件，各长一尺八寸六分，高四寸二分，宽三寸。

厢栱一件，长二尺一寸六分，高四寸二分，宽三寸。

十八斗三个，各长五寸四分，高三寸，宽四寸四分四厘。

槽升四个，各长三寸九分，高三寸，宽五寸一分六厘。

三才升六个，各长三寸九分，高三寸，宽四寸四分四厘。

【译解】大斗一个，长度、宽度均为九寸，高度为六寸。

头翘一件，长度为二尺一寸三分，高度为六寸，宽度为三寸。

二翘一件，长度为三尺九寸三分，高

度为六寸，宽度为三寸。

撑头木一件，长度为四尺五寸，高度为六寸，宽度为三寸。

正心瓜栱一件，长度为一尺八寸六分，高度为六寸，宽度为三寸七分二厘。

正心万栱一件，长度为二尺七寸六分，高度为六寸，宽度为三寸七分二厘。

单才瓜栱两件，长度均为一尺八寸六分，高度均为四寸二分，宽度均为三寸。

厢栱一件，长度为二尺一寸六分，高度为四寸二分，宽度为三寸。

十八斗三个，长度均为五寸四分，高度均为三寸，宽度均为四寸四分四厘。

槽升子四个，长度均为三寸九分，高度均为三寸，宽度均为五寸一分六厘。

三才升六个，长度均为三寸九分，高度均为三寸，宽度均为四寸四分四厘。

柱头科

【译解】柱头科斗栱

【原文】大斗一个，长一尺五寸，高六寸，宽九寸。

头翘一件，长二尺一寸三分，高六寸，宽六寸。

正心瓜栱一件，长一尺八寸六分，高六寸，宽三寸七分二厘。

正心万栱一件，长二尺七寸六分，高六寸，宽三寸七分二厘。

单才瓜栱二件，各长一尺八寸六分，高四寸二分，宽三寸。

厢栱一件，长二尺一寸六分，高四寸二分，宽三寸。

桶子十八斗一个，长一尺四寸四分，高三寸，宽四寸四分四厘。

槽升四个，各长三寸九分，高三寸，宽五寸一分六厘。

三才升六个，各长三寸九分，高三寸，宽四寸四分四厘。

贴斗耳二个，各长四寸四分四厘，高三寸，宽七分二厘。

【译解】大斗一个，长度为一尺五寸，高度为六寸，宽度为九寸。

头翘一件，长度为二尺一寸三分，高度为六寸，宽度为六寸。

正心瓜栱一件，长度为一尺八寸六分，高度为六寸，宽度为三寸七分二厘。

正心万栱一件，长度为二尺七寸六分，高度为六寸，宽度为三寸七分二厘。

单才瓜栱两件，长度均为一尺八寸六分，高度均为四寸二分，宽度均为三寸。

厢栱一件，长度为二尺一寸六分，高度为四寸二分，宽度为三寸。

桶子十八斗一个，长度为一尺四寸四分，高度为三寸，宽度为四寸四分四厘。

槽升子四个，长度均为三寸九分，高度均为三寸，宽度均为五寸一分六厘。

三才升六个，长度均为三寸九分，高度均为三寸，宽度均为四寸四分四厘。

贴斗耳两个，长度均为四寸四分四厘，高度均为三寸，宽度均为七分二厘。

角科

【译解】角科斗栱

【原文】大斗一个，见方九寸，高六寸。

斜头翘一件，长二尺九寸八分二厘，高六寸，宽四寸五分。

搭角正头翘带正心瓜栱二件，各长一尺九寸九分五厘，高六寸，宽三寸七分二厘。

搭角正二翘带正心万栱二件，各长三尺三寸四分五厘，高六寸，宽三寸七分二厘。

搭角闹二翘带单才瓜栱二件，各长二尺八寸九分五厘，高六寸，宽三寸。

里连头合角单才瓜栱二件，各长一尺六寸二分，高四寸二分，宽三寸。

里连头合角厢栱二件，各长四寸五分，高四寸二分，宽三寸。

贴升耳四个，各长五寸九分四厘，高一寸八分，宽七分二厘。

十八斗二个、槽升四个、三才升六个，俱与平身科尺寸同。

【译解】大斗一个，长度、宽度均为九寸，高度为六寸。

斜头翘一件，长度为二尺九寸八分二厘，高度为六寸，宽度为四寸五分。

带正心瓜栱的搭角正头翘两件，长度均为一尺九寸九分五厘，高度均为六寸，宽度均为三寸七分二厘。

带正心万栱的搭角正二翘两件，长度均为三尺三寸四分五厘，高度均为六寸，宽度均为三寸七分二厘。

带单才瓜栱的搭角闹二翘两件，长度均为二尺八寸九分五厘，高度均为六寸，宽度均为三寸。

里连头合角单才瓜栱两件，长度均为一尺六寸二分，高度均为四寸二分，宽度均为三寸。

里连头合角厢栱两件，长度均为四寸五分，高度均为四寸二分，宽度均为三寸。

贴升耳四个，长度均为五寸九分四厘，高度均为一寸八分，宽度均为七分二厘。

十八斗两个、槽升子四个、三才升六个，它们的尺寸均与平身科斗栱的尺寸相同。

## 内里品字科斗口三寸各件尺寸

【译解】当斗口为三寸时，内里品字科斗栱中各构件的尺寸。

【原文】大斗一个，长九寸，高六寸，宽四寸五分。

头翘一件，长一尺六分五厘，高六寸，宽三寸。

二翘一件，长一尺九寸六分五厘，高六寸，宽三寸。

撑头木一件，长二尺八寸六分五厘，高六寸，宽三寸。

正心瓜栱一件，长一尺八寸六分，

高六寸，宽一寸八分六厘。

正心万栱一件，长二尺七寸六分，高六寸，宽一寸八分六厘。

麻叶云一件，长二尺四寸六分，高六寸，宽三寸。

三福云二件，各长二尺一寸六分，高九寸，宽三寸。

十八斗二个，各长五寸四分，高三寸，宽四寸四分四厘。

槽升四个，各长三寸九分，高三寸，宽二寸五分八厘。

【译解】大斗一个，长度为九寸，高度为六寸，宽度为四寸五分。

头翘一件，长度为一尺六分五厘，高度为六寸，宽度为三寸。

二翘一件，长度为一尺九寸六分五厘，高度为六寸，宽度为三寸。

撑头木一件，长度为二尺八寸六分五厘，高度为六寸，宽度为三寸。

正心瓜栱一件，长度为一尺八寸六分，高度为六寸，宽度为一寸八分六厘。

正心万栱一件，长度为二尺七寸六分，高度为六寸，宽度为一寸八分六厘。

麻叶云一件，长度为二尺四寸六分，高度为六寸，宽度为三寸。

三福云两件，长度均为二尺一寸六分，高度均为九寸，宽度均为三寸。

十八斗两个，长度均为五寸四分，高度均为三寸，宽度均为四寸四分四厘。

槽升子四个，长度均为三寸九分，高度均为三寸，宽度均为二寸五分八厘。

## 槅架科斗口三寸各件尺寸

【译解】当斗口为三寸时，槅架科斗栱中各构件的尺寸。

【原文】贴大斗耳二个，各长九寸，高六寸，厚二寸六分四厘。

荷叶一件，长二尺七寸，高六寸，宽六寸。

栱一件，长一尺八寸六分，高六寸，宽六寸。

雀替一件，长六尺，高一尺二寸，宽六寸。

贴槽升耳六个，各长三寸九分，高三寸，宽七分二厘。

【译解】贴大斗耳两个，长度均为九寸，高度均为六寸，厚度均为二寸六分四厘。

荷叶檄一件，长度为二尺七寸，高度为六寸，宽度为六寸。

栱一件，长度为一尺八寸六分，高度为六寸，宽度为六寸。

雀替一件，长度为六尺，高度为一尺二寸，宽度为六寸。

贴槽升耳六个，长度均为三寸九分，高度均为三寸，宽度均为七分二厘。

# 卷三十五

本卷详述当斗口为三寸五分时，各类斗栱的尺寸。

## 斗科斗口三寸五分尺寸

【译解】当斗口为三寸五分时，各类斗栱的尺寸。

## 斗口单昂平身科、柱头科、角科斗口三寸五分各件尺寸

【译解】当斗口为三寸五分时，平身科、柱头科、角科的单昂斗栱中各构件的尺寸。

### 平身科

【译解】平身科斗栱

【原文】大斗一个，见方一尺五分，高七寸。

单昂一件，长三尺四寸四分七厘五毫，高一尺五分，宽三寸五分。

蚂蚱头一件，长四尺三寸八分九厘，高七寸，宽三寸五分。

撑头木一件，长二尺一寸，高七寸，宽三寸五分。

正心瓜栱一件，长二尺一寸七分，高七寸，宽四寸三分四厘。

正心万栱一件，长三尺二寸二分，高七寸，宽四寸三分四厘。

厢栱二件，各长二尺五寸二分，高四寸九分，宽三寸五分。

桁椀一件，长二尺一寸，高五寸二分五厘，宽三寸五分。

十八斗二个，各长六寸三分，高三寸五分，宽五寸一分八厘。

槽升四个，各长四寸五分五厘，高三寸五分，宽六寸二厘。

三才升六个，各长四寸五分五厘，高三寸五分，宽五寸一分八厘。

【译解】大斗一个，长度、宽度均为一尺五分，高度为七寸。

单昂一件，长度为三尺四寸四分七厘五毫，高度为一尺五分，宽度为三寸五分。

蚂蚱头一件，长度为四尺三寸八分九厘，高度为七寸，宽度为三寸五分。

撑头木一件，长度为二尺一寸，高度为七寸，宽度为三寸五分。

正心瓜栱一件，长度为二尺一寸七分，高度为七寸，宽度为四寸三分四厘。

正心万栱一件，长度为三尺二寸二分，高度为七寸，宽度为四寸三分四厘。

厢栱两件，长度均为二尺五寸二分，高度均为四寸九分，宽度均为三寸五分。

桁椀一件，长度为二尺一寸，高度为五寸二分五厘，宽度为三寸五分。

十八斗两个，长度均为六寸三分，高度均为三寸五分，宽度均为五寸一分八厘。

槽升子四个，长度均为四寸五分五厘，高度均为三寸五分，宽度均为六寸二厘。

三才升六个，长度均为四寸五分五

厘，高度均为三寸五分，宽度均为五寸一分八厘。

柱头科

【译解】柱头科斗栱

【原文】大斗一个，长一尺四寸，高七寸，宽一尺五分。

单昂一件，长三尺四寸四分七厘五毫，高一尺五分，宽七寸。

正心瓜栱一件，长二尺一寸七分，高七寸，宽四寸三分四厘。

正心万栱一件，长三尺二寸二分，高七寸，宽四寸三分四厘。

厢栱二件，各长二尺五寸二分，高四寸九分，宽三寸五分。

桶子十八斗一个，长一尺六寸八分，高三寸五分，宽五寸一分八厘。

槽升二个，各长四寸五分五厘，高三寸五分，宽六寸二厘。

三才升五个，各长四寸五分五厘，高三寸五分，宽五寸一分八厘。

【译解】大斗一个，长度为一尺四寸，高度为七寸，宽度为一尺五分。

单昂一件，长度为三尺四寸四分七厘五毫，高度为一尺五分，宽度为七寸。

正心瓜栱一件，长度为二尺一寸七分，高度为七寸，宽度为四寸三分四厘。

正心万栱一件，长度为三尺二寸二分，高度为七寸，宽度为四寸三分四厘。

厢栱两件，长度均为二尺五寸二分，高度均为四寸九分，宽度均为三寸五分。

桶子十八斗一个，长度为一尺六寸八分，高度为三寸五分，宽度为五寸一分八厘。

槽升子两个，长度均为四寸五分五厘，高度均为三寸五分，宽度均为六寸二厘。

三才升五个，长度均为四寸五分五厘，高度均为三寸五分，宽度均为五寸一分八厘。

角科

【译解】角科斗栱

【原文】大斗一个，见方一尺五分，高七寸。

斜昂一件，长四尺八寸二分六厘五毫，高一尺五分，宽五寸二分五厘。

搭角正昂带正心瓜栱二件，各长三尺二寸九分，高一尺五分，宽四寸三分四厘。

由昂一件，长七尺六寸九厘，高一尺九寸二分五厘，宽七寸一分一厘五毫。

搭角正蚂蚱头带正心万栱二件，各长三尺七寸一分，高七寸，宽四寸三分四厘。

搭角正撑头木二件，各长一尺五分，高七寸，宽三寸五分。

把臂厢栱二件，各长三尺九寸九分，高七寸，宽三寸五分。

里连头合角厢栱二件，各长四寸二分，高四寸九分，宽三寸五分。

斜桁椀一件，长二尺九寸四分，高五寸二分五厘，宽七寸一分一厘五毫。

十八斗二个，槽升四个，三才升六个，俱与平身科尺寸同。

【译解】大斗一个，长度、宽度均为一尺五分，高度为七寸。

斜昂一件，长度为四尺八寸二分六厘五毫，高度为一尺五分，宽度为五寸二分五厘。

带正心瓜栱的搭角正昂两件，长度均为三尺二寸九分，高度均为一尺五分，宽度均为四寸三分四厘。

由昂一件，长度为七尺六寸九厘，高度为一尺九寸二分五厘，宽度为七寸一分一厘五毫。

带正心万栱的搭角正蚂蚱头两件，长度均为三尺七寸一分，高度均为七寸，宽度均为四寸三分四厘。

搭角正撑头木两件，长度均为一尺五分，高度均为七寸，宽度均为三寸五分。

把臂厢栱两件，长度均为三尺九寸九分，高度均为七寸，宽度均为三寸五分。

里连头合角厢栱两件，长度均为四寸二分，高度均为四寸九分，宽度均为三寸五分。

斜桁椀一件，长度为二尺九寸四分，高度为五寸二分五厘，宽度为七寸一分一厘五毫。

十八斗两个，槽升子四个，三才升六个，它们的尺寸均与平身科斗栱的尺寸相同。

## 斗口重昂平身科、柱头科、角科斗口三寸五分各件尺寸

【译解】当斗口为三寸五分时，平身科、柱头科、角科的重昂斗栱中各构件的尺寸。

### 平身科

【译解】平身科斗栱

【原文】大斗一个，见方一尺五分，高七寸。

头昂一件，长三尺四寸四分七厘五毫，高一尺五分，宽三寸五分。

二昂一件，长五尺三寸五分五厘，高一尺五分，宽三寸五分。

蚂蚱头一件，长五尺四寸六分，高七寸，宽三寸五分。

撑头木一件，长五尺四寸三分九厘，高七寸，宽三寸五分。

正心瓜栱一件，长二尺一寸七分，高七寸，宽四寸三分四厘。

正心万栱一件，长三尺二寸二分，高七寸，宽四寸三分四厘。

单才瓜栱二件，各长二尺一寸七

分，高四寸九分，宽三寸五分。

单才万栱二件，各长三尺二寸二分，高四寸九分，宽三寸五分。

厢栱二件，各长二尺五寸二分，高四寸九分，宽三寸五分。

桁椀一件，长四尺二寸，高一尺五分，宽三寸五分。

十八斗四个，各长六寸三分，高三寸五分，宽五寸一分八厘。

槽升四个，各长四寸五分五厘，高三寸五分，宽五寸一分八厘。

三才升十二个，各长四寸五分五厘，高三寸五分，宽五寸一分八厘。

【译解】大斗一个，长度、宽度均为一尺五分，高度为七寸。

头昂一件，长度为三尺四寸四分七厘五毫，高度为一尺五分，宽度为三寸五分。

二昂一件，长度为五尺三寸五分五厘，高度为一尺五分，宽度为三寸五分。

蚂蚱头一件，长度为五尺四寸六分，高度为七寸，宽度为三寸五分。

撑头木一件，长度为五尺四寸三分九厘，高度为七寸，宽度为三寸五分。

正心瓜栱一件，长度为二尺一寸七分，高度为七寸，宽度为四寸三分四厘。

正心万栱一件，长度为三尺二寸二分，高度为七寸，宽度为四寸三分四厘。

单才瓜栱两件，长度均为二尺一寸七分，高度均为四寸九分，宽度均为三寸五分。

单才万栱两件，长度均为三尺二寸二分，高度均为四寸九分，宽度均为三寸五分。

厢栱两件，长度均为二尺五寸二分，高度均为四寸九分，宽度均为三寸五分。

桁椀一件，长度为四尺二寸，高度为一尺五分，宽度为三寸五分。

十八斗四个，长度均为六寸三分，高度均为三寸五分，宽度均为五寸一分八厘。

槽升子四个，长度均为四寸五分五厘，高度均为三寸五分，宽度均为五寸一分八厘。

三才升十二个，长度均为四寸五分五厘，高度均为三寸五分，宽度均为五寸一分八厘。

### 柱头科

【译解】柱头科斗栱

【原文】大斗一个，长一尺四寸，高七寸，宽一尺五分。

头昂一件，长三尺四寸七厘五毫，高一尺五分，宽七寸。

二昂一件，长五尺三寸五分五厘，高一尺五分，宽一尺五分。

正心瓜栱一件，长二尺一寸七分，高七寸，宽四寸三分四厘。

正心万栱一件，长三尺二寸二分，高七寸，宽四寸三分四厘。

单才瓜栱二件，各长二尺一寸七

分，高四寸九分，宽三寸五分。

单才万栱二件，各长三尺二寸二分，高四寸九分，宽三寸五分。

厢栱二件，各长二尺五寸二分，高四寸九分，宽三寸五分。

桶子十八斗三个，内二个各长一尺三寸三分，一个长一尺六寸八分，俱高三寸五分，宽五寸一分八厘。

槽升四个，各长四寸五分五厘，高三寸五分，宽六寸二厘。

三才升十二个，各长四寸五分五厘，高三寸五分，宽五寸一分八厘。

【译解】大斗一个，长度为一尺四寸，高度为七寸，宽度为一尺五分。

头昂一件，长度为三尺四寸七厘五毫，高度为一尺五分，宽度为七寸。

二昂一件，长度为五尺三寸五分五厘，高度为一尺五分，宽度为一尺五分。

正心瓜栱一件，长度为二尺一寸七分，高度为七寸，宽度为四寸三分四厘。

正心万栱一件，长度为三尺二寸二分，高度为七寸，宽度为四寸三分四厘。

单才瓜栱两件，长度均为二尺一寸七分，高度均为四寸九分，宽度均为三寸五分。

单才万栱两件，长度均为三尺二寸二分，高度均为四寸九分，宽度均为三寸五分。

厢栱两件，长度均为二尺五寸二分，高度均为四寸九分，宽度均为三寸五分。

桶子十八斗三个，其中两个长度为一尺三寸三分，一个长度为一尺六寸八分，高度均为三寸五分，宽度均为五寸一分八厘。

槽升子四个，长度均为四寸五分五厘，高度均为三寸五分，宽度均为六寸二厘。

三才升十二个，长度均为四寸五分五厘，高度均为三寸五分，宽度均为五寸一分八厘。

### 角科

【译解】角科斗栱

【原文】大斗一个，见方一尺五分，高七寸。

斜头昂一件，长四尺八寸二分六厘五毫，高一尺五分，宽五寸二分五厘。

搭角正头昂带正心瓜栱二件，各长三尺二寸九分，高一尺五分，宽四寸三分四厘。

斜二昂一件，长七尺四寸九分七厘，高一尺五分，宽六寸五分。

搭角正二昂带正心万栱二件，各长四尺八寸六分五厘，高一尺五分，宽四寸三分七厘。

搭角闹二昂带单才瓜栱二件，各长四尺三寸四分，高一尺五分，宽三寸五分。

由昂一件，长十尺六寸五厘，高一尺九寸二分五厘，宽七寸七分五厘。

搭角正蚂蚱头二件，各长三尺一寸五分，高七寸，宽三寸五分。

搭角闹蚂蚱头带单才万栱二件，各

长四尺七寸六分，高七寸，宽三寸五分。

把臂厢栱二件，各长五尺四分，高七寸，宽三寸五分。

里连头合角单才瓜栱二件，各长一尺八寸九分，高四寸九分，宽三寸五分。

里连头合角单才万栱二件，各长一尺三寸三分，高四寸九分，宽三寸五分。

搭角正撑头木二件，闹撑头木二件，各长二尺一寸，高七寸，宽三寸五分。

里连头合角厢栱二件，各长五寸二分五厘，高四寸九分，宽三寸五分。

斜桁椀一件，长五尺八寸八分，高一尺五分，宽一尺七寸五分。

贴斜升耳十个，内四个各长六寸九分三厘，二个各长八寸一分八厘，四个各长九寸四分三厘，俱高二寸一分，宽八分四厘。

十八斗六个，槽升四个，三才升十二个，俱与平身科尺寸同。

【译解】大斗一个，长度、宽度均为一尺五分，高度为七寸。

斜头昂一件，长度为四尺八寸二分六厘五毫，高度为一尺五分，宽度为五寸二分五厘。

带正心瓜栱的搭角正头昂两件，长度均为三尺二寸九分，高度均为一尺五分，宽度均为四寸三分四厘。

斜二昂一件，长度为七尺四寸九分七厘，高度为一尺五分，宽度为六寸五分。

带正心万栱的搭角正二昂两件，长度均为四尺八寸六分五厘，高度均为一尺五分，宽度均为四寸三分七厘。

带单才瓜栱的搭角闹二昂两件，长度均为四尺三寸四分，高度均为一尺五分，宽度均为三寸五分。

由昂一件，长度为十尺六寸五厘，高度为一尺九寸二分五厘，宽度为七寸七分五厘。

搭角正蚂蚱头两件，长度均为三尺一寸五分，高度均为七寸，宽度均为三寸五分。

带单才万栱的搭角闹蚂蚱头两件，长度均为四尺七寸六分，高度均为七寸，宽度均为三寸五分。

把臂厢栱两件，长度均为五尺四分，高度均为七寸，宽度均为三寸五分。

里连头合角单才瓜栱两件，长度均为一尺八寸九分，高度均为四寸九分，宽度均为三寸五分。

里连头合角单才万栱两件，长度均为一尺三寸三分，高度均为四寸九分，宽度均为三寸五分。

搭角正撑头木两件、闹撑头木两件，长度均为二尺一寸，高度均为七寸，宽度均为三寸五分。

里连头合角厢栱两件，长度均为五寸二分五厘，高度均为四寸九分，宽度均为三寸五分。

斜桁椀一件，长度为五尺八寸八分，高度为一尺五分，宽度为一尺七寸五分。

贴斜升耳十个，其中四个长度为六寸九分三厘，两个长度为八寸一分八厘，四个长度为九寸四分三厘，高度均为二寸一分，宽度均为八分四厘。

十八斗六个，槽升子四个，三才升十二个，它们的尺寸均与平身科斗栱的尺寸相同。

## 单翘单昂平身科、柱头科、角科斗口三寸五分各件尺寸

【译解】当斗口为三寸五分时，平身科、柱头科、角科的单翘单昂斗栱中各构件的尺寸。

### 平身科

【译解】平身科斗栱

【原文】单翘一件，长二尺四寸八分五厘，高七寸，宽三寸五分。

其余各件，俱与斗口重昂平身科尺寸同。

【译解】单翘一件，长度为二尺四寸八分五厘，高度为七寸，宽度为三寸五分。

其余构件的尺寸均与平身科重昂斗栱的尺寸相同。

### 柱头科

【译解】柱头科斗栱

【原文】单翘一件，长二尺四寸八分五厘，高七寸，宽七寸。

其余各件，俱与斗口重昂柱头科尺寸同。

【译解】单翘一件，长度为二尺四寸八分五厘，高度为七寸，宽度为七寸。

其余构件的尺寸均与柱头科重昂斗栱的尺寸相同。

### 角科

【译解】角科斗栱

【原文】斜翘一件，长三尺四寸七分九厘，高七寸，宽五寸二分五厘。

搭角正翘带正心瓜栱二件，各长二尺三寸二分七厘五毫，高七寸，宽四寸三分四厘。

其余各件，俱与斗口重昂角科尺寸同。

【译解】斜翘一件，长度为三尺四寸七分九厘，高度为七寸，宽度为五寸二分五厘。

带正心瓜栱的搭角正翘两件，长度均为二尺三寸二分七厘五毫，高度均为七寸，宽度均为四寸三分四厘。

其余构件的尺寸均与角科重昂斗栱的尺寸相同。

## 单翘重昂平身科、柱头科、角科斗口三寸五分各件尺寸

【译解】当斗口为三寸五分时，平身科、柱头科、角科的单翘重昂斗栱中各构件的尺寸。

### 平身科

【译解】平身科斗栱

【原文】大斗一个，见方一尺五分，高七寸。

单翘一件，长二尺四寸八分五厘，高七寸，宽三寸五分。

头昂一件，长五尺五寸四分七厘五毫，高一尺五分，宽三寸五分。

二昂一件，长七尺四寸五分五厘，高一尺五分，宽三寸五分。

蚂蚱头一件，长七尺五寸六分，高七寸，宽三寸五分。

撑头木一件，长七尺五寸三分九厘，高七寸，宽三寸五分。

正心瓜栱一件，长二尺一寸七分，高七寸，宽四寸三分四厘。

正心万栱一件，长三尺二寸二分，高七寸，宽四寸三分四厘。

单才瓜栱四件，各长二尺一寸七分，高四寸九分，宽三寸五分。

单才万栱四件，各长三尺二寸二分，高四寸九分，宽三寸五分。

厢栱二件，各长二尺五寸二分，高四寸九分，宽三寸五分。

桁椀一件，长六尺三寸，高一尺五寸七分五厘，宽三寸五分。

十八斗六个，各长六寸三分，高三寸五分，宽五寸一分八厘。

槽升四个，各长四寸五分五厘，高三寸五分，宽六寸二厘。

三才升二十个，各长四寸五分五厘，高三寸五分，宽五寸一分八厘。

【译解】大斗一个，长度、宽度均为一尺五分，高度为七寸。

单翘一件，长度为二尺四寸八分五厘，高度为七寸，宽度为三寸五分。

头昂一件，长度为五尺五寸四分七厘五毫，高度为一尺五分，宽度为三寸五分。

二昂一件，长度为七尺四寸五分五厘，高度为一尺五分，宽度为三寸五分。

蚂蚱头一件，长度为七尺五寸六分，高度为七寸，宽度为三寸五分。

撑头木一件，长度为七尺五寸三分九厘，高度为七寸，宽度为三寸五分。

正心瓜栱一件，长度为二尺一寸七分，高度为七寸，宽度为四寸三分四厘。

正心万栱一件，长度为三尺二寸二分，高度为七寸，宽度为四寸三分四厘。

单才瓜栱四件，长度均为二尺一寸七分，高度均为四寸九分，宽度均为三寸五分。

单才万栱四件，长度均为三尺二寸二分，高度均为四寸九分，宽度均为三寸五分。

厢栱两件，长度均为二尺五寸二分，高度均为四寸九分，宽度均为三寸五分。

桁椀一件，长度为六尺三寸，高度为一尺五寸七分五厘，宽度为三寸五分。

十八斗六个，长度均为六寸三分，高度均为三寸五分，宽度均为五寸一分八厘。

槽升子四个，长度均为四寸五分五厘，高度均为三寸五分，宽度均为六寸二厘。

三才升二十个，长度均为四寸五分五厘，高度均为三寸五分，宽度均为五寸一分八厘。

柱头科

【译解】柱头科斗栱

【原文】大斗一个，长一尺四寸，高七寸，宽一尺五分。

单翘一件，长二尺四寸八分五厘，高七寸，宽七寸。

头昂一件，长五尺五寸四分七厘五毫，高一尺五分，宽九寸三分三厘。

二昂一件，长七尺四寸五分五厘，高一尺五分，宽一尺一寸六分六厘。

正心瓜栱一件，长二尺一寸七分，高七寸，宽四寸三分四厘。

正心万栱一件，长三尺二寸二分，高七寸，宽四寸三分四厘。

单才瓜栱四件，各长二尺一寸七分，高四寸九分，宽三寸五分。

单才万栱四件，各长三尺二寸二分，高四寸九分，宽三寸五分。

厢栱二件，各长二尺五寸二分，高四寸九分，宽三寸五分。

桶子十八斗五个，内二个各长九寸八分，二个各长一尺二寸一分三厘，一个长一尺四寸四分六厘，俱高三寸五分，宽五寸一分八厘。

槽升四个，各长四寸五分五厘，高三寸五分，宽五寸一分八厘。

三才升二十个，各长四寸五分五厘，高三寸五分，宽五寸一分八厘。

【译解】大斗一个，长度为一尺四寸，高度为七寸，宽度为一尺五分。

单翘一件，长度为二尺四寸八分五厘，高度为七寸，宽度为七寸。

头昂一件，长度为五尺五寸四分七厘五毫，高度为一尺五分，宽度为九寸三分三厘。

二昂一件，长度为七尺四寸五分五厘，高度为一尺五分，宽度为一尺一寸六分六厘。

正心瓜栱一件，长度为二尺一寸七分，高度为七寸，宽度为四寸三分四厘。

正心万栱一件，长度为三尺二寸二分，高度为七寸，宽度为四寸三分四厘。

单才瓜栱四件，长度均为二尺一寸七

分，高度均为四寸九分，宽度均为三寸五分。

单才万栱四件，长度均为三尺二寸二分，高度均为四寸九分，宽度均为三寸五分。

厢栱两件，长度均为二尺五寸二分，高度均为四寸九分，宽度均为三寸五分。

桶子十八斗五个，其中两个长度为九寸八分，两个长度为一尺二寸一分三厘，一个长度为一尺四寸四分六厘，高度均为三寸五分，宽度均为五寸一分八厘。

槽升子四个，长度均为四寸五分五厘，高度均为三寸五分，宽度均为五寸一分八厘。

三才升二十个，长度均为四寸五分五厘，高度均为三寸五分，宽度均为五寸一分八厘。

角科

【译解】角科斗栱

【原文】大斗一个，见方一尺五分，高七寸。

斜翘一件，长三尺四寸七分九厘，高七寸，宽五寸二分五厘。

搭角正翘带正心瓜栱二件，各长二尺三寸二分七厘五毫，高七寸，宽四寸三分四厘。

斜头昂一件，长七尺七寸六分六厘五毫，高一尺五分，宽六寸一分八厘七毫五丝。

搭角正头昂带正心万栱二件，各长四尺八寸六分五厘，高一尺五分，宽四寸三分四厘。

搭角闹头昂带单才瓜栱二件，各长四尺三寸四分，高一尺五分，宽三寸五分。

里连头合角单才瓜栱二件，各长一尺八寸九分，高四寸九分，宽三寸五分。

斜二昂一件，长十尺四寸三分七厘，高一尺五分，宽七寸一分二厘五毫。

搭角正二昂二件，各长四尺三寸五厘，高一尺五分，宽三寸五分。

搭角闹二昂带单才万栱二件，各长五尺九寸一分五厘，高一尺五分，宽三寸五分。

搭角闹二昂带单才瓜栱二件，各长四尺三寸四分，高一尺五分，宽三寸五分。

里连头合角单才万栱二件，各长一尺三寸三分，高四寸九分，宽三寸五分。

里连头合角单才瓜栱二件，各长七寸七分，高四寸九分，宽三寸五分。

由昂一件，长十三尺六寸一厘，高一尺九寸二分五厘，宽八寸六厘二毫五丝。

搭角正蚂蚱头二件、闹蚂蚱头二件，各长四尺二寸，高七寸，宽三寸五分。

搭角闹蚂蚱头带单才万栱二件，各长五尺八寸一分，高七寸，宽三寸五分。

里连头合角单才万栱二件，各长三寸一分五厘，高四寸九分，宽三寸五分。

把臂厢栱二件，各长六尺九分，高七寸，宽三寸五分。

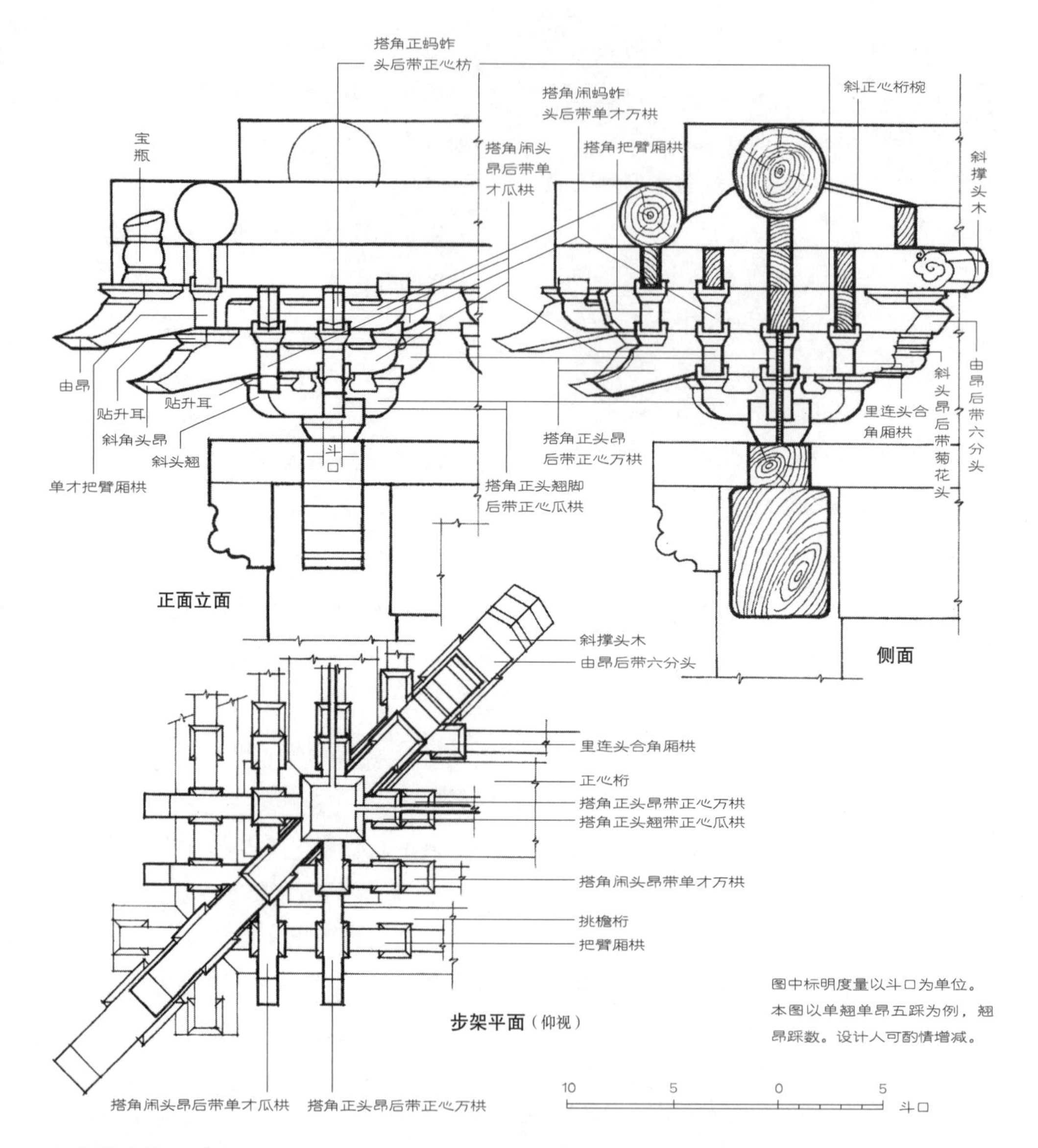


## □ 角科斗栱

角科斗栱位于大式建筑转角位置的柱头之上，具有转折、挑檐、承重等多重功能，其所在位置的其他构件来自不同方向，搭建角度较为复杂，因此，角科斗栱的构造会比平身科、柱头科复杂得多。

**搭角正撑头木二件、闹撑头木四件，各长三尺一寸五分，高七寸，宽三寸五分。**

**里连头合角厢栱二件，各长六寸三分，高四寸九分，宽三寸五分。**

**斜桁椀一件，长八尺八寸二分，高一尺五寸七分五厘，宽八寸六厘二毫五丝。**

**贴升耳十四个，内四个各长六寸九分三厘，四个各长七寸八分六厘七毫五丝，二个各长八寸八分五厘，四个各长九寸七分四厘二毫五丝，俱高二寸一分，宽八分四厘。**

**十八斗十二个，槽升四个，三才升十六个，俱与平身科尺寸同。**

**【译解】**大斗一个，长度、宽度均为一尺五分，高度为七寸。

斜翘一件，长度为三尺四寸七分九厘，高度为七寸，宽度为五寸二分五厘。

带正心瓜栱的搭角正翘两件，长度均为二尺三寸二分七厘五毫，高度均为七寸，宽度均为四寸三分四厘。

斜头昂一件，长度为七尺七寸六分六厘五毫，高度为一尺五分，宽度为六寸一分八厘七毫五丝。

带正心万栱的搭角正头昂两件，长度均为四尺八寸六分五厘，高度均为一尺五分，宽度均为四寸三分四厘。

带单才瓜栱的搭角闹头昂两件，长度均为四尺三寸四分，高度均为一尺五分，宽度均为三寸五分。

里连头合角单才瓜栱两件，长度均为一尺八寸九分，高度均为四寸九分，宽度均为三寸五分。

斜二昂一件，长度为十尺四寸三分七厘，高度为一尺五分，宽度为七寸一分二厘五毫。

搭角正二昂两件，长度均为四尺三寸五厘，高度均为一尺五分，宽度均为三寸五分。

带单才万栱的搭角闹二昂两件，长度均为五尺九寸一分五厘，高度均为一尺五分，宽度均为三寸五分。

带单才瓜栱的搭角闹二昂两件，长度均为四尺三寸四分，高度均为一尺五分，宽度均为三寸五分。

里连头合角单才万栱两件，长度均为一尺三寸三分，高度均为四寸九分，宽度均为三寸五分。

里连头合角单才瓜栱两件，长度均为七寸七分，高度均为四寸九分，宽度均为三寸五分。

由昂一件，长度为十三尺六寸一厘，高度为一尺九寸二分五厘，宽度为八寸六厘二毫五丝。

搭角正蚂蚱头两件、闹蚂蚱头两件，长度均为四尺二寸，高度均为七寸，宽度均为三寸五分。

带单才万栱的搭角闹蚂蚱头两件，长度均为五尺八寸一分，高度均为七寸，宽度均为三寸五分。

里连头合角单才万栱两件，长度均为三寸一分五厘，高度均为四寸九分，宽度均为三寸五分。

把臂厢栱两件，长度均为六尺九分，高度均为七寸，宽度均为三寸五分。

搭角正撑头木两件、闹撑头木四件，长度均为三尺一寸五分，高度均为七寸，宽度均为三寸五分。

里连头合角厢栱两件，长度均为六寸三分，高度均为四寸九分，宽度均为三寸五分。

斜桁椀一件，长度为八尺八寸二分，高度为一尺五寸七分五厘，宽度为八寸六厘二毫五丝。

贴升耳十四个，其中四个长度为六寸九分三厘，四个长度为七寸八分六厘七毫五丝，两个长度为八寸八分五厘，四个长度为九寸七分四厘二毫五丝，高度均为二寸一分，宽度均为八分四厘。

十八斗十二个，槽升子四个，三才升十六个，它们的尺寸均与平身科斗栱的尺寸相同。

## 重翘重昂平身科、柱头科、角科斗口三寸五分各件尺寸

【译解】当斗口为三寸五分时，平身科、柱头科、角科的重翘重昂斗栱中各构件的尺寸。

### 平身科

【译解】平身科斗栱

【原文】大斗一个，见方一尺五分，高七寸。

头翘一件，长二尺四寸八分五厘，高七寸，宽三寸五分。

重翘一件，长四尺五寸八分五厘，高七寸，宽三寸五分。

头昂一件，长七尺六寸四分七厘五毫，高一尺五分，宽三寸五分。

二昂一件，长九尺五寸五分五厘，高一尺五分，宽三寸五分。

蚂蚱头一件，长九尺六寸六分，高七寸，宽三寸五分。

撑头木一件，长九尺六寸三分九厘，高七寸，宽三寸五分。

正心瓜栱一件，长二尺一寸七分，高七寸，宽四寸三分四厘。

正心万栱一件，长三尺二寸二分，高七寸，宽四寸三分四厘。

单才瓜栱六件，各长二尺一寸七分，高四寸九分，宽三寸五分。

单才万栱六件，各长三尺二寸二分，高四寸九分，宽三寸五分。

厢栱二件，各长二尺五寸二分，高四寸九分，宽三寸五分。

桁椀一件，长八尺四寸，高二尺一寸，宽三寸五分。

十八斗八个，各长六寸三分，高三寸五分，宽五寸一分八厘。

槽升四个，各长四寸五分五厘，高三寸五分，宽六寸二厘。

三才升二十八个，各长四寸五分五

厘，高三寸五分，宽五寸一分八厘。

【译解】大斗一个，长度、宽度均为一尺五分，高度为七寸。

头翘一件，长度为二尺四寸八分五厘，高度为七寸，宽度为三寸五分。

重翘一件，长度为四尺五寸八分五厘，高度为七寸，宽度为三寸五分。

头昂一件，长度为七尺六寸四分七厘五毫，高度为一尺五分，宽度为三寸五分。

二昂一件，长度为九尺五寸五分五厘，高度为一尺五分，宽度为三寸五分。

蚂蚱头一件，长度为九尺六寸六分，高度为七寸，宽度为三寸五分。

撑头木一件，长度为九尺六寸三分九厘，高度为七寸，宽度为三寸五分。

正心瓜栱一件，长度为二尺一寸七分，高度为七寸，宽度为四寸三分四厘。

正心万栱一件，长度为三尺二寸二分，高度为七寸，宽度为四寸三分四厘。

单才瓜栱六件，长度均为二尺一寸七分，高度均为四寸九分，宽度均为三寸五分。

单才万栱六件，长度均为三尺二寸二分，高度均为四寸九分，宽度均为三寸五分。

厢栱两件，长度均为二尺五寸二分，高度均为四寸九分，宽度均为三寸五分。

桁椀一件，长度为八尺四寸，高度为二尺一寸，宽度为三寸五分。

十八斗八个，长度均为六寸三分，高度均为三寸五分，宽度均为五寸一分八厘。

槽升子四个，长度均为四寸五分五厘，高度均为三寸五分，宽度均为六寸二厘。

三才升二十八个，长度均为四寸五分五厘，高度均为三寸五分，宽度均为五寸一分八厘。

柱头科

【译解】柱头科斗栱

【原文】大斗一个，长一尺四寸，高七寸，宽一尺五分。

头翘一件，长二尺四寸八分五厘，高七寸，宽七寸。

重翘一件，长四尺五寸八分五厘，高七寸，宽八寸七分五厘。

头昂一件，长七尺六寸四分七厘五毫，高一尺五分，宽一尺五分。

二昂一件，长九尺五寸五分五厘，高一尺五分，宽一尺二寸二分五厘。

正心瓜栱一件，长二尺一寸七分，高七寸，宽四寸三分四厘。

正心万栱一件，长三尺二寸二分，高七寸，宽四寸三分四厘。

单才瓜栱六件，各长二尺一寸七分，高四寸九分，宽三寸五分。

单才万栱六件，各长三尺二寸二分，高四寸九分，宽三寸五分。

厢栱二件，各长二尺五寸二分，高四寸九分，宽三寸五分。

桶子十八斗七个，内二个各长一尺一寸五分五厘，二个各长一尺三寸三分，二个各长一尺五寸五厘，一个长一尺六寸八分，俱高三寸五分，宽五寸一分八厘。

槽升四个，各长四寸五分五厘，高三寸五分，宽六寸二厘。

三才升二十个，各长四寸五分五厘，高三寸五分，宽五寸一分八厘。

【译解】大斗一个，长度为一尺四寸，高度为七寸，宽度为一尺五分。

头翘一件，长度为二尺四寸八分五厘，高度为七寸，宽度为七寸。

重翘一件，长度为四尺五寸八分五厘，高度为七寸，宽度为八寸七分五厘。

头昂一件，长度为七尺六寸四分七厘五毫，高度为一尺五分，宽度为一尺五分。

二昂一件，长度为九尺五寸五分五厘，高度为一尺五分，宽度为一尺二寸二分五厘。

正心瓜栱一件，长度为二尺一寸七分，高度为七寸，宽度为四寸三分四厘。

正心万栱一件，长度为三尺二寸二分，高度为七寸，宽度为四寸三分四厘。

单才瓜栱六件，长度均为二尺一寸七分，高度均为四寸九分，宽度均为三寸五分。

单才万栱六件，长度均为三尺二寸二分，高度均为四寸九分，宽度均为三寸五分。

厢栱两件，长度均为二尺五寸二分，高度均为四寸九分，宽度均为三寸五分。

桶子十八斗七个，其中两个长度为一尺一寸五分五厘，两个长度为一尺三寸三分，两个长度为一尺五寸五厘，一个长度为一尺六寸八分，高度均为三寸五分，宽度均为五寸一分八厘。

槽升子四个，长度均为四寸五分五厘，高度均为三寸五分，宽度均为六寸二厘。

三才升二十个，长度均为四寸五分五厘，高度均为三寸五分，宽度均为五寸一分八厘。

角科

【译解】角科斗栱

【原文】大斗一个，见方一尺五分，高七寸。

斜头翘一件，长三尺四寸七分九厘，高七寸，宽五寸二分五厘。

搭角正头翘带正心瓜栱二件，各长二尺三寸二分七厘五毫，高七寸，宽四寸三分四厘。

斜二翘一件，长六尺四寸一分九厘，高一尺五分，宽六寸。

搭角正二翘带正心万栱二件，各长三尺九寸二厘五毫，高七寸，宽四寸三分四厘。

搭角闹二翘带单才瓜栱二件，各长三尺三寸七分七厘五毫，高七寸，宽三寸五分。

里连头合角单才瓜栱二件，各长一

尺八寸九分，高四寸九分，宽三寸五分。

斜头昂一件，长十尺七寸六厘五毫，高一尺五分，宽六寸七分五厘。

搭角正头昂二件，各长四尺三寸五厘，高一尺五分，宽三寸五分。

搭角闹头昂带单才瓜栱二件，各长五尺三寸九分，高一尺五分，宽三寸五分。

搭角闹头昂带单才万栱二件，各长五尺九寸一分五厘，高一尺五分，宽三寸五分。

里连头合角单才万栱二件，各长一尺三寸三分，高四寸九分，宽三寸五分。

里连头合角单才瓜栱二件，各长七寸七分，高四寸九分，宽三寸五分。

斜二昂一件，长十三尺三寸七分七厘，高一尺五分，宽七寸五分。

搭角正二昂二件、闹二昂二件，各长五尺三寸五分五厘，高一尺五分，宽三寸五分。

搭角闹二昂带单才万栱二件，各长六尺九寸六分五厘，高一尺五分，宽三寸五分。

搭角闹二昂带单才瓜栱二件，各长六尺四寸六分，高一尺五分，宽三寸五分。

里连头合角单才万栱二件，各长三寸一分五厘，高四寸九分，宽三寸五分。

由昂一件，长十六尺五寸九分七厘，高一尺九寸二分五厘，宽八寸二分五厘。

搭角正蚂蚱头二件、闹蚂蚱头四件，各长五尺二寸五分，高七寸，宽三寸五分。

搭角闹蚂蚱头带单才万栱二件，各长六尺八寸六分，高七寸，宽三寸五分。

把臂厢栱二件，各长七尺一寸四分，高七寸，宽三寸五分。

搭角正撑头木二件、闹撑头木六件，各长四尺二寸，高七寸，宽三寸五分。

里连头合角厢栱二件，各长七寸三分五厘，高四寸九分，宽三寸五分。

斜桁椀一件，长十一尺七寸六分，高二尺一寸，宽八寸二分五厘。

贴升耳十八个，内四个各长六寸九分八厘，四个各长七寸六分八厘，四个各长八寸四分四厘，二个各长九寸一分八厘，四个各长九寸九分三厘，俱高二寸一分，宽八分四厘。

十八斗二十个，槽升四个，三才升二十个，俱与平身科尺寸同。

**【译解】**大斗一个，长度、宽度均为一尺五分，高度为七寸。

斜头翘一件，长度为三尺四寸七分九厘，高度为七寸，宽度为五寸二分五厘。

带正心瓜栱的搭角正头翘两件，长度均为二尺三寸二分七厘五毫，高度均为七寸，宽度均为四寸三分四厘。

斜二翘一件，长度为六尺四寸一分九厘，高度为一尺五分，宽度为六寸。

带正心万栱的搭角正二翘两件，长度均为三尺九寸二厘五毫，高度均为七寸，宽度均为四寸三分四厘。

带单才瓜栱的搭角闹二翘两件，长度均为三尺三寸七分七厘五毫，高度均为七寸，宽度均为三寸五分。

里连头合角单才瓜栱两件，长度均为一尺八寸九分，高度均为四寸九分，宽度均为三寸五分。

斜头昂一件，长度为十尺七寸六厘五毫，高度为一尺五分，宽度为六寸七分五厘。

搭角正头昂两件，长度均为四尺三寸五厘，高度均为一尺五分，宽度均为三寸五分。

带单才瓜栱的搭角闹头昂两件，长度均为五尺三寸九分，高度均为一尺五分，宽度均为三寸五分。

带单才万栱的搭角闹头昂两件，长度均为五尺九寸一分五厘，高度均为一尺五分，宽度均为三寸五分。

里连头合角单才万栱两件，长度均为一尺三寸三分，高度均为四寸九分，宽度均为三寸五分。

里连头合角单才瓜栱两件，长度均为七寸七分，高度均为四寸九分，宽度均为三寸五分。

斜二昂一件，长度为十三尺三寸七分七厘，高度为一尺五分，宽度为七寸五分。

搭角正二昂两件、闹二昂两件，长度均为五尺三寸五分五厘，高度均为一尺五分，宽度均为三寸五分。

带单才万栱的搭角闹二昂两件，长度均为六尺九寸六分五厘，高度均为一尺五分，宽度均为三寸五分。

带单才瓜栱的搭角闹二昂两件，长度均为六尺四寸六分，高度均为一尺五分，宽度均为三寸五分。

里连头合角单才万栱两件，长度均为三寸一分五厘，高度均为四寸九分，宽度均为三寸五分。

由昂一件，长度为十六尺五寸九分七厘，高度为一尺九寸二分五厘，宽度为八寸二分五厘。

搭角正蚂蚱头两件、闹蚂蚱头四件，长度均为五尺二寸五分，高度均为七寸，宽度均为三寸五分。

带单才万栱的搭角闹蚂蚱头两件，长度均为六尺八寸六分，高度均为七寸，宽度均为三寸五分。

把臂厢栱两件，长度均为七尺一寸四分，高度均为七寸，宽度均为三寸五分。

搭角正撑头木两件、闹撑头木六件，长度均为四尺二寸，高度均为七寸，宽度均为三寸五分。

里连头合角厢栱两件，长度均为七寸三分五厘，高度均为四寸九分，宽度均为三寸五分。

斜桁椀一件，长度为十一尺七寸六分，高度为二尺一寸，宽度为八寸二分五厘。

贴升耳十八个，其中四个长度为六寸九分八厘，四个长度为七寸六分八厘，四个长度为八寸四分四厘，两个长度为九寸一分八厘，四个长度为九寸九分三厘，高度均为二寸一分，宽度均为八分四厘。

十八斗二十个，槽升子四个，三才升二十个，它们的尺寸均与平身科斗栱的尺寸相同。

## 一斗二升交麻叶并一斗三升平身科、柱头科、角科俱斗口三寸五分各件尺寸

【译解】当斗口为三寸五分时，平身科、柱头科、角科的一斗二升交麻叶斗栱和一斗三升斗栱中各构件的尺寸。

### 平身科

【译解】平身科斗栱

【原文】（其一斗三升去麻叶云，中加槽升一个。）

大斗一个，见方一尺五分，高七寸。

麻叶云一件，长四尺二寸，高一尺八寸六分五厘五毫，宽三寸五分。

正心瓜栱一件，长二尺一寸七分，高七寸，宽四寸三分四厘。

槽升二个，各长四寸五分五厘，高三寸五分，宽六寸二厘。

【译解】（在一斗三升斗栱中央不安装麻叶云，安装一个槽升子。）

大斗一个，长度、宽度均为一尺五分，高度为七寸。

麻叶云一件，长度为四尺二寸，高度为一尺八寸六分五厘五毫，宽度为三寸五分。

正心瓜栱一件，长度为二尺一寸七分，高度为七寸，宽度为四寸三分四厘。

槽升子两个，长度均为四寸五分五厘，高度均为三寸五分，宽度均为六寸二厘。

### 柱头科

【译解】柱头科斗栱

【原文】大斗一个，长一尺七寸五分，高七寸，宽一尺五分。

正心瓜栱一件，长二尺一寸七分，高七寸，宽四寸三分四厘。

槽升二个，各长四寸五分五厘，高三寸五分，宽六寸二厘。

贴正升耳二个，各长四寸五分五厘，高三寸五分，宽八分四厘。

【译解】大斗一个，长度为一尺七寸五分，高度为七寸，宽度为一尺五分。

正心瓜栱一件，长度为二尺一寸七分，高度为七寸，宽度为四寸三分四厘。

槽升子两个，长度均为四寸五分五厘，高度均为三寸五分，宽度均为六寸二厘。

贴正升耳两个，长度均为四寸五分五厘，高度均为三寸五分，宽度均为八分四厘。

### 角科

【译解】角科斗栱

【原文】大斗一个，见方一尺五分，高七寸。

斜昂一件，长五尺八寸八分，高二尺二寸五厘，宽五寸二分五厘。

搭角正心瓜栱二件，各长三尺一寸一分五厘，高七寸，宽四寸三分四厘。

槽升二个，各长四寸五分五厘，高三寸五分，宽六寸二厘。

三才升二个，各长四寸五分五厘，高三寸五分，宽五寸一分八厘。

贴斜升耳二个，各长六寸九分三厘，高二寸一分，宽八分四厘。

【译解】大斗一个，长度、宽度均为一尺五分，高度为七寸。

斜昂一件，长度为五尺八寸八分，高度为二尺二寸五厘，宽度为五寸二分五厘。

搭角正心瓜栱两件，长度均为三尺一寸一分五厘，高度均为七寸，宽度均为四寸三分四厘。

槽升子两个，长度均为四寸五分五厘，高度均为三寸五分，宽度均为六寸二厘。

三才升两个，长度均为四寸五分五厘，高度均为三寸五分，宽度均为五寸一分八厘。

贴斜升耳两个，长度均为六寸九分三厘，高度均为二寸一分，宽度均为八分四厘。

## 三滴水品字平身科、柱头科、角科斗口三寸五分各件尺寸

【译解】当斗口为三寸五分时，平身科、柱头科、角科三滴水品字科斗栱中各构件的尺寸。

### 平身科

【译解】平身科斗栱

【原文】大斗一个，见方一尺五分，高七寸。

头翘一件，长二尺四寸八分五厘，高七寸，宽三寸五分。

二翘一件，长四尺五寸八分五厘，高七寸，宽三寸五分。

撑头木一件，长五尺二寸五分，高七寸，宽三寸五分。

正心瓜栱一件，长二尺一寸七分，高七寸，宽四寸三分四厘。

正心万栱一件，长三尺二寸二分，高七寸，宽四寸三分四厘。

单才瓜栱二件，各长二尺一寸七分，高四寸九分，宽三寸五分。

厢栱一件，长二尺五寸二分，高四寸九分，宽三寸五分。

十八斗三个，各长六寸三分，高三寸五分，宽五寸一分八厘。

槽升四个，各长四寸五分五厘，高

三寸五分，宽六寸二厘。

三才升六个，各长四寸五分五厘，高三寸五分，宽五寸一分八厘。

【译解】大斗一个，长度、宽度均为一尺五分，高度为七寸。

头翘一件，长度为二尺四寸八分五厘，高度为七寸，宽度为三寸五分。

二翘一件，长度为四尺五寸八分五厘，高度为七寸，宽度为三寸五分。

撑头木一件，长度为五尺二寸五分，高度为七寸，宽度为三寸五分。

正心瓜栱一件，长度为二尺一寸七分，高度为七寸，宽度为四寸三分四厘。

正心万栱一件，长度为三尺二寸二分，高度为七寸，宽度为四寸三分四厘。

单才瓜栱两件，长度均为二尺一寸七分，高度均为四寸九分，宽度均为三寸五分。

厢栱一件，长度为二尺五寸二分，高度为四寸九分，宽度为三寸五分。

十八斗三个，长度均为六寸三分，高度均为三寸五分，宽度均为五寸一分八厘。

槽升子四个，长度均为四寸五分五厘，高度均为三寸五分，宽度均为六寸二厘。

三才升六个，长度均为四寸五分五厘，高度均为三寸五分，宽度均为五寸一分八厘。

柱头科

【译解】柱头科斗栱

【原文】大斗一个，长一尺七寸五分，高七寸，宽一尺五分。

头翘一件，长二尺四寸八分五厘，高七寸，宽七寸。

正心瓜栱一件，长二尺一寸七分，高七寸，宽四寸三分四厘。

正心万栱一件，长三尺二寸二分，高七寸，宽四寸三分四厘。

单才瓜栱二件，各长二尺一寸七分，高四寸九分，宽三寸五分。

厢栱一件，长二尺五寸二分，高四寸九分，宽三寸五分。

桶子十八斗一个，长一尺六寸八分，高三寸五分，宽五寸一分八厘。

槽升四个，各长四寸五分五厘，高三寸五分，宽六寸二厘。

三才升六个，各长四寸五分五厘，高三寸五分，宽五寸一分八厘。

贴斗耳二个，各长五寸一分八厘，高三寸五分，宽八分四厘。

【译解】大斗一个，长度为一尺七寸五分，高度为七寸，宽度为一尺五分。

头翘一件，长度为二尺四寸八分五厘，高度为七寸，宽度为七寸。

正心瓜栱一件，长度为二尺一寸七分，高度为七寸，宽度为四寸三分四厘。

正心万栱一件，长度为三尺二寸二分，高度为七寸，宽度为四寸三分四厘。

单才瓜栱两件，长度均为二尺一寸七分，高度均为四寸九分，宽度均为三寸五分。

厢栱一件，长度为二尺五寸二分，高度为四寸九分，宽度为三寸五分。

桶子十八斗一个，长度为一尺六寸八分，高度为三寸五分，宽度为五寸一分八厘。

槽升子四个，长度均为四寸五分五厘，高度均为三寸五分，宽度均为六寸二厘。

三才升六个，长度均为四寸五分五厘，高度均为三寸五分，宽度均为五寸一分八厘。

贴斗耳两个，长度均为五寸一分八厘，高度均为三寸五分，宽度均为八分四厘。

角科

【详解】角科斗栱

【原文】大斗一个，见方一尺五分，高七寸。

斜头翘一件，长三尺四寸七分九厘，高七寸，宽五寸二分五厘。

搭角正头翘带正心瓜栱二件，各长二尺三寸二分七厘五毫，高七寸，宽四寸三分四厘。

搭角正二翘带正心万栱二件，各长三尺九寸二厘五毫，高七寸，宽四寸三分四厘。

搭角闹二翘带单才瓜栱二件，各长三尺三寸七分七厘五毫，高七寸，宽三寸五分。

里连头合角单才瓜栱二件，各长一尺八寸九分，高四寸九分，宽三寸五分。

里连头合角厢栱二件，各长五寸二分五厘，高四寸九分，宽三寸五分。

贴升耳四个，各长六寸九分三厘，高二寸一分，宽八分四厘。

十八斗二个、槽升四个、三才升六个，俱与平身科尺寸同。

【详解】大斗一个，长度、宽度均为一尺五分，高度为七寸。

斜头翘一件，长度为三尺四寸七分九厘，高度为七寸，宽度为五寸二分五厘。

带正心瓜栱的搭角正头翘两件，长度均为二尺三寸二分七厘五毫，高度均为七寸，宽度均为四寸三分四厘。

带正心万栱的搭角正二翘两件，长度均为三尺九寸二厘五毫，高度均为七寸，宽度均为四寸三分四厘。

带单才瓜栱的搭角闹二翘两件，长度均为三尺三寸七分七厘五毫，高度均为七寸，宽度均为三寸五分。

里连头合角单才瓜栱两件，长度均为一尺八寸九分，高度均为四寸九分，宽度均为三寸五分。

里连头合角厢栱两件，长度均为五寸

二分五厘，高度均为四寸九分，宽度均为三寸五分。

贴升耳四个，长度均为六寸九分三厘，高度均为二寸一分，宽度均为八分四厘。

十八斗两个，槽升子四个，三才升六个，它们的尺寸均与平身科斗栱的尺寸相同。

## 内里品字科斗口三寸五分各件尺寸

【译解】当斗口为三寸五分时，内里品字科斗栱中各构件的尺寸。

**【原文】大斗一个，长一尺五分，高七寸，宽五寸二分五厘。**

**头翘一件，长一尺二寸四分二厘五毫，高七寸，宽三寸五分。**

**二翘一件，长二尺二寸七分五厘，高七寸，宽三寸五分。**

**撑头木一件，长三尺三寸四分二厘五毫，高七寸，宽三寸五分。**

**正心瓜栱一件，长二尺一寸七分，高七寸，宽二寸一分七厘。**

**正心万栱一件，长三尺二寸二分，高七寸，宽二寸一分七厘。**

**麻叶云一件，长二尺八寸七分，高七寸，宽三寸五分。**

**三福云二件，各长二尺五寸二分，高一尺五分，宽三寸五分。**

**十八斗二个，各长六寸三分，高三寸五分，宽五寸一分八厘。**

**槽升四个，各长四寸五分五厘，高三寸五分，宽三寸一厘。**

【译解】大斗一个，长度为一尺五分，高度为七寸，宽度为五寸二分五厘。

头翘一件，长度为一尺二寸四分二厘五毫，高度为七寸，宽度为三寸五分。

二翘一件，长度为二尺二寸七分五厘，高度为七寸，宽度为三寸五分。

撑头木一件，长度为三尺三寸四分二厘五毫，高度为七寸，宽度为三寸五分。

正心瓜栱一件，长度为二尺一寸七分，高度为七寸，宽度为二寸一分七厘。

正心万栱一件，长度为三尺二寸二分，高度为七寸，宽度为二寸一分七厘。

麻叶云一件，长度为二尺八寸七分，高度为七寸，宽度为三寸五分。

三福云两件，长度均为二尺五寸二分，高度均为一尺五分，宽度均为三寸五分。

十八斗两个，长度均为六寸三分，高度均为三寸五分，宽度均为五寸一分八厘。

槽升子四个，长度均为四寸五分五厘，高度均为三寸五分，宽度均为三寸一厘。

## 槅架科斗口三寸五分各件尺寸

【译解】当斗口为三寸五分时，槅架科斗栱中各构件的尺寸。

**【原文】贴大斗耳二个，各长一尺五**

分，高七寸，厚三寸八厘。

荷叶一件，长三尺一寸五分，高七寸，宽七寸。

栱一件，长二尺一寸七分，高七寸，宽七寸。

雀替一件，长七尺，高一尺四寸，宽七寸。

贴槽升耳六个，各长四寸五分五厘，高三寸五分，宽八分四厘。

【译解】贴大斗耳两个，长度均为一尺五分，高度均为七寸，厚度均为三寸八厘。

荷叶墩一件，长度为三尺一寸五分，高度为七寸，宽度为七寸。

栱一件，长度为二尺一寸七分，高度为七寸，宽度为七寸。

雀替一件，长度为七尺，高度为一尺四寸，宽度为七寸。

贴槽升耳六个，长度均为四寸五分五厘，高度均为三寸五分，宽度均为八分四厘。

# 卷三十六

本卷详述当斗口为四寸时，各类斗栱的尺寸。

## 斗科斗口四寸尺寸

【译解】当斗口为四寸时，各类斗栱的尺寸。

## 斗口单昂平身科、柱头科、角科斗口四寸各件尺寸

【译解】当斗口为四寸时，平身科、柱头科、角科的单昂斗栱中各构件的尺寸。

### 平身科

【译解】平身科斗栱

【原文】大斗一个，见方一尺二寸，高八寸。

单昂一件，长三尺九寸四分，高一尺二寸，宽四寸。

蚂蚱头一件，长五尺一分六厘，高八寸，宽四寸。

撑头木一件，长二尺四寸，高八寸，宽四寸。

正心瓜栱一件，长二尺四寸八分，高八寸，宽四寸九分六厘。

正心万栱一件，长三尺六寸八分，高八寸，宽四寸九分六厘。

厢栱二件，各长二尺八寸八分，高五寸六分，宽四寸。

桁椀一件，长二尺四寸，高六寸，宽四寸。

十八斗二个，各长七寸二分，高四寸，宽五寸九分二厘。

槽升四个，各长五寸二分，高四寸，宽六寸八分八厘。

三才升六个，各长五寸二分，高四寸，宽五寸九分二厘。

【译解】大斗一个，长度、宽度均为一尺二寸，高度为八寸。

单昂一件，长度为三尺九寸四分，高度为一尺二寸，宽度为四寸。

蚂蚱头一件，长度为五尺一分六厘，高度为八寸，宽度为四寸。

撑头木一件，长度为二尺四寸，高度为八寸，宽度为四寸。

正心瓜栱一件，长度为二尺四寸八分，高度为八寸，宽度为四寸九分六厘。

正心万栱一件，长度为三尺六寸八分，高度为八寸，宽度为四寸九分六厘。

厢栱两件，长度均为二尺八寸八分，高度均为五寸六分，宽度均为四寸。

桁椀一件，长度为二尺四寸，高度为六寸，宽度为四寸。

十八斗两个，长度均为七寸二分，高度均为四寸，宽度均为五寸九分二厘。

槽升子四个，长度均为五寸二分，高度均为四寸，宽度均为六寸八分八厘。

三才升六个，长度均为五寸二分，高度均为四寸，宽度均为五寸九分二厘。

柱头科

【译解】柱头科斗栱

【原文】大斗一个，长一尺六寸，高八寸，宽一尺二寸。

单昂一件，长三尺九寸四分，高一尺二寸，宽八寸。

正心瓜栱一件，长二尺四寸八分，高八寸，宽四寸九分六厘。

正心万栱一件，长三尺六寸八分，高八寸，宽四寸九分六厘。

厢栱二件，各长二尺八寸八分，高五寸六分，宽四寸。

桶子十八斗一个，长一尺九寸二分，高四寸，宽五寸九分二厘。

槽升二个，各长五寸二分，高四寸，宽六寸八分八厘。

三才升五个，各长五寸二分，高四寸，宽五寸九分二厘。

【译解】大斗一个，长度为一尺六寸，高度为八寸，宽度为一尺二寸。

单昂一件，长度为三尺九寸四分，高度为一尺二寸，宽度为八寸。

正心瓜栱一件，长度为二尺四寸八分，高度为八寸，宽度为四寸九分六厘。

正心万栱一件，长度为三尺六寸八分，高度为八寸，宽度为四寸九分六厘。

厢栱两件，长度均为二尺八寸八分，高度均为五寸六分，宽度均为四寸。

桶子十八斗一个，长度为一尺九寸二分，高度为四寸，宽度为五寸九分二厘。

槽升子两个，长度均为五寸二分，高度均为四寸，宽度均为六寸八分八厘。

三才升五个，长度均为五寸二分，高度均为四寸，宽度均为五寸九分二厘。

角科

【译解】角科斗栱

【原文】大斗一个，见方一尺二寸，高八寸。

斜昂一件，长五尺五寸一分六厘，高一尺二寸，宽六寸。

搭角正昂带正心瓜栱二件，各长三尺七寸六分，高一尺二寸，宽四寸九分六厘。

由昂一件，长八尺六寸九分六厘，高二尺二寸，宽八寸。

搭角正蚂蚱头带正心万栱二件，各长四尺二寸四分，高一尺二寸，宽四寸九分六厘。

搭角正撑头木二件，各长一尺二寸，高八寸，宽四寸。

把臂厢栱二件，各长四尺五寸六分，高八寸，宽四寸。

里连头合角厢栱二件，各长四寸八分，高五寸六分，宽四寸。

斜桁椀一件，长三尺三寸六分，高六寸，宽八寸。

**十八斗二个，槽升四个，三才升六个，俱与平身科尺寸同。**

【译解】大斗一个，长度、宽度均为一尺二寸，高度为八寸。

斜昂一件，长度为五尺五寸一分六厘，高度为一尺二寸，宽度为六寸。

带正心瓜栱的搭角正昂两件，长度均为三尺七寸六分，高度均为一尺二寸，宽度均为四寸九分六厘。

由昂一件，长度为八尺六寸九分六厘，高度为二尺二寸，宽度为八寸。

带正心万栱的搭角正蚂蚱头两件，长度均为四尺二寸四分，高度均为一尺二寸，宽度均为四寸九分六厘。

搭角正撑头木两件，长度均为一尺二寸，高度均为八寸，宽度均为四寸。

把臂厢栱两件，长度均为四尺五寸六分，高度均为八寸，宽度均为四寸。

里连头合角厢栱两件，长度均为四寸八分，高度均为五寸六分，宽度均为四寸。

斜桁椀一件，长度为三尺三寸六分，高度为六寸，宽度为八寸。

十八斗两个，槽升子四个，三才升六个，它们的尺寸均与平身科斗栱的尺寸相同。

## 斗口重昂平身科、柱头科、角科斗口四寸各件尺寸

【译解】当斗口为四寸时，平身科、柱头科、角科的重昂斗栱中各构件的尺寸。

### 平身科

【译解】平身科斗栱

【原文】大斗一个，见方一尺二寸，高八寸。

头昂一件，长三尺九寸四分，高一尺二寸，宽四寸。

二昂一件，长六尺一寸二分，高一尺二寸，宽四寸。

蚂蚱头一件，长六尺二寸四分，高八寸，宽四寸。

撑头木一件，长六尺二寸一分六厘，高八寸，宽四寸。

正心瓜栱一件，长二尺四寸八分，高八寸，宽四寸九分六厘。

正心万栱一件，长三尺六寸八分，高八寸，宽四寸九分六厘。

单才瓜栱二件，各长二尺四寸八分，高五寸六分，宽四寸。

单才万栱二件，各长三尺六寸八分，高五寸六分，宽四寸。

厢栱二件，各长二尺八寸八分，高五寸六分，宽四寸。

桁椀一件，长四尺八寸，高一尺二寸，宽四寸。

十八斗四个，各长七寸二分，高四寸，宽五寸九分二厘。

槽升四个，各长五寸二分，高四寸，宽六寸八分八厘。

三才升十二个，各长五寸二分，高

四寸，宽五寸九分二厘。

【译解】大斗一个，长度、宽度均为一尺二寸，高度为八寸。

头昂一件，长度为三尺九寸四分，高度为一尺二寸，宽度为四寸。

二昂一件，长度为六尺一寸二分，高度为一尺二寸，宽度为四寸。

蚂蚱头一件，长度为六尺二寸四分，高度为八寸，宽度为四寸。

撑头木一件，长度为六尺二寸一分六厘，高度为八寸，宽度为四寸。

正心瓜栱一件，长度为二尺四寸八分，高度为八寸，宽度为四寸九分六厘。

正心万栱一件，长度为三尺六寸八分，高度为八寸，宽度为四寸九分六厘。

单才瓜栱两件，长度均为二尺四寸八分，高度均为五寸六分，宽度均为四寸。

单才万栱两件，长度均为三尺六寸八分，高度均为五寸六分，宽度均为四寸。

厢栱两件，长度均为二尺八寸八分，高度均为五寸六分，宽度均为四寸。

桁椀一件，长度为四尺八寸，高度为一尺二寸，宽度为四寸。

十八斗四个，长度均为七寸二分，高度均为四寸，宽度均为五寸九分二厘。

槽升子四个，长度均为五寸二分，高度均为四寸，宽度均为六寸八分八厘。

三才升十二个，长度均为五寸二分，高度均为四寸，宽度均为五寸九分二厘。

柱头科

【译解】柱头科斗栱

【原文】大斗一个，长一尺六寸，高八寸，宽一尺二寸。

头昂一件，长三尺九寸四分，高一尺二寸，宽八寸。

二昂一件，长六尺一寸二分，高一尺二寸，宽一尺二寸。

正心瓜栱一件，长二尺四寸八分，高八寸，宽四寸九分六厘。

正心万栱一件，长三尺六寸八分，高八寸，宽四寸九分六厘。

单才瓜栱二件，各长二尺四寸八分，高五寸六分，宽四寸。

单才万栱二件，各长三尺六寸八分，高五寸六分，宽四寸。

厢栱二件，各长二尺八寸八分，高五寸六分，宽四寸。

桶子十八斗三个，内二个各长一尺五寸二分，一个长一尺九寸二分，俱高四寸，宽五寸九分二厘。

槽升四个，各长五寸二分，高四寸，宽六寸八分八厘。

三才升十二个，各长五寸二分，高四寸，宽五寸九分二厘。

【译解】大斗一个，长度为一尺六寸，高度为八寸，宽度为一尺二寸。

头昂一件，长度为三尺九寸四分，高度为一尺二寸，宽度为八寸。

二昂一件，长度为六尺一寸二分，高度为一尺二寸，宽度为一尺二寸。

正心瓜栱一件，长度为二尺四寸八分，高度为八寸，宽度为四寸九分六厘。

正心万栱一件，长度为三尺六寸八分，高度为八寸，宽度为四寸九分六厘。

单才瓜栱两件，长度均为二尺四寸八分，高度均为五寸六分，宽度均为四寸。

单才万栱两件，长度均为三尺六寸八分，高度均为五寸六分，宽度均为四寸。

厢栱两件，长度均为二尺八寸八分，高度均为五寸六分，宽度均为四寸。

桶子十八斗三个，其中两个长度为一尺五寸二分，一个长度为一尺九寸二分，高度均为四寸，宽度均为五寸九分二厘。

槽升子四个，长度均为五寸二分，高度均为四寸，宽度均为六寸八分八厘。

三才升十二个，长度均为五寸二分，高度均为四寸，宽度均为五寸九分二厘。

角科

【译解】角科斗栱

【原文】大斗一个，见方一尺二寸，高八寸。

斜头昂一件，长五尺五寸一分六厘，高一尺二寸，宽六寸。

搭角正头昂带正心瓜栱二件，各长三尺七寸六分，高一尺二寸，宽四寸九分六厘。

斜二昂一件，长八尺五寸六分八厘，高一尺二寸，宽七寸三分三厘。

搭角正二昂带正心万栱二件，各长五尺五寸六分，高一尺二寸，宽四寸九分六厘。

搭角闹二昂带单才瓜栱二件，各长四尺九寸六分，高一尺二寸，宽四寸。

由昂一件，长十二尺一寸二分，高二尺二寸，宽八寸六分六厘。

搭角正蚂蚱头二件，各长三尺六寸，高八寸，宽四寸。

搭角闹蚂蚱头带单才万栱二件，各长五尺四寸四分，高八寸，宽四寸。

把臂厢栱二件，各长五尺七寸六分，高八寸，宽四寸。

里连头合角单才瓜栱二件，各长二尺一寸六分，高五寸六分，宽四寸。

里连头合角单才万栱二件，各长一尺五寸二分，高五寸六分，宽四寸。

搭角正撑头木二件，闹撑头木二件，各长二尺四寸，高八寸，宽四寸。

里连头合角厢栱二件，各长六寸，高五寸六分，宽四寸。

斜桁椀一件，长六尺七寸二分，高一尺二寸，宽八寸六分六厘。

贴斜升耳十个，内四个各长七寸九分二厘，二个各长九寸二分五厘，四个各长一尺五分八厘，俱高二寸四分，宽九分六厘。

十八斗六个，槽升四个，三才升十二个，俱与平身科尺寸同。

【译解】大斗一个，长度、宽度均为一尺二寸，高度为八寸。

斜头昂一件，长度为五尺五寸一分六厘，高度为一尺二寸，宽度为六寸。

带正心瓜栱的搭角正头昂两件，长度均为三尺七寸六分，高度均为一尺二寸，宽度均为四寸九分六厘。

斜二昂一件，长度为八尺五寸六分八厘，高度为一尺二寸，宽度为七寸三分三厘。

带正心万栱的搭角正二昂两件，长度均为五尺五寸六分，高度均为一尺二寸，宽度均为四寸九分六厘。

带单才瓜栱的搭角闹二昂两件，长度均为四尺九寸六分，高度均为一尺二寸，宽度均为四寸。

由昂一件，长度为十二尺一寸二分，高度为二尺二寸，宽度为八寸六分六厘。

搭角正蚂蚱头两件，长度均为三尺六寸，高度均为八寸，宽度均为四寸。

带单才万栱的搭角闹蚂蚱头两件，长度均为五尺四寸四分，高度均为八寸，宽度均为四寸。

把臂厢栱两件，长度均为五尺七寸六分，高度均为八寸，宽度均为四寸。

里连头合角单才瓜栱两件，长度均为二尺一寸六分，高度均为五寸六分，宽度均为四寸。

里连头合角单才万栱两件，长度均为一尺五寸二分，高度均为五寸六分，宽度均为四寸。

搭角正撑头木两件、闹撑头木两件，长度均为二尺四寸，高度均为八寸，宽度均为四寸。

里连头合角厢栱两件，长度均为六寸，高度均为五寸六分，宽度均为四寸。

斜桁椀一件，长度为六尺七寸二分，高度为一尺二寸，宽度为八寸六分六厘。

贴斜升耳十个，其中四个长度为七寸九分二厘，两个长度为九寸二分五厘，四个长度为一尺五分八厘，高度均为二寸四分，宽度均为九分六厘。

十八斗六个，槽升子四个，三才升十二个，它们的尺寸均与平身科斗栱的尺寸相同。

## 单翘单昂平身科、柱头科、角科斗口四寸各件尺寸

【译解】当斗口为四寸时，平身科、柱头科、角科的单翘单昂斗栱中各构件的尺寸。

### 平身科

【译解】平身科斗栱

【原文】单翘一件，长二尺八寸四分，高八寸，宽四寸。

其余各件，俱与斗口重昂平身科尺寸同。

【译解】单翘一件，长度为二尺八寸四

分，高度为八寸，宽度为四寸。

其余构件的尺寸均与平身科重昂斗栱的尺寸相同。

柱头科

【译解】柱头科斗栱

【原文】单翘一件，长二尺八寸四分，高八寸，宽八寸。

其余各件，俱与斗口重昂柱头科尺寸同。

【译解】单翘一件，长度为二尺八寸四分，高度为八寸，宽度为八寸。

其余构件的尺寸均与柱头科重昂斗栱的尺寸相同。

角科

【译解】角科斗栱

【原文】斜翘一件，长三尺九寸七分六厘，高八寸，宽六寸。

搭角正翘带正心瓜栱二件，各长二尺六寸六分，高八寸，宽四寸九分六厘。

其余各件，俱与斗口重昂角科尺寸同。

【译解】斜翘一件，长度为三尺九寸七分六厘，高度为八寸，宽度为六寸。

带正心瓜栱的搭角正翘两件，长度均为二尺六寸六分，高度均为八寸，宽度均为四寸九分六厘。

其余构件的尺寸均与角科重昂斗栱的尺寸相同。

## 单翘重昂平身科、柱头科、角科斗口四寸各件尺寸

【译解】当斗口为四寸时，平身科、柱头科、角科的单翘重昂斗栱中各构件的尺寸。

平身科

【译解】平身科斗栱

【原文】大斗一个，见方一尺二寸，高八寸。

单翘一件，长二尺八寸四分，高八寸，宽四寸。

头昂一件，长六尺三寸四分，高一尺二寸，宽四寸。

二昂一件，长八尺五寸二分，高一尺二寸，宽四寸。

蚂蚱头一件，长八尺六寸四分，高八寸，宽四寸。

撑头木一件，长八尺六寸一分六厘，高八寸，宽四寸。

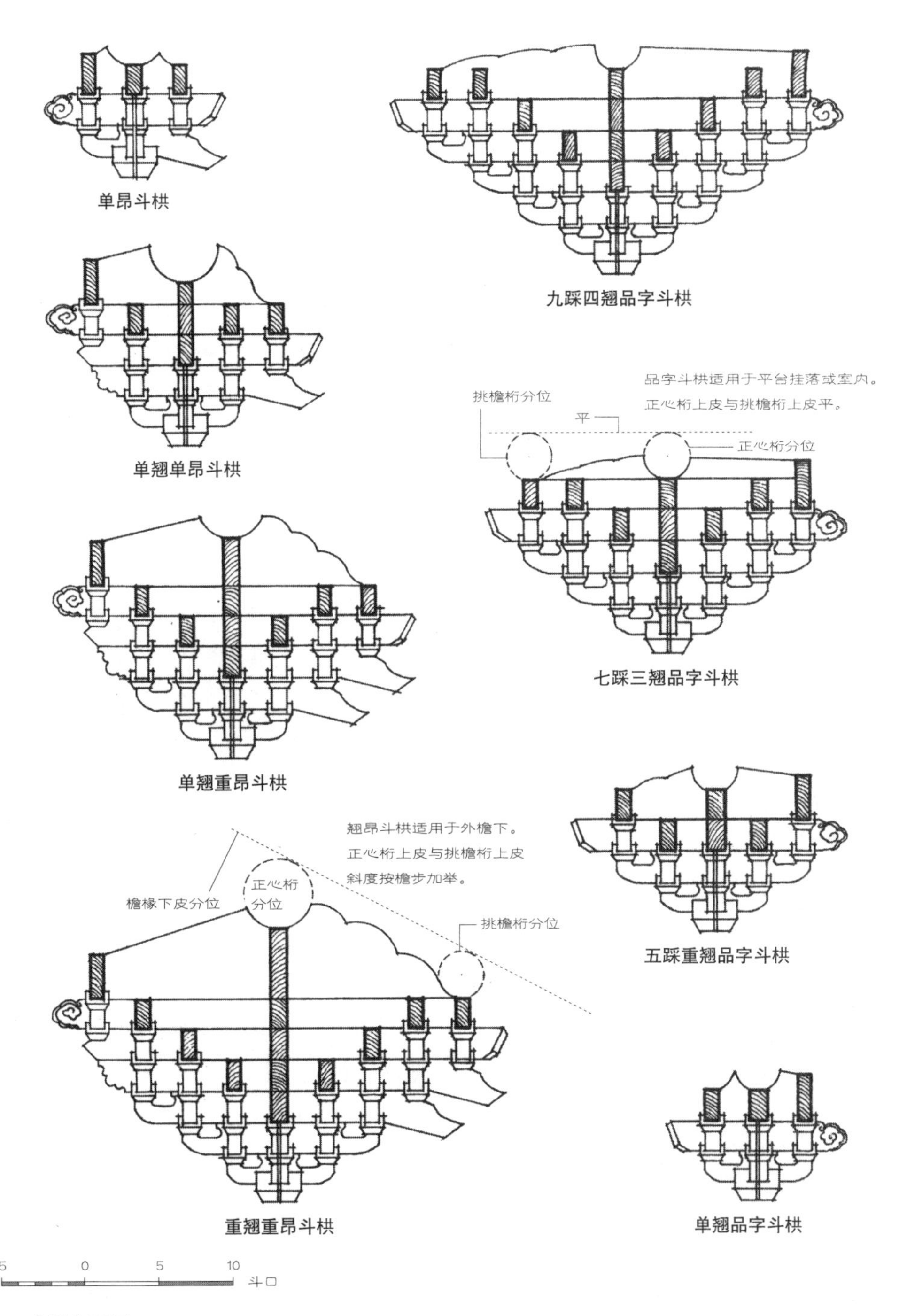


## □ 斗栱出踩图

我国古代建筑的斗栱大多向外挑出，这类挑出在宋代称为“出跳”，在清代则称为“出踩”。斗栱出挑三斗口即称“一拽架”，清代斗栱挑出一拽架即称“三踩”。

正心瓜栱一件，长二尺四寸八分，高八寸，宽四寸九分六厘。

正心万栱一件，长三尺六寸八分，高八寸，宽四寸九分六厘。

单才瓜栱四件，各长二尺四寸八分，高五寸六分，宽四寸。

单才万栱四件，各长三尺六寸八分，高五寸六分，宽四寸。

厢栱二件，各长二尺八寸八分，高五寸六分，宽四寸。

桁椀一件，长七尺二寸，高一尺八寸，宽四寸。

十八斗六个，各长七尺二分，高四寸，宽五寸九分二厘。

槽升四个，各长五寸二分，高四寸，宽六寸八分八厘。

三才升二十个，各长五寸二分，高四寸，宽五寸九分二厘。

【译解】大斗一个，长度、宽度均为一尺二寸，高度为八寸。

单翘一件，长度为二尺八寸四分，高度为八寸，宽度为四寸。

头昂一件，长度为六尺三寸四分，高度为一尺二寸，宽度为四寸。

二昂一件，长度为八尺五寸二分，高度为一尺二寸，宽度为四寸。

蚂蚱头一件，长度为八尺六寸四分，高度为八寸，宽度为四寸。

撑头木一件，长度为八尺六寸一分六厘，高度为八寸，宽度为四寸。

正心瓜栱一件，长度为二尺四寸八分，高度为八寸，宽度为四寸九分六厘。

正心万栱一件，长度为三尺六寸八分，高度为八寸，宽度为四寸九分六厘。

单才瓜栱四件，长度均为二尺四寸八分，高度均为五寸六分，宽度均为四寸。

单才万栱四件，长度均为三尺六寸八分，高度均为五寸六分，宽度均为四寸。

厢栱两件，长度均为二尺八寸八分，高度均为五寸六分，宽度均为四寸。

桁椀一件，长度为七尺二寸，高度为一尺八寸，宽度为四寸。

十八斗六个，长度均为七尺二分，高度均为四寸，宽度均为五寸九分二厘。

槽升子四个，长度均为五寸二分，高度均为四寸，宽度均为六寸八分八厘。

三才升二十个，长度均为五寸二分，高度均为四寸，宽度均为五寸九分二厘。

### 柱头科

【译解】柱头科斗栱

【原文】大斗一个，长一尺六寸，高八寸，宽一尺二寸。

单翘一件，长二尺八寸四分，高八寸，宽八寸。

头昂一件，长六尺三寸四分，高一尺二寸，宽一尺六分六厘。

二昂一件，长八尺五寸二分，高一尺二寸，宽一尺三寸三分三厘。

正心瓜栱一件，长二尺四寸八分，

高八寸，宽四寸九分六厘。

正心万栱一件，长三尺六寸八分，高八寸，宽四寸九分六厘。

单才瓜栱四件，各长二尺四寸八分，高五寸六分，宽四寸。

单才万栱四件，各长三尺六寸八分，高五寸六分，宽四寸。

厢栱二件，各长二尺八寸八分，高五寸六分，宽四寸。

桶子十八斗五个，内二个各长一尺三寸八分六厘，二个各长一尺六寸五分三厘，一个长一尺九寸二分，俱高四寸，宽五寸九分二厘。

槽升四个，各长五寸二分，高四寸，宽六寸八分八厘。

三才升二十个，各长五寸二分，高四寸，宽五寸九分二厘。

【译解】大斗一个，长度为一尺六寸，高度为八寸，宽度为一尺二寸。

单翘一件，长度为二尺八寸四分，高度为八寸，宽度为八寸。

头昂一件，长度为六尺三寸四分，高度为一尺二寸，宽度为一尺六分六厘。

二昂一件，长度为八尺五寸二分，高度为一尺二寸，宽度为一尺三寸三分三厘。

正心瓜栱一件，长度为二尺四寸八分，高度为八寸，宽度为四寸九分六厘。

正心万栱一件，长度为三尺六寸八分，高度为八寸，宽度为四寸九分六厘。

单才瓜栱四件，长度均为二尺四寸八分，高度均为五寸六分，宽度均为四寸。

单才万栱四件，长度均为三尺六寸八分，高度均为五寸六分，宽度均为四寸。

厢栱两件，长度均为二尺八寸八分，高度均为五寸六分，宽度均为四寸。

桶子十八斗五个，其中两个长度为一尺三寸八分六厘，两个长度为一尺六寸五分三厘，一个长度为一尺九寸二分，高度均为四寸，宽度均为五寸九分二厘。

槽升子四个，长度均为五寸二分，高度均为四寸，宽度均为六寸八分八厘。

三才升二十个，长度均为五寸二分，高度均为四寸，宽度均为五寸九分二厘。

角科

【译解】角科斗栱

【原文】大斗一个，见方一尺二寸，高八寸。

斜翘一件，长三尺九寸七分六厘，高八寸，宽六寸。

搭角正翘带正心瓜栱二件，各长二尺六寸六分，高八寸，宽四寸九分六厘。

斜头昂一件，长八尺八寸七分六厘，高一尺二寸，宽七寸。

搭角正头昂带正心万栱二件，各长五尺五寸六分，高一尺二寸，宽四寸九分六厘。

搭角闹头昂带单才瓜栱二件，各长四尺九寸六分，高一尺二寸，宽四寸。

里连头合角单才瓜栱二件，各长二

尺一寸六分，高五寸六分，宽四寸。

斜二昂一件，长十一尺九寸二分八厘，高一尺二寸，宽八寸。

搭角正二昂二件，各长四尺九寸二分，高一尺二寸，宽四寸。

搭角闹二昂带单才万栱二件，各长六尺七寸六分，高一尺二寸，宽四寸。

搭角闹二昂带单才瓜栱二件，各长六尺一寸六分，高一尺二寸，宽四寸。

里连头合角单才万栱二件，各长一尺五寸二分，高五寸六分，宽四寸。

里连头合角单才瓜栱二件，各长八寸八分，高五寸六分，宽四寸。

由昂一件，长十五尺五寸四分四厘，高二尺二寸，宽九寸。

搭角正蚂蚱头二件、闹蚂蚱头二件，各长四尺八寸，高八寸，宽四寸。

搭角闹蚂蚱头带单才万栱二件，各长六尺六寸四分，高八寸，宽四寸。

里连头合角单才万栱二件，各长三寸六分，高五寸六分，宽四寸。

把臂厢栱二件，各长六尺九寸六分，高八寸，宽四寸。

搭角正撑头木二件、闹撑头木四件，各长三尺六寸，高八寸，宽四寸。

里连头合角厢栱二件，各长七寸二分，高五寸六分，宽四寸。

斜桁椀一件，长十尺八分，高一尺八寸，宽九寸。

贴升耳十四个，内四个各长七寸九分二厘，四个各长八寸九分二厘，二个各长九寸九分二厘，四个各长一尺九分二厘，俱高二寸四分，宽九分六厘。

十八斗十二个，槽升四个，三才升十六个，俱与平身科尺寸同。

【译解】大斗一个，长度、宽度均为一尺二寸，高度为八寸。

斜翘一件，长度为三尺九寸七分六厘，高度为八寸，宽度为六寸。

带正心瓜栱的搭角正翘两件，长度均为二尺六寸六分，高度均为八寸，宽度均为四寸九分六厘。

斜头昂一件，长度为八尺八寸七分六厘，高度为一尺二寸，宽度为七寸。

带正心万栱的搭角正头昂两件，长度均为五尺五寸六分，高度均为一尺二寸，宽度均为四寸九分六厘。

带单才瓜栱的搭角闹头昂两件，长度均为四尺九寸六分，高度均为一尺二寸，宽度均为四寸。

里连头合角单才瓜栱两件，长度均为二尺一寸六分，高度均为五寸六分，宽度均为四寸。

斜二昂一件，长度为十一尺九寸二分八厘，高度为一尺二寸，宽度为八寸。

搭角正二昂两件，长度均为四尺九寸二分，高度均为一尺二寸，宽度均为四寸。

带单才万栱的搭角闹二昂两件，长度均为六尺七寸六分，高度均为一尺二寸，宽度均为四寸。

带单才瓜栱的搭角闹二昂两件，长度均为六尺一寸六分，高度均为一尺二寸，宽度均为四寸。

里连头合角单才万栱两件，长度均为一尺五寸二分，高度均为五寸六分，宽度均为四寸。

里连头合角单才瓜栱两件，长度均为八寸八分，高度均为五寸六分，宽度均为四寸。

由昂一件，长度为十五尺五寸四分四厘，高度为二尺二寸，宽度为九寸。

搭角正蚂蚱头两件、闹蚂蚱头两件，长度均为四尺八寸，高度均为八寸，宽度均为四寸。

带单才万栱的搭角闹蚂蚱头两件，长度均为六尺六寸四分，高度均为八寸，宽度均为四寸。

里连头合角单才万栱两件，长度均为三寸六分，高度均为五寸六分，宽度均为四寸。

把臂厢栱两件，长度均为六尺九寸六分，高度均为八寸，宽度均为四寸。

搭角正撑头木两件、闹撑头木四件，长度均为三尺六寸，高度均为八寸，宽度均为四寸。

里连头合角厢栱两件，长度均为七寸二分，高度均为五寸六分，宽度均为四寸。

斜桁椀一件，长度为十尺八分，高度为一尺八寸，宽度为九寸。

贴升耳十四个，其中四个长度为七寸九分二厘，四个长度为八寸九分二厘，两个长度为九寸九分二厘，四个长度为一尺九分二厘，高度均为二寸四分，宽度均为九分六厘。

十八斗十二个，槽升子四个，三才升十六个，它们的尺寸均与平身科斗栱的尺寸相同。

## 重翘重昂平身科、柱头科、角科斗口四寸各件尺寸

【译解】当斗口为四寸时，平身科、柱头科、角科的重翘重昂斗栱中各构件的尺寸。

### 平身科

【译解】平身科斗栱

【原文】大斗一个，见方一尺二寸，高八寸。

单翘一件，长二尺八寸四分，高八寸，宽四寸。

重翘一件，长五尺二寸四分，高八寸，宽四寸。

头昂一件，长八尺七寸四分，高一尺二寸，宽四寸。

二昂一件，长十尺九寸二分，高一尺二寸，宽四寸。

蚂蚱头一件，长十一尺四分，高八寸，宽四寸。

撑头木一件，长十一尺一分六厘，高八寸，宽四寸。

正心瓜栱一件，长二尺四寸八分，

高八寸，宽四寸九分六厘。

正心万栱一件，长三尺六寸八分，高八寸，宽四寸九分六厘。

单才瓜栱六件，各长二尺四寸八分，高五寸六分，宽四寸。

单才万栱六件，各长三尺六寸八分，高五寸六分，宽四寸。

厢栱二件，各长二尺八寸八分，高五寸六分，宽四寸。

桁椀一件，长九尺六寸，高二尺四寸，宽四寸。

十八斗八个，各长七寸二分，高四寸，宽五寸九分二厘。

槽升四个，各长五寸二分，高四寸，宽六寸八分八厘。

三才升二十八个，各长五寸二分，高四寸，宽五寸九分二厘。

【译解】大斗一个，长度、宽度均为一尺二寸，高度为八寸。

单翘一件，长度为二尺八寸四分，高度为八寸，宽度为四寸。

重翘一件，长度为五尺二寸四分，高度为八寸，宽度为四寸。

头昂一件，长度为八尺七寸四分，高度为一尺二寸，宽度为四寸。

二昂一件，长度为十尺九寸二分，高度为一尺二寸，宽度为四寸。

蚂蚱头一件，长度为十一尺四分，高度为八寸，宽度为四寸。

撑头木一件，长度为十一尺一分六厘，高度为八寸，宽度为四寸。

正心瓜栱一件，长度为二尺四寸八分，高度为八寸，宽度为四寸九分六厘。

正心万栱一件，长度为三尺六寸八分，高度为八寸，宽度为四寸九分六厘。

单才瓜栱六件，长度均为二尺四寸八分，高度均为五寸六分，宽度均为四寸。

单才万栱六件，长度均为三尺六寸八分，高度均为五寸六分，宽度均为四寸。

厢栱两件，长度均为二尺八寸八分，高度均为五寸六分，宽度均为四寸。

桁椀一件，长度为九尺六寸，高度为二尺四寸，宽度为四寸。

十八斗八个，长度均为七寸二分，高度均为四寸，宽度均为五寸九分二厘。

槽升子四个，长度均为五寸二分，高度均为四寸，宽度均为六寸八分八厘。

三才升二十八个，长度均为五寸二分，高度均为四寸，宽度均为五寸九分二厘。

柱头科

【译解】柱头科斗栱

【原文】大斗一个，长一尺六寸，高八寸，宽一尺二寸。

头翘一件，长二尺八寸四分，高八寸，宽八寸。

重翘一件，长五尺二寸四分，高八寸，宽一尺。

头昂一件，长八尺七寸四分，高一尺二寸，宽一尺二寸。

二昂一件，长十尺九寸二分，高一尺二寸，宽一尺四寸。

正心瓜栱一件，长二尺四寸八分，高八寸，宽四寸九分六厘。

正心万栱一件，长三尺六寸八分，高八寸，宽四寸九分六厘。

单才瓜栱六件，各长二尺四寸八分，高五寸六分，宽四寸。

单才万栱六件，各长三尺六寸八分，高五寸六分，宽四寸。

厢栱二件，各长二尺八寸八分，高五寸六分，宽四寸。

桶子十八斗七个，内二个各长一尺三寸二分，二个各长一尺五寸二分，二个各长一尺七寸二分，一个长一尺九寸二分，俱高四寸，宽五寸九分二厘。

槽升四个，各长五寸二分，高四寸，宽六寸八分八厘。

三才升二十个，各长五寸二分，高四寸，宽五寸九分二厘。

【译解】大斗一个，长度为一尺六寸，高度为八寸，宽度为一尺二寸。

头翘一件，长度为二尺八寸四分，高度为八寸，宽度为八寸。

重翘一件，长度为五尺二寸四分，高度为八寸，宽度为一尺。

头昂一件，长度为八尺七寸四分，高度为一尺二寸，宽度为一尺二寸。

二昂一件，长度为十尺九寸二分，高度为一尺二寸，宽度为一尺四寸。

正心瓜栱一件，长度为二尺四寸八分，高度为八寸，宽度为四寸九分六厘。

正心万栱一件，长度为三尺六寸八分，高度为八寸，宽度为四寸九分六厘。

单才瓜栱六件，长度均为二尺四寸八分，高度均为五寸六分，宽度均为四寸。

单才万栱六件，长度均为三尺六寸八分，高度均为五寸六分，宽度均为四寸。

厢栱两件，长度均为二尺八寸八分，高度均为五寸六分，宽度均为四寸。

桶子十八斗七个，其中两个长度为一尺三寸二分，两个长度为一尺五寸二分，两个长度为一尺七寸二分，一个长度为一尺九寸二分，高度均为四寸，宽度均为五寸九分二厘。

槽升子四个，长度均为五寸二分，高度均为四寸，宽度均为六寸八分八厘。

三才升二十个，长度均为五寸二分，高度均为四寸，宽度均为五寸九分二厘。

角科

【译解】角科斗栱

【原文】大斗一个，见方一尺二寸，高八寸。

斜头翘一件，长三尺九寸七分六厘，高八寸，宽六寸。

搭角正头翘带正心瓜栱二件，各长二尺七寸六分，高八寸，宽四寸九分六厘。

斜二翘一件，长七尺三寸三分六

厘，高八寸，宽六寸八分。

搭角正二翘带正心万栱二件，各长四尺四寸六分，高八寸，宽四寸九分六厘。

搭角闹二翘带单才瓜栱二件，各长三尺八寸六分，高八寸，宽四寸。

里连头合角单才瓜栱二件，各长二尺一寸六分，高五寸六分，宽四寸。

斜头昂一件，长十二尺二寸三分六厘，高一尺二寸，宽七寸六分。

搭角正头昂二件，各长四尺九寸二分，高一尺二寸，宽四寸。

搭角闹头昂带单才瓜栱二件，各长六尺一寸六分，高一尺二寸，宽四寸。

搭角闹头昂带单才万栱二件，各长六尺七寸六分，高一尺二寸，宽四寸。

里连头合角单才万栱二件，各长一尺五寸二分，高五寸六分，宽四寸。

里连头合角单才瓜栱二件，各长八寸八分，高五寸六分，宽四寸。

斜二昂一件，长十五尺二寸八分八厘，高一尺二寸，宽八寸四分。

搭角正二昂二件、闹二昂二件，各长六尺一寸二分，高一尺二寸，宽四寸。

搭角闹二昂带单才万栱二件，各长七尺三寸六分，高一尺二寸，宽四寸。

搭角闹二昂带单才瓜栱二件，各长七尺三寸六分，高一尺二寸，宽四寸。

里连头合角单才万栱二件，各长三寸六分，高五寸六分，宽四寸。

由昂一件，长十八尺九寸六分八厘，高二尺二寸，宽九寸二分。

搭角正蚂蚱头二件、闹蚂蚱头四件，各长六尺，高八寸，宽四寸。

搭角闹蚂蚱头带单才万栱二件，各长七尺八寸四分，高八寸，宽四寸。

把臂厢栱二件，各长八尺一寸六分，高八寸，宽四寸。

搭角正撑头木二件、闹撑头木六件，各长四尺八寸，高八寸，宽四寸。

里连头合角厢栱二件，各长八寸四分，高五寸六分，宽四寸。

斜桁椀一件，长十三尺四寸四分，高二尺四寸，宽九寸二分。

贴升耳十八个，内四个各长七寸九分二厘，四个各长八寸七分二厘，四个各长九寸五分二厘，二个各长一尺三分二厘，四个各长一尺一寸一分二厘，俱高二寸四分，宽九分六厘。

十八斗二十个，槽升四个，三才升二十个，俱与平身科尺寸同。

【译解】大斗一个，长度、宽度均为一尺二寸，高度为八寸。

斜头翘一件，长度为三尺九寸七分六厘，高度为八寸，宽度为六寸。

带正心瓜栱的搭角正头翘两件，长度均为二尺七寸六分，高度均为八寸，宽度均为四寸九分六厘。

斜二翘一件，长度为七尺三寸三分六厘，高度为八寸，宽度为六寸八分。

带正心万栱的搭角正二翘两件，长度均为四尺四寸六分，高度均为八寸，宽度均为四寸九分六厘。

带单才瓜栱的搭角闹二翘两件，长度均为三尺八寸六分，高度均为八寸，宽度均为四寸。

里连头合角单才瓜栱两件，长度均为二尺一寸六分，高度均为五寸六分，宽度均为四寸。

斜头昂一件，长度为十二尺二寸三分六厘，高度为一尺二寸，宽度为七寸六分。

搭角正头昂两件，长度均为四尺九寸二分，高度均为一尺二寸，宽度均为四寸。

带单才瓜栱的搭角闹头昂两件，长度均为六尺一寸六分，高度均为一尺二寸，宽度均为四寸。

带单才万栱的搭角闹头昂两件，长度均为六尺七寸六分，高度均为一尺二寸，宽度均为四寸。

里连头合角单才万栱两件，长度均为一尺五寸二分，高度均为五寸六分，宽度均为四寸。

里连头合角单才瓜栱两件，长度均为八寸八分，高度均为五寸六分，宽度均为四寸。

斜二昂一件，长度为十五尺二寸八分八厘，高度为一尺二寸，宽度为八寸四分。

搭角正二昂两件、闹二昂两件，长度均为六尺一寸二分，高度均为一尺二寸，宽度均为四寸。

带单才万栱的搭角闹二昂两件，长度均为七尺三寸六分，高度均为一尺二寸，宽度均为四寸。

带单才瓜栱的搭角闹二昂两件，长度均为七尺三寸六分，高度均为一尺二寸，宽度均为四寸。

里连头合角单才万栱两件，长度均为三寸六分，高度均为五寸六分，宽度均为四寸。

由昂一件，长度为十八尺九寸六分八厘，高度为二尺二寸，宽度为九寸二分。

搭角正蚂蚱头两件、闹蚂蚱头四件，长度均为六尺，高度均为八寸，宽度均为四寸。

带单才万栱的搭角闹蚂蚱头两件，长度均为七尺八寸四分，高度均为八寸，宽度均为四寸。

把臂厢栱两件，长度均为八尺一寸六分，高度均为八寸，宽度均为四寸。

搭角正撑头木两件、闹撑头木六件，长度均为四尺八寸，高度均为八寸，宽度均为四寸。

里连头合角厢栱两件，长度均为八寸四分，高度均为五寸六分，宽度均为四寸。

斜桁椀一件，长度为十三尺四寸四分，高度为二尺四寸，宽度为九寸二分。

贴升耳十八个，其中四个长度为七寸九分二厘，四个长度为八寸七分二厘，四个长度为九寸五分二厘，两个长度为一尺三分二厘，四个长度为一尺一寸一分二厘，高度均为二寸四分，宽度均为九分六厘。

十八斗二十个，槽升子四个，三才升二十个，它们的尺寸均与平身科斗栱的尺寸相同。

## 一斗二升交麻叶并一斗三升平身科、柱头科、角科俱斗口四寸各件尺寸

【译解】当斗口为四寸时，平身科、柱头科、角科的一斗二升交麻叶斗栱和一斗三升斗栱中各构件的尺寸。

### 平身科

【译解】平身科斗栱

【原文】（其一斗三升去麻叶云，中加槽升一个。）

大斗一个，见方一尺二寸，高八寸。

麻叶云一件，长四尺八寸，高二尺一寸三分二厘，宽四寸。

正心瓜栱一件，长二尺四寸八分，高八寸，宽四寸九分六厘。

槽升二个，各长五寸二分，高四寸，宽六寸八分八厘。

【译解】（在一斗三升斗栱中央不安装麻叶云，安装一个槽升子。）

大斗一个，长度、宽度均为一尺二寸，高度为八寸。

麻叶云一件，长度为四尺八寸，高度为二尺一寸三分二厘，宽度为四寸。

正心瓜栱一件，长度为二尺四寸八分，高度为八寸，宽度为四寸九分六厘。

槽升子两个，长度均为五寸二分，高度均为四寸，宽度均为六寸八分八厘。

### 柱头科

【译解】柱头科斗栱

【原文】大斗一个，长二尺，高八寸，宽一尺二寸。

正心瓜栱一件，长二尺四寸八分，高八寸，宽四寸九分六厘。

槽升二个，各长五寸二分，高四寸，宽六寸八分八厘。

贴正升耳二个，各长五寸二分，高四寸，宽九分六厘。

【译解】大斗一个，长度为二尺，高度为八寸，宽度为一尺二寸。

正心瓜栱一件，长度为二尺四寸八分，高度为八寸，宽度为四寸九分六厘。

槽升子两个，长度均为五寸二分，高度均为四寸，宽度均为六寸八分八厘。

贴正升耳两个，长度均为五寸二分，高度均为四寸，宽度均为九分六厘。

### 角科

【译解】角科斗栱

【原文】大斗一个，见方一尺二寸，高八寸。

斜昂一件，长六尺七寸二分，高二尺五寸二分，宽六寸。

搭角正心瓜栱二件，各长三尺五寸

六分，高八寸，宽四寸九分六厘。

槽升二个，各长五寸二分，高四寸，宽六寸八分八厘。

三才升二个，各长五寸二分，高四寸，宽五寸九分二厘。

贴斜升耳二个，各长七寸九分二厘，高二寸四分，宽九分六厘。

【译解】大斗一个，长度、宽度均为一尺二寸，高度为八寸。

斜昂一件，长度为六尺七寸二分，高度为二尺五寸二分，宽度为六寸。

搭角正心瓜栱两件，长度均为三尺五寸六分，高度均为八寸，宽度均为四寸九分六厘。

槽升子两个，长度均为五寸二分，高度均为四寸，宽度均为六寸八分八厘。

三才升两个，长度均为五寸二分，高度均为四寸，宽度均为五寸九分二厘。

贴斜升耳两个，长度均为七寸九分二厘，高度均为二寸四分，宽度均为九分六厘。

## 三滴水品字平身科、柱头科、角科斗口四寸各件尺寸

【译解】当斗口为四寸时，平身科、柱头科、角科三滴水品字科斗栱中各构件的尺寸。

### 平身科

【译解】平身科斗栱

【原文】大斗一个，见方一尺二寸，高八寸。

头翘一件，长二尺八寸四分，高八寸，宽四寸。

二翘一件，长五尺二寸四分，高八寸，宽四寸。

撑头木一件，长六尺，高八寸，宽四寸。

正心瓜栱一件，长二尺四寸八分，高八寸，宽四寸九分六厘。

正心万栱一件，长三尺六寸八分，高八寸，宽四寸九分六厘。

单才瓜栱二件，各长二尺四寸八分，高五寸六分，宽四寸。

厢栱一件，长二尺八寸八分，高五寸六分，宽四寸。

十八斗三个，各长七寸二分，高四寸，宽五寸九分二厘。

槽升四个，各长五寸二分，高四寸，宽六寸八分八厘。

三才升六个，各长五寸二分，高四寸，宽五寸九分二厘。

【译解】大斗一个，长度、宽度均为一尺二寸，高度为八寸。

头翘一件，长度为二尺八寸四分，高度为八寸，宽度为四寸。

二翘一件，长度为五尺二寸四分，高度为八寸，宽度为四寸。

撑头木一件，长度为六尺，高度为八寸，宽度为四寸。

正心瓜栱一件，长度为二尺四寸八分，高度为八寸，宽度为四寸九分六厘。

正心万栱一件，长度为三尺六寸八分，高度为八寸，宽度为四寸九分六厘。

单才瓜栱两件，长度均为二尺四寸八分，高度均为五寸六分，宽度均为四寸。

厢栱一件，长度为二尺八寸八分，高度为五寸六分，宽度为四寸。

十八斗三个，长度均为七寸二分，高度均为四寸，宽度均为五寸九分二厘。

槽升子四个，长度均为五寸二分，高度均为四寸，宽度均为六寸八分八厘。

三才升六个，长度均为五寸二分，高度均为四寸，宽度均为五寸九分二厘。

柱头科

【译解】柱头科斗栱

【原文】大斗一个，长二尺，高八寸，宽一尺二寸。

头翘一件，长二尺八寸四分，高八寸，宽八寸。

正心瓜栱一件，长二尺四寸八分，高八寸，宽四寸九分六厘。

正心万栱一件，长三尺六寸八分，高八寸，宽四寸九分六厘。

单才瓜栱二件，各长二尺四寸八分，高五寸六分，宽四寸。

厢栱一件，长二尺八寸八分，高五寸六分，宽四寸。

桶子十八斗一个，长一尺九寸二分，高四寸，宽五寸九分二厘。

槽升四个，各长五寸二分，高四寸，宽六寸八分八厘。

三才升六个，各长五寸二分，高四寸，宽五寸九分二厘。

贴斗耳二个，各长五寸九分二厘，高四寸，宽九分六厘。

【译解】大斗一个，长度为二尺，高度为八寸，宽度为一尺二寸。

头翘一件，长度为二尺八寸四分，高度为八寸，宽度为八寸。

正心瓜栱一件，长度为二尺四寸八分，高度为八寸，宽度为四寸九分六厘。

正心万栱一件，长度为三尺六寸八分，高度为八寸，宽度为四寸九分六厘。

单才瓜栱两件，长度均为二尺四寸八分，高度均为五寸六分，宽度均为四寸。

厢栱一件，长度为二尺八寸八分，高度为五寸六分，宽度为四寸。

桶子十八斗一个，长度为一尺九寸二分，高度为四寸，宽度为五寸九分二厘。

槽升子四个，长度均为五寸二分，高度均为四寸，宽度均为六寸八分八厘。

三才升六个，长度均为五寸二分，高度均为四寸，宽度均为五寸九分二厘。

贴斗耳两个，长度均为五寸九分二

厘，高度均为四寸，宽度均为九分六厘。

角科

【译解】角科斗栱

【原文】大斗一个，见方一尺二寸，高八寸。

斜头翘一件，长三尺九寸七分六厘，高八寸，宽六寸。

搭角正头翘带正心瓜栱二件，各长二尺六寸六分，高八寸，宽四寸九分六厘。

搭角正二翘带正心万栱二件，各长四尺四寸六分，高八寸，宽四寸九分六厘。

搭角闹二翘带单才瓜栱二件，各长三尺八寸六分，高八寸，宽四寸。

里连头合角单才瓜栱二件，各长二尺一寸六分，高五寸六分，宽四寸。

里连头合角厢栱二件，各长六寸，高五寸六分，宽四寸。

贴升耳四个，各长七寸九分二厘，高二寸四分，宽九分六厘。

十八斗二个、槽升四个、三才升六个，俱与平身科尺寸同。

【译解】大斗一个，长度、宽度均为一尺二寸，高度为八寸。

斜头翘一件，长度为三尺九寸七分六厘，高度为八寸，宽度为六寸。

带正心瓜栱的搭角正头翘两件，长度均为二尺六寸六分，高度均为八寸，宽度均为四寸九分六厘。

带正心万栱的搭角正二翘两件，长度均为四尺四寸六分，高度均为八寸，宽度均为四寸九分六厘。

带单才瓜栱的搭角闹二翘两件，长度均为三尺八寸六分，高度均为八寸，宽度均为四寸。

里连头合角单才瓜栱两件，长度均为二尺一寸六分，高度均为五寸六分，宽度均为四寸。

里连头合角厢栱两件，长度均为六寸，高度均为五寸六分，宽度均为四寸。

贴升耳四个，长度均为七寸九分二厘，高度均为二寸四分，宽度均为九分六厘。

十八斗两个，槽升子四个，三才升六个，它们的尺寸均与平身科斗栱的尺寸相同。

## 内里品字科斗口四寸各件尺寸

【译解】当斗口为四寸时，内里品字科斗栱中各构件的尺寸。

【原文】大斗一个，长一尺二寸，高八寸，宽六寸。

头翘一件，长一尺四寸二分，高八寸，宽四寸。

二翘一件，长二尺六寸二分，高八寸，宽四寸。

撑头木一件，长三尺八寸二分，高八寸，宽四寸。

正心瓜栱一件，长二尺四寸八分，高八寸，宽二寸四分八厘。

正心万栱一件，长三尺六寸八分，高八寸，宽二寸四分八厘。

麻叶云一件，长三尺二寸八分，高八寸，宽四寸。

三福云二件，各长二尺八寸八分，高一尺二寸，宽四寸。

十八斗二个，各长七寸二分，高四寸，宽五寸九分二厘。

槽升四个，各长五寸二分，高四寸，宽三寸四分四厘。

【译解】大斗一个，长度为一尺二寸，高度为八寸，宽度为六寸。

头翘一件，长度为一尺四寸二分，高度为八寸，宽度为四寸。

二翘一件，长度为二尺六寸二分，高度为八寸，宽度为四寸。

撑头木一件，长度为三尺八寸二分，高度为八寸，宽度为四寸。

正心瓜栱一件，长度为二尺四寸八分，高度为八寸，宽度为二寸四分八厘。

正心万栱一件，长度为三尺六寸八分，高度为八寸，宽度为二寸四分八厘。

麻叶云一件，长度为三尺二寸八分，高度为八寸，宽度为四寸。

三福云两件，长度均为二尺八寸八分，高度均为一尺二寸，宽度均为四寸。

十八斗两个，长度均为七寸二分，高度均为四寸，宽度均为五寸九分二厘。

槽升子四个，长度均为五寸二分，高度均为四寸，宽度均为三寸四分四厘。

## 槅架科斗口四寸各件尺寸

【译解】当斗口为四寸时，槅架科斗栱中各构件的尺寸。

【原文】贴大斗耳二个，各长一尺二寸，高八寸，厚三寸五分二厘。

荷叶一件，长三尺六寸，高八寸，宽八寸。

栱一件，长二尺四寸八分，高八寸，宽八寸。

雀替一件，长八尺，高一尺六寸，宽八寸。

贴槽升耳六个，各长五寸二分，高四寸，宽九分六厘。

【译解】贴大斗耳两个，长度均为一尺二寸，高度均为八寸，厚度均为三寸五分二厘。

荷叶墩一件，长度为三尺六寸，高度为八寸，宽度为八寸。

栱一件，长度为二尺四寸八分，高度为八寸，宽度为八寸。

雀替一件，长度为八尺，高度为一尺六寸，宽度为八寸。

贴槽升耳六个，长度均为五寸二分，高度均为四寸，宽度均为九分六厘。

# 卷三十七

本卷详述当斗口为四寸五分时，各类斗栱的尺寸。

## 斗科斗口四寸五分尺寸

【译解】当斗口为四寸五分时，各类斗栱的尺寸。

## 斗口单昂平身科、柱头科、角科斗口四寸五分各件尺寸

【译解】当斗口为四寸五分时，平身科、柱头科、角科的单昂斗栱中各构件的尺寸。

### 平身科

【译解】平身科斗栱

【原文】大斗一个，见方一尺三寸五分，高九寸。

单昂一件，长四尺四寸三分二厘五毫，高一尺三寸五分，宽四寸五分。

蚂蚱头一件，长五尺六寸四分三厘，高九寸，宽四寸五分。

撑头木一件，长二尺七寸，高九寸，宽四寸五分。

正心瓜栱一件，长二尺七寸九分，高九寸，宽五寸五分八厘。

正心万栱一件，长四尺一寸四分，高九寸，宽五寸五分八厘。

厢栱二件，各长三尺二寸四分，高六寸三分，宽四寸五分。

桁椀一件，长二尺七寸，高六寸七分五厘，宽四寸五分。

十八斗二个，各长八寸一分，高四寸五分，宽六寸六分六厘。

槽升四个，各长五寸八分五厘，高四寸五分，宽七寸七分四厘。

三才升六个，各长五寸八分五厘，高四寸五分，宽六寸六分。

【译解】大斗一个，长度、宽度均为一尺三寸五分，高度为九寸。

单昂一件，长度为四尺四寸三分二厘五毫，高度为一尺三寸五分，宽度为四寸五分。

蚂蚱头一件，长度为五尺六寸四分三厘，高度为九寸，宽度为四寸五分。

撑头木一件，长度为二尺七寸，高度为九寸，宽度为四寸五分。

正心瓜栱一件，长度为二尺七寸九分，高度为九寸，宽度为五寸五分八厘。

正心万栱一件，长度为四尺一寸四分，高度为九寸，宽度为五寸五分八厘。

厢栱两件，长度均为三尺二寸四分，高度均为六寸三分，宽度均为四寸五分。

桁椀一件，长度为二尺七寸，高度为六寸七分五厘，宽度为四寸五分。

十八斗两个，长度均为八寸一分，高度均为四寸五分，宽度均为六寸六分六厘。

槽升子四个，长度均为五寸八分五

厘，高度均为四寸五分，宽度均为七寸七分四厘。

三才升六个，长度均为五寸八分五厘，高度均为四寸五分，宽度均为六寸六分。

柱头科

【译解】柱头科斗栱

【原文】大斗一个，长一尺八寸，高九寸，宽一尺三寸五分。

单昂一件，长四尺四寸三分二厘五毫，高一尺三寸五分，宽九寸。

正心瓜栱一件，长二尺七寸九分，高九寸，宽五寸五分八厘。

正心万栱一件，长四尺一寸四分，高九寸，宽五寸五分八厘。

厢栱二件，各长三尺二寸四分，高六寸，宽四寸五分。

桶子十八斗一个，长二尺一寸六分，高四寸五分，宽六寸六分六厘。

槽升子二个，各长五寸八分五厘，高四寸五分，宽七寸七分四厘。

三才升五个，各长五寸八分五厘，高四寸五分，宽六寸六分六厘。

【译解】大斗一个，长度为一尺八寸，高度为九寸，宽度为一尺三寸五分。

单昂一件，长度为四尺四寸三分二厘五毫，高度为一尺三寸五分，宽度为九寸。

正心瓜栱一件，长度为二尺七寸九分，高度为九寸，宽度为五寸五分八厘。

正心万栱一件，长度为四尺一寸四分，高度为九寸，宽度为五寸五分八厘。

厢栱两件，长度均为三尺二寸四分，高度均为六寸，宽度均为四寸五分。

桶子十八斗一个，长度为二尺一寸六分，高度为四寸五分，宽度为六寸六分六厘。

槽升子两个，长度均为五寸八分五厘，高度均为四寸五分，宽度均为七寸七分四厘。

三才升五个，长度均为五寸八分五厘，高度均为四寸五分，宽度均为六寸六分六厘。

角科

【译解】角科斗栱

【原文】大斗一个，见方一尺三寸五分，高九寸。

斜昂一件，长六尺二寸五厘五毫，高一尺三寸五分，宽六寸七分五厘。

搭角正头昂带正心瓜栱二件，各长四尺二寸三分，高一尺三寸五分，宽五寸五分八厘。

由昂一件，长九尺七寸八分三厘，高二尺四寸七分五厘，宽一尺二寸三分七厘五毫。

搭角正蚂蚱头带正心万栱二件，各

长四尺七寸七分，高九寸，宽五寸五分八厘。

搭角正撑头木二件，各长一尺三寸五分，高九寸，宽四寸五分。

把臂厢栱二件，各长五尺一寸三分，高九寸，宽四寸五分。

里连头合角厢栱二件，各长五寸四分，高六寸三分，宽四寸五分。

斜桁椀一件，长二尺七寸，高六寸七分五厘，宽一尺二寸三分七厘五毫。

十八斗二个，槽升四个，三才升六个，俱与平身科尺寸同。

【译解】大斗一个，长度、宽度均为一尺三寸五分，高度为九寸。

斜昂一件，长度为六尺二寸五厘五毫，高度为一尺三寸五分，宽度为六寸七分五厘。

带正心瓜栱的搭角正头昂两件，长度均为四尺二寸三分，高度均为一尺三寸五分，宽度均为五寸五分八厘。

由昂一件，长度为九尺七寸八分三厘，高度为二尺四寸七分五厘，宽度为一尺二寸三分七厘五毫。

带正心万栱的搭角正蚂蚱头两件，长度均为四尺七寸七分，高度均为九寸，宽度均为五寸五分八厘。

搭角正撑头木两件，长度均为一尺三寸五分，高度均为九寸，宽度均为四寸五分。

把臂厢栱两件，长度均为五尺一寸三分，高度均为九寸，宽度均为四寸五分。

里连头合角厢栱两件，长度均为五寸四分，高度均为六寸三分，宽度均为四寸五分。

斜桁椀一件，长度为二尺七寸，高度为六寸七分五厘，宽度为一尺二寸三分七厘五毫。

十八斗两个，槽升子四个，三才升六个，它们的尺寸均与平身科斗栱的尺寸相同。

## 斗口重昂平身科、柱头科、角科斗口四寸五分各件尺寸

【译解】当斗口为四寸五分时，平身科、柱头科、角科的重昂斗栱中各构件的尺寸。

### 平身科

【译解】平身科斗栱

【原文】大斗一个，见方一尺三寸五分，高九寸。

头昂一件，长四尺四寸三分二厘五毫，高一尺三寸五分，宽四寸五分。

二昂一件，长六尺八寸八分五厘，高一尺三寸五分，宽四寸五分。

蚂蚱头一件，长七尺二分，高九寸，宽四寸五分。

撑头木一件，长六尺九寸九分三厘，

高九寸，宽四寸五分。

正心瓜栱一件，长二尺七寸九分，高九寸，宽五寸五分八厘。

正心万栱一件，长四尺一寸四分，高九寸，宽五寸五分八厘。

单才瓜栱二件，各长二尺七寸九分，高六寸三分，宽四寸五分。

单才万栱二件，各长四尺一寸四分，高六寸三分，宽四寸五分。

厢栱二件，各长三尺二寸四分，高六寸三分，宽四寸五分。

桁椀一件，长五尺四寸，高一尺三寸五分，宽四寸五分。

十八斗四个，各长八寸一分，高四寸五分，宽六寸六分六厘。

槽升四个，各长五寸八分五厘，高四寸五分，宽七寸七分四厘。

三才升十二个，各长五寸八分五厘，高四寸五分，宽六寸六分六厘。

【译解】大斗一个，长度、宽度均为一尺三寸五分，高度为九寸。

头昂一件，长度为四尺四寸三分二厘五毫，高度为一尺三寸五分，宽度为四寸五分。

二昂一件，长度为六尺八寸八分五厘，高度为一尺三寸五分，宽度为四寸五分。

蚂蚱头一件，长度为七尺二分，高度为九寸，宽度为四寸五分。

撑头木一件，长度为六尺九寸九分三厘，高度为九寸，宽度为四寸五分。

正心瓜栱一件，长度为二尺七寸九分，高度为九寸，宽度为五寸五分八厘。

正心万栱一件，长度为四尺一寸四分，高度为九寸，宽度为五寸五分八厘。

单才瓜栱两件，长度均为二尺七寸九分，高度均为六寸三分，宽度均为四寸五分。

单才万栱两件，长度均为四尺一寸四分，高度均为六寸三分，宽度均为四寸五分。

厢栱两件，长度均为三尺二寸四分，高度均为六寸三分，宽度均为四寸五分。

桁椀一件，长度为五尺四寸，高度为一尺三寸五分，宽度为四寸五分。

十八斗四个，长度均为八寸一分，高度均为四寸五分，宽度均为六寸六分六厘。

槽升子四个，长度均为五寸八分五厘，高度均为四寸五分，宽度均为七寸七分四厘。

三才升十二个，长度均为五寸八分五厘，高度均为四寸五分，宽度均为六寸六分六厘。

柱头科

【译解】柱头科斗栱

【原文】大斗一个，长一尺八寸，高九寸，宽一尺三寸五分。

**头昂一件，长四尺四寸三分二厘五毫，高一尺三寸五分，宽九寸。**

**二昂一件，长六尺六寸八分五厘，高一尺三寸五分，宽一尺三寸五分。**

**正心瓜栱一件，长二尺七寸九分，高九寸，宽五寸五分八厘。**

**正心万栱一件，长四尺一寸四分，高九寸，宽五寸五分八厘。**

**单才瓜栱二件，各长二尺七寸九分，高六寸三分，宽四寸五分。**

**单才万栱二件，各长四尺一寸四分，高六寸三分，宽四寸五分。**

**厢栱二件，各长三尺二寸四分，高六寸三分，宽四寸五分。**

**桶子十八斗三个，内二个各长一尺七寸一分，一个长二尺一寸六分，俱高四寸五分，宽六寸六分六厘。**

**槽升四个，各长五寸八分五厘，高四寸五分，宽七寸七分四厘。**

**三才升十二个，各长五寸八分五厘，高四寸五分，宽六寸六分六厘。**

【译解】大斗一个，长度为一尺八寸，高度为九寸，宽度为一尺三寸五分。

头昂一件，长度为四尺四寸三分二厘五毫，高度为一尺三寸五分，宽度为九寸。

二昂一件，长度为六尺六寸八分五厘，高度为一尺三寸五分，宽度为一尺三寸五分。

正心瓜栱一件，长度为二尺七寸九分，高度为九寸，宽度为五寸五分八厘。

正心万栱一件，长度为四尺一寸四分，高度为九寸，宽度为五寸五分八厘。

单才瓜栱两件，长度均为二尺七寸九分，高度均为六寸三分，宽度均为四寸五分。

单才万栱两件，长度均为四尺一寸四分，高度均为六寸三分，宽度均为四寸五分。

厢栱两件，长度均为三尺二寸四分，高度均为六寸三分，宽度均为四寸五分。

桶子十八斗三个，其中两个长度为一尺七寸一分，一个长度为二尺一寸六分，高度均为四寸五分，宽度均为六寸六分六厘。

槽升子四个，长度均为五寸八分五厘，高度均为四寸五分，宽度均为七寸七分四厘。

三才升十二个，长度均为五寸八分五厘，高度均为四寸五分，宽度均为六寸六分六厘。

角科

【译解】角科斗栱

**【原文】大斗一个，见方一尺三寸五分，高九寸。**

**斜头昂一件，长六尺二寸五厘五毫，高一尺三寸五分，宽六寸七分五厘。**

**搭角正头昂带正心瓜栱二件，各长四尺二寸三分，高一尺三寸五分，宽五寸**

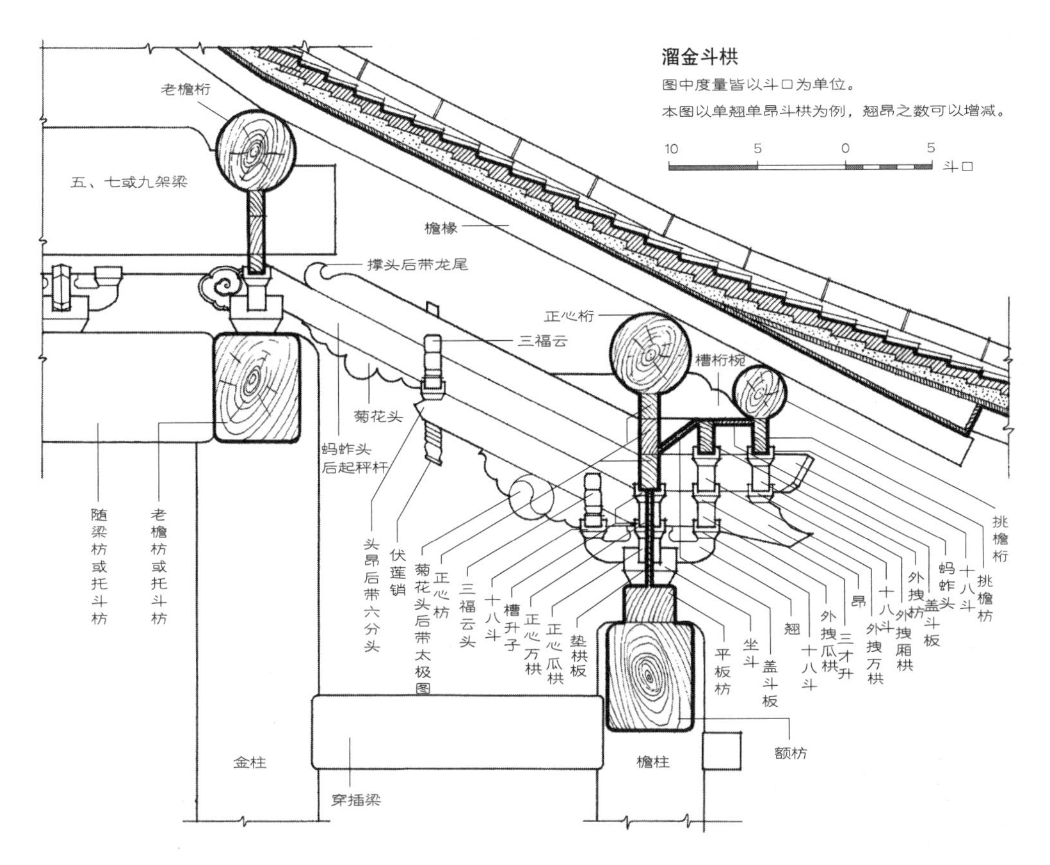


## □ 溜金斗栱

明清斗栱中有一类外檐斗栱做法与众不同，其翘、昂、耍头等进深构件（自正心枋以内）不是水平迭次下落，而是按檐步举架的要求向斜上方延伸，其撑头和耍头一直延伸至金步位置，此类特殊构造的斗栱即为“溜金斗栱”。

五分八厘。

斜二昂一件，长九尺六寸三分九厘，高一尺三寸五分，宽八寸五分。

搭角正二昂带正心万栱二件，各长六尺二寸五分五厘，高一尺三寸五分，宽五寸五分八厘。

搭角闹二昂带单才瓜栱二件，各长五尺五寸八分，高一尺三寸五分，宽四寸五分。

由昂一件，长十三尺六寸三分五厘，高二尺四寸七分五厘，宽一尺二分五厘。

搭角正蚂蚱头二件，各长四尺五分，高九寸，宽四寸五分。

搭角闹蚂蚱头带单才万栱二件，各长六尺一寸二分，高九寸，宽四寸五分。

把臂厢栱二件，各长六尺四寸八分，高九寸，宽四寸五分。

里连头合角单才瓜栱二件，各长二尺四寸三分，高六寸三分，宽四寸五分。

里连头合角单才万栱二件，各长一尺七寸一分，高六寸三分，宽四寸五分。

搭角正撑头木二件，闹撑头木二件，各长二尺七寸，高九寸，宽四寸五分。

里连头合角厢栱二件，各长六寸七分五厘，高六寸三分，宽四寸五分。

斜桁椀一件，长七尺五寸六分，高一尺三寸五分，宽一尺二分五厘。

贴升耳十个，内四个各长八寸九分一厘，二个各长一尺六分六厘，四个各长一尺二寸四分一厘，俱高二寸七分，宽一寸八厘。

十八斗六个，槽升四个，三才升十二个，俱与平身科尺寸同。

【译解】大斗一个，长度、宽度均为一尺三寸五分，高度为九寸。

斜头昂一件，长度为六尺二寸五厘五毫，高度为一尺三寸五分，宽度为六寸七分五厘。

带正心瓜栱的搭角正头昂两件，长度均为四尺二寸三分，高度均为一尺三寸五分，宽度均为五寸五分八厘。

斜二昂一件，长度为九尺六寸三分九厘，高度为一尺三寸五分，宽度为八寸五分。

带正心万栱的搭角正二昂两件，长度均为六尺二寸五分五厘，高度均为一尺三寸五分，宽度均为五寸五分八厘。

带单才瓜栱的搭角闹二昂两件，长度均为五尺五寸八分，高度均为一尺三寸五分，宽度均为四寸五分。

由昂一件，长度为十三尺六寸三分五厘，高度为二尺四寸七分五厘，宽度为一尺二分五厘。

搭角正蚂蚱头两件，长度均为四尺五分，高度均为九寸，宽度均为四寸五分。

带单才万栱的搭角闹蚂蚱头两件，长度均为六尺一寸二分，高度均为九寸，宽度均为四寸五分。

把臂厢栱两件，长度均为六尺四寸八分，高度均为九寸，宽度均为四寸五分。

里连头合角单才瓜栱两件，长度均为二尺四寸三分，高度均为六寸三分，宽度均为四寸五分。

里连头合角单才万栱两件，长度均为一尺七寸一分，高度均为六寸三分，宽度均为四寸五分。

搭角正撑头木两件，闹撑头木两件，长度均为二尺七寸，高度均为九寸，宽度均为四寸五分。

里连头合角厢栱两件，长度均为六寸七分五厘，高度均为六寸三分，宽度均为四寸五分。

斜桁椀一件，长度为七尺五寸六分，高度为一尺三寸五分，宽度为一尺二分五厘。

贴升耳十个，其中四个长度为八寸九分一厘，两个长度为一尺六分六厘，四个长度为一尺二寸四分一厘，高度均为二寸七分，宽度均为一寸八厘。

十八斗六个，槽升子四个，三才升

十二个，它们的尺寸均与平身科斗栱的尺寸相同。

## 单翘单昂平身科、柱头科、角科斗口四寸五分各件尺寸

【译解】当斗口为四寸五分时，平身科、柱头科、角科的单翘单昂斗栱中各构件的尺寸。

### 平身科

【译解】平身科斗栱

**【原文】单翘一件，长三尺一寸九分五厘，高九寸，宽四寸五分。**

**其余各件，俱与斗口重昂平身科尺寸同。**

【译解】单翘一件，长度为三尺一寸九分五厘，高度为九寸，宽度为四寸五分。

其余构件的尺寸均与平身科重昂斗栱的尺寸相同。

### 柱头科

【译解】柱头科斗栱

**【原文】单翘一件，长三尺一寸九分五厘，高九寸，宽九寸。**

**其余各件，俱与斗口重昂柱头科尺寸同。**

【译解】单翘一件，长度为三尺一寸九分五厘，高度为九寸，宽度为九寸。

其余构件的尺寸均与柱头科重昂斗栱的尺寸相同。

### 角科

【译解】角科斗栱

**【原文】斜翘一件，长四尺四寸七分三厘，高九寸，宽六寸七分五厘。**

**搭角正翘带正心瓜栱二件，各长二尺九寸三分二厘五毫，高九寸，宽五寸五分八厘。**

**其余各件，俱与斗口重昂角科尺寸同。**

【译解】斜翘一件，长度为四尺四寸七分三厘，高度为九寸，宽度为六寸七分五厘。

带正心瓜栱的搭角正翘两件，长度均为二尺九寸三分二厘五毫，高度均为九寸，宽度均为五寸五分八厘。

其余构件的尺寸均与角科重昂斗栱的尺寸相同。

## 单翘重昂平身科、柱头科、角科斗口四寸五分各件尺寸

【译解】当斗口为四寸五分时，平身科、柱头科、角科的单翘重昂斗栱中各构件的尺寸。

### 平身科

【译解】平身科斗栱

【原文】大斗一个，见方一尺三寸五分，高九寸。

单翘一件，长三尺一寸九分五厘，高九寸，宽四寸五分。

头昂一件，长七尺一寸三分二厘五毫，高一尺三寸五分，宽四寸五分。

二昂一件，长九尺五寸八分五厘，高一尺三寸五分，宽四寸五分。

蚂蚱头一件，长九尺七寸二分，高九寸，宽四寸五分。

撑头木一件，长九尺六寸九分三厘，高九寸，宽四寸五分。

正心瓜栱一件，长二尺七寸九分，高九寸，宽五寸五分八厘。

正心万栱一件，长四尺一寸四分，高九寸，宽五寸五分八厘。

单才瓜栱四件，各长二尺七寸九分，高六寸三分，宽四寸五分。

单才万栱四件，各长四尺一寸四分，高六寸三分，宽四寸五分。

厢栱二件，各长三尺二寸四分，高六寸三分，宽四寸五分。

桁椀一件，长八尺一寸，高二尺二分五厘，宽四寸五分。

十八斗六个，各长八寸一分，高四寸五分，宽六寸六分六厘。

槽升四个，各长五寸八分五厘，高四寸五分，宽七寸七分四厘。

三才升二十个，各长五寸八分五厘，高四寸五分，宽六寸六分六厘。

【译解】大斗一个，长度、宽度均为一尺三寸五分，高度为九寸。

单翘一件，长度为三尺一寸九分五厘，高度为九寸，宽度为四寸五分。

头昂一件，长度为七尺一寸三分二厘五毫，高度为一尺三寸五分，宽度为四寸五分。

二昂一件，长度为九尺五寸八分五厘，高度为一尺三寸五分，宽度为四寸五分。

蚂蚱头一件，长度为九尺七寸二分，高度为九寸，宽度为四寸五分。

撑头木一件，长度为九尺六寸九分三厘，高度为九寸，宽度为四寸五分。

正心瓜栱一件，长度为二尺七寸九分，高度为九寸，宽度为五寸五分八厘。

正心万栱一件，长度为四尺一寸四分，高度为九寸，宽度为五寸五分八厘。

单才瓜栱四件，长度均为二尺七寸九分，高度均为六寸三分，宽度均为四寸

五分。

单才万栱四件，长度均为四尺一寸四分，高度均为六寸三分，宽度均为四寸五分。

厢栱两件，长度均为三尺二寸四分，高度均为六寸三分，宽度均为四寸五分。

桁椀一件，长度为八尺一寸，高度为二尺二分五厘，宽度为四寸五分。

十八斗六个，长度均为八寸一分，高度均为四寸五分，宽度均为六寸六分六厘。

槽升子四个，长度均为五寸八分五厘，高度均为四寸五分，宽度均为七寸七分四厘。

三才升二十个，长度均为五寸八分五厘，高度均为四寸五分，宽度均为六寸六分六厘。

柱头科

【译解】柱头科斗栱

【原文】大斗一个，长一尺八寸，高九寸，宽一尺三寸五分。

单翘一件，长三尺一寸九分五厘，高九寸，宽九寸。

头昂一件，长七尺一寸三分二厘五毫，高一尺三寸五分，宽一尺二寸。

二昂一件，长九尺五寸八分五厘，高一尺三寸五分，宽一尺五寸。

正心瓜栱一件，长二尺七寸九分，高九寸，宽五寸五分八厘。

正心万栱一件，长四尺一寸四分，高九寸，宽五寸五分八厘。

单才瓜栱四件，各长二尺七寸九分，高六寸三分，宽四寸五分。

单才万栱四件，各长四尺一寸四分，高六寸三分，宽四寸五分。

厢栱二件，各长三尺二寸四分，高六寸三分，宽四寸五分。

桶子十八斗五个，内二个各长一尺五寸六分，二个各长一尺八寸六分，一个长二尺一寸六分，俱高四寸五分，宽六寸六分六厘。

槽升四个，各长五寸八分五厘，高四寸五分，宽七寸七分四厘。

三才升二十个，各长五寸八分五厘，高四寸五分，宽六寸六分六厘。

【译解】大斗一个，长度为一尺八寸，高度为九寸，宽度为一尺三寸五分。

单翘一件，长度为三尺一寸九分五厘，高度为九寸，宽度为九寸。

头昂一件，长度为七尺一寸三分二厘五毫，高度为一尺三寸五分，宽度为一尺二寸。

二昂一件，长度为九尺五寸八分五厘，高度为一尺三寸五分，宽度为一尺五寸。

正心瓜栱一件，长度为二尺七寸九分，高度为九寸，宽度为五寸五分八厘。

正心万栱一件，长度为四尺一寸四分，高度为九寸，宽度为五寸五分八厘。

单才瓜栱四件，长度均为二尺七寸九

分，高度均为六寸三分，宽度均为四寸五分。

单才万栱四件，长度均为四尺一寸四分，高度均为六寸三分，宽度均为四寸五分。

厢栱两件，长度均为三尺二寸四分，高度均为六寸三分，宽度均为四寸五分。

桶子十八斗五个，其中两个长度为一尺五寸六分，两个长度为一尺八寸六分，一个长度为二尺一寸六分，高度均为四寸五分，宽度均为六寸六分六厘。

槽升子四个，长度均为五寸八分五厘，高度均为四寸五分，宽度均为七寸七分四厘。

三才升二十个，长度均为五寸八分五厘，高度均为四寸五分，宽度均为六寸六分六厘。

角科

【译解】角科斗栱

【原文】大斗一个，见方一尺三寸五分，高九寸。

斜翘一件，长四尺四寸七分三厘，高九寸，宽六寸七分五厘。

搭角正翘带正心瓜栱二件，各长二尺九寸九分二厘五毫，高九寸，宽五寸五分八厘。

斜头昂一件，长九尺九寸八分五厘五毫，高一尺三寸五分，宽八寸六厘二毫五丝。

搭角正头昂带正心万栱二件，各长六尺二寸五分五厘，高一尺三寸五分，宽五寸五分八厘。

搭角闹头昂带单才瓜栱二件，各长五尺五寸八分，高一尺三寸五分，宽四寸五分。

里连头合角单才瓜栱二件，各长二尺四寸三分，高六寸三分，宽四寸五分。

斜二昂一件，长十三尺四寸一分九厘，高一尺三寸五分，宽九寸三分七厘五毫。

搭角正二昂二件，各长五尺五寸三分五厘，高一尺三寸五分，宽四寸五分。

搭角闹二昂带单才万栱二件，各长七尺六寸五厘，高一尺三寸五分，宽四寸五分。

搭角闹二昂带单才瓜栱二件，各长六尺九寸三分，高一尺三寸五分，宽四寸五分。

里连头合角单才万栱二件，各长一尺七寸一分，高六寸三分，宽四寸五分。

里连头合角单才瓜栱二件，各长九寸九分，高六寸三分，宽四寸五分。

由昂一件，长十七尺四寸八分七厘，高一尺三寸五分，宽一尺六分八厘七毫五丝。

搭角正蚂蚱头二件、闹蚂蚱头二件，各长五尺四寸，高九寸，宽四寸五分。

搭角闹蚂蚱头带单才万栱二件，各长七尺四寸七分，高九寸，宽四寸五分。

里连头合角单才万栱二件，各长四

寸五厘，高六寸三分，宽四寸五分。

把臂厢栱二件，各长七尺八寸三分，高九寸，宽四寸五分。

搭角正撑头木二件、闹撑头木四件，各长四尺五分，高九寸，宽四寸五分。

里连头合角厢栱二件，各长八寸一分，高六寸三分，宽四寸五分。

斜桁椀一件，长十一尺三寸四分，高二尺二分五厘，宽一尺六分八厘七毫五丝。

贴升耳十四个，内四个各长八寸九分一厘，四个各长一尺二分二厘二毫五丝，二个各长一尺一寸五分三厘五毫，四个各长一尺二寸八分四厘七毫五丝，俱高二寸七分，宽一寸八厘。

十八斗十二个，槽升四个，三才升十六个，俱与平身科尺寸同。

【译解】大斗一个，长度、宽度均为一尺三寸五分，高度为九寸。

斜翘一件，长度为四尺四寸七分三厘，高度为九寸，宽度为六寸七分五厘。

带正心瓜栱的搭角正翘两件，长度均为二尺九寸九分二厘五毫，高度均为九寸，宽度均为五寸五分八厘。

斜头昂一件，长度为九尺九寸八分五厘五毫，高度为一尺三寸五分，宽度为八寸六厘二毫五丝。

带正心万栱的搭角正头昂两件，长度均为六尺二寸五分五厘，高度均为一尺三寸五分，宽度均为五寸五分八厘。

带单才瓜栱的搭角闹头昂两件，长度均为五尺五寸八分，高度均为一尺三寸五分，宽度均为四寸五分。

里连头合角单才瓜栱两件，长度均为二尺四寸三分，高度均为六寸三分，宽度均为四寸五分。

斜二昂一件，长度为十三尺四寸一分九厘，高度为一尺三寸五分，宽度为九寸三分七厘五毫。

搭角正二昂两件，长度均为五尺五寸三分五厘，高度均为一尺三寸五分，宽度均为四寸五分。

带单才万栱的搭角闹二昂两件，长度均为七尺六寸五厘，高度均为一尺三寸五分，宽度均为四寸五分。

带单才瓜栱的搭角闹二昂两件，长度均为六尺九寸三分，高度均为一尺三寸五分，宽度均为四寸五分。

里连头合角单才万栱两件，长度均为一尺七寸一分，高度均为六寸三分，宽度均为四寸五分。

里连头合角单才瓜栱两件，长度均为九寸九分，高度均为六寸三分，宽度均为四寸五分。

由昂一件，长度为十七尺四寸八分七厘，高度为一尺三寸五分，宽度为一尺六分八厘七毫五丝。

搭角正蚂蚱头两件、闹蚂蚱头两件，长度均为五尺四寸，高度均为九寸，宽度均为四寸五分。

带单才万栱的搭角闹蚂蚱头两件，长度均为七尺四寸七分，高度均为九寸，宽度均为四寸五分。

里连头合角单才万栱两件，长度均为四寸五厘，高度均为六寸三分，宽度均为四寸五分。

把臂厢栱两件，长度均为七尺八寸三分，高度均为九寸，宽度均为四寸五分。

搭角正撑头木两件、闹撑头木四件，长度均为四尺五分，高度均为九寸，宽度均为四寸五分。

里连头合角厢栱两件，长度均为八寸一分，高度均为六寸三分，宽度均为四寸五分。

斜桁椀一件，长度为十一尺三寸四分，高度为二尺二分五厘，宽度为一尺六分八厘七毫五丝。

贴升耳十四个，其中四个长度为八寸九分一厘，四个长度为一尺二分二厘二毫五丝，两个长度为一尺一寸五分三厘五毫，四个长度为一尺二寸八分四厘七毫五丝，高度均为二寸七分，宽度均为一寸八厘。

十八斗十二个，槽升子四个，三才升十六个，它们的尺寸均与平身科斗栱的尺寸相同。

## 重翘重昂平身科、柱头科、角科斗口四寸五分各件尺寸

【译解】当斗口为四寸五分时，平身科、柱头科、角科的重翘重昂斗栱中各构件的尺寸。

### 平身科

【译解】平身科斗栱

【原文】大斗一个，见方一尺三寸五分，高九寸。

头翘一件，长三尺一寸九分五厘，高九寸，宽四寸五分。

重翘一件，长五尺八寸九分五厘，高九寸，宽四寸五分。

头昂一件，长九尺八寸三分二厘五毫，高一尺三寸五分，宽四寸五分。

二昂一件，长十二尺二寸八分五厘，高一尺三寸五分，宽四寸五分。

蚂蚱头一件，长十二尺四寸二分，高九寸，宽四寸五分。

撑头木一件，长十二尺三寸九分三厘，高九寸，宽四寸五分。

正心瓜栱一件，长二尺七寸九分，高九寸，宽五寸五分八厘。

正心万栱一件，长四尺一寸四分，高九寸，宽五寸五分八厘。

单才瓜栱六件，各长二尺七寸九分，高六寸三分，宽四寸五分。

单才万栱六件，各长四尺一寸四分，高六寸三分，宽四寸五分。

厢栱二件，各长三尺二寸四分，高六寸三分，宽四寸五分。

桁椀一件，长十尺八寸，高二尺七寸，宽四寸五分。

十八斗八个，各长八寸一分，高四

寸五分，宽六寸六分六厘。

槽升四个，各长五寸八分五厘，高四寸五分，宽七寸七分四厘。

三才升二十八个，各长五寸八分五厘，高四寸五分，宽六寸六分六厘。

【译解】大斗一个，长度、宽度均为一尺三寸五分，高度为九寸。

头翘一件，长度为三尺一寸九分五厘，高度为九寸，宽度为四寸五分。

重翘一件，长度为五尺八寸九分五厘，高度为九寸，宽度为四寸五分。

头昂一件，长度为九尺八寸三分二厘五毫，高度为一尺三寸五分，宽度为四寸五分。

二昂一件，长度为十二尺二寸八分五厘，高度为一尺三寸五分，宽度为四寸五分。

蚂蚱头一件，长度为十二尺四寸二分，高度为九寸，宽度为四寸五分。

撑头木一件，长度为十二尺三寸九分三厘，高度为九寸，宽度为四寸五分。

正心瓜栱一件，长度为二尺七寸九分，高度为九寸，宽度为五寸五分八厘。

正心万栱一件，长度为四尺一寸四分，高度为九寸，宽度为五寸五分八厘。

单才瓜栱六件，长度均为二尺七寸九分，高度均为六寸三分，宽度均为四寸五分。

单才万栱六件，长度均为四尺一寸四分，高度均为六寸三分，宽度均为四寸五分。

厢栱两件，长度均为三尺二寸四分，高度均为六寸三分，宽度均为四寸五分。

桁椀一件，长度为十尺八寸，高度为二尺七寸，宽度为四寸五分。

十八斗八个，长度均为八寸一分，高度均为四寸五分，宽度均为六寸六分六厘。

槽升子四个，长度均为五寸八分五厘，高度均为四寸五分，宽度均为七寸七分四厘。

三才升二十八个，长度均为五寸八分五厘，高度均为四寸五分，宽度均为六寸六分六厘。

柱头科

【译解】柱头科斗栱

【原文】大斗一个，长一尺八寸，高九寸，宽一尺三寸五分。

头翘一件，长三尺一寸九分五厘，高九寸，宽九寸。

重翘一件，长五尺八寸九分五厘，高九寸，宽一尺一寸二分五厘。

头昂一件，长九尺八寸三分二厘五毫，高一尺三寸五分，宽一尺三寸五分。

二昂一件，长十二尺二寸八分五厘，高一尺三寸五分，宽一尺五寸七分五厘。

正心瓜栱一件，长二尺七寸九分，高九寸，宽五寸五分八厘。

正心万栱一件，长四尺一寸四分，

高九寸，宽五寸五分八厘。

单才瓜栱六件，各长二尺七寸九分，高六寸三分，宽四寸五分。

单才万栱六件，各长四尺一寸四分，高六寸三分，宽四寸五分。

厢栱二件，各长三尺二寸四分，高六寸三分，宽四寸五分。

桶子十八斗七个，内二个各长一尺四寸八分五厘，二个各长一尺七寸一分，二个各长一尺九寸三分五厘，一个长二尺一寸六分，俱高四寸五分，宽六寸六分六厘。

槽升四个，各长五寸八分五厘，高四寸五分，宽六寸六分六厘。

三才升二十个，各长五寸八分五厘，高四寸五分，宽六寸六分六厘。

【译解】大斗一个，长度为一尺八寸，高度为九寸，宽度为一尺三寸五分。

头翘一件，长度为三尺一寸九分五厘，高度为九寸，宽度为九寸。

重翘一件，长度为五尺八寸九分五厘，高度为九寸，宽度为一尺一寸二分五厘。

头昂一件，长度为九尺八寸三分二厘五毫，高度为一尺三寸五分，宽度为一尺三寸五分。

二昂一件，长度为十二尺二寸八分五厘，高度为一尺三寸五分，宽度为一尺五寸七分五厘。

正心瓜栱一件，长度为二尺七寸九分，高度为九寸，宽度为五寸五分八厘。

正心万栱一件，长度为四尺一寸四分，高度为九寸，宽度为五寸五分八厘。

单才瓜栱六件，长度均为二尺七寸九分，高度均为六寸三分，宽度均为四寸五分。

单才万栱六件，长度均为四尺一寸四分，高度均为六寸三分，宽度均为四寸五分。

厢栱两件，长度均为三尺二寸四分，高度均为六寸三分，宽度均为四寸五分。

桶子十八斗七个，其中两个长度为一尺四寸八分五厘，两个长度为一尺七寸一分，两个长度为一尺九寸三分五厘，一个长度为二尺一寸六分，高度均为四寸五分，宽度均为六寸六分六厘。

槽升子四个，长度均为五寸八分五厘，高度均为四寸五分，宽度均为六寸六分六厘。

三才升二十个，长度均为五寸八分五厘，高度均为四寸五分，宽度均为六寸六分六厘。

角科

【译解】角科斗栱

【原文】大斗一个，见方一尺三寸五分，高九寸。

斜头翘一件，长四尺四寸七分三厘，高九寸，宽六寸七分五厘。

搭角正头翘带正心瓜栱二件，各长二尺九寸九分二厘五毫，高九寸，宽五寸五分八厘。

斜二翘一件，长八尺二寸五分三厘，高九寸，宽七寸八分。

搭角正二翘带正心万栱二件，各长五尺一分七厘五毫，高九寸，宽五寸五分八厘。

搭角闹二翘带单才瓜栱二件，各长四尺三寸四分二厘五毫，高九寸，宽四寸五分。

里连头合角单才瓜栱二件，各长二尺四寸三分，高六寸三分，宽四寸五分。

斜头昂一件，长十三尺七寸六分五厘五毫，高一尺三寸五分，宽八寸八分五厘。

搭角正头昂二件，各长五尺五寸三分五厘，高一尺三寸五分，宽四寸五分。

搭角闹头昂带单才瓜栱二件，各长六尺九寸三分，高一尺三寸五分，宽四寸五分。

搭角闹头昂带单才万栱二件，各长七尺六寸五厘，高一尺三寸五分，宽四寸五分。

里连头合角单才万栱二件，各长一尺七寸一分，高六寸三分，宽四寸五分。

里连头合角单才瓜栱二件，各长九寸九分，高六寸三分，宽四寸五分。

斜二昂一件，长十七尺一寸九分九厘，高一尺三寸五分，宽九寸九分。

搭角正二昂二件、闹二昂二件，各长六尺八寸八分五厘，高一尺三寸五分，宽四寸五分。

搭角闹二昂带单才万栱二件，各长八尺九寸五分五厘，高一尺三寸五分，宽四寸五分。

搭角闹二昂带单才瓜栱二件，各长八尺二寸八分，高一尺三寸五分，宽四寸五分。

里连头合角单才万栱二件，各长四寸五厘，高六寸三分，宽四寸五分。

由昂一件，长二十一尺三寸三分九厘，高二尺四寸七分五厘，宽一尺九分五厘。

搭角正蚂蚱头二件、闹蚂蚱头四件，各长六尺七寸五分，高九寸，宽四寸五分。

搭角闹蚂蚱头带单才万栱二件，各长八尺八寸二分，高九寸，宽四寸五分。

把臂厢栱二件，各长九尺一寸八分，高九寸，宽四寸五分。

搭角正撑头木二件、闹撑头木六件，各长五尺四寸，高九寸，宽四寸五分。

里连头合角厢栱二件，各长九寸四分五厘，高六寸三分，宽四寸五分。

斜桁椀一件，长十五尺一寸二分，高二尺七寸，宽一尺九分五厘。

贴升耳十八个，内四个各长八寸九分一厘，四个各长九寸九分六厘，四个各长一尺一寸一厘，二个各长一尺二寸六厘，四个各长一尺三寸一分一厘，俱高二寸七分，宽一寸八厘。

十八斗二十个，槽升四个，三才升二十个，俱与平身科尺寸同。

【译解】大斗一个，长度、宽度均为一尺三寸五分，高度为九寸。

斜头翘一件，长度为四尺四寸七分三厘，高度为九寸，宽度为六寸七分五厘。

带正心瓜栱的搭角正头翘两件，长度均为二尺九寸九分二厘五毫，高度均为九寸，宽度均为五寸五分八厘。

斜二翘一件，长度为八尺二寸五分三厘，高度为九寸，宽度为七寸八分。

带正心万栱的搭角正二翘两件，长度均为五尺一分七厘五毫，高度均为九寸，宽度均为五寸五分八厘。

带单才瓜栱的搭角闹二翘两件，长度均为四尺三寸四分二厘五毫，高度均为九寸，宽度均为四寸五分。

里连头合角单才瓜栱两件，长度均为二尺四寸三分，高度均为六寸三分，宽度均为四寸五分。

斜头昂一件，长度为十三尺七寸六分五厘五毫，高度为一尺三寸五分，宽度为八寸八分五厘。

搭角正头昂两件，长度均为五尺五寸三分五厘，高度均为一尺三寸五分，宽度均为四寸五分。

带单才瓜栱的搭角闹头昂两件，长度均为六尺九寸三分，高度均为一尺三寸五分，宽度均为四寸五分。

带单才万栱的搭角闹头昂两件，长度均为七尺六寸五厘，高度均为一尺三寸五分，宽度均为四寸五分。

里连头合角单才万栱两件，长度均为一尺七寸一分，高度均为六寸三分，宽度均为四寸五分。

里连头合角单才瓜栱两件，长度均为九寸九分，高度均为六寸三分，宽度均为四寸五分。

斜二昂一件，长度为十七尺一寸九分九厘，高度为一尺三寸五分，宽度为九寸九分。

搭角正二昂两件、闹二昂两件，长度均为六尺八寸八分五厘，高度均为一尺三寸五分，宽度均为四寸五分。

带单才万栱的搭角闹二昂两件，长度均为八尺九寸五分五厘，高度均为一尺三寸五分，宽度均为四寸五分。

带单才瓜栱的搭角闹二昂两件，长度均为八尺二寸八分，高度均为一尺三寸五分，宽度均为四寸五分。

里连头合角单才万栱两件，长度均为四寸五厘，高度均为六寸三分，宽度均为四寸五分。

由昂一件，长度为二十一尺三寸三分九厘，高度为二尺四寸七分五厘，宽度为一尺九分五厘。

搭角正蚂蚱头两件、闹蚂蚱头四件，长度均为六尺七寸五分，高度均为九寸，宽度均为四寸五分。

带单才万栱的搭角闹蚂蚱头两件，长度均为八尺八寸二分，高度均为九寸，宽度均为四寸五分。

把臂厢栱两件，长度均为九尺一寸八分，高度均为九寸，宽度均为四寸五分。

搭角正撑头木两件、闹撑头木六件，长度均为五尺四寸，高度均为九寸，宽度均为四寸五分。

里连头合角厢栱两件，长度均为九寸

四分五厘，高度均为六寸三分，宽度均为四寸五分。

斜桁椀一件，长度为十五尺一寸二分，高度为二尺七寸，宽度为一尺九分五厘。

贴升耳十八个，其中四个长度为八寸九分一厘，四个长度为九寸九分六厘，四个长度为一尺一寸一厘，两个长度为一尺二寸六厘，四个长度为一尺三寸一分一厘，高度均为二寸七分，宽度均为一寸八厘。

十八斗二十个，槽升子四个，三才升二十个，它们的尺寸均与平身科斗栱的尺寸相同。

## 一斗二升交麻叶并一斗三升平身科、柱头科、角科俱斗口四寸五分各件尺寸

【译解】当斗口为四寸五分时，平身科、柱头科、角科的一斗二升交麻叶斗栱和一斗三升斗栱中各构件的尺寸。

### 平身科

【译解】平身科斗栱

【原文】（其一斗三升去麻叶云，中加槽升一个）。

大斗一个，见方一尺三寸五分，高九寸。

麻叶云一件，长五尺四寸，高二尺三寸九分八厘五毫，宽四寸五分。

正心瓜栱一件，长二尺七寸九分，高九寸，宽五寸五分八厘。

槽升二个，各长五寸八分五厘，高四寸五分，宽七寸七分四厘。

【译解】（在一斗三升斗栱中央不安装麻叶云，安装一个槽升子。）

大斗一个，长度、宽度均为一尺三寸五分，高度为九寸。

麻叶云一件，长度为五尺四寸，高度为二尺三寸九分八厘五毫，宽度为四寸五分。

正心瓜栱一件，长度为二尺七寸九分，高度为九寸，宽度为五寸五分八厘。

槽升子两个，长度均为五寸八分五厘，高度均为四寸五分，宽度均为七寸七分四厘。

### 柱头科

【译解】柱头科斗栱

【原文】大斗一个，长二尺二寸五分，高九寸，宽一尺三寸五分。

正心瓜栱一件，长二尺七寸九分，高九寸，宽五寸五分八厘。

槽升二个，各长五寸八分五厘，高四寸五分，宽七寸七分四厘。

贴正升耳二个，各长五寸八分五厘，高四寸五分，宽一寸八厘。

【译解】大斗一个，长度为二尺二寸五分，高度为九寸，宽度为一尺三寸五分。

正心瓜栱一件，长度为二尺七寸九分，高度为九寸，宽度为五寸五分八厘。

槽升子两个，长度均为五寸八分五厘，高度均为四寸五分，宽度均为七寸七分四厘。

贴正升耳两个，长度均为五寸八分五厘，高度均为四寸五分，宽度均为一寸八厘。

角科

【译解】角科斗栱

【原文】大斗一个，见方一尺三寸五分，高九寸。

斜昂一件，长七尺五寸六分，高二尺八寸三分五厘，宽六寸七分五厘。

搭角正心瓜栱二件，各长四尺五寸，高九寸，宽五寸五分八厘。

槽升二个，各长五寸八分五厘，高四寸五分，宽七寸七分四厘。

三才升二个，各长五寸八分五厘，高四寸五分，宽六寸六分六厘。

贴斜升耳二个，各长八寸九分一厘，高二寸七分，宽一寸八厘。

【译解】大斗一个，长度、宽度均为一尺三寸五分，高度为九寸。

斜昂一件，长度为七尺五寸六分，高度为二尺八寸三分五厘，宽度为六寸七分五厘。

搭角正心瓜栱两件，长度均为四尺五寸，高度均为九寸，宽度均为五寸五分八厘。

槽升子两个，长度均为五寸八分五厘，高度均为四寸五分，宽度均为七寸七分四厘。

三才升两个，长度均为五寸八分五厘，高度均为四寸五分，宽度均为六寸六分六厘。

贴斜升耳两个，长度均为八寸九分一厘，高度均为二寸七分，宽度均为一寸八厘。

## 三滴水品字平身科、柱头科、角科斗口四寸五分各件尺寸

【译解】当斗口为四寸五分时，平身科、柱头科、角科三滴水品字科斗栱中各构件的尺寸。

平身科

【译解】平身科斗栱

【原文】大斗一个，见方一尺三寸五分，高九寸。

头翘一件，长三尺一寸九分五厘，高九寸，宽四寸五分。

二翘一件，长五尺八寸九分五厘，高九寸，宽四寸五分。

撑头木一件，长六尺七寸五分，高九寸，宽四寸五分。

正心瓜栱一件，长二尺七寸九分，高九寸，宽五寸五分八厘。

正心万栱一件，长四尺一寸四分，高九寸，宽五寸五分八厘。

单才瓜栱二件，各长二尺七寸九分，高六寸三分，宽四寸五分。

厢栱一件，长三尺二寸四分，高六寸三分，宽四寸五分。

十八斗三个，各长八寸一分，宽六寸六分六厘，高四寸五分。

槽升四个，各长五寸八分五厘，高四寸五分，宽七寸七分四厘。

三才升六个，各长五寸八分五厘，高四寸五分，宽六寸六分六厘。

【译解】大斗一个，长度、宽度均为一尺三寸五分，高度为九寸。

头翘一件，长度为三尺一寸九分五厘，高度为九寸，宽度为四寸五分。

二翘一件，长度为五尺八寸九分五厘，高度为九寸，宽度为四寸五分。

撑头木一件，长度为六尺七寸五分，高度为九寸，宽度为四寸五分。

正心瓜栱一件，长度为二尺七寸九分，高度为九寸，宽度为五寸五分八厘。

正心万栱一件，长度为四尺一寸四分，高度为九寸，宽度为五寸五分八厘。

单才瓜栱两件，长度均为二尺七寸九分，高度均为六寸三分，宽度均为四寸五分。

厢栱一件，长度为三尺二寸四分，高度为六寸三分，宽度为四寸五分。

十八斗三个，长度均为八寸一分，宽度均为六寸六分六厘，高度均为四寸五分。

槽升子四个，长度均为五寸八分五厘，高度均为四寸五分，宽度均为七寸七分四厘。

三才升六个，长度均为五寸八分五厘，高度均为四寸五分，宽度均为六寸六分六厘。

柱头科

【译解】柱头科斗栱

【原文】大斗一个，长二尺二寸五分，高九寸，宽一尺三寸五分。

头翘一件，长三尺一寸九分五厘，高九寸，宽九寸。

正心瓜栱一件，长二尺七寸九分，高九寸，宽五寸五分八厘。

正心万栱一件，长四尺一寸四分，高九寸，宽五寸五分八厘。

单才瓜栱二件，各长二尺七寸九分，高六寸三分，宽四寸五分。

厢栱一件，长三尺二寸四分，高六寸三分，宽四寸五分。

桶子十八斗一个，长二尺一寸六分，高四寸五分，宽六寸六分六厘。

槽升四个，各长五寸八分五厘，高四寸五分，宽七寸七分四厘。

三才升六个，各长五寸八分五厘，高四寸五分，宽六寸六分六厘。

贴斗耳二个，各长六寸六分六厘，高四寸五分，宽一寸八厘。

【译解】大斗一个，长度为二尺二寸五分，高度为九寸，宽度为一尺三寸五分。

头翘一件，长度为三尺一寸九分五厘，高度为九寸，宽度为九寸。

正心瓜栱一件，长度为二尺七寸九分，高度为九寸，宽度为五寸五分八厘。

正心万栱一件，长度为四尺一寸四分，高度为九寸，宽度为五寸五分八厘。

单才瓜栱两件，长度均为二尺七寸九分，高度均为六寸三分，宽度均为四寸五分。

厢栱一件，长度为三尺二寸四分，高度为六寸三分，宽度为四寸五分。

桶子十八斗一个，长度为二尺一寸六分，高度为四寸五分，宽度为六寸六分六厘。

槽升子四个，长度均为五寸八分五厘，高度均为四寸五分，宽度均为七寸七分四厘。

三才升六个，长度均为五寸八分五厘，高度均为四寸五分，宽度均为六寸六分六厘。

贴斗耳两个，长度均为六寸六分六厘，高度均为四寸五分，宽度均为一寸八厘。

角科

【译解】角科斗栱

【原文】大斗一个，见方一尺三寸五分，高九寸。

斜头翘一件，长四尺四寸七分三厘，高九寸，宽六寸七分五厘。

搭角正头翘带正心瓜栱二件，各长二尺九寸九分二厘五毫，高九寸，宽五寸五分八厘。

搭角正二翘带正心万栱二件，各长五尺一分七厘五毫，高九寸，宽五寸五分八厘。

搭角闹二翘带单才瓜栱二件，各长四尺三寸四分二厘五毫，高九寸，宽四寸五分。

里连头合角单才瓜栱二件，各长二尺四寸三分，高六寸三分，宽四寸五分。

里连头合角厢栱二件，各长六寸七分五厘，高六寸三分，宽四寸五分。

贴升耳四个，各长八寸九分一厘，高二寸七分，宽一寸八厘。

十八斗二个、槽升四个、三才升六个，俱与平身科尺寸同。

【译解】大斗一个，长度、宽度均为一尺三寸五分，高度为九寸。

斜头翘一件，长度为四尺四寸七分三厘，高度为九寸，宽度为六寸七分五厘。

带正心瓜栱的搭角正头翘两件，长度均为二尺九寸九分二厘五毫，高度均为九寸，宽度均为五寸五分八厘。

带正心万栱的搭角正二翘两件，长度均为五尺一分七厘五毫，高度均为九寸，宽度均为五寸五分八厘。

带单才瓜栱的搭角闹二翘两件，长度均为四尺三寸四分二厘五毫，高度均为九寸，宽度均为四寸五分。

里连头合角单才瓜栱两件，长度均为二尺四寸三分，高度均为六寸三分，宽度均为四寸五分。

里连头合角厢栱两件，长度均为六寸七分五厘，高度均为六寸三分，宽度均为四寸五分。

贴升耳四个，长度均为八寸九分一厘，高度均为二寸七分，宽度均为一寸八厘。

十八斗两个、槽升子四个、三才升六个，它们的尺寸均与平身科斗栱的尺寸相同。

## 内里品字科斗口四寸五分各件尺寸

【译解】当斗口为四寸五分时，内里品字科斗栱中各构件的尺寸。

【原文】大斗一个，长一尺三寸五分，高九寸，宽六寸七分五厘。

头翘一件，长一尺五寸九分七厘五毫，高九寸，宽四寸五分。

二翘一件，长二尺九寸四分七厘五毫，高九寸，宽四寸五分。

撑头木一件，长四尺二寸九分七厘五毫，高九寸，宽四寸五分。

正心瓜栱一件，长二尺七寸九分，高九寸，宽二寸七分九厘。

正心万栱一件，长四尺一寸四分，高九寸，宽二寸七分九厘。

麻叶云一件，长三尺六寸九分，高九寸，宽四寸五分。

三福云二件，各长三尺二寸四分，高一尺三寸五分，宽四寸五分。

十八斗二个，各长八寸一分，高四寸五分，宽六寸六分六厘。

槽升四个，各长五寸八分五厘，高四寸五分，宽三寸八分七厘。

【译解】大斗一个，长度为一尺三寸五分，高度为九寸，宽度为六寸七分五厘。

头翘一件，长度为一尺五寸九分七厘五毫，高度为九寸，宽度为四寸五分。

二翘一件，长度为二尺九寸四分七厘五毫，高度为九寸，宽度为四寸五分。

撑头木一件，长度为四尺二寸九分七厘五毫，高度为九寸，宽度为四寸五分。

正心瓜栱一件，长度为二尺七寸九分，高度为九寸，宽度为二寸七分九厘。

正心万栱一件，长度为四尺一寸四分，高度为九寸，宽度为二寸七分九厘。

麻叶云一件，长度为三尺六寸九分，高度为九寸，宽度为四寸五分。

三福云两件，长度均为三尺二寸四分，高度均为一尺三寸五分，宽度均为四寸五分。

十八斗两个，长度均为八寸一分，高度均为四寸五分，宽度均为六寸六分六厘。

槽升子四个，长度均为五寸八分五厘，高度均为四寸五分，宽度均为三寸八分七厘。

## 桶架科斗口四寸五分各件尺寸

【译解】当斗口为四寸五分时，桶架科斗栱中各构件的尺寸。

**【原文】贴大斗耳二个，各长一尺三寸五分，高九寸，厚三寸九分六厘。**

**荷叶一件，长四尺五分，高九寸，宽九寸。**

**栱一件，长二尺七寸九分，高九寸，宽九寸。**

**雀替一件，长九尺，高一尺八寸，宽九寸。**

**贴槽升耳六个，各长五寸八分五厘，高四寸五分，宽一寸八厘。**

【译解】贴大斗耳两个，长度均为一尺三寸五分，高度均为九寸，厚度均为三寸九分六厘。

荷叶墩一件，长度为四尺五分，高度为九寸，宽度为九寸。

栱一件，长度为二尺七寸九分，高度为九寸，宽度为九寸。

雀替一件，长度为九尺，高度为一尺八寸，宽度为九寸。

贴槽升耳六个，长度均为五寸八分五厘，高度均为四寸五分，宽度均为一寸八厘。

# 卷三十八

本卷详述当斗口为五寸时，各类斗栱的尺寸。

## 斗科斗口五寸尺寸

【译解】当斗口为五寸时，各类斗栱的尺寸。

## 斗口单昂平身科、柱头科、角科斗口五寸各件尺寸

【译解】当斗口为五寸时，平身科、柱头科、角科的单昂斗栱中各构件的尺寸。

### 平身科

【译解】平身科斗栱

【原文】大斗一个，见方一尺五寸，高一尺。

单昂一件，长四尺九寸二分五厘，高一尺五寸，宽五寸。

蚂蚱头一件，长六尺二寸七分，高一尺，宽五寸。

撑头木一件，长三尺，高一尺，宽五寸。

正心瓜栱一件，长三尺一寸，高一尺，宽六寸二分。

正心万栱一件，长四尺六寸，高一尺，宽六寸二分。

厢栱二件，各长三尺六寸，高七寸，宽五寸。

桁椀一件，长三尺，高七寸五分，宽五寸。

十八斗二个，各长九寸，高五寸，宽七寸四分。

槽升四个，各长六寸五分，高五寸，宽八寸六分。

三才升六个，各长六寸五分，高五寸，宽七寸四分。

【译解】大斗一个，长度、宽度均为一尺五寸，高度为一尺。

单昂一件，长度为四尺九寸二分五厘，高度为一尺五寸，宽度为五寸。

蚂蚱头一件，长度为六尺二寸七分，高度为一尺，宽度为五寸。

撑头木一件，长度为三尺，高度为一尺，宽度为五寸。

正心瓜栱一件，长度为三尺一寸，高度为一尺，宽度为六寸二分。

正心万栱一件，长度为四尺六寸，高度为一尺，宽度为六寸二分。

厢栱两件，长度均为三尺六寸，高度均为七寸，宽度均为五寸。

桁椀一件，长度为三尺，高度为七寸五分，宽度为五寸。

十八斗两个，长度均为九寸，高度均为五寸，宽度均为七寸四分。

槽升子四个，长度均为六寸五分，高度均为五寸，宽度均为八寸六分。

三才升六个，长度均为六寸五分，高度均为五寸，宽度均为七寸四分。

## 清式斗栱的种类、功能一览表

| 种类 | 名称 | 使用部位及其功用 | 备注 |
| --- | --- | --- | --- |
| 不出踩斗栱 | 一斗三升斗栱 | ①用于外檐，有槅架作用；②用于内檐、檩、枋之间，有槅架作用 | 在明代建筑或明式做法中，常在内檐檩、枋之间安装一斗三升柱间斗栱 |
| | 一斗二升交麻叶斗栱 | 用于外檐，有槅架作用 | |
| | 单昂单翘交麻叶斗栱 | 用于外檐，有槅架和装饰作用 | 常用于垂花门一类装饰性强的建筑 |
| | 重昂单翘交麻叶斗栱 | 用于外檐，有槅架和装饰作用 | 常用于垂花门一类装饰性强的建筑 |
| | 单栱（或重栱）荷叶雀替槅架斗栱 | 用于内檐上下梁架间，有槅架和装饰作用 | |
| 出踩斗栱 | 单昂三踩平身科斗栱 | 用于殿堂或亭阁柱间，有挑檐和槅架作用 | 属外檐斗栱 |
| | 单昂三踩柱头科斗栱 | 用于殿堂柱头与梁之间，有挑檐和承重作用 | 属外檐斗栱 |
| | 单昂三踩角科斗栱 | 用于殿堂亭阁转角部位柱头之上，有挑檐、承重作用 | 当角科斗栱用于多角形建筑时，构件搭置方向的角度随平面变化 |
| | 重昂五踩平身科斗栱 | 使用部位及功能同三踩平身科 | 属外檐斗栱 |
| | 重昂五踩柱头科斗栱 | 使用部位及功能同三踩柱头科 | 属外檐斗栱 |
| | 重昂五踩角科斗栱 | 使用部位及功能同三踩角科 | 同三踩角科斗栱 |
| | 单翘单昂五踩平身科斗栱 | 同重昂五踩斗栱 | 外檐斗栱 |
| | 单翘单昂五踩柱头科斗栱 | 同重昂五踩斗栱 | 外檐斗栱 |
| | 单翘单昂五踩角科斗栱 | 同重昂五踩斗栱 | |
| | 单翘重昂七踩平身科斗栱 | 同重昂五踩斗栱 | 外檐斗栱 |
| | 单翘重昂七踩柱头科斗栱 | 同重昂五踩斗栱 | |
| | 单翘重昂七踩角科斗栱 | 同重昂五踩斗栱 | |
| | 单翘三昂九踩平身科斗栱 | 用于主要殿堂柱间，有挑檐、槅架及装饰作用 | |
| | 单翘三昂九踩柱头科斗栱 | 用于主要殿堂柱间，有挑檐和承重作用 | |
| | 单翘三昂九踩角科斗栱 | 用于主要殿堂转角柱头之上，有承重和挑檐作用 | |

续表

| 种类 | 名　称 | 使用部位及其功用 | 备　注 |
| --- | --- | --- | --- |
| 出踩斗栱 | 三滴水平座品字平身科斗栱 | 用于三滴水楼房平座之下柱间，有挑檐、承重和槅架作用 | 平座斗栱以五踩最为常见 |
|  | 三滴水平座品字柱头科斗栱 | 用于三滴水楼房平座之下柱头之上，有挑檐和承重作用 |  |
|  | 三滴水平座品字角科斗栱 | 用于三滴水楼房平座转角柱头之上，有承重作用 |  |
|  | 三、五、七、九踩里转角角科斗栱 | 用于里转角（又称“凹角”）柱头之上，有承重作用 |  |
|  | 单翘单昂（或重昂）五踩牌品字平身科斗栱 | 常用于牌楼边楼或夹楼柱间，有承重和挑檐作用 | 牌楼斗栱斗口通常为一寸五分左右 |
|  | 单翘单昂（或重昂）五踩牌品字角科斗栱 | 常用于庑殿或歇山式牌楼边楼转角部位，有挑檐和承重作用 |  |
|  | 单翘重昂七踩牌品字平身科斗栱 | 用于牌楼主、次楼或边楼柱间，作用同上 |  |
|  | 单翘重昂七踩牌品字角科斗栱 | 常用于庑殿或歇山式牌楼柱头，作用同上 |  |
|  | 单翘三昂七踩牌品字平身科斗栱 | 用于主、次楼 |  |
|  | 单翘三昂九踩牌品字角科斗栱 | 用于庑殿或歇山式牌楼柱、次楼柱头 |  |
|  | 重翘三昂十一踩牌楼品字平身科斗栱 | 用于牌楼主楼 |  |
|  | 重翘三昂十一踩牌楼品字角科斗栱 | 用于庑殿或歇山式牌楼柱头之上 | 以上均属外檐斗栱 |
|  | 重翘五踩牌楼品字平身科斗栱 | 用于夹楼 |  |
|  | 内檐五踩品字科斗栱 | 用于内檐梁枋之上与外檐斗栱后尾交圈，有槅架和装饰作用 | 内檐品字科斗栱做法常见者有两种，一种头饰与外檐斗栱内侧头饰相对应，另一种每一层均做成翘头形状 |
|  | 内檐七踩品字科斗栱 | 用于内檐梁枋之上与外檐斗栱后尾交圈，有槅架和装饰作用 | 内檐品字科斗栱做法常见者有两种，一种头饰与外檐斗栱内侧头饰相对应，另一种每一层均做成翘头形状 |

续表

<table>
<tr><th>种类</th><th>名 称</th><th>使用部位及其功用</th><th>备 注</th></tr>
<tr><td rowspan="3">出踩斗栱</td><td>内檐九踩品字科斗栱</td><td>用于内檐梁枋之上与外檐斗栱后尾交圈，有槅架和装饰作用</td><td>内檐品字科斗栱做法常见者有两种，一种头饰与外檐斗栱内侧头饰相对应，另一种每一层均做成翘头形状</td></tr>
<tr><td>重昂或单翘单昂五踩溜金斗栱平身科</td><td>用于外檐需拉结或悬挑的部位，有承重、悬挑等功用，并有很强的装饰性</td><td></td></tr>
<tr><td>内檐九踩品字科斗栱</td><td>用于外檐需拉结或悬挑的部位，有承重、悬挑等功用，并有很强的装饰性</td><td>内檐品字科斗栱做法常见者有两种，一种头饰与外檐斗栱内侧头饰相对应，另一种每一层均做成翘头形状</td></tr>
<tr><td rowspan="7">溜金斗栱</td><td>重昂或单翘单昂五踩溜金斗栱平身科</td><td>用于外檐需拉结或悬挑的部位，有承重、悬挑等功用，并有很强的装饰性</td><td></td></tr>
<tr><td>重昂或单翘单昂五踩溜金斗栱角科</td><td>用于转角柱头部位</td><td>当溜金角科斗栱用于多角形建筑时其构建搭置角度随平面变化</td></tr>
<tr><td>单翘重昂七踩溜金斗栱平身科</td><td>用于转角柱头部位</td><td></td></tr>
<tr><td>单翘重昂七踩溜金斗栱角科</td><td>用于转角柱头部位</td><td></td></tr>
<tr><td>单翘三昂九踩溜金斗栱平身科</td><td>用于转角柱头部位</td><td></td></tr>
<tr><td>单翘三昂九踩溜金斗栱角科</td><td>用于转角柱头部位</td><td></td></tr>
<tr><td colspan="3">注：1.明清溜金斗栱柱头科同一般柱头科斗栱。<br>2.溜金斗栱通常有落金做法和挑金做法两种，落金做法主要以拉结功能为主；挑金做法以悬挑功能为主。</td></tr>
</table>

柱头科

【译解】柱头科斗栱

【原文】大斗一个，长二尺，高一尺，宽一尺五寸。

单昂一件，长四尺九寸二分五厘，高一尺五寸，宽一尺。

正心瓜栱一件，长三尺一寸，高一尺，宽六寸二分。

正心万栱一件，长四尺六寸，高一尺，宽六寸二分。

厢栱二件，各长三尺六寸，高七寸，宽五寸。

桶子十八斗一个，长二尺四寸，高五寸，宽七寸四分。

槽升二个，各长六寸五分，高五寸，宽八寸六分。

三才升五个，各长六寸五分，高五寸，宽七寸四分。

【译解】大斗一个，长度为二尺，高度为一尺，宽度为一尺五寸。

单昂一件，长度为四尺九寸二分五厘，高度为一尺五寸，宽度为一尺。

正心瓜栱一件，长度为三尺一寸，高度为一尺，宽度为六寸二分。

正心万栱一件，长度为四尺六寸，高度为一尺，宽度为六寸二分。

厢栱两件，长度均为三尺六寸，高度均为七寸，宽度均为五寸。

桶子十八斗一个，长度为二尺四寸，高度为五寸，宽度为七寸四分。

槽升子两个，长度均为六寸五分，高度均为五寸，宽度均为八寸六分。

三才升五个，长度均为六寸五分，高度均为五寸，宽度均为七寸四分。

角科

【译解】角科斗栱

【原文】大斗一个，见方一尺五寸，高一尺。

斜昂一件，长六尺八寸九分五厘，高一尺五寸，宽七寸五分。

搭角正昂带正心瓜栱二件，各长四尺七寸，高一尺五寸，宽六寸二分。

由昂一件，长十尺八寸七分，高二尺七寸五分，宽一尺二分五厘。

搭角正蚂蚱头带正心万栱二件，各长五尺三寸，高一尺，宽六寸二分。

搭角正撑头木二件，各长一尺五寸，高一尺，宽五寸。

把臂厢栱二件，各长五尺七寸，高一尺，宽五寸。

里连头合角厢栱二件，各长六寸，高七寸，宽五寸。

斜桁椀一件，长四尺二寸，高七寸五分，宽一尺二分五厘。

十八斗二个，槽升四个，三才升六个，俱与平身科尺寸同。

【译解】大斗一个，长度、宽度均为一尺五寸，高度为一尺。

斜昂一件，长度为六尺八寸九分五厘，高度为一尺五寸，宽度为七寸五分。

带正心瓜栱的搭角正昂两件，长度均为四尺七寸，高度均为一尺五寸，宽度均为六寸二分。

由昂一件，长度为十尺八寸七分，高度为二尺七寸五分，宽度为一尺二分五厘。

带正心万栱的搭角正蚂蚱头两件，长度均为五尺三寸，高度均为一尺，宽度均为六寸二分。

搭角正撑头木两件，长度均为一尺五寸，高度均为一尺，宽度均为五寸。

把臂厢栱两件，长度均为五尺七寸，高度均为一尺，宽度均为五寸。

里连头合角厢栱两件，长度均为六寸，高度均为七寸，宽度均为五寸。

斜桁椀一件，长度为四尺二寸，高度为七寸五分，宽度为一尺二分五厘。

十八斗两个，槽升子四个，三才升六个，它们的尺寸均与平身科斗栱的尺寸相同。

## 斗口重昂平身科、柱头科、角科斗口五寸各件尺寸

【译解】当斗口为五寸时，平身科、柱头科、角科的重昂斗栱中各构件的尺寸。

### 平身科

【译解】平身科斗栱

【原文】大斗一个，见方一尺五寸，高一尺。

头昂一件，长四尺九寸二分五厘，高一尺五寸，宽五寸。

二昂一件，长七尺六寸五分，高一尺五寸，宽五寸。

蚂蚱头一件，长七尺八寸，高一尺，宽五寸。

撑头木一件，长七尺七寸七分，高一尺，宽五寸。

正心瓜栱一件，长三尺一寸，高一尺，宽六寸二分。

正心万栱一件，长四尺六寸，高一尺，宽六寸二分。

单才瓜栱二件，各长三尺一寸，高七寸，宽五寸。

单才万栱二件，各长四尺六寸，高七寸，宽五寸。

厢栱二件，各长三尺六寸，高七寸，宽五寸。

桁椀一件，长六尺，高一尺五寸，宽五寸。

十八斗四个，各长九寸，高五寸，宽七寸四分。

槽升四个，各长六寸五分，高五寸，宽八寸六分。

三才升十二个，各长六寸五分，高五寸，宽七寸四分。

【译解】大斗一个，长度、宽度均为一尺五寸，高度为一尺。

头昂一件，长度为四尺九寸二分五厘，高度为一尺五寸，宽度为五寸。

二昂一件，长度为七尺六寸五分，高度为一尺五寸，宽度为五寸。

蚂蚱头一件，长度为七尺八寸，高度为一尺，宽度为五寸。

撑头木一件，长度为七尺七寸七分，高度为一尺，宽度为五寸。

正心瓜栱一件，长度为三尺一寸，高度为一尺，宽度为六寸二分。

正心万栱一件，长度为四尺六寸，高度为一尺，宽度为六寸二分。

单才瓜栱两件，长度均为三尺一寸，高度均为七寸，宽度均为五寸。

单才万栱两件，长度均为四尺六寸，

高度均为七寸，宽度均为五寸。

厢栱两件，长度均为三尺六寸，高度均为七寸，宽度均为五寸。

桁椀一件，长度为六尺，高度为一尺五寸，宽度为五寸。

十八斗四个，长度均为九寸，高度均为五寸，宽度均为七寸四分。

槽升子四个，长度均为六寸五分，高度均为五寸，宽度均为八寸六分。

三才升十二个，长度均为六寸五分，高度均为五寸，宽度均为七寸四分。

## 柱头科

【译解】柱头科斗栱

**【原文】大斗一个，长二尺，高一尺，宽一尺五寸。**

**头昂一件，长四尺九寸二分五厘，高一尺五寸，宽一尺。**

**二昂一件，长七尺六寸五分，高一尺五寸，宽一尺五寸。**

**正心瓜栱一件，长三尺一寸，高一尺，宽六寸二分。**

**正心万栱一件，长四尺六寸，高一尺，宽六寸二分。**

**单才瓜栱二件，各长三尺一寸，高七寸，宽五寸。**

**单才万栱二件，各长四尺六寸，高七寸，宽五寸。**

**厢栱二件，各长三尺六寸，高七寸，宽五寸。**

**桶子十八斗三个，内二个各长一尺九寸，一个长二尺四寸，俱高五寸，宽七寸四分。**

**槽升四个，各长六寸五分，高五寸，宽八寸六分。**

**三才升十二个，各长六寸五分，高五寸，宽七寸四分。**

【译解】大斗一个，长度为二尺，高度为一尺，宽度为一尺五寸。

头昂一件，长度为四尺九寸二分五厘，高度为一尺五寸，宽度为一尺。

二昂一件，长度为七尺六寸五分，高度为一尺五寸，宽度为一尺五寸。

正心瓜栱一件，长度为三尺一寸，高度为一尺，宽度为六寸二分。

正心万栱一件，长度为四尺六寸，高度为一尺，宽度为六寸二分。

单才瓜栱两件，长度均为三尺一寸，高度均为七寸，宽度均为五寸。

单才万栱两件，长度均为四尺六寸，高度均为七寸，宽度均为五寸。

厢栱两件，长度均为三尺六寸，高度均为七寸，宽度均为五寸。

桶子十八斗三个，其中两个长度为一尺九寸，一个长度为二尺四寸，高度均为五寸，宽度均为七寸四分。

槽升子四个，长度均为六寸五分，高度均为五寸，宽度均为八寸六分。

三才升十二个，长度均为六寸五分，高度均为五寸，宽度均为七寸四分。

角科

【译解】角科斗栱

【原文】大斗一个，见方一尺五寸，高一尺。

斜头昂一件，长六尺八寸九分五厘，高一尺五寸，宽七寸五分。

搭角正头昂带正心瓜栱二件，各长四尺七寸，高一尺五寸，宽六寸二分。

斜二昂一件，长十尺七寸一分，高一尺五寸，宽九寸三分三厘三毫。

搭角正二昂带正心万栱二件，各长六尺九寸五分，高一尺五寸，宽六寸二分。

搭角闹二昂带单才瓜栱二件，各长六尺二寸，高一尺五寸，宽五寸。

由昂一件，长十五尺一寸五分，高二尺七寸五分，宽一尺一寸一分六厘六毫。

搭角正蚂蚱头二件，各长四尺五寸，高一尺，宽五寸。

搭角闹蚂蚱头带单才万栱二件，各长六尺八寸，高一尺，宽五寸。

把臂厢栱二件，各长七尺二寸，高一尺，宽五寸。

里连头合角单才瓜栱二件，各长二尺七寸，高七寸，宽五寸。

里连头合角单才万栱二件，各长一尺九寸，高七寸，宽五寸。

搭角正撑头木二件，闹撑头木二件，各长三尺，高一尺，宽五寸。

里连头合角厢栱二件，各长七寸五分，高七寸，宽五寸。

斜桁椀一件，长八尺四寸，高一尺五寸，宽一尺一寸一分六厘六毫。

贴升耳十个，内四个各长九寸九分，二个各长一尺一寸七分三厘三毫，四个各长一尺三寸五分六厘六毫，俱高三寸，宽一寸二分。

十八斗六个，槽升四个，三才升十二个，俱与平身科尺寸同。

【译解】大斗一个，长度、宽度均为一尺五寸，高度为一尺。

斜头昂一件，长度为六尺八寸九分五厘，高度为一尺五寸，宽度为七寸五分。

带正心瓜栱的搭角正头昂两件，长度均为四尺七寸，高度均为一尺五寸，宽度均为六寸二分。

斜二昂一件，长度为十尺七寸一分，高度为一尺五寸，宽度为九寸三分三厘三毫。

带正心万栱的搭角正二昂两件，长度均为六尺九寸五分，高度均为一尺五寸，宽度均为六寸二分。

带单才瓜栱的搭角闹二昂两件，长度均为六尺二寸，高度均为一尺五寸，宽度均为五寸。

由昂一件，长度为十五尺一寸五分，高度为二尺七寸五分，宽度为一尺一寸一分六厘六毫。

搭角正蚂蚱头两件，长度均为四尺五寸，高度均为一尺，宽度均为五寸。

带单才万栱的搭角闹蚂蚱头两件，长

度均为六尺八寸，高度均为一尺，宽度均为五寸。

把臂厢栱两件，长度均为七尺二寸，高度均为一尺，宽度均为五寸。

里连头合角单才瓜栱两件，长度均为二尺七寸，高度均为七寸，宽度均为五寸。

里连头合角单才万栱两件，长度均为一尺九寸，高度均为七寸，宽度均为五寸。

搭角正撑头木两件、闹撑头木两件，长度均为三尺，高度均为一尺，宽度均为五寸。

里连头合角厢栱两件，长度均为七寸五分，高度均为七寸，宽度均为五寸。

斜桁椀一件，长度为八尺四寸，高度为一尺五寸，宽度为一尺一寸一分六厘六毫。

贴升耳十个，其中四个长度为九寸九分，两个长度为一尺一寸七分三厘三毫，四个长度为一尺三寸五分六厘六毫，高度均为三寸，宽度均为一寸二分。

十八斗六个，槽升子四个，三才升十二个，它们的尺寸均与平身科斗栱的尺寸相同。

## 单翘单昂平身科、柱头科、角科斗口五寸各件尺寸

【译解】当斗口为五寸时，平身科、柱头科、角科的单翘单昂斗栱中各构件的尺寸。

### 平身科

【译解】平身科斗栱

**【原文】单翘一件，长三尺五寸五分，高一尺，宽五寸。**

**其余各件，俱与斗口重昂平身科尺寸同。**

【译解】单翘一件，长度为三尺五寸五分，高度为一尺，宽度为五寸。

其余构件的尺寸均与平身科重昂斗栱的尺寸相同。

### 柱头科

【译解】柱头科斗栱

**【原文】单翘一件，长三尺五寸五分，高一尺，宽一尺。**

**其余各件，俱与斗口重昂柱头科尺寸同。**

【译解】单翘一件，长度为三尺五寸五分，高度为一尺，宽度为一尺。

其余构件的尺寸均与柱头科重昂斗栱的尺寸相同。

### 角科

【译解】角科斗栱

【原文】斜翘一件，长四尺九寸七分，高一尺，宽七寸五分。

搭角正翘带正心瓜栱二件，各长三尺三寸二分五厘，高一尺，宽六寸二分。

其余各件，俱与斗口重昂角科尺寸同。

【译解】斜翘一件，长度为四尺九寸七分，高度为一尺，宽度为七寸五分。

带正心瓜栱的搭角正翘两件，长度均为三尺三寸二分五厘，高度均为一尺，宽度均为六寸二分。

其余构件的尺寸均与角科重昂斗栱的尺寸相同。

## 单翘重昂平身科、柱头科、角科斗口五寸各件尺寸

【译解】当斗口为五寸时，平身科、柱头科、角科的单翘重昂斗栱中各构件的尺寸。

### 平身科

【译解】平身科斗栱

【原文】大斗一个，见方一尺五寸，高一尺。

单翘一件，长三尺五寸五分，高一尺，宽五寸。

头昂一件，长七尺九寸二分五厘，高一尺五寸，宽五寸。

二昂一件，长十尺六寸五分，高一尺五寸，宽五寸。

蚂蚱头一件，长十尺八寸，高一尺，宽五寸。

撑头木一件，长十尺七寸七分，高一尺，宽五寸。

正心瓜栱一件，长三尺一寸，高一尺，宽六寸二分。

正心万栱一件，长四尺六寸，高一尺，宽六寸二分。

单才瓜栱四件，各长三尺一寸，高七寸，宽五寸。

单才万栱四件，各长四尺六寸，高七寸，宽五寸。

厢栱二件，各长三尺六寸，高七寸，宽五寸。

桁椀一件，长九尺，高二尺二寸五分，宽五寸。

十八斗六个，各长九寸，高五寸，宽七寸四分。

槽升四个，各长六寸五分，高五寸，宽八寸六分。

三才升二十个，各长六寸五分，高五寸，宽七寸四分。

【译解】大斗一个，长度、宽度均为一尺五寸，高度为一尺。

单翘一件，长度为三尺五寸五分，高度为一尺，宽度为五寸。

头昂一件，长度为七尺九寸二分五厘，高度为一尺五寸，宽度为五寸。

二昂一件，长度为十尺六寸五分，高度为一尺五寸，宽度为五寸。

蚂蚱头一件，长度为十尺八寸，高度为一尺，宽度为五寸。

撑头木一件，长度为十尺七寸七分，高度为一尺，宽度为五寸。

正心瓜栱一件，长度为三尺一寸，高度为一尺，宽度为六寸二分。

正心万栱一件，长度为四尺六寸，高度为一尺，宽度为六寸二分。

单才瓜栱四件，长度均为三尺一寸，高度均为七寸，宽度均为五寸。

单才万栱四件，长度均为四尺六寸，高度均为七寸，宽度均为五寸。

厢栱两件，长度均为三尺六寸，高度均为七寸，宽度均为五寸。

桁椀一件，长度为九尺，高度为二尺二寸五分，宽度为五寸。

十八斗六个，长度均为九寸，高度均为五寸，宽度均为七寸四分。

槽升子四个，长度均为六寸五分，高度均为五寸，宽度均为八寸六分。

三才升二十个，长度均为六寸五分，高度均为五寸，宽度均为七寸四分。

柱头科

【译解】柱头科斗栱

【原文】大斗一个，长二尺，高一尺，宽一尺五寸。

单翘一件，长二尺五寸五分，高一尺，宽一尺。

头昂一件，长七尺九寸二分五厘，高一尺五寸，宽一尺三寸三分三厘三毫。

二昂一件，长十尺六寸五分，高一尺五寸，宽一尺六寸六分六厘六毫。

正心瓜栱一件，长三尺一寸，高一尺，宽六寸二分。

正心万栱一件，长四尺六寸，高一尺，宽六寸二分。

单才瓜栱四件，各长三尺一寸，高七寸，宽五寸。

单才万栱四件，各长四尺六寸，高七寸，宽五寸。

厢栱二件，各长三尺六寸，高七寸，宽五寸。

桶子十八斗五个，内二个各长一尺七寸三分三厘三毫，二个各长二尺六分六厘六毫，一个长二尺四寸，俱高五寸，宽七寸四分。

槽升四个，各长六寸五分，高五寸，宽八寸六分。

三才升二十个，各长六寸五分，高五寸，宽七寸四分。

【译解】大斗一个，长度为二尺，高度为一尺，宽度为一尺五寸。

单翘一件，长度为二尺五寸五分，高度为一尺，宽度为一尺。

头昂一件，长度为七尺九寸二分五厘，高度为一尺五寸，宽度为一尺三寸三分三厘三毫。

二昂一件，长度为十尺六寸五分，高度为一尺五寸，宽度为一尺六寸六分六厘六毫。

正心瓜栱一件，长度为三尺一寸，高度为一尺，宽度为六寸二分。

正心万栱一件，长度为四尺六寸，高度为一尺，宽度为六寸二分。

单才瓜栱四件，长度均为三尺一寸，高度均为七寸，宽度均为五寸。

单才万栱四件，长度均为四尺六寸，高度均为七寸，宽度均为五寸。

厢栱两件，长度均为三尺六寸，高度均为七寸，宽度均为五寸。

桶子十八斗五个，其中两个长度为一尺七寸三分三厘三毫，两个长度为二尺六分六厘六毫，一个长度为二尺四寸，高度均为五寸，宽度均为七寸四分。

槽升子四个，长度均为六寸五分，高度均为五寸，宽度均为八寸六分。

三才升二十个，长度均为六寸五分，高度均为五寸，宽度均为七寸四分。

角科

【译解】角科斗栱

【原文】大斗一个，见方一尺五寸，高一尺。

斜翘一件，长四尺九寸七分，高一尺，宽七寸五分。

搭角正翘带正心瓜栱二件，各长三尺三寸二分五厘，高一尺，宽六寸二分。

斜头昂一件，长十一尺九分五厘，高一尺五寸，宽八寸八分七厘五毫。

搭角正头昂带正心万栱二件，各长六尺九寸五分，高一尺五寸，宽六寸二分。

搭角闹头昂带单才瓜栱二件，各长六尺二寸，高一尺五寸，宽五寸。

里连头合角单才瓜栱二件，各长二尺七寸，高七寸，宽五寸。

斜二昂一件，长十四尺九寸一分，高一尺五寸，宽一尺二分五厘。

搭角正二昂二件，各长六尺一寸五分，高一尺五寸，宽五寸。

搭角闹二昂带单才万栱二件，各长八尺四寸五分，高一尺五寸，宽五寸。

搭角闹二昂带单才瓜栱二件，各长七尺七寸，高一尺五寸，宽五寸。

里连头合角单才万栱二件，各长一尺九寸，高七寸，宽五寸。

里连头合角单才瓜栱二件，各长一尺一寸，高七寸，宽五寸。

由昂一件，长十九尺四寸三分，高二尺七寸五分，宽一尺一寸六分二厘五毫。

搭角正蚂蚱头二件、闹蚂蚱头二件，各长六尺，高一尺，宽五寸。

搭角闹蚂蚱头带单才万栱二件，各长八尺三寸，高一尺，宽五寸。

里连头合角单才万栱二件，各长四

寸五分，高七寸，宽五寸。

把臂厢栱二件，各长八尺七寸，高一尺，宽五寸。

搭角正撑头木二件、闹撑头木四件，各长四尺五寸，高一尺，宽五寸。

里连头合角厢栱二件，各长九寸，高七寸，宽五寸。

斜桁椀一件，长十二尺六寸，高二尺二寸五分，宽一尺一寸六分二厘五毫。

贴升耳十四个，内四个各长九寸九分，四个各长一尺一寸二分七厘五毫，二个各长一尺二寸六分五厘，四个各长一尺四寸二厘五毫，俱高三寸，宽一寸二分。

十八斗十二个，槽升四个，三才升十六个，俱与平身科尺寸同。

【译解】大斗一个，长度、宽度均为一尺五寸，高度为一尺。

斜翘一件，长度为四尺九寸七分，高度为一尺，宽度为七寸五分。

带正心瓜栱的搭角正翘两件，长度均为三尺三寸二分五厘，高度均为一尺，宽度均为六寸二分。

斜头昂一件，长度为十一尺九分五厘，高度为一尺五寸，宽度为八寸八分七厘五毫。

带正心万栱的搭角正头昂两件，长度均为六尺九寸五分，高度均为一尺五寸，宽度均为六寸二分。

带单才瓜栱的搭角闹头昂两件，长度均为六尺二寸，高度均为一尺五寸，宽度均为五寸。

里连头合角单才瓜栱两件，长度均为二尺七寸，高度均为七寸，宽度均为五寸。

斜二昂一件，长度为十四尺九寸一分，高度为一尺五寸，宽度为一尺二分五厘。

搭角正二昂两件，长度均为六尺一寸五分，高度均为一尺五寸，宽度均为五寸。

带单才万栱的搭角闹二昂两件，长度均为八尺四寸五分，高度均为一尺五寸，宽度均为五寸。

带单才瓜栱的搭角闹二昂两件，长度均为七尺七寸，高度均为一尺五寸，宽度均为五寸。

里连头合角单才万栱两件，长度均为一尺九寸，高度均为七寸，宽度均为五寸。

里连头合角单才瓜栱两件，长度均为一尺一寸，高度均为七寸，宽度均为五寸。

由昂一件，长度为十九尺四寸三分，高度为二尺七寸五分，宽度为一尺一寸六分二厘五毫。

搭角正蚂蚱头两件、闹蚂蚱头两件，长度均为六尺，高度均为一尺，宽度均为五寸。

带单才万栱的搭角闹蚂蚱头两件，长度均为八尺三寸，高度均为一尺，宽度均为五寸。

里连头合角单才万栱两件，长度均为四寸五分，高度均为七寸，宽度均为五寸。

把臂厢栱两件，长度均为八尺七寸，高度均为一尺，宽度均为五寸。

搭角正撑头木两件、闹撑头木四件，长度均为四尺五寸，高度均为一尺，宽度均为五寸。

里连头合角厢栱两件，长度均为九寸，高度均为七寸，宽度均为五寸。

斜桁椀一件，长度为十二尺六寸，高度为二尺二寸五分，宽度为一尺一寸六分二厘五毫。

贴升耳十四个，其中四个长度为九寸九分，四个长度为一尺一寸二分七厘五毫，两个长度为一尺二寸六分五厘，四个长度为一尺四寸二厘五毫，高度均为三寸，宽度均为一寸二分。

十八斗十二个，槽升子四个，三才升十六个，它们的尺寸均与平身科斗栱的尺寸相同。

## 重翘重昂平身科、柱头科、角科斗口五寸各件尺寸

【译解】当斗口为五寸时，平身科、柱头科、角科的重翘重昂斗栱中各构件的尺寸。

### 平身科

【译解】平身科斗栱

【原文】大斗一个，见方一尺五寸，高一尺。

头翘一件，长三尺五寸五分，高一尺，宽五寸。

重翘一件，长六尺五寸五分，高一尺，宽五寸。

头昂一件，长十尺九寸二分五厘，高一尺五寸，宽五寸。

二昂一件，长十三尺六寸五分，高一尺五寸，宽五寸。

蚂蚱头一件，长十三尺八寸，高一尺，宽五寸。

撑头木一件，长十三尺七寸七分，高一尺，宽五寸。

正心瓜栱一件，长三尺一寸，高一尺，宽六寸二分。

正心万栱一件，长四尺六寸，高一尺，宽六寸二分。

单才瓜栱六件，各长三尺一寸，高七寸，宽五寸。

单才万栱六件，各长四尺六寸，高七寸，宽五寸。

厢栱二件，各长三尺六寸，高七寸，宽五寸。

桁椀一件，长十二尺，高三尺，宽五寸。

十八斗八个，各长九寸，高五寸，宽七寸四分。

槽升四个，各长六寸五分，高五寸，宽八寸六分。

三才升二十八个，各长六寸五分，高五寸，宽七寸四分。

【译解】大斗一个，长度、宽度均为一尺五寸，高度为一尺。

头翘一件，长度为三尺五寸五分，高度为一尺，宽度为五寸。

重翘一件，长度为六尺五寸五分，高度为一尺，宽度为五寸。

头昂一件，长度为十尺九寸二分五厘，高度为一尺五寸，宽度为五寸。

二昂一件，长度为十三尺六寸五分，高度为一尺五寸，宽度为五寸。

蚂蚱头一件，长度为十三尺八寸，高度为一尺，宽度为五寸。

撑头木一件，长度为十三尺七寸七分，高度为一尺，宽度为五寸。

正心瓜栱一件，长度为三尺一寸，高度为一尺，宽度为六寸二分。

正心万栱一件，长度为四尺六寸，高度为一尺，宽度为六寸二分。

单才瓜栱六件，长度均为三尺一寸，高度均为七寸，宽度均为五寸。

单才万栱六件，长度均为四尺六寸，高度均为七寸，宽度均为五寸。

厢栱两件，长度均为三尺六寸，高度均为七寸，宽度均为五寸。

桁椀一件，长度为十二尺，高度为三尺，宽度为五寸。

十八斗八个，长度均为九寸，高度均为五寸，宽度均为七寸四分。

槽升子四个，长度均为六寸五分，高度均为五寸，宽度均为八寸六分。

三才升二十八个，长度均为六寸五分，高度均为五寸，宽度均为七寸四分。

柱头科

【译解】柱头科斗栱

【原文】大斗一个，长二尺，高一尺，宽一尺五寸。

头翘一件，长三尺五寸五分，高一尺，宽一尺。

重翘一件，长六尺五寸五分，高一尺，宽一尺二寸五分。

头昂一件，长十尺九寸二分五厘，高一尺五寸，宽一尺五寸。

二昂一件，长十三尺六寸五分，高一尺五寸，宽一尺七寸五分。

正心瓜栱一件，长三尺一寸，高一尺，宽六寸二分。

正心万栱一件，长四尺六寸，高一尺，宽六寸二分。

单才瓜栱六件，各长三尺一寸，高七寸，宽五寸。

单才万栱六件，各长四尺六寸，高七寸，宽五寸。

厢栱二件，各长三尺六寸，高七寸，宽五寸。

桶子十八斗七个，内二个各长一尺六寸五分，二个各长一尺九寸，二个各长二尺一寸五分，一个长二尺四寸，俱高五寸，宽七寸四分。

槽升四个，各长六寸五分，高五寸，宽八寸六分。

三才升二十个，各长六寸五分，高

五寸，宽七寸四分。

【译解】大斗一个，长度为二尺，高度为一尺，宽度为一尺五寸。

头翘一件，长度为三尺五寸五分，高度为一尺，宽度为一尺。

重翘一件，长度为六尺五寸五分，高度为一尺，宽度为一尺二寸五分。

头昂一件，长度为十尺九寸二分五厘，高度为一尺五寸，宽度为一尺五寸。

二昂一件，长度为十三尺六寸五分，高度为一尺五寸，宽度为一尺七寸五分。

正心瓜栱一件，长度为三尺一寸，高度为一尺，宽度为六寸二分。

正心万栱一件，长度为四尺六寸，高度为一尺，宽度为六寸二分。

单才瓜栱六件，长度均为三尺一寸，高度均为七寸，宽度均为五寸。

单才万栱六件，长度均为四尺六寸，高度均为七寸，宽度均为五寸。

厢栱两件，长度均为三尺六寸，高度均为七寸，宽度均为五寸。

桶子十八斗七个，其中两个长度为一尺六寸五分，两个长度为一尺九寸，两个长度为二尺一寸五分，一个长度为二尺四寸，高度均为五寸，宽度均为七寸四分。

槽升子四个，长度均为六寸五分，高度均为五寸，宽度均为八寸六分。

三才升二十个，长度均为六寸五分，高度均为五寸，宽度均为七寸四分。

角科

【译解】角科斗栱

【原文】大斗一个，见方一尺五寸，高一尺。

斜头翘一件，长四尺九寸七分，高一尺，宽七寸五分。

搭角正头翘带正心瓜栱二件，各长三尺三寸二分五厘，高一尺，宽六寸二分。

斜二翘一件，长九尺一寸七分，高一尺，宽八寸六分。

搭角正二翘带正心万栱二件，各长五尺五寸七分五厘，高一尺，宽六寸二分。

搭角闹二翘带单才瓜栱二件，各长四尺八寸二分五厘，高一尺，宽五寸。

里连头合角单才瓜栱二件，各长二尺七分，高七寸，宽五寸。

斜头昂一件，长十五尺二寸九分五厘，高一尺五寸，宽九寸七分。

搭角正头昂二件，各长六尺一寸五分，高一尺五寸，宽五寸。

搭角闹头昂带单才瓜栱二件，各长七尺七寸，高一尺五寸，宽五寸。

搭角闹头昂带单才万栱二件，各长八尺四寸五分，高一尺五寸，宽五寸。

里连头合角单才万栱二件，各长一尺九寸，高七寸，宽五寸。

里连头合角单才瓜栱二件，各长一尺一寸，高七寸，宽五寸。

斜二昂一件，长十九尺一寸一分，

高一尺五寸，宽一尺八分。

搭角正二昂二件、闹二昂二件，各长七尺六寸五分，高一尺五寸，宽五寸。

搭角闹二昂带单才万栱二件，各长九尺九寸五分，高一尺五寸，宽五寸。

搭角闹二昂带单才瓜栱二件，各长九尺二寸，高一尺五寸，宽五寸。

里连头合角单才万栱二件，各长四寸五分，高七寸，宽五寸。

由昂一件，长二十三尺七寸一分，高二尺七寸五分，宽一尺一寸九分。

搭角正蚂蚱头二件、闹蚂蚱头四件，各长七尺五寸，高一尺，宽五寸。

搭角闹蚂蚱头带单才万栱二件，各长九尺八寸，高一尺，宽五寸。

把臂厢栱二件，各长十尺二寸，高一尺，宽五寸。

搭角正撑头木二件、闹撑头木六件，各长六尺，高一尺，宽五寸。

里连头合角厢栱二件，各长一尺五分，高七寸，宽五寸。

斜桁椀一件，长十六尺八寸，高三尺，宽一尺一寸九分。

贴升耳十八个，内四个各长九寸九分，四个各长一尺一寸，四个各长一尺二寸一分，二个各长一尺三寸二分，四个各长一尺四寸三分，俱高三寸，宽一寸二分。

十八斗二十个，槽升四个，三才升二十个，俱与平身科尺寸同。

【译解】大斗一个，长度、宽度均为一尺五寸，高度为一尺。

斜头翘一件，长度为四尺九寸七分，高度为一尺，宽度为七寸五分。

带正心瓜栱的搭角正头翘两件，长度均为三尺三寸二分五厘，高度均为一尺，宽度均为六寸二分。

斜二翘一件，长度为九尺一寸七分，高度为一尺，宽度为八寸六分。

带正心万栱的搭角正二翘两件，长度均为五尺五寸七分五厘，高度均为一尺，宽度均为六寸二分。

带单才瓜栱的搭角闹二翘两件，长度均为四尺八寸二分五厘，高度均为一尺，宽度均为五寸。

里连头合角单才瓜栱两件，长度均为二尺七分，高度均为七寸，宽度均为五寸。

斜头昂一件，长度为十五尺二寸九分五厘，高度为一尺五寸，宽度为九寸七分。

搭角正头昂两件，长度均为六尺一寸五分，高度均为一尺五寸，宽度均为五寸。

带单才瓜栱的搭角闹头昂两件，长度均为七尺七寸，高度均为一尺五寸，宽度均为五寸。

带单才万栱的搭角闹头昂两件，长度均为八尺四寸五分，高度均为一尺五寸，宽度均为五寸。

里连头合角单才万栱两件，长度均为一尺九寸，高度均为七寸，宽度均为五寸。

里连头合角单才瓜栱两件，长度均

为一尺一寸，高度均为七寸，宽度均为五寸。

斜二昂一件，长度为十九尺一寸一分，高度为一尺五寸，宽度为一尺八分。

搭角正二昂两件、闹二昂两件，长度均为七尺六寸五分，高度均为一尺五寸，宽度均为五寸。

带单才万栱的搭角闹二昂两件，长度均为九尺九寸五分，高度均为一尺五寸，宽度均为五寸。

带单才瓜栱的搭角闹二昂两件，长度均为九尺二寸，高度均为一尺五寸，宽度均为五寸。

里连头合角单才万栱两件，长度均为四寸五分，高度均为七寸，宽度均为五寸。

由昂一件，长度为二十三尺七寸一分，高度为二尺七寸五分，宽度为一尺一寸九分。

搭角正蚂蚱头两件、闹蚂蚱头四件，长度均为七尺五寸，高度均为一尺，宽度均为五寸。

带单才万栱的搭角闹蚂蚱头两件，长度均为九尺八寸，高度均为一尺，宽度均为五寸。

把臂厢栱两件，长度均为十尺二寸，高度均为一尺，宽度均为五寸。

搭角正撑头木两件、闹撑头木六件，长度均为六尺，高度均为一尺，宽度均为五寸。

里连头合角厢栱两件，长度均为一尺五分，高度均为七寸，宽度均为五寸。

斜桁椀一件，长度为十六尺八寸，高度为三尺，宽度为一尺一寸九分。

贴升耳十八个，其中四个长度为九寸九分，四个长度为一尺一寸，四个长度为一尺二寸一分，两个长度为一尺三寸二分，四个长度为一尺四寸三分，高度均为三寸，宽度均为一寸二分。

十八斗二十个，槽升子四个，三才升二十个，它们的尺寸均与平身科斗栱的尺寸相同。

## 一斗二升交麻叶并一斗三升平身科、柱头科、角科俱斗口五寸各件尺寸

【译解】当斗口为五寸时，平身科、柱头科、角科的一斗二升交麻叶斗栱和一斗三升斗栱中各构件的尺寸。

### 平身科

【译解】平身科斗栱

【原文】（其一斗三升去麻叶云，中加槽升一个。）

大斗一个，见方一尺五寸，高一尺。

麻叶云一件，长六尺，高二尺六寸六分五厘，宽五寸。

正心瓜栱一件，长三尺一寸，高一尺，宽六寸二分。

槽升二个，各长六寸五分，高五

寸，宽八寸六分。

贴正升耳二个，各长六寸五分，高五寸，宽一寸二分。

【译解】（在一斗三升斗栱中央不安装麻叶云，安装一个槽升子。）

大斗一个，长度、宽度均为一尺五寸，高度为一尺。

麻叶云一件，长度为六尺，高度为二尺六寸六分五厘，宽度为五寸。

正心瓜栱一件，长度为三尺一寸，高度为一尺，宽度为六寸二分。

槽升子两个，长度均为六寸五分，高度均为五寸，宽度均为八寸六分。

贴正升耳两个，长度均为六寸五分，高度均为五寸，宽度均为一寸二分。

柱头科

【译解】柱头科斗栱

【原文】大斗一个，长二尺五寸，高一尺，宽一尺五寸。

正心瓜栱一件，长三尺一寸，高一尺，宽六寸二分。

槽升二个，各长六寸五分，高五寸，宽八寸六分。

贴正升耳二个，各长六寸五分，高五寸，宽一寸二分。

【译解】大斗一个，长度为二尺五寸，高度为一尺，宽度为一尺五寸。

正心瓜栱一件，长度为三尺一寸，高度为一尺，宽度为六寸二分。

槽升子两个，长度均为六寸五分，高度均为五寸，宽度均为八寸六分。

贴正升耳两个，长度均为六寸五分，高度均为五寸，宽度均为一寸二分。

角科

【译解】角科斗栱

【原文】大斗一个，见方一尺五寸，高一尺。

斜昂一件，长八尺四寸，高三尺一寸五分，宽七寸五分。

搭角正心瓜栱二件，各长四尺四寸五分，高一尺，宽六寸二分。

槽升二个，各长六寸五分，高五寸，宽八寸六分。

三才升二个，各长六寸五分，高五寸，宽七寸四分。

贴斜升耳二个，各长九寸九分，高三寸，宽一寸二分。

【译解】大斗一个，长度、宽度均为一尺五寸，高度为一尺。

斜昂一件，长度为八尺四寸，高度为三尺一寸五分，宽度为七寸五分。

搭角正心瓜栱两件，长度均为四尺四寸五分，高度均为一尺，宽度均为六寸二分。

槽升子两个，长度均为六寸五分，高度均为五寸，宽度均为八寸六分。

三才升两个，长度均为六寸五分，高度均为五寸，宽度均为七寸四分。

贴斜升耳两个，长度均为九寸九分，高度均为三寸，宽度均为一寸二分。

## 三滴水品字平身科、柱头科、角科斗口五寸各件尺寸

【译解】当斗口为五寸时，平身科、柱头科、角科三滴水品字科斗栱中各构件的尺寸。

### 平身科

【译解】平身科斗栱

**【原文】大斗一个，见方一尺五寸，高一尺。**

**头翘一件，长三尺五寸五分，高一尺，宽五寸。**

**二翘一件，长六尺五寸五分，高一尺，宽五寸。**

**撑头木一件，长七尺五寸，高一尺，宽五寸。**

**正心瓜栱一件，长三尺一寸，高一尺，宽六寸二分。**

**正心万栱一件，长四尺六寸，高一尺，宽六寸二分。**

**单才瓜栱二件，各长三尺一寸，高七寸，宽五寸。**

**厢栱一件，长三尺六寸，高七寸，宽五寸。**

**十八斗三个，各长九寸，高五寸，宽七寸四分。**

**槽升四个，各长六寸五分，高五寸，宽八寸六分。**

**三才升六个，各长六寸五分，高五寸，宽七寸四分。**

【译解】大斗一个，长度、宽度均为一尺五寸，高度为一尺。

头翘一件，长度为三尺五寸五分，高度为一尺，宽度为五寸。

二翘一件，长度为六尺五寸五分，高度为一尺，宽度为五寸。

撑头木一件，长度为七尺五寸，高度为一尺，宽度为五寸。

正心瓜栱一件，长度为三尺一寸，高度为一尺，宽度为六寸二分。

正心万栱一件，长度为四尺六寸，高度为一尺，宽度为六寸二分。

单才瓜栱两件，长度均为三尺一寸，高度均为七寸，宽度均为五寸。

厢栱一件，长度为三尺六寸，高度为七寸，宽度为五寸。

十八斗三个，长度均为九寸，高度均为五寸，宽度均为七寸四分。

槽升子四个，长度均为六寸五分，高度均为五寸，宽度均为八寸六分。

三才升六个，长度均为六寸五分，高

度均为五寸，宽度均为七寸四分。

柱头科

【译解】柱头科斗栱

【原文】大斗一个，长二尺五寸，高一尺，宽一尺五寸。

头翘一件，长三尺五寸五分，高一尺，宽一尺。

正心瓜栱一件，长三尺一寸，高一尺，宽六寸二分。

正心万栱一件，长四尺六寸，高一尺，宽六寸二分。

单才瓜栱二件，各长三尺一寸，高七寸，宽五寸。

厢栱一件，长三尺六寸，高七寸，宽五寸。

桶子十八斗一个，长二尺四寸，高五寸，宽七寸四分。

槽升四个，各长六寸五分，高五寸，宽八寸六分。

三才升六个，各长六寸五分，高五寸，宽七寸四分。

贴斗耳二个，各长七寸四分，高五寸，宽一寸二分。

【译解】大斗一个，长度为二尺五寸，高度为一尺，宽度为一尺五寸。

头翘一件，长度为三尺五寸五分，高度为一尺，宽度为一尺。

正心瓜栱一件，长度为三尺一寸，高度为一尺，宽度为六寸二分。

正心万栱一件，长度为四尺六寸，高度为一尺，宽度为六寸二分。

单才瓜栱两件，长度均为三尺一寸，高度均为七寸，宽度均为五寸。

厢栱一件，长度为三尺六寸，高度为七寸，宽度为五寸。

桶子十八斗一个，长度为二尺四寸，高度为五寸，宽度为七寸四分。

槽升子四个，长度均为六寸五分，高度均为五寸，宽度均为八寸六分。

三才升六个，长度均为六寸五分，高度均为五寸，宽度均为七寸四分。

贴斗耳两个，长度均为七寸四分，高度均为五寸，宽度均为一寸二分。

角科

【译解】角科斗栱

【原文】大斗一个，见方一尺五寸，高一尺。

斜头翘一件，长四尺九寸七分，高一尺，宽七寸五分。

搭角正头翘带正心瓜栱二件，各长三尺三寸二分五厘，高一尺，宽六寸二分。

搭角正二翘带正心万栱二件，各长五尺五寸七分五厘，高一尺，宽六寸二分。

搭角闹二翘带单才瓜栱二件，各长四尺八寸二分五厘，高一尺，宽五寸。

里连头合角单才瓜栱二件，各长二尺七寸，高七寸，宽五寸。

里连头合角厢栱二件，各长七寸五分，高七寸，宽五寸。

贴升耳四个，各长九寸九分，高三寸，宽一寸二分。

十八斗二个，槽升四个，三才升六个，俱与平身科尺寸同。

【译解】大斗一个，长度、宽度均为一尺五寸，高度为一尺。

斜头翘一件，长度为四尺九寸七分，高度为一尺，宽度为七寸五分。

带正心瓜栱的搭角正头翘两件，长度均为三尺三寸二分五厘，高度均为一尺，宽度均为六寸二分。

带正心万栱的搭角正二翘两件，长度均为五尺五寸七分五厘，高度均为一尺，宽度均为六寸二分。

带单才瓜栱的搭角闹二翘两件，长度均为四尺八寸二分五厘，高度均为一尺，宽度均为五寸。

里连头合角单才瓜栱两件，长度均为二尺七寸，高度均为七寸，宽度均为五寸。

里连头合角厢栱两件，长度均为七寸五分，高度均为七寸，宽度均为五寸。

贴升耳四个，长度均为九寸九分，高度均为三寸，宽度均为一寸二分。

十八斗两个，槽升子四个，三才升六个，它们的尺寸均与平身科斗栱的尺寸相同。

## 内里品字科斗口五寸各件尺寸

【译解】当斗口为五寸时，内里品字科斗栱中各构件的尺寸。

【原文】大斗一个，长一尺五寸，高一尺，宽七寸五分。

头翘一件，长一尺七寸七分五厘，高一尺，宽五寸。

二翘一件，长三尺二寸七分五厘，高一尺，宽五寸。

撑头木一件，长四尺七寸七分五厘，高一尺，宽五寸。

正心瓜栱一件，长三尺一寸，高一尺，宽三寸一分。

正心万栱一件，长四尺六寸，高一尺，宽三寸一分。

麻叶云一件，长四尺一寸，高一尺，宽五寸。

三福云二件，各长三尺六寸，高一尺五寸，宽五寸。

十八斗二个，各长九寸，高五寸，宽七寸四分。

槽升四个，各长六寸五分，高五寸，宽四寸三分。

【译解】大斗一个，长度为一尺五寸，

高度为一尺，宽度为七寸五分。

头翘一件，长度为一尺七寸七分五厘，高度为一尺，宽度为五寸。

二翘一件，长度为三尺二寸七分五厘，高度为一尺，宽度为五寸。

撑头木一件，长度为四尺七寸七分五厘，高度为一尺，宽度为五寸。

正心瓜栱一件，长度为三尺一寸，高度为一尺，宽度为三寸一分。

正心万栱一件，长度为四尺六寸，高度为一尺，宽度为三寸一分。

麻叶云一件，长度为四尺一寸，高度为一尺，宽度为五寸。

三福云两件，长度均为三尺六寸，高度均为一尺五寸，宽度均为五寸。

十八斗两个，长度均为九寸，高度均为五寸，宽度均为七寸四分。

槽升子四个，长度均为六寸五分，高度均为五寸，宽度均为四寸三分。

## 槅架科斗口五寸各件尺寸

【译解】当斗口为五寸时，槅架科斗栱中各构件的尺寸。

【原文】贴大斗耳二个，各长一尺五寸，高一尺，厚四寸四分。

荷叶一件，长四尺五寸，高一尺，宽一尺。

栱一件，长三尺一寸，高一尺，宽一尺。

雀替一件，长十尺，高二尺，宽一尺。

贴槽升耳六个，各长六寸五分，高五寸，宽一寸二分。

【译解】贴大斗耳两个，长度均为一尺五寸，高度均为一尺，厚度均为四寸四分。

荷叶橔一件，长度为四尺五寸，高度为一尺，宽度为一尺。

栱一件，长度为三尺一寸，高度为一尺，宽度为一尺。

雀替一件，长度为十尺，高度为二尺，宽度为一尺。

贴槽升耳六个，长度均为六寸五分，高度均为五寸，宽度均为一寸二分。

## 宋、清式斗栱构件名称对照表

| 宋式名称 | 清式名称 | 宋式名称 | 清式名称 |
| --- | --- | --- | --- |
| 朵 | 攒 | 双抄双下昂 | 重翘重昂九踩 |
| 铺作 | 科（平身科，柱头科） | 双抄三下昂 | 重翘三昂十一踩 |
| X铺作 | X踩 | 柱头铺作 | 柱头科 |
| 出跳 | 出踩 | 补间铺作 | 平身科 |
| 一跳（四铺作） | 三踩 | 转角铺作 | 角科 |
| 五铺作 | 五踩 | 单间铺作（用于檩、枋、梁架之间的斗栱） | 槅架科 |
| 六铺作 | 七踩 | | |
| 七铺作 | 九踩 | （无） | 溜金斗栱 |
| 八铺作 | 十一踩 | （无） | 如意斗栱 |
| 抄（斗栱挑出一层为一抄） | | 阑额 | 额枋 |
| | | 普柏枋 | 平板枋 |
| 单抄双下昂（六铺作） | 单翘重昂七踩 | 足才［一才（十五分）加一翘（六分）为足才］ | 宽1斗口，高2斗口为足才，1.4斗口为单才 |
| | | 昂 | 昂 |
| 栌斗 | 坐斗、大斗 | 昂嘴 | 品嘴 |
| 耳、平、欹 | 斗耳、斗腰、斗底 | 遮椽板 | 盖斗板（斜斗板） |
| 华栱 | 翘 | 华头子 | （无） |
| 交互斗 | 十八斗 | 撩檐斗 | 挑檐斗 |
| 齐心斗 | 齐心斗 | 罗汉枋 | 拽枋 |
| 散斗 | 三才升 | 柱头枋 | 正心枋 |
| 令栱 | 厢栱 | 平乐枋 | 井口枋 |
| 耍头 | 耍头、蚂蚱头 | 平棊 | 无花 |
| 慢栱 | 万栱 | 衬枋头 | 撑头木 |
| 瓜子栱 | 瓜栱 | 平盘头 | 斗盘（用于角科） |
| 泥道栱 | 正心瓜栱 | 顱（斗底凹进去的曲线） | 清式斗底无顱 |

# 卷三十九

本卷详述当斗口为五寸五分时，各类斗栱的尺寸。

## 斗科斗口五寸五分尺寸

【译解】当斗口为五寸五分时，各类斗栱的尺寸。

## 斗口单昂平身科、柱头科、角科斗口五寸五分各件尺寸

【译解】当斗口为五寸五分时，平身科、柱头科、角科的单昂斗栱中各构件的尺寸。

### 平身科

【原文】大斗一个，见方一尺六寸五分，高一尺一寸。

头昂一件，长五尺四寸一分七厘五毫，高一尺六寸五分，宽五寸五分。

蚂蚱头一件，长六尺八寸九分七厘，高一尺一寸，宽五寸五分。

撑头木一件，长三尺三寸，高一尺一寸，宽五寸五分。

正心瓜栱一件，长三尺四寸一分，高一尺一寸，宽六寸八分二厘。

正心万栱一件，长五尺六分，高一尺一寸，宽六寸八分二厘。

厢栱二件，各长三尺九寸六分，高七寸七分，宽五寸五分。

桁椀一件，长三尺三寸，高八寸二分五厘，宽五寸五分。

十八斗二个，各长九寸九分，高五寸五分，宽八寸一分四厘。

槽升四个，各长七寸一分五厘，高五寸五分，宽九寸四分六厘。

三才升六个，各长七寸一分五厘，高五寸五分，宽八寸一分四厘。

【译解】大斗一个，长度、宽度均为一尺六寸五分，高度为一尺一寸。

头昂一件，长度为五尺四寸一分七厘五毫，高度为一尺六寸五分，宽度为五寸五分。

蚂蚱头一件，长度为六尺八寸九分七厘，高度为一尺一寸，宽度为五寸五分。

撑头木一件，长度为三尺三寸，高度为一尺一寸，宽度为五寸五分。

正心瓜栱一件，长度为三尺四寸一分，高度为一尺一寸，宽度为六寸八分二厘。

正心万栱一件，长度为五尺六分，高度为一尺一寸，宽度为六寸八分二厘。

厢栱两件，长度均为三尺九寸六分，高度均为七寸七分，宽度均为五寸五分。

桁椀一件，长度为三尺三寸，高度为八寸二分五厘，宽度为五寸五分。

十八斗两个，长度均为九寸九分，高度均为五寸五分，宽度均为八寸一分四厘。

槽升子四个，长度均为七寸一分五厘，高度均为五寸五分，宽度均为九寸四分六厘。

三才升六个，长度均为七寸一分五厘，高度均为五寸五分，宽度均为八寸一分四厘。

柱头科

【译解】柱头科斗栱

【原文】大斗一个，长二尺二寸，高一尺一寸，宽一尺六寸五分。

头昂一件，长五尺四寸一分七厘五毫，高一尺六寸五分，宽一尺六寸五分。

单昂一件，长五尺四寸一分七厘五毫，高一尺六寸五分，宽一尺一寸。

正心瓜栱一件，长三尺四寸一分，高一尺一寸，宽六寸八分二厘。

正心万栱一件，长五尺六分，高一尺一寸，宽六寸八分二厘。

厢栱二件，各长三尺九寸六分，高七寸七分，宽五寸五分。

桶子十八斗一个，长二尺六寸四分，高五寸五分，宽八寸一分四厘。

槽升二个，各长七寸一分五厘，高五寸五分，宽九寸四分六厘。

三才升五个，各长七寸一分五厘，高五寸五分，宽八寸一分四厘。

【译解】大斗一个，长度为二尺二寸，高度为一尺一寸，宽度为一尺六寸五分。

头昂一件，长度为五尺四寸一分七厘五毫，高度为一尺六寸五分，宽度为一尺六寸五分。

单昂一件，长度为五尺四寸一分七厘五毫，高度为一尺六寸五分，宽度为一尺一寸。

正心瓜栱一件，长度为三尺四寸一分，高度为一尺一寸，宽度为六寸八分二厘。

正心万栱一件，长度为五尺六分，高度为一尺一寸，宽度为六寸八分二厘。

厢栱两件，长度均为三尺九寸六分，高度均为七寸七分，宽度均为五寸五分。

桶子十八斗一个，长度为二尺六寸四分，高度为五寸五分，宽度为八寸一分四厘。

槽升子两个，长度均为七寸一分五厘，高度均为五寸五分，宽度均为九寸四分六厘。

三才升五个，长度均为七寸一分五厘，高度均为五寸五分，宽度均为八寸一分四厘。

角科

【译解】角科斗栱

【原文】大斗一个，见方一尺六寸五分，高一尺一寸。

斜昂一件，长七尺五寸八分四厘五毫，高一尺六寸五分，宽八寸二分五厘。

搭角正昂带正心瓜栱二件，各长五尺一寸七分，高一尺六寸五分，宽六寸八分二厘。

由昂一件，长十一尺九寸五分七厘，高三尺二分五厘，宽一尺一寸一分二厘。

搭角正蚂蚱头带正心万栱二件，各长五尺八寸三分，高一尺一寸，宽五寸五分。

搭角正撑头木二件，各长一尺六寸五分，高一尺一寸，宽五寸五分。

把臂厢栱二件，各长六尺二寸七分，高一尺一寸，宽五寸五分。

里连头合角厢栱二件，各长六寸六分，高七寸七分，宽五寸五分。

斜桁椀一件，长四尺六寸二分，高八寸二分五厘，宽一尺一寸一分二厘。

十八斗二个，槽升四个，三才升六个，俱与平身科尺寸同。

【译解】大斗一个，长度、宽度均为一尺六寸五分，高度为一尺一寸。

斜昂一件，长度为七尺五寸八分四厘五毫，高度为一尺六寸五分，宽度为八寸二分五厘。

带正心瓜栱的搭角正昂两件，长度均为五尺一寸七分，高度均为一尺六寸五分，宽度均为六寸八分二厘。

由昂一件，长度为十一尺九寸五分七厘，高度为三尺二分五厘，宽度为一尺一寸一分二厘。

带正心万栱的搭角正蚂蚱头两件，长度均为五尺八寸三分，高度均为一尺一寸，宽度均为五寸五分。

搭角正撑头木两件，长度均为一尺六寸五分，高度均为一尺一寸，宽度均为五寸五分。

把臂厢栱两件，长度均为六尺二寸七分，高度均为一尺一寸，宽度均为五寸五分。

里连头合角厢栱两件，长度均为六寸六分，高度均为七寸七分，宽度均为五寸五分。

斜桁椀一件，长度为四尺六寸二分，高度为八寸二分五厘，宽度为一尺一寸一分二厘。

十八斗两个，槽升子四个，三才升六个，它们的尺寸均与平身科斗栱的尺寸相同。

## 斗口重昂平身科、柱头科、角科斗口五寸五分各件尺寸

【译解】当斗口为五寸五分时，平身科、柱头科、角科的重昂斗栱中各构件的尺寸。

### 平身科

【译解】平身科斗栱

【原文】大斗一个，见方一尺六寸五分，高一尺一寸。

头昂一件，长五尺四寸一分七厘五毫，高一尺六寸五分，宽五寸五分。

二昂一件，长八尺四寸一分五厘，高一尺六寸五分，宽五寸五分。

蚂蚱头一件，长八尺五寸八分，高一尺一寸，宽五寸五分。

撑头木一件，长八尺五寸四分七厘，高一尺一寸，宽五寸五分。

正心瓜栱一件，长三尺四寸一分，高一尺一寸，宽六寸八分二厘。

正心万栱一件，长五尺六分，高一尺一寸，宽六寸八分二厘。

正心瓜栱二件，各长三尺四寸一分，高七寸七分，宽五寸五分。

单才万栱二件，各长五尺六分，高七寸七分，宽五寸五分。

厢栱二件，各长三尺九寸六分，高七寸七分，宽五寸五分。

桁椀一件，长六尺六寸，高一尺六寸五分，宽五寸五分。

十八斗四个，各长九寸九分，高五寸五分，宽八寸一分四厘。

槽升四个，各长七寸一分五厘，高五寸五分，宽九寸四分六厘。

三才升十二个，各长七寸一分五厘，高五寸五分，宽八寸一分四厘。

【译解】大斗一个，长度、宽度均为一尺六寸五分，高度为一尺一寸。

头昂一件，长度为五尺四寸一分七厘五毫，高度为一尺六寸五分，宽度为五寸五分。

二昂一件，长度为八尺四寸一分五厘，高度为一尺六寸五分，宽度为五寸五分。

蚂蚱头一件，长度为八尺五寸八分，高度为一尺一寸，宽度为五寸五分。

撑头木一件，长度为八尺五寸四分七厘，高度为一尺一寸，宽度为五寸五分。

正心瓜栱一件，长度为三尺四寸一分，高度为一尺一寸，宽度为六寸八分二厘。

正心万栱一件，长度为五尺六分，高度为一尺一寸，宽度为六寸八分二厘。

正心瓜栱两件，长度均为三尺四寸一分，高度均为七寸七分，宽度均为五寸五分。

单才万栱两件，长度均为五尺六分，高度均为七寸七分，宽度均为五寸五分。

厢栱两件，长度均为三尺九寸六分，高度均为七寸七分，宽度均为五寸五分。

桁椀一件，长度为六尺六寸，高度为一尺六寸五分，宽度为五寸五分。

十八斗四个，长度均为九寸九分，高度均为五寸五分，宽度均为八寸一分四厘。

槽升子四个，长度均为七寸一分五厘，高度均为五寸五分，宽度均为九寸四分六厘。

三才升十二个，长度均为七寸一分五厘，高度均为五寸五分，宽度均为八寸一分四厘。

### 柱头科

【译解】柱头科斗栱

【原文】大斗一个，长二尺二寸，宽

一尺六寸，高一尺一寸。

头昂一件，长五尺四寸一分七厘五毫，高一尺六寸五分，宽一尺一寸。

二昂一件，长八尺四寸一分五厘，高一尺六寸五分，宽一尺六寸五分。

正心瓜栱一件，长三尺四寸一分，高一尺一寸，宽六寸八分二厘。

正心万栱一件，长五尺六分，高一尺一寸，宽六寸八分二厘。

单才瓜栱二件，各长三尺四寸一分，高七寸七分，宽五寸五分。

单才万栱二件，各长五尺六分，高七寸七分，宽五寸五分。

厢栱二件，各长三尺九寸六分，高七寸七分，宽五寸五分。

桶子十八斗三个，内二个各长二尺九分，一个长二尺六寸四分，俱高五寸五分，宽八寸一分四厘。

槽升四个，各长七寸一分五厘，高五寸五分，宽九寸四分六厘。

三才升十二个，各长七寸一分五厘，高五寸五分，宽八寸一分四厘。

【译解】大斗一个，长度为二尺二寸，宽度为一尺六寸，高度为一尺一寸。

头昂一件，长度为五尺四寸一分七厘五毫，高度为一尺六寸五分，宽度为一尺一寸。

二昂一件，长度为八尺四寸一分五厘，高度为一尺六寸五分，宽度为一尺六寸五分。

正心瓜栱一件，长度为三尺四寸一分，高度为一尺一寸，宽度为六寸八分二厘。

正心万栱一件，长度为五尺六分，高度为一尺一寸，宽度为六寸八分二厘。

单才瓜栱两件，长度均为三尺四寸一分，高度均为七寸七分，宽度均为五寸五分。

单才万栱两件，长度均为五尺六分，高度均为七寸七分，宽度均为五寸五分。

厢栱两件，长度均为三尺九寸六分，高度均为七寸七分，宽度均为五寸五分。

桶子十八斗三个，其中两个长度为二尺九分，一个长度为二尺六寸四分，高度均为五寸五分，宽度均为八寸一分四厘。

槽升子四个，长度均为七寸一分五厘，高度均为五寸五分，宽度均为九寸四分六厘。

三才升十二个，长度均为七寸一分五厘，高度均为五寸五分，宽度均为八寸一分四厘。

角科

【译解】角科斗栱

【原文】大斗一个，见方一尺六寸五分，高一尺一寸。

斜头昂一件，长七尺五寸八分四厘五毫，高一尺六寸五分，宽八寸二分五厘。

搭角正头昂带正心瓜栱二件，各长五尺一寸七分，高一尺六寸五分，宽六寸八分二厘。

斜二昂一件，长十一尺七寸八分一厘，高一尺六寸五分，宽一尺一分六厘。

搭角正二昂带正心万栱二件，各长七尺六寸四分五厘，高一尺六寸五分，宽六寸八分二厘。

搭角闹二昂带单才瓜栱二件，各长六尺八寸二分，高一尺六寸五分，宽五寸五分。

由昂一件，长十六尺六寸六分五厘，高三尺二分五厘，宽一尺二寸八厘。

搭角正蚂蚱头二件，各长四尺九寸五分，高一尺一寸，宽五寸五分。

搭角闹蚂蚱头带单才万栱二件，各长七尺四寸八分，高一尺一寸，宽五寸五分。

把臂厢栱二件，各长七尺九寸二分，高一尺一寸，宽五寸五分。

里连头合角单才瓜栱二件，各长二尺九寸七分，高七寸七分，宽五寸五分。

里连头合角单才万栱二件，各长二尺九分，高七寸七分，宽五寸五分。

搭角正撑头木二件，闹撑头木二件，各长三尺三寸，高一尺一寸，宽五寸五分。

里连头合角厢栱二件，各长八寸二分五厘，高七寸七分，宽五寸五分。

斜桁椀一件，长九尺二寸四分，高一尺六寸五分，宽一尺二寸八厘。

贴升耳十个，内四个各长一尺八分九厘，二个各长二尺一寸八分，四个各长一尺四寸七分二厘，俱高三寸三分，宽一寸三分二厘。

十八斗六个，槽升四个，三才升十二个，俱与平身科尺寸同。

【译解】大斗一个，长度、宽度均为一尺六寸五分，高度为一尺一寸。

斜头昂一件，长度为七尺五寸八分四厘五毫，高度为一尺六寸五分，宽度为八寸二分五厘。

带正心瓜栱的搭角正头昂两件，长度均为五尺一寸七分，高度均为一尺六寸五分，宽度均为六寸八分二厘。

斜二昂一件，长度为十一尺七寸八分一厘，高度为一尺六寸五分，宽度为一尺一分六厘。

带正心万栱的搭角正二昂两件，长度均为七尺六寸四分五厘，高度均为一尺六寸五分，宽度均为六寸八分二厘。

带单才瓜栱的搭角闹二昂两件，长度均为六尺八寸二分，高度均为一尺六寸五分，宽度均为五寸五分。

由昂一件，长度为十六尺六寸六分五厘，高度为三尺二分五厘，宽度为一尺二寸八厘。

搭角正蚂蚱头两件，长度均为四尺九寸五分，高度均为一尺一寸，宽度均为五寸五分。

带单才万栱的搭角闹蚂蚱头两件，长度均为七尺四寸八分，高度均为一尺一寸，宽度均为五寸五分。

把臂厢栱两件，长度均为七尺九寸

二分，高度均为一尺一寸，宽度均为五寸五分。

里连头合角单才瓜栱两件，长度均为二尺九寸七分，高度均为七寸七分，宽度均为五寸五分。

里连头合角单才万栱两件，长度均为二尺九分，高度均为七寸七分，宽度均为五寸五分。

搭角正撑头木两件、闹撑头木两件，长度均为三尺三寸，高度均为一尺一寸，宽度均为五寸五分。

里连头合角厢栱两件，长度均为八寸二分五厘，高度均为七寸七分，宽度均为五寸五分。

斜桁椀一件，长度为九尺二寸四分，高度为一尺六寸五分，宽度为一尺二寸八厘。

贴升耳十个，其中四个长度为一尺八分九厘，两个长度为二尺一寸八分，四个长度为一尺四寸七分二厘，高度均为三寸三分，宽度均为一寸三分二厘。

十八斗六个，槽升子四个，三才升十二个，它们的尺寸均与平身科斗栱的尺寸相同。

## 单翘单昂平身科、柱头科、角科斗口五寸五分各件尺寸

【译解】当斗口为五寸五分时，平身科、柱头科、角科的单翘单昂斗栱中各构件的尺寸。

### 平身科

【译解】平身科斗栱

**【原文】单翘一件，长三尺九寸五厘，高一尺一寸，宽五寸五分。**

**其余各件，俱与斗口重昂平身科尺寸同。**

【译解】单翘一件，长度为三尺九寸五厘，高度为一尺一寸，宽度为五寸五分。

其余构件的尺寸均与平身科重昂斗栱的尺寸相同。

### 柱头科

【译解】柱头科斗栱

**【原文】单翘一件，长三尺九寸五厘，高一尺一寸，宽一尺一寸。**

**其余各件，俱与斗口重昂柱头科尺寸同。**

【译解】单翘一件，长度为三尺九寸五厘，高度为一尺一寸，宽度为一尺一寸。

其余构件的尺寸均与柱头科重昂斗栱的尺寸相同。

### 角科

【译解】角科斗栱

【原文】斜翘一件，长五尺四寸六分七厘，高一尺一寸，宽八寸二分五厘。

搭角正翘带正心瓜栱二件，各长三尺六寸五分七厘五毫，高一尺一寸，宽六寸八分二厘。

其余各件，俱与斗口重昂角科尺寸同。

【译解】斜翘一件，长度为五尺四寸六分七厘，高度为一尺一寸，宽度为八寸二分五厘。

带正心瓜栱的搭角正翘两件，长度均为三尺六寸五分七厘五毫，高度均为一尺一寸，宽度均为六寸八分二厘。

其余构件的尺寸均与角科重昂斗栱的尺寸相同。

## 单翘重昂平身科、柱头科、角科斗口五寸五分各件尺寸

【译解】当斗口为五寸五分时，平身科、柱头科、角科的单翘重昂斗栱中各构件的尺寸。

### 平身科

【译解】平身科斗栱

【原文】大斗一个，见方一尺六寸五分，高一尺一寸。

单翘一件，长三尺九寸五厘，高一尺一寸，宽五寸五分。

头昂一件，长八尺七寸一分七厘五毫，高一尺六寸五分，宽五寸五分。

二昂一件，长十一尺七寸一分五厘，高一尺六寸五分，宽五寸五分。

蚂蚱头一件，长十一尺八寸八分，高一尺一寸，宽五寸五分。

撑头木一件，长十一尺八寸四分七厘，高一尺一寸，宽五寸五分。

正心瓜栱一件，长三尺四寸一分，高一尺一寸，宽六寸八分二厘。

正心万栱一件，长一尺六分，高一尺一寸，宽六寸八分二厘。

单才瓜栱二件，各长三尺四寸一分，高七寸七分，宽五寸五分。

单才万栱四件，各长五尺六分，高七寸七分，宽五寸五分。

厢栱二件，各长三尺九寸六分，高七寸七分，宽五寸五分。

桁椀一件，长九尺九寸，高二尺四寸七分五厘，宽五寸五分。

十八斗六个，各长九寸九分，高五寸五分，宽八寸一分四厘。

槽升四个，各长七寸一分五厘，高五寸五分，宽九寸四分六厘。

三才升二十个，各长七寸一分五厘，高五寸五分，宽八寸一分四厘。

【译解】大斗一个，长度、宽度均为一尺六寸五分，高度为一尺一寸。

单翘一件，长度为三尺九寸五厘，高度为一尺一寸，宽度为五寸五分。

头昂一件，长度为八尺七寸一分七厘五毫，高度为一尺六寸五分，宽度为五寸五分。

二昂一件，长度为十一尺七寸一分五厘，高度为一尺六寸五分，宽度为五寸五分。

蚂蚱头一件，长度为十一尺八寸八分，高度为一尺一寸，宽度为五寸五分。

撑头木一件，长度为十一尺八寸四分七厘，高度为一尺一寸，宽度为五寸五分。

正心瓜栱一件，长度为三尺四寸一分，高度为一尺一寸，宽度为六寸八分二厘。

正心万栱一件，长度为一尺六分，高度为一尺一寸，宽度为六寸八分二厘。

单才瓜栱两件，长度均为三尺四寸一分，高度均为七寸七分，宽度均为五寸五分。

单才万栱四件，长度均为五尺六分，高度均为七寸七分，宽度均为五寸五分。

厢栱两件，长度均为三尺九寸六分，高度均为七寸七分，宽度均为五寸五分。

桁椀一件，长度为九尺九寸，高度为二尺四寸七分五厘，宽度为五寸五分。

十八斗六个，长度均为九寸九分，高度均为五寸五分，宽度均为八寸一分四厘。

槽升子四个，长度均为七寸一分五厘，高度均为五寸五分，宽度均为九寸四分六厘。

三才升二十个，长度均为七寸一分五厘，高度均为五寸五分，宽度均为八寸一分四厘。

柱头科

【译解】柱头科斗栱

【原文】大斗一个，长二尺二寸，高一尺一寸，宽一尺六寸五分。

单翘一件，长三尺九寸五厘，高一尺一寸，宽一尺一寸。

头昂一件，长八尺七寸一分七厘五毫，高一尺六寸五分，宽一尺四寸六分六厘。

二昂一件，长十一尺七寸一分五厘，高一尺六寸五分，宽一尺八寸三分三厘。

正心瓜栱一件，长三尺四寸一分，高一尺一寸，宽六寸八分二厘。

正心万栱一件，长五尺六分，高一尺一寸，宽六寸八分二厘。

单才瓜栱四件，各长三尺四寸一分，高七寸七分，宽五寸五分。

单才万栱四件，各长五尺六分，高七寸七分，宽五寸五分。

厢栱二件，各长三尺九寸六分，高七寸七分，宽五寸五分。

桶子十八斗五个，内二个各长一尺九寸六厘，二个各长二尺二寸七分三厘，一个长二尺六寸四分，俱高五寸五分，宽八寸一分四厘。

槽升四个，各长七寸一分五厘，高五寸五分，宽九寸四分六厘。

三才升二十个，各长七寸一分五厘，高五寸五分，宽八寸一分四厘。

【译解】大斗一个，长度为二尺二寸，高度为一尺一寸，宽度为一尺六寸五分。

单翘一件，长度为三尺九寸五厘，高度为一尺一寸，宽度为一尺一寸。

头昂一件，长度为八尺七寸一分七厘五毫，高度为一尺六寸五分，宽度为一尺四寸六分六厘。

二昂一件，长度为十一尺七寸一分五厘，高度为一尺六寸五分，宽度为一尺八寸三分三厘。

正心瓜栱一件，长度为三尺四寸一分，高度为一尺一寸，宽度为六寸八分二厘。

正心万栱一件，长度为五尺六分，高度为一尺一寸，宽度为六寸八分二厘。

单才瓜栱四件，长度均为三尺四寸一分，高度均为七寸七分，宽度均为五寸五分。

单才万栱四件，长度均为五尺六分，高度均为七寸七分，宽度均为五寸五分。

厢栱两件，长度均为三尺九寸六分，高度均为七寸七分，宽度均为五寸五分。

桶子十八斗五个，其中两个长度为一尺九寸六厘，两个长度为二尺二寸七分三厘，一个长度为二尺六寸四分，高度均为五寸五分，宽度均为八寸一分四厘。

槽升子四个，长度均为七寸一分五厘，高度均为五寸五分，宽度均为九寸四分六厘。

三才升二十个，长度均为七寸一分五厘，高度均为五寸五分，宽度均为八寸一分四厘。

角科

【译解】角科斗栱

【原文】大斗一个，见方一尺六寸五分，高一尺一寸。

斜翘一件，长五尺四寸六分七厘，高一尺一寸，宽八寸二分五厘。

搭角正翘带正心瓜栱二件，各长三尺六寸五分七厘五毫，高一尺一寸，宽六寸八分二厘。

斜头昂一件，长十二尺二寸四厘五毫，高一尺六寸五分，宽九寸六分八厘。

搭角正头昂带正心万栱二件，各长七尺六寸四分五厘，高一尺六寸五分，宽六寸八分二厘。

搭角闹头昂带单才瓜栱二件，各长六尺八寸二分，高一尺六寸五分，宽五寸五分。

里连头合角单才瓜栱二件，各长二尺九寸七分，高七寸七分。

斜二昂一件，长十六尺四寸一厘，高一尺六寸五分，宽一尺一寸一分二厘。

搭角正二昂二件，各长六尺七寸六

分五厘，高一尺六寸五分，宽五寸五分。

搭角闹二昂带单才万栱二件，各长九尺二寸九分五厘，高一尺六寸五分，宽五寸五分。

搭角闹二昂带单才瓜栱二件，各长八尺四寸七分，高一尺六寸五分，宽五寸五分。

里连头合角单才万栱二件，各长二尺九分，高七寸七分，宽五寸五分。

里连头合角单才瓜栱二件，各长一尺二寸一分，高七寸七分，宽五寸五分。

由昂一件，长二十一尺三寸七分三厘，高三尺二分五厘，宽一尺二寸五分六厘。

搭角正蚂蚱头二件、闹蚂蚱头二件，各长六尺六寸，高一尺一寸，宽五寸五分。

搭角闹蚂蚱头带单才万栱二件，各长九尺一寸三分，高一尺一寸，宽五寸五分。

里连头合角单才万栱二件，各长四寸九分五厘，高七寸七分，宽五寸五分。

把臂厢栱二件，各长九尺五寸七分，高一尺一寸，宽五寸五分。

搭角正撑头木二件、闹撑头木四件，各长四尺九寸五分，高一尺一寸，宽五寸五分。

里连头合角厢栱二件，各长九寸九分，高七寸七分，宽五寸五分。

斜桁椀一件，长十三尺八寸六分，高二尺四寸七分五厘，宽一尺二寸五分六厘。

贴升耳十四个，内四个各长一尺八分九厘，四个各长一尺二寸三分四厘，二个各长一尺三寸七分六厘，四个各长一尺五寸二分，俱高三寸三分，宽一寸三分二厘。

十八斗十二个，槽升四个，三才升十六个，俱与平身科尺寸同。

【译解】大斗一个，长度、宽度均为一尺六寸五分，高度为一尺一寸。

斜翘一件，长度为五尺四寸六分七厘，高度为一尺一寸，宽度为八寸二分五厘。

带正心瓜栱的搭角正翘两件，长度均为三尺六寸五分七厘五毫，高度均为一尺一寸，宽度均为六寸八分二厘。

斜头昂一件，长度为十二尺二寸四厘五毫，高度为一尺六寸五分，宽度为九寸六分八厘。

带正心万栱的搭角正头昂两件，长度均为七尺六寸四分五厘，高度均为一尺六寸五分，宽度均为六寸八分二厘。

带单才瓜栱的搭角闹头昂两件，长度均为六尺八寸二分，高度均为一尺六寸五分，宽度均为五寸五分。

里连头合角单才瓜栱两件，长度均为二尺九寸七分，高度均为七寸七分，宽度均为五寸五分。

斜二昂一件，长度为十六尺四寸一厘，高度为一尺六寸五分，宽度为一尺一寸一分二厘。

搭角正二昂两件，长度均为六尺七寸六分五厘，高度均为一尺六寸五分，宽度均为五寸五分。

带单才万栱的搭角闹二昂两件，长度均为九尺二寸九分五厘，高度均为一尺六寸五分，宽度均为五寸五分。

带单才瓜栱的搭角闹二昂两件，长度均为八尺四寸七分，高度均为一尺六寸五分，宽度均为五寸五分。

里连头合角单才万栱两件，长度均为二尺九分，高度均为七寸七分，宽度均为五寸五分。

里连头合角单才瓜栱两件，长度均为一尺二寸一分，高度均为七寸七分，宽度均为五寸五分。

由昂一件，长度为二十一尺三寸七分三厘，高度为三尺二分五厘，宽度为一尺二寸五分六厘。

搭角正蚂蚱头两件、闹蚂蚱头两件，长度均为六尺六寸，高度均为一尺一寸，宽度均为五寸五分。

带单才万栱的搭角闹蚂蚱头两件，长度均为九尺一寸三分，高度均为一尺一寸，宽度均为五寸五分。

里连头合角单才万栱两件，长度均为四寸九分五厘，高度均为七寸七分，宽度均为五寸五分。

把臂厢栱两件，长度均为九尺五寸七分，高度均为一尺一寸，宽度均为五寸五分。

搭角正撑头木两件、闹撑头木四件，长度均为四尺九寸五分，高度均为一尺一寸，宽度均为五寸五分。

里连头合角厢栱两件，长度均为九寸九分，高度均为七寸七分，宽度均为五寸五分。

斜桁椀一件，长度为十三尺八寸六分，高度为二尺四寸七分五厘，宽度为一尺二寸五分六厘。

贴升耳十四个，其中四个长度为一尺八分九厘，四个长度为一尺二寸三分四厘，两个长度为一尺三寸七分六厘，四个长度为一尺五寸二分，高度均为三寸三分，宽度均为一寸三分二厘。

十八斗十二个，槽升子四个，三才升十六个，它们的尺寸均与平身科斗栱的尺寸相同。

## 重翘重昂平身科、柱头科、角科斗口五寸五分各件尺寸

【译解】当斗口为五寸五分时，平身科、柱头科、角科的重翘重昂斗栱中各构件的尺寸。

### 平身科

【译解】平身科斗栱

【原文】大斗一个，见方一尺六寸五分，高一尺一寸。

头翘一件，长三尺九寸五厘，高一尺一寸，宽五寸五分。

重翘一件，长七尺二寸五厘，高一尺一寸，宽五寸五分。

头昂一件，长十二尺一分七厘五毫，高一尺六寸，宽五寸五分。

二昂一件，长十五尺一分五厘，高一尺六寸五分，宽五寸五分。

蚂蚱头一件，长十五尺一寸八分，高一尺一寸，宽五寸五分。

撑头木一件，长十五尺一寸四分七厘，高一尺一寸，宽五寸五分。

正心瓜栱一件，长三尺四寸一分，高一尺一寸，宽六寸八分二厘。

正心万栱一件，长五尺六分，高一尺一寸，宽六寸八分二厘。

单才瓜栱六件，各长三尺四寸一分，高七寸七分，宽五寸五分。

单才万栱六件，各长五尺六分，高七寸七分，宽五寸五分。

厢栱二件，各长三尺九寸六分，高七寸七分，宽五寸五分。

桁椀一件，长十三尺二寸，高三尺三寸，宽五寸五分。

十八斗八个，各长九寸九分，高五寸五分，宽八寸一分四厘。

槽升四个，各长七寸一分五厘，高五寸五分，宽九寸四分六厘。

三才升二十八个，各长七寸一分五厘，高五寸五分，宽八寸一分四厘。

【译解】大斗一个，长度、宽度均为一尺六寸五分，高度为一尺一寸。

头翘一件，长度为三尺九寸五厘，高度为一尺一寸，宽度为五寸五分。

重翘一件，长度为七尺二寸五厘，高度为一尺一寸，宽度为五寸五分。

头昂一件，长度为十二尺一分七厘五毫，高度为一尺六寸，宽度为五寸五分。

二昂一件，长度为十五尺一分五厘，高度为一尺六寸五分，宽度为五寸五分。

蚂蚱头一件，长度为十五尺一寸八分，高度为一尺一寸，宽度为五寸五分。

撑头木一件，长度为十五尺一寸四分七厘，高度为一尺一寸，宽度为五寸五分。

正心瓜栱一件，长度为三尺四寸一分，高度为一尺一寸，宽度为六寸八分二厘。

正心万栱一件，长度为五尺六分，高度为一尺一寸，宽度为六寸八分二厘。

单才瓜栱六件，长度均为三尺四寸一分，高度均为七寸七分，宽度均为五寸五分。

单才万栱六件，长度均为五尺六分，高度均为七寸七分，宽度均为五寸五分。

厢栱两件，长度均为三尺九寸六分，高度均为七寸七分，宽度均为五寸五分。

桁椀一件，长度为十三尺二寸，高度为三尺三寸，宽度为五寸五分。

十八斗八个，长度均为九寸九分，高度均为五寸五分，宽度均为八寸一分四厘。

槽升子四个，长度均为七寸一分五厘，高度均为五寸五分，宽度均为九寸四分六厘。

三才升二十八个，长度均为七寸一分

五厘，高度均为五寸五分，宽度均为八寸一分四厘。

柱头科

【译解】柱头科斗栱

【原文】大斗一个，长二尺二寸，宽一尺六寸五分，高一尺一寸。

头翘一件，长三尺九寸五厘，高一尺一寸，宽一尺一寸。

重翘一件，长七尺二寸五厘，高一尺一寸，宽一尺三寸七分五厘。

头昂一件，长十二尺一寸七厘五毫，高一尺六寸五分，宽一尺六寸五分。

二昂一件，长十五尺一分五厘，高一尺六寸五分，宽一尺九寸二分五厘。

正心瓜栱一件，长三尺四寸一分，高一尺一寸，宽六寸八分二厘。

正心万栱一件，长五尺六分，高一尺一寸，宽六寸八分二厘。

单才瓜栱六件，各长三尺四寸一分，高七寸七分，宽五寸五分。

单才万栱六件，各长五尺六分，高七寸七分，宽五寸五分。

厢栱二件，各长三尺九寸六分，高七寸七分，宽五寸五分。

桶子十八斗七个，内二个各长一尺八寸一分五厘，二个各长二尺九分，二个各长二尺三寸六分五厘，一个长二尺六寸四分，俱高五寸五分，宽八寸一分四厘。

槽升四个，各长七寸一分五厘，高五寸五分，宽九寸四分六厘。

三才升二十个，各长七寸一分五厘，高五寸五分，宽八寸一分四厘。

【译解】大斗一个，长度为二尺二寸，宽度为一尺六寸五分，高度为一尺一寸。

头翘一件，长度为三尺九寸五厘，高度为一尺一寸，宽度为一尺一寸。

重翘一件，长度为七尺二寸五厘，高度为一尺一寸，宽度为一尺三寸七分五厘。

头昂一件，长度为十二尺一寸七厘五毫，高度为一尺六寸五分，宽度为一尺六寸五分。

二昂一件，长度为十五尺一分五厘，高度为一尺六寸五分，宽度为一尺九寸二分五厘。

正心瓜栱一件，长度为三尺四寸一分，高度为一尺一寸，宽度为六寸八分二厘。

正心万栱一件，长度为五尺六分，高度为一尺一寸，宽度为六寸八分二厘。

单才瓜栱六件，长度均为三尺四寸一分，高度均为七寸七分，宽度均为五寸五分。

单才万栱六件，长度均为五尺六分，高度均为七寸七分，宽度均为五寸五分。

厢栱两件，长度均为三尺九寸六分，高度均为七寸七分，宽度均为五寸五分。

桶子十八斗七个，其中两个长度为一尺八寸一分五厘，两个长度为二尺九分，两个长度为二尺三寸六分五厘，一个长度为二尺六寸四分，高度均为五寸五分，宽度均为八寸一分四厘。

槽升子四个，长度均为七寸一分五厘，高度均为五寸五分，宽度均为九寸四分六厘。

三才升二十个，长度均为七寸一分五厘，高度均为五寸五分，宽度均为八寸一分四厘。

角科

【译解】角科斗栱

【原文】大斗一个，见方一尺六寸五分，高一尺一寸。

斜头翘一件，长五尺四寸六分七厘，高一尺一寸，宽八寸二分五厘。

搭角正头翘带正心瓜栱二件，各长三尺六寸五分七厘五毫，高一尺一寸，宽六寸八分二厘。

斜二翘一件，长十尺八分七厘，高一尺一寸，宽九寸四分。

搭角正二翘带正心万栱二件，各长六尺一寸三分二厘五毫，高一尺一寸，宽六寸八分二厘。

搭角闹二翘带单才瓜栱二件，各长五尺三寸七厘五毫，高一尺一寸，宽五寸五分。

里连头合角单才瓜栱二件，各长二尺九寸七分，高七寸七分，宽五寸五分。

斜头昂一件，长十六尺八寸二分四厘五毫，高一尺六寸五分，宽一尺五分五厘。

搭角正头昂二件，各长六尺七寸六分五厘，高一尺六寸五分，宽五寸五分。

搭角闹头昂带单才瓜栱二件，各长八尺四寸七分，高一尺六寸五分，宽五寸五分。

搭角闹头昂带单才万栱二件，各长九尺二寸九分五厘，高一尺六寸五分，宽五寸五分。

里连头合角单才万栱二件，各长二尺九分，高七寸七分，宽五寸五分。

里连头合角单才瓜栱二件，各长一尺二寸一分，高七寸七分，宽五寸五分。

斜二昂一件，长二十一尺二分一厘，高一尺六寸五分，宽一尺一寸七分。

搭角正二昂二件，闹二昂二件，各长八尺四寸一分五厘，高一尺六寸五分，宽五寸五分。

搭角闹二昂带单才万栱二件，各长十尺九分四厘五毫，高一尺六寸五分，宽五寸五分。

搭角闹二昂带单才瓜栱二件，各长十尺一分二厘，高一尺六寸五分，宽五寸五分。

里连头合角单才万栱二件，各长四寸九分五厘，高七寸七分，宽五寸五分。

由昂一件，长二十六尺八分一厘，高三尺二分五厘，宽一尺二寸八分五厘。

搭角正蚂蚱头二件、闹蚂蚱头四

件，各长七尺一寸五分，高一尺一寸，宽五寸五分。

搭角闹蚂蚱头带单才万栱二件，各长九尺六寸八分，高一尺一寸，宽五寸五分。

把臂厢栱二件，各长十一尺二寸二分，高一尺一寸，宽五寸五分。

搭角正撑头木二件、闹撑头木六件，各长六尺六寸，高一尺一寸，宽五寸五分。

里连头合角厢栱二件，各长一尺一寸五分五厘，高七寸七分，宽五寸五分。

斜桁椀一件，长十八尺四寸八分，高三尺三寸，宽一尺二寸八分五厘。

贴升耳十八个，内四个各长一尺八分九厘，四个各长一尺二寸四厘，四个各长一尺三寸一分九厘，二个各长一尺四寸三分四厘，四个各长一尺五寸四分九厘，俱高三寸三分，宽一寸三分二厘。

十八斗二十个，槽升四个，三才升二十个，俱与平身科尺寸同。

【译解】大斗一个，长度、宽度均为一尺六寸五分，高度为一尺一寸。

斜头翘一件，长度为五尺四寸六分七厘，高度为一尺一寸，宽度为八寸二分五厘。

带正心瓜栱的搭角正头翘两件，长度均为三尺六寸五分七厘五毫，高度均为一尺一寸，宽度均为六寸八分二厘。

斜二翘一件，长度为十尺八分七厘，高度为一尺一寸，宽度为九寸四分。

带正心万栱的搭角正二翘两件，长度均为六尺一寸三分二厘五毫，高度均为一尺一寸，宽度均为六寸八分二厘。

带单才瓜栱的搭角闹二翘两件，长度均为五尺三寸七厘五毫，高度均为一尺一寸，宽度均为五寸五分。

里连头合角单才瓜栱两件，长度均为二尺九寸七分，高度均为七寸七分，宽度均为五寸五分。

斜头昂一件，长度为十六尺八寸二分四厘五毫，高度为一尺六寸五分，宽度为一尺五分五厘。

搭角正头昂两件，长度均为六尺七寸六分五厘，高度均为一尺六寸五分，宽度均为五寸五分。

带单才瓜栱的搭角闹头昂两件，长度均为八尺四寸七分，高度均为一尺六寸五分，宽度均为五寸五分。

带单才万栱的搭角闹头昂两件，长度均为九尺二寸九分五厘，高度均为一尺六寸五分，宽度均为五寸五分。

里连头合角单才万栱两件，长度均为二尺九分，高度均为七寸七分，宽度均为五寸五分。

里连头合角单才瓜栱两件，长度均为一尺二寸一分，高度均为七寸七分，宽度均为五寸五分。

斜二昂一件，长度为二十一尺二分一厘，高度为一尺六寸五分，宽度为一尺一寸七分。

搭角正二昂两件，闹二昂两件，长度

均为八尺四寸一分五厘，高度均为一尺六寸五分，宽度均为五寸五分。

带单才万栱的搭角闹二昂两件，长度均为十尺九分四厘五毫，高度均为一尺六寸五分，宽度均为五寸五分。

带单才瓜栱的搭角闹二昂两件，长度均为十尺一分二厘，高度均为一尺六寸五分，宽度均为五寸五分。

里连头合角单才万栱两件，长度均为四寸九分五厘，高度均为七寸七分，宽度均为五寸五分。

由昂一件，长度为二十六尺八分一厘，高度为三尺二分五厘，宽度为一尺二寸八分五厘。

搭角正蚂蚱头两件、闹蚂蚱头四件，长度均为七尺一寸五分，高度均为一尺一寸，宽度均为五寸五分。

带单才万栱的搭角闹蚂蚱头两件，长度均为九尺六寸八分，高度均为一尺一寸，宽度均为五寸五分。

把臂厢栱两件，长度均为十一尺二寸二分，高度均为一尺一寸，宽度均为五寸五分。

搭角正撑头木两件、闹撑头木六件，长度均为六尺六寸，高度均为一尺一寸，宽度均为五寸五分。

里连头合角厢栱两件，长度均为一尺一寸五分五厘，高度均为七寸七分，宽度均为五寸五分。

斜桁椀一件，长度为十八尺四寸八分，高度为三尺三寸，宽度为一尺二寸八分五厘。

贴升耳十八个，其中四个长度为一尺八分九厘，四个长度为一尺二寸四厘，四个长度为一尺三寸一分九厘，两个长度为一尺四寸三分四厘，四个长度为一尺五寸四分九厘，高度均为三寸三分，宽度均为一寸三分二厘。

十八斗二十个，槽升子四个，三才升二十个，它们的尺寸均与平身科斗栱的尺寸相同。

## 一斗二升交麻叶并一斗三升平身科、柱头科、角科俱斗口五寸五分各件尺寸

【译解】当斗口为五寸五分时，平身科、柱头科、角科的一斗二升交麻叶斗栱和一斗三升斗栱中各构件的尺寸。

### 平身科

【译解】平身科斗栱

【原文】（其一斗三升去麻叶云，中加槽升一个。）

大斗一个，见方一尺六寸五分，高一尺一寸。

麻叶云一件，长六尺六寸，高二尺九寸三分一厘五毫，宽五寸五分。

正心瓜栱一件，长三尺四寸一分，高一尺一寸，宽六寸八分二厘。

**槽升二个，各长七寸一分五厘，高五寸五分，宽九寸四分六厘。**

【译解】（在一斗三升斗栱中央不安装麻叶云，安装一个槽升子。）

大斗一个，长度、宽度均为一尺六寸五分，高度为一尺一寸。

麻叶云一件，长度为六尺六寸，高度为二尺九寸三分一厘五毫，宽度为五寸五分。

正心瓜栱一件，长度为三尺四寸一分，高度为一尺一寸，宽度为六寸八分二厘。

槽升子两个，长度均为七寸一分五厘，高度均为五寸五分，宽度均为九寸四分六厘。

柱头科

【译解】柱头科斗栱

**【原文】大斗一个，长二尺七寸五分，高一尺一寸，宽一尺六寸五分。**

**正心瓜栱一件，长三尺四寸一分，高一尺一寸，宽六寸八分二厘。**

**槽升二个，各长七寸一分五厘，高五寸五分，宽九寸四分六厘。**

**贴正升耳二个，各长七寸一分五厘，高五寸五分，宽一寸三分二厘。**

【译解】大斗一个，长度为二尺七寸五分，高度为一尺一寸，宽度为一尺六寸五分。

正心瓜栱一件，长度为三尺四寸一分，高度为一尺一寸，宽度为六寸八分二厘。

槽升子两个，长度均为七寸一分五厘，高度均为五寸五分，宽度均为九寸四分六厘。

贴正升耳两个，长度均为七寸一分五厘，高度均为五寸五分，宽度均为一寸三分二厘。

角科

【译解】角科斗栱

**【原文】大斗一个，见方一尺六寸五分，高一尺一寸。**

**斜昂一件，长九尺二寸四分，高三尺四寸六分五厘，宽八寸二分五厘。**

**搭角正心瓜栱二件，各长四尺八寸九分五厘，高一尺一寸，宽六寸八分二厘。**

**槽升二个，各长七寸一分五厘，高五寸五分，宽九寸四分六厘。**

**三才升二个，各长七寸一分五厘，高五寸五分，宽八寸一分四厘。**

**贴斜升耳二个，各长一尺八分九厘，高三寸三分，宽一寸三分二厘。**

【译解】大斗一个，长度、宽度均为一尺六寸五分，高度为一尺一寸。

斜昂一件，长度为九尺二寸四分，高

度为三尺四寸六分五厘，宽度为八寸二分五厘。

搭角正心瓜栱两件，长度均为四尺八寸九分五厘，高度均为一尺一寸，宽度均为六寸八分二厘。

槽升子两个，长度均为七寸一分五厘，高度均为五寸五分，宽度均为九寸四分六厘。

三才升两个，长度均为七寸一分五厘，高度均为五寸五分，宽度均为八寸一分四厘。

贴斜升耳两个，长度均为一尺八分九厘，高度均为三寸三分，宽度均为一寸三分二厘。

## 三滴水品字平身科、柱头科、角科斗口五寸五分各件尺寸

【译解】当斗口为五寸五分时，平身科、柱头科、角科三滴水品字科斗栱中各构件的尺寸。

### 平身科

【译解】平身科斗栱

【原文】大斗一个，见方一尺六寸五分，高一尺一寸。

头翘一件，长三尺九寸五厘，高一尺一寸，宽五寸五分。

二翘一件，长七尺二寸五厘，高一尺一寸，宽五寸五分。

撑头木一件，长八尺二寸五分，高一尺一寸，宽五寸五分。

正心瓜栱一件，长三尺四寸一分，高一尺一寸，宽六寸八分二厘。

正心万栱一件，长五尺六分，高一尺一寸，宽六寸八分二厘。

单才瓜栱二件，各长三尺四寸一分，高七寸七分，宽五寸五分。

厢栱一件，长三尺九寸六分，高七寸七分，宽五寸五分。

十八斗三个，各长九寸九分，高五寸五分，宽八寸一分四厘。

槽升四个，各长七寸一分五厘，高五寸五分，宽九寸四分六厘。

三才升六个，各长七寸一分五厘，高五寸五分，宽八寸一分四厘。

【译解】大斗一个，长度、宽度均为一尺六寸五分，高度为一尺一寸。

头翘一件，长度为三尺九寸五厘，高度为一尺一寸，宽度为五寸五分。

二翘一件，长度为七尺二寸五厘，高度为一尺一寸，宽度为五寸五分。

撑头木一件，长度为八尺二寸五分，高度为一尺一寸，宽度为五寸五分。

正心瓜栱一件，长度为三尺四寸一分，高度为一尺一寸，宽度为六寸八分二厘。

正心万栱一件，长度为五尺六分，高

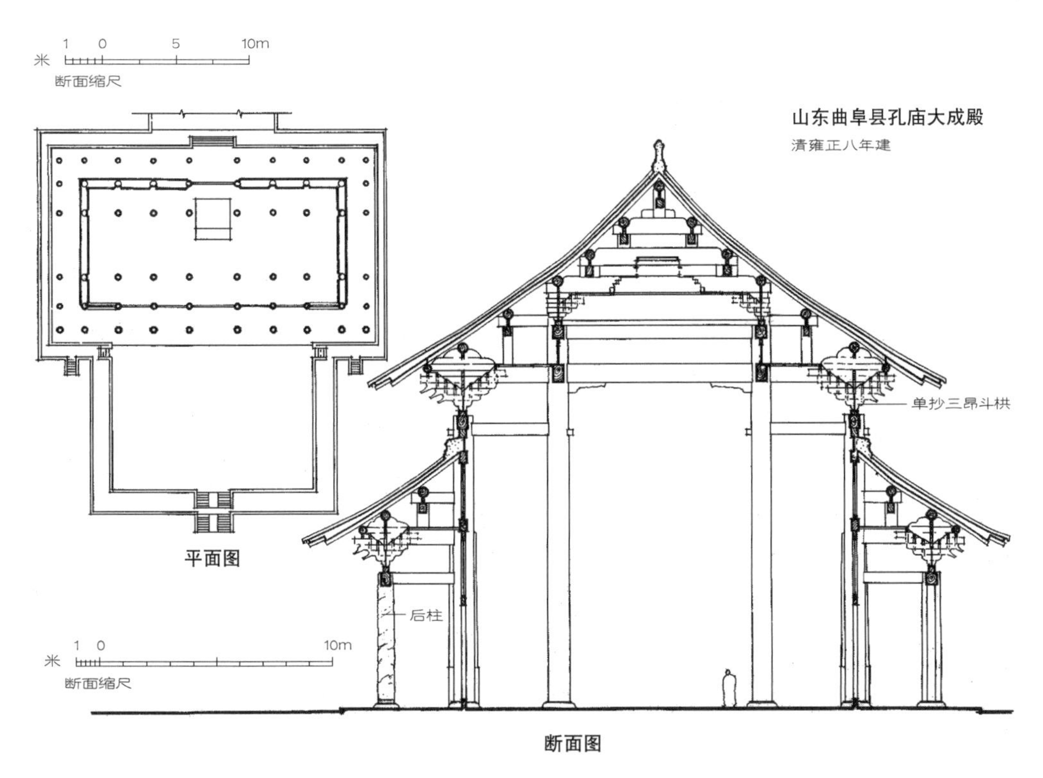


□ **孔庙大成殿及其特式斗栱**

此殿位于山东曲阜，为九脊重檐，其年代与《工程做法则例》付梓时间最近，做法却相去甚远，近于孤例。梁思成先生曾论及其形制："举高特甚，折甚微，屋面线生硬，缺乏圆和之感。"

度为一尺一寸，宽度为六寸八分二厘。

单才瓜栱两件，长度均为三尺四寸一分，高度均为七寸七分，宽度均为五寸五分。

厢栱一件，长度为三尺九寸六分，高度为七寸七分，宽度为五寸五分。

十八斗三个，长度均为九寸九分，高度均为五寸五分，宽度均为八寸一分四厘。

槽升子四个，长度均为七寸一分五厘，高度均为五寸五分，宽度均为九寸四分六厘。

三才升六个，长度均为七寸一分五厘，高度均为五寸五分，宽度均为八寸一分四厘。

柱头科

【译解】柱头科斗栱

【原文】大斗一个，长二尺七寸五分，高一尺一寸，宽一尺六寸五分。

头翘一件，长三尺九寸五厘，高一

尺一寸，宽一尺一寸。

正心瓜栱一件，长三尺四寸一分，高一尺一寸，宽六寸八分二厘。

正心万栱一件，长五尺六分，高一尺一寸，宽六寸八分二厘。

单才瓜栱二件，各长三尺四寸一分，高七寸七分，宽五寸五分。

厢栱一件，长三尺九寸六分，高七寸七分，宽五寸五分。

桶子十八斗一个，长二尺六寸四分，高五寸五分，宽八寸一分四厘。

槽升四个，各长七寸一分五厘，高五寸五分，宽九寸四分六厘。

三才升六个，各长七寸一分五厘，高五寸五分，宽八寸一分四厘。

贴斗耳二个，各长八寸一分四厘，宽一寸三分二厘，高五寸五分。

【译解】大斗一个，长度为二尺七寸五分，高度为一尺一寸，宽度为一尺六寸五分。

头翘一件，长度为三尺九寸五厘，高度为一尺一寸，宽度为一尺一寸。

正心瓜栱一件，长度为三尺四寸一分，高度为一尺一寸，宽度为六寸八分二厘。

正心万栱一件，长度为五尺六分，高度为一尺一寸，宽度为六寸八分二厘。

单才瓜栱两件，长度均为三尺四寸一分，高度均为七寸七分，宽度均为五寸五分。

厢栱一件，长度为三尺九寸六分，高度为七寸七分，宽度为五寸五分。

桶子十八斗一个，长度为二尺六寸四分，高度为五寸五分，宽度为八寸一分四厘。

槽升子四个，长度均为七寸一分五厘，高度均为五寸五分，宽度均为九寸四分六厘。

三才升六个，长度均为七寸一分五厘，高度均为五寸五分，宽度均为八寸一分四厘。

贴斗耳两个，长度均为八寸一分四厘，宽度均为一寸三分二厘，高度均为五寸五分。

角科

【译解】角科斗栱

【原文】大斗一个，见方一尺六寸五分，高一尺一寸。

斜头翘一件，长五尺四寸六分七厘，高一尺一寸，宽八寸二分五厘。

搭角正头翘带正心瓜栱二件，各长三尺六寸五分七厘五毫，高一尺一寸，宽六寸八分二厘。

搭角正二翘带正心万栱二件，各长六尺一寸三分二厘五毫，高一尺一寸，宽六寸八分二厘。

搭角闹二翘带单才瓜栱二件，各长五尺三寸七厘五毫，高一尺一寸，宽五寸五分。

里连头合角单才瓜栱二件，各长二尺九寸七分，高七寸七分，宽五寸五分。

里连头合角厢栱二件，各长八寸二分五厘，高七寸七分，宽五寸五分。

贴升耳四个，各长一尺八分九厘，高三寸三分，宽一寸三分二厘。

十八斗二个，槽升四个，三才升六个，俱与平身科尺寸同。

【译解】大斗一个，长度、宽度均为一尺六寸五分，高度为一尺一寸。

斜头翘一件，长度为五尺四寸六分七厘，高度为一尺一寸，宽度为八寸二分五厘。

带正心瓜栱的搭角正头翘两件，长度均为三尺六寸五分七厘五毫，高度均为一尺一寸，宽度均为六寸八分二厘。

带正心万栱的搭角正二翘两件，长度均为六尺一寸三分二厘五毫，高度均为一尺一寸，宽度均为六寸八分二厘。

带单才瓜栱的搭角闹二翘两件，长度均为五尺三寸七厘五毫，高度均为一尺一寸，宽度均为五寸五分。

里连头合角单才瓜栱两件，长度均为二尺九寸七分，高度均为七寸七分，宽度均为五寸五分。

里连头合角厢栱两件，长度均为八寸二分五厘，高度均为七寸七分，宽度均为五寸五分。

贴升耳四个，长度均为一尺八分九厘，高度均为三寸三分，宽度均为一寸三分二厘。

十八斗两个，槽升子四个，三才升六个，它们的尺寸均与平身科斗栱的尺寸相同。

## 内里品字科斗口五寸五分各件尺寸

【译解】当斗口为五寸五分时，内里品字科斗栱中各构件的尺寸。

【原文】大斗一个，长一尺六寸五分，高一尺一寸，宽八寸二分五厘。

头翘一件，长一尺九寸五分二厘五毫，高一尺一寸，宽五寸五分。

二翘一件，长三尺六寸二厘五毫，高一尺一寸，宽五寸五分。

撑头木一件，长五尺二寸五分二厘五毫，高一尺一寸，宽五寸五分。

正心瓜栱一件，长三尺四寸一分，高一尺一寸，宽三寸四分一厘。

正心万栱一件，长五尺六分，高一尺一寸，宽三寸四分一厘。

麻叶云一件，长四尺五寸一分，高一尺一寸，宽五寸五分。

三福云二件，各长三尺一寸六分，高一尺六寸五分，宽五寸五分。

十八斗二个，各长九寸九分，高五寸五分，宽八寸一分四厘。

槽升四个，各长七寸一分五厘，高五寸五分，宽四寸七分二厘。

【译解】大斗一个，长度为一尺六寸五分，高度为一尺一寸，宽度为八寸二分五厘。

头翘一件，长度为一尺九寸五分二厘五毫，高度为一尺一寸，宽度为五寸五分。

二翘一件，长度为三尺六寸二厘五毫，高度为一尺一寸，宽度为五寸五分。

撑头木一件，长度为五尺二寸五分二厘五毫，高度为一尺一寸，宽度为五寸五分。

正心瓜栱一件，长度为三尺四寸一分，高度为一尺一寸，宽度为三寸四分一厘。

正心万栱一件，长度为五尺六分，高度为一尺一寸，宽度为三寸四分一厘。

麻叶云一件，长度为四尺五寸一分，高度为一尺一寸，宽度为五寸五分。

三福云两件，长度均为三尺一寸六分，高度均为一尺六寸五分，宽度均为五寸五分。

十八斗两个，长度均为九寸九分，高度均为五寸五分，宽度均为八寸一分四厘。

槽升子四个，长度均为七寸一分五厘，高度均为五寸五分，宽度均为四寸七分二厘。

## 槅架科斗口五寸五分各件尺寸

【译解】当斗口为五寸五分时，槅架科斗栱中各构件的尺寸。

【原文】贴大斗耳二个，各长一尺六寸五分，高一尺一寸，厚四寸八分四厘。

荷叶一件，长四尺九寸五分，高一尺一寸，宽一尺一寸。

栱一件，长三尺四寸一分，高一尺一寸，宽一尺一寸。

雀替一件，长十一尺，高二尺二寸，宽一尺一寸。

贴槽升耳六个，各长七寸一分五厘，高五寸五分，宽一寸三分二厘。

【译解】贴大斗耳两个，长度均为一尺六寸五分，高度均为一尺一寸，厚度均为四寸八分四厘。

荷叶墩一件，长度为四尺九寸五分，高度为一尺一寸，宽度为一尺一寸。

栱一件，长度为三尺四寸一分，高度为一尺一寸，宽度为一尺一寸。

雀替一件，长度为十一尺，高度为二尺二寸，宽度为一尺一寸。

贴槽升耳六个，长度均为七寸一分五厘，高度均为五寸五分，宽度均为一寸三分二厘。

# 卷四十

本卷详述当斗口为六寸时，各类斗栱的尺寸。

## 斗科斗口六寸尺寸

【译解】当斗口为六寸时，各类斗栱的尺寸。

## 斗口单昂平身科、柱头科、角科斗口六寸各件尺寸

【译解】当斗口为六寸时，平身科、柱头科、角科的单昂斗栱中各构件的尺寸。

### 平身科

【译解】平身科斗栱

【原文】大斗一个，见方一尺八寸，高一尺二寸。

单昂一件，长五尺九寸一分，高一尺八寸，宽六寸。

蚂蚱头一件，长七尺五寸二分四厘，高一尺二寸，宽六寸。

撑头木一件，长三尺六寸，高一尺二寸，宽六寸。

正心瓜栱一件，长三尺七寸二分，高一尺二寸，宽七寸四分四厘。

正心万栱一件，长五尺五寸二分，高一尺二寸，宽七寸四分四厘。

厢栱二件，各长四尺三寸二分，高八寸四分，宽六寸。

桁椀一件，长三尺六寸，高九寸，宽六寸。

十八斗二个，各长一尺八分，高六寸，宽八寸八分八厘。

槽升四个，各长七寸八分，高六寸，宽一尺三分二厘。

三才升六个，各长七寸八分，高六寸，宽八寸八分八厘。

【译解】大斗一个，长度、宽度均为一尺八寸，高度为一尺二寸。

单昂一件，长度为五尺九寸一分，高度为一尺八寸，宽度为六寸。

蚂蚱头一件，长度为七尺五寸二分四厘，高度为一尺二寸，宽度为六寸。

撑头木一件，长度为三尺六寸，高度为一尺二寸，宽度为六寸。

正心瓜栱一件，长度为三尺七寸二分，高度为一尺二寸，宽度为七寸四分四厘。

正心万栱一件，长度为五尺五寸二分，高度为一尺二寸，宽度为七寸四分四厘。

厢栱两件，长度均为四尺三寸二分，高度均为八寸四分，宽度均为六寸。

桁椀一件，长度为三尺六寸，高度为九寸，宽度为六寸。

十八斗两个，长度均为一尺八分，高度均为六寸，宽度均为八寸八分八厘。

槽升子四个，长度均为七寸八分，高度均为六寸，宽度均为一尺三分二厘。

三才升六个，长度均为七寸八分，高度均为六寸，宽度均为八寸八分八厘。

柱头科

【译解】柱头科斗栱

【原文】大斗一个，长二尺四寸，高一尺二寸，宽一尺八寸。

单昂一件，长五尺九寸一分，高一尺八寸，宽一尺二寸。

正心瓜栱一件，长三尺七寸二分，高一尺二寸，宽七寸四分四厘。

正心万栱一件，长五尺五寸二分，高一尺二寸，宽七寸四分四厘。

厢栱二件，各长四尺三寸二分，高八寸四分，宽六寸。

桶子十八斗一个，长二尺八寸八分，高六寸，宽八寸八分八厘。

槽升二个，各长七寸八分，高六寸，宽一尺三分二厘。

三才升五个，各长七寸八分，高六寸，宽八寸八分八厘。

【译解】大斗一个，长度为二尺四寸，高度为一尺二寸，宽度为一尺八寸。

单昂一件，长度为五尺九寸一分，高度为一尺八寸，宽度为一尺二寸。

正心瓜栱一件，长度为三尺七寸二分，高度为一尺二寸，宽度为七寸四分四厘。

正心万栱一件，长度为五尺五寸二分，高度为一尺二寸，宽度为七寸四分四厘。

厢栱两件，长度均为四尺三寸二分，高度均为八寸四分，宽度均为六寸。

桶子十八斗一个，长度为二尺八寸八分，高度为六寸，宽度为八寸八分八厘。

槽升子两个，长度均为七寸八分，高度均为六寸，宽度均为一尺三分二厘。

三才升五个，长度均为七寸八分，高度均为六寸，宽度均为八寸八分八厘。

角科

【译解】角科斗栱

【原文】大斗一个，见方一尺八寸，高一尺二寸。

斜昂一件，长八尺二寸七分四厘，高一尺八寸，宽九寸。

搭角正昂带正心瓜栱二件，各长五尺六寸四分，高一尺八寸，宽七寸四分四厘。

由昂一件，长十三尺四分四厘，高三尺三寸，宽一尺二寸五分。

搭角正蚂蚱头带正心万栱二件，各长五尺四寸六分，高一尺二寸，宽六寸。

搭角正撑头木二件，各长一尺八寸，高一尺二寸，宽六寸。

把臂厢栱二件，各长六尺八寸四分，高一尺二寸，宽六寸。

里连头合角厢栱二件，各长七寸二分，高八寸四分，宽六寸。

斜桁椀一件，长五尺四分，高九寸，宽一尺二寸五分。

十八斗二个，槽升四个，三才升六个，俱与平身科尺寸同。

【译解】大斗一个，长度、宽度均为一尺八寸，高度为一尺二寸。

斜昂一件，长度为八尺二寸七分四厘，高度为一尺八寸，宽度为九寸。

带正心瓜栱的搭角正昂两件，长度均为五尺六寸四分，高度均为一尺八寸，宽度均为七寸四分四厘。

由昂一件，长度为十三尺四分四厘，高度为三尺三寸，宽度为一尺二寸五分。

带正心万栱的搭角正蚂蚱头两件，长度均为五尺四寸六分，高度均为一尺二寸，宽度均为六寸。

搭角正撑头木两件，长度均为一尺八寸，高度均为一尺二寸，宽度均为六寸。

把臂厢栱两件，长度均为六尺八寸四分，高度均为一尺二寸，宽度均为六寸。

里连头合角厢栱两件，长度均为七寸二分，高度均为八寸四分，宽度均为六寸。

斜桁椀一件，长度为五尺四分，高度为九寸，宽度为一尺二寸五分。

十八斗两个，槽升子四个，三才升六个，它们的尺寸均与平身科斗栱的尺寸相同。

## 斗口重昂平身科、柱头科、角科斗口六寸各件尺寸

【译解】当斗口为六寸时，平身科、柱头科、角科的重昂斗栱中各构件的尺寸。

### 平身科

【译解】平身科斗栱

【原文】大斗一个，见方一尺八寸，高一尺二寸。

头昂一件，长五尺九寸一分，高一尺八寸，宽六寸。

二昂一件，长九尺一寸八分，高一尺八寸，宽六寸。

蚂蚱头一件，长九尺三寸六分，高一尺二寸，宽六寸。

撑头木一件，长九尺三寸二分四厘，高一尺二寸，宽六寸。

正心瓜栱一件，长三尺七寸二分，高一尺二寸，宽七寸四分四厘。

正心万栱一件，长五尺五寸二分，高一尺二寸，宽七寸四分四厘。

单才瓜栱二件，各长三尺七寸二分，高八寸四分，宽六寸。

单才万栱二件，各长五尺五寸二分，高八寸四分，宽六寸。

厢栱二件，各长四尺三寸二分，高八寸四分，宽六寸。

桁椀一件，长七尺二寸，高一尺八寸，宽六寸。

十八斗四个，各长一尺八分，高六寸，宽八寸八分八厘。

槽升四个，各长七寸八分，高六寸，宽一尺三分二厘。

三才升十二个，各长七寸八分，高六寸，宽八寸八分八厘。

【译解】大斗一个，长度、宽度均为一尺八寸，高度为一尺二寸。

头昂一件，长度为五尺九寸一分，高度为一尺八寸，宽度为六寸。

二昂一件，长度为九尺一寸八分，高度为一尺八寸，宽度为六寸。

蚂蚱头一件，长度为九尺三寸六分，高度为一尺二寸，宽度为六寸。

撑头木一件，长度为九尺三寸二分四厘，高度为一尺二寸，宽度为六寸。

正心瓜栱一件，长度为三尺七寸二分，高度为一尺二寸，宽度为七寸四分四厘。

正心万栱一件，长度为五尺五寸二分，高度为一尺二寸，宽度为七寸四分四厘。

单才瓜栱两件，长度均为三尺七寸二分，高度均为八寸四分，宽度均为六寸。

单才万栱两件，长度均为五尺五寸二分，高度均为八寸四分，宽度均为六寸。

厢栱两件，长度均为四尺三寸二分，高度均为八寸四分，宽度均为六寸。

桁椀一件，长度为七尺二寸，高度为一尺八寸，宽度为六寸。

十八斗四个，长度均为一尺八分，高度均为六寸，宽度均为八寸八分八厘。

槽升子四个，长度均为七寸八分，高度均为六寸，宽度均为一尺三分二厘。

三才升十二个，长度均为七寸八分，高度均为六寸，宽度均为八寸八分八厘。

柱头科

【译解】柱头科斗栱

【原文】大斗一个，长二尺四寸，高一尺二寸，宽一尺八寸。

头昂一件，长五尺九寸一分，高一尺八寸，宽一尺二寸。

二昂一件，长九尺一寸八分，高一尺八寸，宽一尺八寸。

正心瓜栱一件，长三尺七寸六分，高一尺二寸，宽七寸四分四厘。

正心万栱一件，长五尺五寸二分，高一尺二寸，宽七寸四分四厘。

单才瓜栱二件，各长三尺七寸六分，高八寸四分，宽六寸。

单才万栱二件，各长五尺五寸二分，高八寸四分，宽六寸。

厢栱二件，各长四尺三寸二分，高八寸四分，宽六寸。

桶子十八斗三个，内二个各长二尺二寸八分，一个长二尺八寸八分，俱高六寸，宽八寸八分八厘。

槽升四个，各长七寸八分，高六

寸，宽一尺三分二厘。

三才升十二个，各长七寸八分，高六寸，宽八寸八分八厘。

【译解】大斗一个，长度为二尺四寸，高度为一尺二寸，宽度为一尺八寸。

头昂一件，长度为五尺九寸一分，高度为一尺八寸，宽度为一尺二寸。

二昂一件，长度为九尺一寸八分，高度为一尺八寸，宽度为一尺八寸。

正心瓜栱一件，长度为三尺七寸六分，高度为一尺二寸，宽度为七寸四分四厘。

正心万栱一件，长度为五尺五寸二分，高度为一尺二寸，宽度为七寸四分四厘。

单才瓜栱两件，长度均为三尺七寸六分，高度均为八寸四分，宽度均为六寸。

单才万栱两件，长度均为五尺五寸二分，高度均为八寸四分，宽度均为六寸。

厢栱两件，长度均为四尺三寸二分，高度均为八寸四分，宽度均为六寸。

桶子十八斗三个，其中两个长度为二尺二寸八分，一个长度为二尺八寸八分，高度均为六寸，宽度均为八寸八分八厘。

槽升子四个，长度均为七寸八分，高度均为六寸，宽度均为一尺三分二厘。

三才升十二个，长度均为七寸八分，高度均为六寸，宽度均为八寸八分八厘。

角科

【译解】角科斗栱

【原文】大斗一个，见方一尺八寸，高一尺二寸。

斜头昂一件，长八尺二寸七分四厘，高一尺八寸，宽九寸。

搭角正头昂带正心瓜栱二件，各长五尺六寸四分，高一尺八寸，宽七寸四分四厘。

斜二昂一件，长十二尺八寸五分二厘，高一尺八寸，宽一尺一寸三分三厘。

搭角正二昂带正心万栱二件，各长八尺三寸四分，高一尺八寸，宽七寸四分四厘。

搭角闹二昂带单才瓜栱二件，各长七尺四寸四分，高一尺八寸，宽六寸。

由昂一件，长十八尺一寸八分，高三尺三寸，宽一尺三寸六分六厘。

搭角正蚂蚱头二件，各长五尺四寸，高一尺二寸，宽六寸。

搭角闹蚂蚱头带单才万栱二件，各长八尺一寸六分，高一尺二寸，宽六寸。

把臂厢栱二件，各长八尺六寸四分，高一尺二寸，宽六寸。

里连头合角单才瓜栱二件，各长三尺二寸四分，高八寸四分，宽六寸。

里连头合角单才万栱二件，各长二尺二寸八分，高八寸四分，宽六寸。

搭角正撑头木二件，闹撑头木二件，

各长三尺六寸，高一尺二寸，宽六寸。

里连头合角厢栱二件，各长九寸，高八寸四分，宽六寸。

斜桁椀一件，长十尺八分，高一尺八寸，宽一尺三寸六分六厘。

贴升耳十个，内四个各长一尺一寸八分八厘，二个各长一尺四寸二分一厘，四个各长一尺六寸五分四厘，俱高三寸六分，宽一寸四分四厘。

十八斗六个，槽升四个，三才升十二个，俱与平身科尺寸同。

【译解】大斗一个，长度、宽度均为一尺八寸，高度为一尺二寸。

斜头昂一件，长度为八尺二寸七分四厘，高度为一尺八寸，宽度为九寸。

带正心瓜栱的搭角正头昂两件，长度均为五尺六寸四分，高度均为一尺八寸，宽度均为七寸四分四厘。

斜二昂一件，长度为十二尺八寸五分二厘，高度为一尺八寸，宽度为一尺一寸三分三厘。

带正心万栱的搭角正二昂两件，长度均为八尺三寸四分，高度均为一尺八寸，宽度均为七寸四分四厘。

带单才瓜栱的搭角闹二昂两件，长度均为七尺四寸四分，高度均为一尺八寸，宽度均为六寸。

由昂一件，长度为十八尺一寸八分，高度为三尺三寸，宽度为一尺三寸六分六厘。

搭角正蚂蚱头两件，长度均为五尺四寸，高度均为一尺二寸，宽度均为六寸。

带单才万栱的搭角闹蚂蚱头两件，长度均为八尺一寸六分，高度均为一尺二寸，宽度均为六寸。

把臂厢栱两件，长度均为八尺六寸四分，高度均为一尺二寸，宽度均为六寸。

里连头合角单才瓜栱两件，长度均为三尺二寸四分，高度均为八寸四分，宽度均为六寸。

里连头合角单才万栱两件，长度均为二尺二寸八分，高度均为八寸四分，宽度均为六寸。

搭角正撑头木两件，闹撑头木两件，长度均为三尺六寸，高度均为一尺二寸，宽度均为六寸。

里连头合角厢栱两件，长度均为九寸，高度均为八寸四分，宽度均为六寸。

斜桁椀一件，长度为十尺八分，高度为一尺八寸，宽度为一尺三寸六分六厘。

贴升耳十个，其中四个长度为一尺一寸八分八厘，两个长度为一尺四寸二分一厘，四个长度为一尺六寸五分四厘，高度均为三寸六分，宽度均为一寸四分四厘。

十八斗六个，槽升子四个，三才升十二个，它们的尺寸均与平身科斗栱的尺寸相同。

## 单翘单昂平身科、柱头科、角科斗口六寸各件尺寸

【译解】当斗口为六寸时，平身科、柱

头科、角科的单翘单昂斗栱中各构件的尺寸。

平身科

【译解】平身科斗栱

【原文】单翘一件，长四尺二寸六分，高一尺二寸，宽六寸。

其余各件，俱与斗口重昂平身科尺寸同。

【译解】单翘一件，长度为四尺二寸六分，高度为一尺二寸，宽度为六寸。

其余构件的尺寸均与平身科重昂斗栱的尺寸相同。

柱头科

【译解】柱头科斗栱

【原文】单翘一件，长四尺二寸六分，高一尺二寸，宽一尺二寸。

其余各件，俱与斗口重昂柱头科尺寸同。

【译解】单翘一件，长度为四尺二寸六分，高度为一尺二寸，宽度为一尺二寸。

其余构件的尺寸均与柱头科重昂斗栱的尺寸相同。

角科

【译解】角科斗栱

【原文】斜翘一件，长五尺九寸六分四厘，高一尺二寸，宽九寸。

搭角正翘带正心瓜栱二件，各长三尺九寸九分，高一尺二寸，宽七寸四分四厘。

其余各件，俱与斗口重昂角科尺寸同。

【译解】斜翘一件，长度为五尺九寸六分四厘，高度为一尺二寸，宽度为九寸。

带正心瓜栱的搭角正翘两件，长度均为三尺九寸九分，高度均为一尺二寸，宽度均为七寸四分四厘。

其余构件的尺寸均与角科重昂斗栱的尺寸相同。

## 单翘重昂平身科、柱头科、角科斗口六寸各件尺寸

【译解】当斗口为六寸时，平身科、柱头科、角科的单翘重昂斗栱中各构件的尺寸。

平身科

【译解】平身科斗栱

【原文】大斗一个，见方一尺八寸，高一尺二寸。

单翘一件，长四尺二寸六分，高一尺二寸，宽六寸。

头昂一件，长九尺五寸一分，高一尺八寸，宽六寸。

二昂一件，长十二尺七寸八分，高一尺八寸，宽六寸。

蚂蚱头一件，长十二尺九寸六分，高一尺二寸，宽六寸。

撑头木一件，长十二尺九寸二分四厘，高一尺二寸，宽六寸。

正心瓜栱一件，长三尺七寸二分，高一尺二寸，宽七寸四分四厘。

正心万栱一件，长五尺五寸二分，高一尺二寸，宽七寸四分四厘。

单才瓜栱四件，各长三尺七寸二分，高八寸四分，宽六寸。

单才万栱四件，各长五尺五寸二分，高八寸四分，宽六寸。

厢栱二件，各长四尺三寸二分，高八寸四分，宽六寸。

桁椀一件，长十尺八寸，高二尺七寸，宽六寸。

十八斗六个，各长一尺八分，高六寸，宽八寸八分八厘。

槽升四个，各长七寸八分，高六寸，宽一尺三分二厘。

三才升二十个，各长七寸八分，高六寸，宽八寸八分八厘。

【译解】大斗一个，长度、宽度均为一尺八寸，高度为一尺二寸。

单翘一件，长度为四尺二寸六分，高度为一尺二寸，宽度为六寸。

头昂一件，长度为九尺五寸一分，高度为一尺八寸，宽度为六寸。

二昂一件，长度为十二尺七寸八分，高度为一尺八寸，宽度为六寸。

蚂蚱头一件，长度为十二尺九寸六分，高度为一尺二寸，宽度为六寸。

撑头木一件，长度为十二尺九寸二分四厘，高度为一尺二寸，宽度为六寸。

正心瓜栱一件，长度为三尺七寸二分，高度为一尺二寸，宽度为七寸四分四厘。

正心万栱一件，长度为五尺五寸二分，高度为一尺二寸，宽度为七寸四分四厘。

单才瓜栱四件，长度均为三尺七寸二分，高度均为八寸四分，宽度均为六寸。

单才万栱四件，长度均为五尺五寸二分，高度均为八寸四分，宽度均为六寸。

厢栱两件，长度均为四尺三寸二分，高度均为八寸四分，宽度均为六寸。

桁椀一件，长度为十尺八寸，高度为二尺七寸，宽度为六寸。

十八斗六个，长度均为一尺八分，高度均为六寸，宽度均为八寸八分八厘。

槽升子四个，长度均为七寸八分，高度均为六寸，宽度均为一尺三分二厘。

三才升二十个，长度均为七寸八分，高度均为六寸，宽度均为八寸八分八厘。

柱头科

【译解】柱头科斗栱

【原文】大斗一个，长二尺四寸，高一尺二寸，宽一尺八寸。

单翘一件，长四尺二寸六分，高一尺二寸，宽一尺二寸。

头昂一件，长九尺五寸一分，高一尺八寸，宽一尺六寸。

二昂一件，长十二尺七寸八分，高一尺八寸，宽二尺。

正心瓜栱一件，长三尺七寸二分，高一尺二寸，宽七寸四分四厘。

正心万栱一件，长五尺五寸二分，高一尺二寸，宽七寸四分四厘。

单才瓜栱四件，各长三尺七寸二分，高八寸四分，宽六寸。

单才万栱四件，各长五尺五寸二分，高八寸四分，宽六寸。

厢栱二件，各长四尺三寸二分，高八寸四分，宽六寸。

桶子十八斗五个，内二个各长二尺八分，二个各长二尺四寸八分，一个长二尺八寸八分，俱高六寸，宽八寸八分八厘。

槽升四个，各长七寸八分，高六寸，宽一尺三分二厘。

三才升二十个，各长七寸八分，高六寸，宽八寸八分八厘。

【译解】大斗一个，长度为二尺四寸，高度为一尺二寸，宽度为一尺八寸。

单翘一件，长度为四尺二寸六分，高度为一尺二寸，宽度为一尺二寸。

头昂一件，长度为九尺五寸一分，高度为一尺八寸，宽度为一尺六寸。

二昂一件，长度为十二尺七寸八分，高度为一尺八寸，宽度为二尺。

正心瓜栱一件，长度为三尺七寸二分，高度为一尺二寸，宽度为七寸四分四厘。

正心万栱一件，长度为五尺五寸二分，高度为一尺二寸，宽度为七寸四分四厘。

单才瓜栱四件，长度均为三尺七寸二分，高度均为八寸四分，宽度均为六寸。

单才万栱四件，长度均为五尺五寸二分，高度均为八寸四分，宽度均为六寸。

厢栱两件，长度均为四尺三寸二分，高度均为八寸四分，宽度均为六寸。

桶子十八斗五个，其中两个长度为二尺八分，两个长度为二尺四寸八分，一个长度为二尺八寸八分，高度均为六寸，宽度均为八寸八分八厘。

槽升子四个，长度均为七寸八分，高度均为六寸，宽度均为一尺三分二厘。

三才升二十个，长度均为七寸八分，高度均为六寸，宽度均为八寸八分八厘。

角科

【译解】角科斗栱

【原文】大斗一个，见方一尺八寸，

高一尺二寸。

斜翘一件，长五尺九寸六分四厘，高一尺二寸，宽九寸。

搭角正翘带正心瓜栱二件，各长三尺九寸九分，高一尺二寸，宽七寸四分四厘。

斜头昂一件，长十三尺三寸一分三厘，高一尺八寸，宽一尺七分五厘。

搭角正头昂带正心万栱二件，各长八尺三寸四分，高一尺八寸，宽七寸四分四厘。

搭角闹头昂带单才瓜栱二件，各长七尺四寸四分，高一尺八寸，宽六寸。

里连头合角单才瓜栱二件，各长三尺二寸四分，高八寸四分，宽六寸。

斜二昂一件，长十七尺八寸九分二厘，高一尺八寸，宽一尺二寸五分。

搭角正二昂二件，各长七尺三寸八分，高一尺八寸，宽六寸。

搭角闹二昂带单才万栱二件，各长十尺一寸四分，高一尺八寸，宽六寸。

搭角闹二昂带单才瓜栱二件，各长九尺二寸四分，高一尺八寸，宽六寸。

里连头合角单才万栱二件，各长二尺二寸八分，高八寸四分，宽六寸。

里连头合角单才瓜栱二件，各长一尺三寸二分，高八寸四分，宽六寸。

由昂一件，长二十三尺三寸一分六厘，高三尺三寸，宽一尺四寸二分五厘。

搭角正蚂蚱头二件、闹蚂蚱头二件，各长七尺二寸，高一尺二寸，宽六寸。

搭角闹蚂蚱头带单才万栱二件，各长九尺九寸六分，高一尺二寸，宽六寸。

□ **翼角檐结构图**

翼角是中国古代建筑屋檐的转角部分，因其向上翘起，舒展如鸟翼而得名，主要用在屋顶相邻两坡屋檐之间。唐代诗人杜牧在《阿房宫赋》里称誉阿房宫的雄伟壮丽："廊腰缦回，檐牙高啄；各抱地势，钩心斗角。"由此可见在中国古代建筑中，翼角檐颇具营造飞动之美的功能。

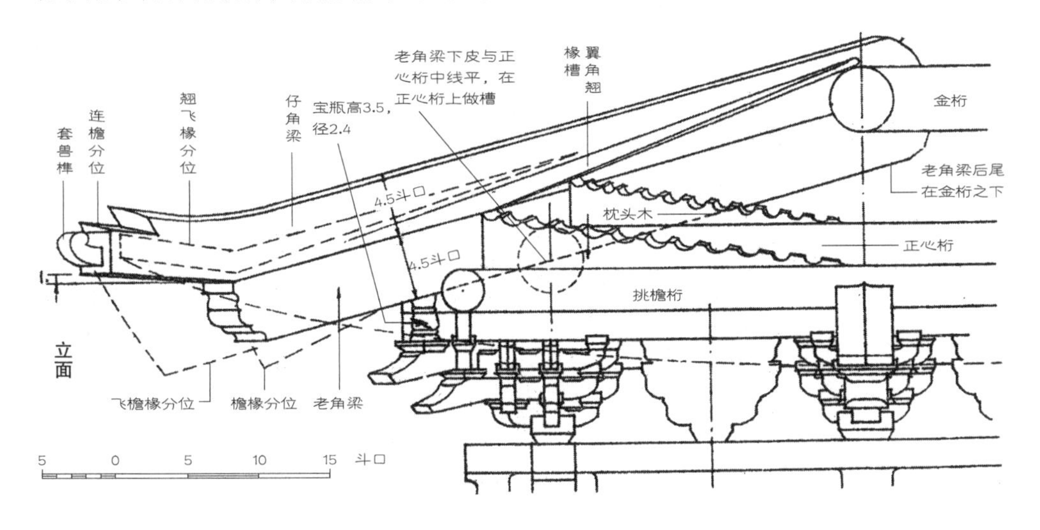

里连头合角单才万栱二件，各长五寸四分，高八寸四分，宽六寸。

把臂厢栱二件，各长十尺四寸四分，高一尺二寸，宽六寸。

搭角正撑头木二件、闹撑头木四件，各长五尺四寸，高一尺二寸，宽六寸。

里连头合角厢栱二件，各长一尺八分，高八寸四分，宽六寸。

斜桁椀一件，长十五尺一寸二分，高二尺七寸，宽一尺四寸二分五厘。

贴升耳十四个，内四个各长一尺一寸八分八厘，四个各长一尺三寸六分三厘，二个各长一尺五寸三分八厘，四个各长一尺七寸一分二厘，俱高三寸六分，宽一寸四分四厘。

十八斗十二个，槽升四个，三才升十六个，俱与平身科尺寸同。

【译解】大斗一个，长度、宽度均为一尺八寸，高度为一尺二寸。

斜翘一件，长度为五尺九寸六分四厘，高度为一尺二寸，宽度为九寸。

带正心瓜栱的搭角正翘两件，长度均为三尺九寸九分，高度均为一尺二寸，宽度均为七寸四分四厘。

斜头昂一件，长度为十三尺三寸一分三厘，高度为一尺八寸，宽度为一尺七分五厘。

带正心万栱的搭角正头昂两件，长度均为八尺三寸四分，高度均为一尺八寸，宽度均为七寸四分四厘。

带单才瓜栱的搭角闹头昂两件，长度均为七尺四寸四分，高度均为一尺八寸，宽度均为六寸。

里连头合角单才瓜栱两件，长度均为三尺二寸四分，高度均为八寸四分，宽度均为六寸。

斜二昂一件，长度为十七尺八寸九分二厘，高度为一尺八寸，宽度为一尺二寸五分。

搭角正二昂两件，长度均为七尺三寸八分，高度均为一尺八寸，宽度均为六寸。

带单才万栱的搭角闹二昂两件，长度均为十尺一寸四分，高度均为一尺八寸，宽度均为六寸。

带单才瓜栱的搭角闹二昂两件，长度均为九尺二寸四分，高度均为一尺八寸，宽度均为六寸。

里连头合角单才万栱两件，长度均为二尺二寸八分，高度均为八寸四分，宽度均为六寸。

里连头合角单才瓜栱两件，长度均为一尺三寸二分，高度均为八寸四分，宽度均为六寸。

由昂一件，长度为二十三尺三寸一分六厘，高度为三尺三寸，宽度为一尺四寸二分五厘。

搭角正蚂蚱头两件、闹蚂蚱头两件，长度均为七尺二寸，高度均为一尺二寸，宽度均为六寸。

带单才万栱的搭角闹蚂蚱头两件，长度均为九尺九寸六分，高度均为一尺二寸，宽度均为六寸。

里连头合角单才万栱两件，长度均为

五寸四分，高度均为八寸四分，宽度均为六寸。

把臂厢栱两件，长度均为十尺四寸四分，高度均为一尺二寸，宽度均为六寸。

搭角正撑头木两件、闹撑头木四件，长度均为五尺四寸，高度均为一尺二寸，宽度均为六寸。

里连头合角厢栱两件，长度均为一尺八分，高度均为八寸四分，宽度均为六寸。

斜桁椀一件，长度为十五尺一寸二分，高度为二尺七寸，宽度为一尺四寸二分五厘。

贴升耳十四个，其中四个长度为一尺一寸八分八厘，四个长度为一尺三寸六分三厘，两个长度为一尺五寸三分八厘，四个长度为一尺七寸一分二厘，高度均为三寸六分，宽度均为一寸四分四厘。

十八斗十二个，槽升子四个，三才升十六个，它们的尺寸均与平身科斗栱的尺寸相同。

## 重翘重昂平身科、柱头科、角科斗口六寸各件尺寸

【译解】当斗口为六寸时，平身科、柱头科、角科的重翘重昂斗栱中各构件的尺寸。

### 平身科

【译解】平身科斗栱

【原文】大斗一个，见方一尺八寸，高一尺二寸。

头翘一件，长四尺二寸六分，高一尺二寸，宽六寸。

重翘一件，长七尺八寸六分，高一尺二寸，宽六寸。

头昂一件，长十三尺一寸一分，高一尺八寸，宽六寸。

二昂一件，长十六尺三寸八分，高一尺八寸，宽六寸。

蚂蚱头一件，长十六尺五寸六分，高一尺二寸，宽六寸。

撑头木一件，长十六尺五寸二分四厘，高一尺二寸，宽六寸。

正心瓜栱一件，长三尺七寸二分，高一尺二寸，宽七寸四分四厘。

正心万栱一件，长五尺五寸二分，高一尺二寸，宽七寸四分四厘。

单才瓜栱六件，各长三尺七寸二分，高八寸四分，宽六寸。

单才万栱六件，各长五尺五寸二分，高八寸四分，宽六寸。

厢栱二件，各长四尺三寸二分，高八寸四分，宽六寸。

桁椀一件，长十四尺四寸，高三尺六寸，宽六寸。

十八斗八个，各长一尺八分，高六

寸，宽八寸八分八厘。

槽升四个，各长七寸八分，高六寸，宽一尺三分二厘。

三才升二十八个，各长七寸八分，高六寸，宽八寸八分八厘。

【译解】大斗一个，长度、宽度均为一尺八寸，高度为一尺二寸。

头翘一件，长度为四尺二寸六分，高度为一尺二寸，宽度为六寸。

重翘一件，长度为七尺八寸六分，高度为一尺二寸，宽度为六寸。

头昂一件，长度为十三尺一寸一分，高度为一尺八寸，宽度为六寸。

二昂一件，长度为十六尺三寸八分，高度为一尺八寸，宽度为六寸。

蚂蚱头一件，长度为十六尺五寸六分，高度为一尺二寸，宽度为六寸。

撑头木一件，长度为十六尺五寸二分四厘，高度为一尺二寸，宽度为六寸。

正心瓜栱一件，长度为三尺七寸二分，高度为一尺二寸，宽度为七寸四分四厘。

正心万栱一件，长度为五尺五寸二分，高度为一尺二寸，宽度为七寸四分四厘。

单才瓜栱六件，长度均为三尺七寸二分，高度均为八寸四分，宽度均为六寸。

单才万栱六件，长度均为五尺五寸二分，高度均为八寸四分，宽度均为六寸。

厢栱两件，长度均为四尺三寸二分，高度均为八寸四分，宽度均为六寸。

桁椀一件，长度为十四尺四寸，高度为三尺六寸，宽度为六寸。

十八斗八个，长度均为一尺八分，高度均为六寸，宽度均为八寸八分八厘。

槽升子四个，长度均为七寸八分，高度均为六寸，宽度均为一尺三分二厘。

三才升二十八个，长度均为七寸八分，高度均为六寸，宽度均为八寸八分八厘。

柱头科

【译解】柱头科斗栱

【原文】大斗一个，长二尺四寸，高一尺二寸，宽一尺八寸。

头翘一件，长四尺二寸六分，高一尺二寸，宽一尺二寸。

重翘一件，长七尺八寸六分，高一尺二寸，宽一尺五寸。

头昂一件，长十三尺一寸一分，高一尺八寸，宽一尺八寸。

二昂一件，长十六尺三寸八分，高一尺八寸，宽二尺一寸。

正心瓜栱一件，长三尺七寸二分，高一尺二寸，宽七寸四分四厘。

正心万栱一件，长五尺五寸二分，高一尺二寸，宽七寸四分四厘。

单才瓜栱六件，各长三尺七寸六分，高八寸四分，宽六寸。

单才万栱六件，各长五尺五寸二分，高八寸四分，宽六寸。

厢栱二件，各长四尺三寸二分，高八寸四分，宽六寸。

桶子十八斗七个，内二个各长一尺九寸八分，二个各长二尺二寸八分，二个各长二尺五寸八分，一个长二尺八寸八分，俱高六寸，宽八寸八分八厘。

槽升四个，各长七寸八分，高六寸，宽一尺三分二厘。

三才升二十个，各长七寸八分，高六寸，宽八寸八分八厘。

【译解】大斗一个，长度为二尺四寸，高度为一尺二寸，宽度为一尺八寸。

头翘一件，长度为四尺二寸六分，高度为一尺二寸，宽度为一尺二寸。

重翘一件，长度为七尺八寸六分，高度为一尺二寸，宽度为一尺五寸。

头昂一件，长度为十三尺一寸一分，高度为一尺八寸，宽度为一尺八寸。

二昂一件，长度为十六尺三寸八分，高度为一尺八寸，宽度为二尺一寸。

正心瓜栱一件，长度为三尺七寸二分，高度为一尺二寸，宽度为七寸四分四厘。

正心万栱一件，长度为五尺五寸二分，高度为一尺二寸，宽度为七寸四分四厘。

单才瓜栱六件，长度均为三尺七寸六分，高度均为八寸四分，宽度均为六寸。

单才万栱六件，长度均为五尺五寸二分，高度均为八寸四分，宽度均为六寸。

厢栱两件，长度均为四尺三寸二分，高度均为八寸四分，宽度均为六寸。

桶子十八斗七个，其中两个长度为一尺九寸八分，两个长度为二尺二寸八分，两个长度为二尺五寸八分，一个长度为二尺八寸八分，高度均为六寸，宽度均为八寸八分八厘。

槽升子四个，长度均为七寸八分，高度均为六寸，宽度均为一尺三分二厘。

三才升二十个，长度均为七寸八分，高度均为六寸，宽度均为八寸八分八厘。

## 角科

【译解】角科斗栱

【原文】大斗一个，见方一尺八寸，高一尺二寸。

斜头翘一件，长五尺九寸六分四厘，高一尺二寸，宽九寸。

搭角正头翘带正心瓜栱二件，各长三尺九寸九分，高一尺二寸，宽七寸四分四厘。

斜二翘一件，长十一尺四厘，高一尺二寸，宽一尺四分。

搭角正二翘带正心万栱二件，各长六尺六寸九分，高一尺二寸，宽七寸四分四厘。

搭角闹二翘带单才瓜栱二件，各长五尺七寸九分，高八寸四分，宽六寸。

里连头合角单才瓜栱二件，各长三尺二寸四分，高八寸四分，宽六寸。

斜头昂一件，长十八尺三寸五分四厘，高一尺八寸，宽一尺一寸八分。

搭角正头昂二件，各长七尺三寸八分，高一尺八寸，宽六寸。

搭角闹头昂带单才瓜栱二件，各长九尺二寸四分，高一尺八寸，宽六寸。

搭角闹头昂带单才万栱二件，各长十尺一寸四分，高一尺八寸，宽六寸。

里连头合角单才万栱二件，各长二尺二寸八分，高八寸四分，宽六寸。

里连头合角单才瓜栱二件，各长一尺三寸二分，高八寸四分，宽六寸。

斜二昂一件，长二十二尺九寸三分二厘，高一尺八寸，宽一尺三寸二分。

搭角正二昂二件、闹二昂二件，各长九尺一寸八分，高一尺八寸，宽六寸。

搭角闹二昂带单才万栱二件，各长十一尺九寸四分，高一尺八寸，宽六寸。

搭角闹二昂带单才瓜栱二件，各长十一尺四分，高一尺八寸，宽六寸。

里连头合角单才万栱二件，各长五寸四分，高八寸四分，宽六寸。

由昂一件，长二十八尺四寸五分二厘，高三尺三寸，宽一尺四寸六分。

搭角正蚂蚱头二件、闹蚂蚱头四件，各长九尺，高一尺二寸，宽六寸。

搭角闹蚂蚱头带单才万栱二件，各长十一尺七寸六分，高一尺二寸，宽六寸。

把臂厢栱二件，各长十二尺二寸四分，高一尺二寸，宽六寸。

搭角正撑头木二件、闹撑头木六件，各长七尺二寸，高一尺二寸，宽六寸。

里连头合角厢栱二件，各长一尺二寸六分，高八寸四分，宽六寸。

斜桁椀一件，长二十尺一寸六分，高三尺六寸，宽一尺四寸六分。

贴升耳十八个，内四个各长一尺一寸八分八厘，四个各长一尺三寸二分八厘，四个各长一尺四寸六分八厘，二个各长一尺六寸八厘，四个各长一尺七寸四分八厘，俱高三寸六分，宽一寸四分四厘。

十八斗二十个，槽升四个，三才升二十个，俱与平身科尺寸同。

【译解】大斗一个，长度、宽度均为一尺八寸，高度为一尺二寸。

斜头翘一件，长度为五尺九寸六分四厘，高度为一尺二寸，宽度为九寸。

带正心瓜栱的搭角正头翘两件，长度均为三尺九寸九分，高度均为一尺二寸，宽度均为七寸四分四厘。

斜二翘一件，长度为十一尺四厘，高度为一尺二寸，宽度为一尺四分。

带正心万栱的搭角正二翘两件，长度均为六尺六寸九分，高度均为一尺二寸，宽度均为七寸四分四厘。

带单才瓜栱的搭角闹二翘两件，长度均为五尺七寸九分，高度均为八寸四分，宽度均为六寸。

里连头合角单才瓜栱两件，长度均为三尺二寸四分，高度均为八寸四分，宽度均为六寸。

斜头昂一件，长度为十八尺三寸五分四厘，高度为一尺八寸，宽度为一尺一寸八分。

搭角正头昂两件，长度均为七尺三寸八分，高度均为一尺八寸，宽度均为六寸。

带单才瓜栱的搭角闹头昂两件，长度均为九尺二寸四分，高度均为一尺八寸，宽度均为六寸。

带单才万栱的搭角闹头昂两件，长度均为十尺一寸四分，高度均为一尺八寸，宽度均为六寸。

里连头合角单才万栱两件，长度均为二尺二寸八分，高度均为八寸四分，宽度均为六寸。

里连头合角单才瓜栱两件，长度均为一尺三寸二分，高度均为八寸四分，宽度均为六寸。

斜二昂一件，长度为二十二尺九寸三分二厘，高度为一尺八寸，宽度为一尺三寸二分。

搭角正二昂两件、闹二昂两件，长度均为九尺一寸八分，高度均为一尺八寸，宽度均为六寸。

带单才万栱的搭角闹二昂两件，长度均为十一尺九寸四分，高度均为一尺八寸，宽度均为六寸。

带单才瓜栱的搭角闹二昂两件，长度均为十一尺四分，高度均为一尺八寸，宽度均为六寸。

里连头合角单才万栱两件，长度均为五寸四分，高度均为八寸四分，宽度均为六寸。

由昂一件，长度为二十八尺四寸五分二厘，高度为三尺三寸，宽度为一尺四寸六分。

搭角正蚂蚱头两件、闹蚂蚱头四件，长度均为九尺，高度均为一尺二寸，宽度均为六寸。

带单才万栱的搭角闹蚂蚱头两件，长度均为十一尺七寸六分，高度均为一尺二寸，宽度均为六寸。

把臂厢栱两件，长度均为十二尺二寸四分，高度均为一尺二寸，宽度均为六寸。

搭角正撑头木两件、闹撑头木六件，长度均为七尺二寸，高度均为一尺二寸，宽度均为六寸。

里连头合角厢栱两件，长度均为一尺二寸六分，高度均为八寸四分，宽度均为六寸。

斜桁椀一件，长度为二十尺一寸六分，高度为三尺六寸，宽度为一尺四寸六分。

贴升耳十八个，其中四个长度为一尺一寸八分八厘，四个长度为一尺三寸二分八厘，四个长度为一尺四寸六分八厘，两个长度为一尺六寸八厘，四个长度为一尺七寸四分八厘，高度均为三寸六分，宽度均为一寸四分四厘。

十八斗二十个，槽升子四个，三才升二十个，它们的尺寸均与平身科斗栱的尺寸相同。

## 一斗二升交麻叶并一斗三升平身科、柱头科、角科俱斗口六寸各件尺寸

**【译解】**当斗口为六寸时，平身科、柱头科、角科的一斗二升交麻叶斗栱和一斗三升斗栱中各构件的尺寸。

平身科

【译解】平身科斗栱

【原文】（其一斗三升去麻叶云，中加槽升一个。）

大斗一个，见方一尺八寸，高一尺二寸。

麻叶云一件，长七尺二寸，高三尺一寸九分八厘，宽六寸。

正心瓜栱一件，长三尺七寸二分，高一尺二寸，宽七寸四分四厘。

槽升二个，各长七寸八分，高六寸，宽一尺三分二厘。

【译解】（在一斗三升斗栱中央不安装麻叶云，安装一个槽升子。）

大斗一个，长度、宽度均为一尺八寸，高度为一尺二寸。

麻叶云一件，长度为七尺二寸，高度为三尺一寸九分八厘，宽度为六寸。

正心瓜栱一件，长度为三尺七寸二分，高度为一尺二寸，宽度为七寸四分四厘。

槽升子两个，长度均为七寸八分，高度均为六寸，宽度均为一尺三分二厘。

柱头科

【译解】柱头科斗栱

【原文】大斗一个，长三尺，高一尺二寸，宽一尺八寸。

正心瓜栱一件，长三尺七寸二分，高一尺二寸，宽七寸四分四厘。

槽升二个，各长七寸八分，高六寸，宽一尺三分二厘。

贴正升耳二个，各长七寸八分，高六寸，宽一寸四分四厘。

【译解】大斗一个，长度为三尺，高度为一尺二寸，宽度为一尺八寸。

正心瓜栱一件，长度为三尺七寸二分，高度为一尺二寸，宽度为七寸四分四厘。

槽升子两个，长度均为七寸八分，高度均为六寸，宽度均为一尺三分二厘。

贴正升耳两个，长度均为七寸八分，高度均为六寸，宽度均为一寸四分四厘。

角科

【译解】角科斗栱

【原文】大斗一个，见方一尺八寸，高一尺二寸。

斜昂一件，长十尺八分，高三尺七寸八分，宽九寸。

搭角正心瓜栱二件，各长五尺三寸四分，高一尺二寸，宽七寸四分四厘。

槽升二个，各长七寸八分，高六寸，宽一尺三分二厘。

三才升二个，各长七寸八分，高六寸，宽八寸八分八厘。

贴斜升耳二个，各长一尺一寸八分八厘，高三寸六分，宽一寸四分四厘。

【译解】大斗一个，长度、宽度均为一尺八寸，高度为一尺二寸。

斜昂一件，长度为十尺八分，高度为三尺七寸八分，宽度为九寸。

搭角正心瓜栱两件，长度均为五尺三寸四分，高度均为一尺二寸，宽度均为七寸四分四厘。

槽升子两个，长度均为七寸八分，高度均为六寸，宽度均为一尺三分二厘。

三才升两个，长度均为七寸八分，高度均为六寸，宽度均为八寸八分八厘。

贴斜升耳两个，长度均为一尺一寸八分八厘，高度均为三寸六分，宽度均为一寸四分四厘。

## 三滴水品字平身科、柱头科、角科斗口六寸各件尺寸

【译解】当斗口为六寸时，平身科、柱头科、角科三滴水品字科斗栱中各构件的尺寸。

### 平身科

【译解】平身科斗栱

【原文】大斗一个，见方一尺八寸，高一尺二寸。

头翘一件，长四尺二寸六分，高一尺二寸，宽六寸。

二翘一件，长七尺八寸六分，高一尺二寸，宽六寸。

撑头木一件，长九尺，高一尺二寸，宽六寸。

正心瓜栱一件，长三尺七寸二分，高一尺二寸，宽七寸四分四厘。

正心万栱一件，长五尺五寸二分，高一尺二寸，宽七寸四分四厘。

单才瓜栱二件，各长三尺七寸二分，高八寸四分，宽六寸。

厢栱一件，长四尺三寸二分，高八寸四分，宽六寸。

十八斗三个，各长一尺八分，高六寸，宽八寸八分八厘。

槽升四个，各长七寸八分，高六寸，宽一尺三分二厘。

三才升六个，各长七寸八分，高六寸，宽八寸八分八厘。

【译解】大斗一个，长度、宽度均为一尺八寸，高度为一尺二寸。

头翘一件，长度为四尺二寸六分，高度为一尺二寸，宽度为六寸。

二翘一件，长度为七尺八寸六分，高度为一尺二寸，宽度为六寸。

撑头木一件，长度为九尺，高度为一尺二寸，宽度为六寸。

正心瓜栱一件，长度为三尺七寸二分，

高度为一尺二寸，宽度为七寸四分四厘。

正心万栱一件，长度为五尺五寸二分，高度为一尺二寸，宽度为七寸四分四厘。

单才瓜栱两件，长度均为三尺七寸二分，高度均为八寸四分，宽度均为六寸。

厢栱一件，长度为四尺三寸二分，高度为八寸四分，宽度为六寸。

十八斗三个，长度均为一尺八分，高度均为六寸，宽度均为八寸八分八厘。

槽升子四个，长度均为七寸八分，高度均为六寸，宽度均为一尺三分二厘。

三才升六个，长度均为七寸八分，高度均为六寸，宽度均为八寸八分八厘。

柱头科

【译解】柱头科斗栱

【原文】**大斗一个，长三尺，高一尺二寸，宽一尺八寸。**

**头翘一件，长四尺二寸六分，高一尺二寸，宽一尺二寸。**

**正心瓜栱一件，长三尺七寸二分，高一尺二寸，宽七寸四分四厘。**

**正心万栱一件，长五尺五寸二分，高一尺二寸，宽七寸四分四厘。**

**单才瓜栱二件，各长三尺七寸二分，高八寸四分，宽六寸。**

**厢栱一件，长四尺三寸二分，高八寸四分，宽六寸。**

**桶子十八斗一个，长二尺八寸八分，高六寸，宽八寸八分八厘。**

**槽升四个，各长七寸八分，高六寸，宽一尺三分二厘。**

**三才升六个，各长七寸八分，高六寸，宽八寸八分八厘。**

**贴斗耳二个，各长八寸八分八厘，高六寸，宽一寸四分四厘。**

【译解】大斗一个，长度为三尺，高度为一尺二寸，宽度为一尺八寸。

头翘一件，长度为四尺二寸六分，高度为一尺二寸，宽度为一尺二寸。

正心瓜栱一件，长度为三尺七寸二分，高度为一尺二寸，宽度为七寸四分四厘。

正心万栱一件，长度为五尺五寸二分，高度为一尺二寸，宽度为七寸四分四厘。

单才瓜栱两件，长度均为三尺七寸二分，高度均为八寸四分，宽度均为六寸。

厢栱一件，长度为四尺三寸二分，高度为八寸四分，宽度为六寸。

桶子十八斗一个，长度为二尺八寸八分，高度为六寸，宽度为八寸八分八厘。

槽升子四个，长度均为七寸八分，高度均为六寸，宽度均为一尺三分二厘。

三才升六个，长度均为七寸八分，高度均为六寸，宽度均为八寸八分八厘。

贴斗耳两个，长度均为八寸八分八厘，高度均为六寸，宽度均为一寸四分四厘。

角科

【译解】角科斗栱

【原文】大斗一个，见方一尺八寸，高一尺二寸。

斜头翘一件，长五尺九寸六分四厘，高一尺二寸，宽九寸。

搭角正头翘带正心瓜栱二件，各长三尺九寸九分，高一尺二寸，宽七寸四分四厘。

搭角正二翘带正心万栱二件，各长六尺六寸九分，高一尺二寸，宽七寸四分四厘。

搭角闹二翘带单才瓜栱二件，各长五尺七寸九分，高一尺二寸，宽六寸。

里连头合角单才瓜栱二件，各长三尺二寸四分，高八寸四分，宽六寸。

里连头合角厢栱二件，各长九寸，高八寸四分，宽六寸。

贴升耳四个，各长一尺一寸八分八厘，高三寸六分，宽一尺四分四厘。

十八斗二个，槽升四个，三才升六个，俱与平身科尺寸同。

【译解】大斗一个，长度、宽度均为一尺八寸，高度为一尺二寸。

斜头翘一件，长度为五尺九寸六分四厘，高度为一尺二寸，宽度为九寸。

带正心瓜栱的搭角正头翘两件，长度均为三尺九寸九分，高度均为一尺二寸，宽度均为七寸四分四厘。

带正心万栱的搭角正二翘两件，长度均为六尺六寸九分，高度均为一尺二寸，宽度均为七寸四分四厘。

带单才瓜栱的搭角闹二翘两件，长度均为五尺七寸九分，高度均为一尺二寸，宽度均为六寸。

里连头合角单才瓜栱两件，长度均为三尺二寸四分，高度均为八寸四分，宽度均为六寸。

里连头合角厢栱两件，长度均为九寸，高度均为八寸四分，宽度均为六寸。

贴升耳四个，长度均为一尺一寸八分八厘，高度均为三寸六分，宽度均为一尺四分四厘。

十八斗两个，槽升子四个，三才升六个，它们的尺寸均与平身科斗栱的尺寸相同。

## 内里品字科斗口六寸各件尺寸

【译解】当斗口为六寸时，内里品字科斗栱中各构件的尺寸。

【原文】大斗一个，长一尺八寸，高一尺二寸，宽九寸。

头翘一件，长二尺一寸三分，高一尺二寸，宽六寸。

重翘一件，长三尺九寸三分，高一尺二寸，宽六寸。

撑头木一件，长五尺七寸三分，高一尺二寸，宽六寸。

正心瓜栱一件，长三尺七寸二分，高一尺二寸，宽三寸七分二厘。

正心万栱一件，长五尺五寸二分，高一尺二寸，宽三寸七分二厘。

麻叶云一件，长四尺九寸二分，高一尺二寸，宽六寸。

三福云二件，各长四尺三寸二分，高一尺八寸，宽六寸。

十八斗二个，各长一尺八分，高六寸，宽八寸八分八厘。

槽升四个，各长七寸八分，高六寸，宽五寸一分六厘。

【译解】大斗一个，长度为一尺八寸，高度为一尺二寸，宽度为九寸。

头翘一件，长度为二尺一寸三分，高度为一尺二寸，宽度为六寸。

重翘一件，长度为三尺九寸三分，高度为一尺二寸，宽度为六寸。

撑头木一件，长度为五尺七寸三分，高度为一尺二寸，宽度为六寸。

正心瓜栱一件，长度为三尺七寸二分，高度为一尺二寸，宽度为三寸七分二厘。

正心万栱一件，长度为五尺五寸二分，高度为一尺二寸，宽度为三寸七分二厘。

麻叶云一件，长度为四尺九寸二分，高度为一尺二寸，宽度为六寸。

三福云两件，长度均为四尺三寸二分，高度均为一尺八寸，宽度均为六寸。

十八斗两个，长度均为一尺八分，高度均为六寸，宽度均为八寸八分八厘。

槽升子四个，长度均为七寸八分，高度均为六寸，宽度均为五寸一分六厘。

## 槅架科斗口六寸各件尺寸

【译解】当斗口为六寸时，槅架科斗栱中各构件的尺寸。

【原文】贴大斗耳二个，各长一尺八寸，高一尺二寸，宽五寸二分八厘。

荷叶一件，长五尺四寸，高一尺二寸，宽一尺二寸。

栱一件，长三尺七寸二分，高一尺二寸，宽一尺二寸。

雀替一件，长十二尺，高二尺四寸，宽一尺二寸。

贴槽升耳六个，各长七寸八分，高六寸，宽一寸四分四厘。

【译解】贴大斗耳两个，长度均为一尺八寸，高度均为一尺二寸，宽度均为五寸二分八厘。

荷叶橔一件，长度为五尺四寸，高度为一尺二寸，宽度为一尺二寸。

栱一件，长度为三尺七寸二分，高度为一尺二寸，宽度为一尺二寸。

雀替一件，长度为十二尺，高度为二尺四寸，宽度为一尺二寸。

贴槽升耳六个，长度均为七寸八分，高度均为六寸，宽度均为一寸四分四厘。

# 卷四十一

本卷详述建筑物中各种装修构件的制作方法。

## 各项装修做法

【译解】建筑物中各种装修构件的制作方法。

【原文】凡檐里安装槅扇[1]，法以飞檐椽头下皮与槅扇挂空槛上皮[2]相齐。下安槅扇下槛[3]，挂空槛分位，上安横披[4]并替桩分位。如无飞檐椽，以檐椽头下皮与槅扇挂空槛上皮相齐，或高一丈。即系安装槅扇并上、下槛分位。檐枋下皮至挂空槛上皮高一尺，即系安装横披并替桩分位。挂空槛又名中槛[5]，替桩又名上槛[6]。

凡金里安装槅扇，法以廊内之穿插枋下皮与槅扇挂空槛下皮相齐。下安槅扇并下槛分位，上安横披并挂空槛、替桩分位。

凡次、梢间安装槛窗[7]，上替桩、横披、挂空槛俱与明间相齐。上抹头[8]与槅扇上抹头齐，下抹头与槅扇群板上抹头齐。其余尺寸，系风槛[9]、榻板[10]、槛墙[11]分位。

凡下槛以面阔定长。如面阔一丈，即长一丈，内除檐柱径一份，外加两头入榫分位，各按柱径四分之一。以檐柱径十分之八定高。如柱径一尺，得高八寸。以本身之高减半定厚，得厚四寸。如金里安装，照金柱径寸定高、厚。

凡上槛以面阔定长。如面阔一丈，即长一丈，内除檐柱径一份，外加两头入榫分位，各按柱径四分之一。以下槛之高十分之八定高。如下槛高八寸，得高六寸四分。厚与下槛同。

凡抱框[12]以檐椽头下皮至地面定长。如檐椽头下皮至地面高一丈，内除上、下槛高一尺四寸四分，得抱框长八尺五寸六分。外加两头入榫分位，按本身之厚一份。以下槛十分之七定宽。如下槛高八寸，得宽五寸六分。厚与下槛同。

【注释】〔1〕槅扇：木制装修构件，是柱子之间的隔断，由木条边框组成，其中竖向的边称为“边梃”，横向的边称为“抹头”。抹头将槅扇分为三部分，上半部分为“槅心”，中间部分为“绦环板”，下半部分为“群板”。槅扇通常可以被拆卸，也被称为“格扇”“格扇门”。

〔2〕上皮：任何构件的上表面。

〔3〕下槛：位于门框下方，是紧贴地面的横木，也被称为“门限”“门槛”。

〔4〕横披：位于槅扇和槛窗的上方，是房檐到槅扇之间的过渡部分，也被称为“卧窗”。

〔5〕中槛：槅扇边框内的横木，位于横披下方、门框上方，也被称为“挂空槛”。

〔6〕上槛：门框上部的横木，紧贴檐枋或者金枋的下方，也被称为“替桩”。

〔7〕槛窗：位于槛墙上的窗，通常安装在殿堂正中两侧的开间上，与槅扇配合使用。槛窗与槅扇形式相似，区别在于槛窗无群板。

〔8〕抹头：槅扇和槛窗上的横向构件，起着加固边框和装饰的作用。

〔9〕风槛：位于榻板上方的横槛。

〔10〕榻板：位于槛墙上方、风槛下方的窗台板。

〔11〕槛墙：位于前檐或后檐榻板下方的墙体，由两端里外皮砌成八字柱门。

〔12〕抱框：紧贴柱子和随枋的构件，起着弥补门窗安装时所产生的误差的作用，也能起一定的装饰作用。

【译解】在檐柱之间安装槅扇，使飞檐椽的椽头下皮与槅扇的挂空槛上皮平齐。在下部安装槅扇的下槛和挂空槛，在上部安装横披和替桩。若房间没有飞檐椽，则檐椽的椽头下皮与槅扇的挂空槛上皮平齐，或者比挂空槛上皮高一丈，在下方安装槅扇和上槛、下槛。檐枋下皮到挂空槛上方一尺处之间有空档，即安装横披与替桩的位置。挂空槛又被称为“中槛”，替桩又被称为“上槛”。

在金柱之间安装槅扇，使廊内的穿插枋下皮与槅扇的挂空槛下皮平齐。在下部安装槅扇和下槛，在上部安装横披、挂空槛和替桩。

在次间和梢间安装槛窗，其上部的替桩、横披和挂空槛，均与明间的平齐。槛窗的上抹头与槅扇的上抹头平齐，槛窗的下抹头与槅扇群板的上抹头平齐。余下部分为风槛、榻板和槛墙的位置。

下槛的长度由面宽来确定。若面宽为一丈，则下槛的长度为一丈。减去檐柱径的尺寸，两端外加入榫的长度，入榫的长度为檐柱径的四分之一。以檐柱径的十分之八来确定下槛的高度。若檐柱径为一尺，可得下槛的高度为八寸。以下槛的高度减半来确定下槛的厚度，由此可得下槛的厚度为四寸。在金柱间安装的槅扇下槛的高度和厚度，由金柱径的尺寸来确定。

上槛的长度由面宽来确定。若面宽为一丈，则上槛的长度为一丈，减去檐柱径的尺寸，两端外加入榫的长度，入榫的长度为檐柱径的四分之一。以下槛高度的十分之八来确定上槛的高度。若下槛的高度为八寸，可得上槛的高度为六寸四分。上槛的厚度与下槛的相同。

抱框的长度由檐椽椽头下皮到地面的高度来确定。若檐椽椽头下皮到地面的高度为一丈，减去上槛和下槛的总高度一尺四寸四分，可得抱框的长度为八尺五寸六分。两端外加入榫的长度，入榫的长度与自身的厚度相同。以下槛高度的十分之七来确定抱框的宽度。若下槛的高度为八寸，可得抱框的宽度为五寸六分。抱框的厚度与下槛的相同。

【原文】凡槅扇边梃[1]以槅扇之高定长。如槅扇高八尺五寸六分，一根即长八尺五寸六分，一根外加两头掩榫照本身看面[2]之宽一份，得通长八尺八寸四分。以抱框之宽减半定看面。如抱框宽五寸六分，得看面二寸八分。以本身看面尺寸加二定进深。如看面二寸八分，得进深三寸三分六厘。

凡抹头以槅扇之宽定长。如槅扇宽一尺九寸七分，即长一尺九寸七分。看面、进深与边梃同。

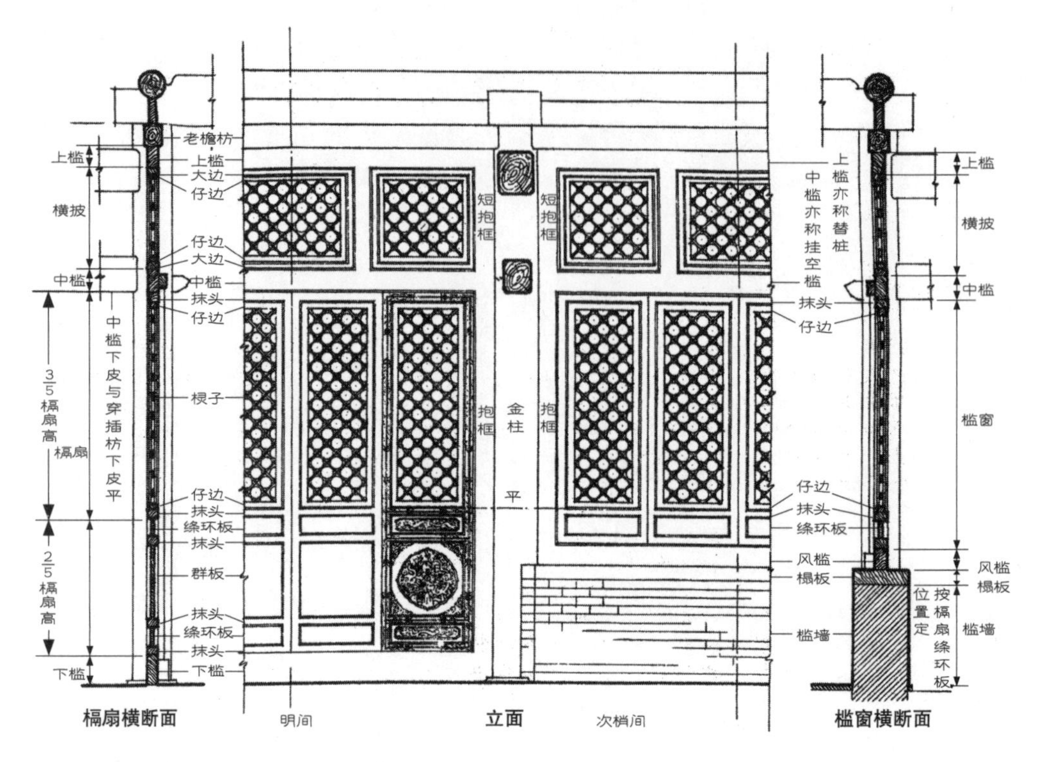


□ **槛窗横断面、槅扇横断面及其装修**

槅扇为木制装修构件，是柱子之间的隔断，通常可以被拆卸。槛窗是位于槛墙上的窗，通常安装在殿堂正中两侧的开间上，与槅扇配合使用。槛窗与槅扇形式相似，区别在于槛窗无群板。

凡转轴〔3〕长随槅扇净高尺寸，外加上、下入槛之长，照上槛之高一份。如上槛高六寸四分，即加长六寸四分。以边梃之看面、进深减半定宽、厚。如边梃看面二寸八分，进深三寸三分六厘，得转轴宽一寸六分八厘，厚一寸四分。

凡绦环板〔4〕以抹头看面加倍定宽。如抹头看面二寸八分，得宽五寸六分。以边梃进深三分之一定厚。如边梃进深三寸三分六厘，得厚一寸一分二厘。长按槅扇之宽，内除边梃看面二份，两头加入榫尺寸，照本身之厚一份。落地明〔5〕做法，不用此款。

【注释】〔1〕边梃：槅扇两侧的竖向边框。

〔2〕看面：构件朝向外侧，即能够被看到的一面。

〔3〕转轴：位于边梃内侧，是用来开启和关闭槅扇的木轴。

〔4〕绦环板：槅扇中间部分的木板，板上通常雕刻有各种图案，起装饰作用，也被称为“套环板”。

〔5〕落地明：不使用绦环板和群板，使用长槅心的槅扇，即落地窗。

【译解】槅扇的边梃长度由槅扇的高度来确定。若槅扇的高度为八尺五寸六分，则槅扇一根边梃的长度为八尺五寸六分。在边梃两端外加掩榫，榫的长度与边梃看面的宽度尺寸相同，由此可得边梃的总长度为八尺八寸四分。以抱框的宽度减半来确定边梃看面的宽度。若抱框的宽度为五寸六分，可得边梃看面的宽度为二寸八分。以边梃看面的宽度乘以一点二来确定其进深。若边梃看面的宽度为二寸八分，可得边梃的进深为三寸三分六厘。

抹头的长度由槅扇的宽度来确定。若槅扇的宽度为一尺九寸七分，则抹头的长度为一尺九寸七分。抹头的看面宽度、进深与边梃的相同。

转轴的长度，在槅扇净高度的基础上外加上、下入槛的长度，入槛的长度为上槛的高度。若上槛的高度为六寸四分，则转轴在槅扇的高度上加长的长度为六寸四分。以边梃的看面宽度和进深减半来确定转轴的宽度和厚度。若边梃看面的宽度为二寸八分，进深为三寸三分六厘，可得转轴的宽度为一寸六分八厘，厚度为一寸四分。

绦环板的宽度由抹头看面宽度的两倍来确定。若抹头的看面宽度为二寸八分，可得绦环板的宽度为五寸六分。以边梃进深的三分之一来确定绦环板的厚度。若边梃的进深为三寸三分六厘，可得绦环板的厚度为一寸一分二厘。绦环板的长度为槅扇的宽度减去边梃看面宽度的两倍。绦环板两端外加的入榫长度与自身的厚度尺寸相同。若使用落地明做法制作槅扇，则不使用这样的绦环板。

【原文】凡群板[1]、槅心[2]以槅扇之净高尺寸定高。如槅扇高八尺五寸六分，内除抹头六根，共宽一尺六寸八分，又除绦环三块，共宽一尺六寸八分，计共除三尺三寸六分，得净高五尺二寸。内槅心分六份，得高三尺一寸二分。群板分四份，得高二尺八分。厚与绦环板同。两头加入榫尺寸，照本身之厚一份。

凡槅心四面仔边[3]长按槅心净高、宽尺寸，即得仔边之长短。以边梃进深十分之七定进深，十分之五定看面。如边梃进深三寸三分六厘，看面二寸八分，得进深二寸三分五厘，看面一寸四分。

凡棂子[4]以仔边之进深、看面十分之七定进深、看面。如仔边看面一寸四分，进深二寸三分五厘，得看面九分八厘，进深一寸六分四厘。每扇除仔边净宽尺寸，一棂二空，横直棂子，两头加入榫尺寸照本身看面之宽一份。如看面九分八厘，得榫长即九分八厘。如落地明做法，长按边梃净长尺寸，内除抹头看面二份，外加两头入榫按本身看面宽一份。

【注释】[1]群板：槅扇下部的木板，也被称为“裙板”。

[2]槅心：槅扇上部的镂空木板，四周为仔边，中间为棂子，也被称为“花心”。

[3]仔边：槅心四周的木框。

[4]棂子：位于槅心镂空部位，是用来组成

各种图案的木条。

【译解】群板和槅心的高度由槅扇的净高度来确定。若槅扇的高度为八尺五寸六分，减去六根抹头的总看面宽度一尺六寸八分，再减去三块绦环板的总宽度一尺六寸八分，合计减去三尺三寸六分，由此可得槅扇的净高度为五尺二寸。将此高度分为十份，每份为五寸二分。槅心的高度为六份，即三尺一寸二分；群板的高度为四份，即二尺八分。群板和槅心的厚度与绦环板的相同。两端外加的入榫长度与自身的厚度尺寸相同。

槅心四周的仔边长度与槅心的净高度、净宽度尺寸相同。以边梃进深的十分之七来确定槅心的进深，以边梃看面宽度的十分之五来确定槅心的看面宽度。若边梃的进深为三寸三分六厘，则其看面的宽度为二寸八分，可得槅心的进深为二寸三分五厘，看面宽度为一寸四分。

棂子的进深和看面的宽度，由槅心仔边的进深和看面宽度的十分之七来确定。若仔边的看面宽度为一寸四分，进深为二寸三分五厘，可得棂子的看面宽度为九分八厘，进深为一寸六分四厘。计算出每扇槅扇减去仔边宽度之后的净宽度，然后按照一棂二空的比例布置棂子。在棂子两端外加入榫的长度，其与自身看面宽度的尺寸相同。若看面的宽度为九分八厘，可得榫的长度为九分八厘。如果槅扇采用落地明的制作方法，则棂子的长度等于边梃的净长度减去两倍抹头看面宽度。在两端外加入榫的长度，入榫的长度与自身的看面宽度尺寸相同。

【原文】凡槛窗边梃以槛窗之高定长。如槛窗高六尺二寸五分六厘，外加两头掩榫照本身看面宽一份，得通长六尺五寸三分六厘。进深、看面俱与槅扇边梃同。

凡抹头以槛窗之宽定长。如槛窗宽一尺九寸七分，即长一尺九寸七分。看面、进深俱与边梃同。

凡转轴长随槛窗净高尺寸。外加上、下入槛之长，照上槛之高一份。如上槛高六寸四分，即加长六寸四分。以边梃之看面、进深减半定宽、厚。如边梃看面二寸八分，进深三寸三分六厘，得转轴宽一寸六分八厘，厚一寸四分。

凡绦环板长按槛窗之宽，内除边梃看面之宽二份，两头加入榫尺寸，照本身厚一份，宽、厚俱与槅扇绦环同。

凡槛窗心高随槅扇心。以抹头之长定宽。如抹头长一尺九寸七分，内除边梃看面之宽二份，得净宽一尺四寸一分。

凡槛窗心四面仔边长按槛窗心之净高、宽尺寸，即得仔边之长短。以边梃进深十分之七定进深，十分之五定看面。如边梃进深三寸三分六厘，看面二寸八分，得进深二寸三分五厘，看面三寸四分。

凡棂子以仔边之进深、看面十分之七定进深、看面。如仔边看面一寸四分，进深二寸三分五厘，得看面九分八厘，进深一寸六分四厘。每扇除仔边净宽尺寸，一棂二空，横直棂子，两头加入榫尺寸，照本身看面宽一份。

凡风槛以面阔定长。如面阔一丈，即长一丈。内除柱径一份，外加两头入榫分位，各按柱径四分之一。高、厚与抱框同。

【译解】槛窗边梃的长度由槛窗的高度来确定。若槛窗的高度为六尺二寸五分六厘，两端外加掩榫，榫的长度与自身看面宽度的尺寸相同，可得边梃的总长度为六尺五寸三分六厘。槛窗边梃的进深和看面宽度与槅扇边梃的相同。

抹头的长度由槛窗的宽度来确定。若槛窗的宽度为一尺九寸七分，则抹头的长度为一尺九寸七分。抹头的进深和看面宽度均与边梃的相同。

转轴的长度，在槅扇净高度的基础上外加上、下入槛，入槛的长度为上槛的高度。若上槛的高度为六寸四分，则转轴在槅扇的净高度上加长的长度为六寸四分。以边梃的看面宽度和进深减半来确定转轴的宽度和厚度。若边梃的看面宽度为二寸八分，进深为三寸三分六厘，可得转轴的宽度为一寸六分八厘，厚度为一寸四分。

绦环板的长度等于槛窗的宽度减去边梃看面宽度的两倍，两端外加入榫的长度，入榫的长度与自身的厚度尺寸相同。绦环板的宽度和厚度与槅扇上绦环板的宽度和厚度相同。

槛窗心的高度与槅心的高度相同。以抹头的长度来确定槛窗心的宽度。若抹头的长度为一尺九寸七分，减去边梃看面宽度的两倍，可得槛窗心的净宽度为一尺四寸一分。

槛窗心四周的仔边长度与槛窗心的净高度和净宽度相同。以边梃进深的十分之七来确定槛窗心仔边的进深，以边梃看面宽度的十分之五来确定仔边的看面宽度。若边梃的进深为三寸三分六厘，看面宽度为二寸八分，可得仔边的进深为二寸三分五厘，看面宽度为三寸四分。

棂子的进深和看面的宽度由仔边的进深和看面宽度的十分之七来确定。若仔边的看面宽度为一寸四分，进深为二寸三分五厘，可得棂子的看面宽度为九分八厘，进深为一寸六分四厘。计算出每扇槛窗减去仔边宽度之后的净宽度，然后按照一棂二空的比例布置棂子。在棂子两端外加入榫的长度，入榫的长度与自身的看面宽度尺寸相同。

风槛的长度由面宽来确定。若面宽为一丈，则风槛的长度为一丈。减去柱径的尺寸，两端外加入榫的长度，入榫的长度为柱径的四分之一。风槛的高度、厚度与抱框的相同。

【原文】凡榻板以面阔定长。如面阔一丈，即长一丈。以风槛之厚十分之七定厚。如风槛厚四寸，得榻板厚二寸八分。宽随槛墙之厚，外加金边[1]各二份。

凡支窗[2]以面阔定宽。如面阔一丈，内除柱径一份，抱框宽二份，净阔七尺八寸八分，即宽七尺八寸八分。以檐头至地皮定高。如檐头至地皮高一丈一尺，内除替桩、横披、上槛分位，共一尺六寸四分。下榻板、槛墙分位，共三尺一寸四厘，得支窗净高六尺二寸五分六厘。边档以抱框之宽十分之四定看面。如抱框宽五寸六分，得看面二寸二分四厘。以抱框之厚三分之一定进深。如抱框厚四寸，得进深一寸三分三厘。抹头以净宽尺寸定长。如净宽七尺八寸八分，即长七尺八寸八分。看面、进深与边档同。如分扇做法，除间柱宽一份，减半得宽。

凡直棂[3]以边档之宽减半定看面。如边档看面二寸二分四厘，得棂子看面一寸一分二厘。进深与边档同。每扇一棂二空。

【注释】〔1〕金边：建筑侧立面墙体分界处的小台。

〔2〕支窗：一种窗的形式，多用于次间、梢间和小式建筑中。分为上下两部分和内外两层，外层的上扇能够被支起，称为“支窗”；下扇能够被摘下，称为“摘窗”。上扇内层根据节气使用窗纱或纸糊，下扇内层使用玻璃。也被称为“支摘窗”。

〔3〕直棂：一种窗的形式，窗的镂空部分由竖直的棂条构成窗格。

【详解】榻板的长度由面宽来确定。若面宽为一丈，则榻板的长度为一丈。以风槛厚度的十分之七来确定榻板的厚度。若风槛的厚度为四寸，可得榻板的厚度为二寸八分。榻板的宽度为槛墙的厚度加两倍金边宽度。

支窗的宽度由面宽来确定。若面宽为一丈，减去一倍柱径，再减去两倍抱框宽度，可得净面宽为七尺八寸八分，则支窗的宽度为七尺八寸八分。以檐柱柱头到地面的高度来确定支窗的高度。若檐柱柱头到地面的高度为一丈一尺，减去替桩、横披和上槛的高度共一尺六寸四分，再减去下踏板和槛墙的高度共三尺一寸四厘，可得支窗的净高度为六尺二寸五分六厘。支窗的边档看面宽度由抱框宽度的十分之四来确定。若抱框的宽度为五寸六分，可得边档的看面宽度为二寸二分四厘。以抱框厚度的三分之一来确定边档的进深。若抱框的厚度为四寸，可得边档的进深为一寸三分三厘。支窗上的抹头长度由支窗的净宽度来确定。若支窗的净宽度为七尺八寸八分，则抹头的长度为七尺八寸八分。抹头的看面宽度和进深与边档的相同。如果支窗分为左右两扇，则用净宽度减去间柱的宽度，将得到的宽度减半，则为每扇支窗的宽度。

直棂窗棂子的看面宽度由边档的看面宽度减半来确定。若边档的看面宽度为二寸二分四厘，可得棂子的看面宽度为一寸一分二厘，棂子的进深与边档的进深相同。每扇窗按照一棂二空的比例布置棂子。

【原文】凡横穿长随净面阔尺寸，内除边档二份，外加两头入榫尺寸，照本身之厚一份。以直棂看面定宽。如直棂看面一寸一分二厘，即宽一寸一分二厘。以直棂之进深三分之一定厚。如直棂进深一寸三分三厘，得厚四分四厘，或七根至十根，临期拟定。如扣棂做法，看面、进深俱与直棂同。

凡横披短抱框以檐椽头下皮至地面高一丈一尺，内除下槛高八寸，槅扇高八尺五寸六分，上槛高六寸四分，得抱框长一尺，又除替桩高三寸，得净长七寸，外加两头入榫分位，各按本身之宽十分之二，得榫长各一寸一分二厘。宽、厚与长抱框同。

凡横披以面阔定长。如面阔一丈，内除柱径一份，抱框二份，净面阔七尺八寸八分，边档即长七尺八寸八分。抹头随短抱框之净长尺寸。宽、厚与槅扇仔边同。每扇除边档、抹头净宽尺寸，一棂二空。棂子看面、进深俱与槅扇棂子同。横直棂子两头入榫照本身看面之宽一份。如分三扇做法，应除间柱分位，各得三分之一。如斜交做法，照方五斜七分长短。如安装大门不用横披，即系走马板分位。

凡替桩以面阔定长。如面阔一丈，内除柱径一份，外加两头入榫分位，各按柱径四分之一，如柱径一尺，得通长九尺五寸。以檐枋之高十分之三定高。如檐枋高一尺，得高三寸，厚与上槛之厚同，如安装大门用走马板锭引条，不同此款。

凡帘架[1]梃以槅扇之高定长。如槅扇高八尺五寸六分，下槛高八寸，挂空槛高六寸四分，得共长一丈，除荷叶橔高三寸七分六厘，得净长九尺六寸二分四厘。宽、厚俱与槅扇边梃看面、进深同。

【注释】〔1〕帘架：贴槅扇安装的用以挂帘子的木制框架。

【译解】横穿的长度为净面宽减去两倍边档宽度，两端外加入榫的长度，入榫的长度与自身的厚度尺寸相同。以直棂的看面宽度来确定横穿的宽度。若直棂的看面宽度为一寸一分二厘，则横穿的宽度为一寸一分二厘。以直棂进深的三分之一来确定横穿的厚度。若直棂的进深为一寸三分三厘，可得横穿的厚度为四分四厘。横穿的数量为七根至十根，装修时可以根据实际情况来确定横穿的具体数量。如果使用扣棂的制作方法，则所使用的横穿的看面和进深做法与直棂的做法相同。

横披上的短抱框长度按照如下方法进行计算。檐椽椽头下皮到地面的高度为一丈一尺，减去下槛的高度八寸、槅扇的高度八尺五寸六分、上槛的高度六寸四分，可得短抱框的长度为一尺，再减去替桩的高度三寸，可得短抱框的净长度为七寸。两端外加入榫的长度，入榫的长度为自身宽度的十分之二，可得入榫的长度为一寸一分二厘。短抱框的宽度、厚度与长抱框的相同。

横披的长度由面宽来确定。若面宽为一丈，减去一倍柱径、两倍抱框宽度，可得净面宽为七尺八寸八分，则边档的长度为七尺八寸八分。抹头的长度等于短抱框的净长度。横披的宽度、厚度与槅扇仔边的相同。每扇横披减去边档和抹头之后所得的横披净宽度，按一棂二空的比例布置棂子。在横披中使用的棂子，其看面宽度、进深与槅扇中的棂子相同。在棂子两端各加入榫的长度，入榫的长度与自身的看面宽度尺寸相同。如果使用三扇横披的制作方法，在减去间柱的宽度之后，每扇横披各占剩余宽度的三分之一。如果使用斜交做法，应当按照方五斜七法计算各条边的长度。如果安装大门，则不使用横披，在该位置上安装走马板。

替桩的长度由面宽来确定。若面宽为一丈，减去柱径的尺寸，两端外加入榫的长度，入榫的长度为柱径的四分之一。若柱径为一尺，可得替桩的总长度为九尺五寸。以檐枋高度的十分之三来确定替桩的高度。若檐枋的高度为一尺，可得替桩的高度为三寸。替桩的厚度与上槛的厚度相同。若安装大门，则使用走马板锭引条，不使用替桩。

帘架边梃的长度由槅扇的高度来确定。若槅扇的高度为八尺五寸六分，下槛的高度为八寸，挂空槛的高度为六寸四分，可得边梃的总长度为一丈。减去荷叶橔的高度三寸七分六厘，可得边梃的净长度为九尺六寸二分四厘。帘架边梃的宽度、厚度分别与槅扇边梃的看面宽度、进深尺寸相同。

【原文】凡帘架心以门诀[1]定长。如上槛下皮至下槛下皮高九尺三寸六分，除吉门口高六尺六寸四分，下槛高八寸，得架心高一尺九寸二分，内除上、下抹头二份共五寸六分，净高一尺三寸六分。以槅扇二扇之宽定宽。如槅扇宽一尺九寸七分，得宽三尺九寸四分。内除架梃之厚一份，得净宽三尺六寸六分。仔边、棂子看面、进深俱与槅心同。每扇除仔边净宽尺寸一棂二空。横直棂子，两头入榫照本身看面之宽一份。如斜交做法，照方五斜七分长短。上、下抹头以槅扇宽定长。如槅扇宽一尺九寸七分，二扇共宽三尺九寸四分，即长三尺九寸四分。外加架梃之宽一份，共长四尺二寸二分，宽、厚与架梃同。

凡连二楹[2]以下槛十分之七定高。如下槛高八寸，得高五寸六分。以转轴之宽加一份定宽。如转轴宽一寸六分八厘，得宽三寸三分六厘。长按本身宽加一份，得长六寸七分二厘。槛窗上随风槛之高十分之七定高。如风槛高五寸六分，得高三寸九分二厘。长宽同前。

凡槅扇之单楹荷叶拴斗[3]，以连二楹四分之三定长。如连二楹长六寸七分二厘，得长五寸四厘。高、宽与连二楹同。如槛窗之单楹拴斗，高与槛窗连二楹之高同。

凡单扇棋盘门[4]大边，按门诀之吉庆尺寸定长。如吉门口高六尺三寸六分，即长六尺三寸六分。内一根外加两头掩缝并入楹尺寸，照下槛之高加一份，如下槛高八寸，共长七尺一寸六分。以抱框之宽减半定宽。如抱框宽五寸六分，得宽二寸八分。外一根以净门口之高，外加上、下掩缝照本身宽各一份，如本身宽二寸八分，长六尺九寸二分。以抱框之宽减半定宽。如抱框宽五寸六分，得宽二寸八分，厚按本身净宽十分之七定厚。如本身宽二寸八分，得厚一寸九分六厘。

凡抹头以吉门口定长。如吉门口宽二尺一寸一分，即长二尺一寸一分，外加两头掩缝。里一头按大边之厚一份，得一寸九分六厘，再加掩缝。外一头按大边之厚减半，得九分八厘，共长二尺四寸三分四厘。宽、厚与大边同。如双扇做法，里一头加大边之厚一份，再加掩缝三分。

凡门心板〔5〕以抹头之长除大边定宽。如抹头长二尺四寸三分四厘，内除大边二份共五寸六分，得门心板净宽一尺八寸七分四厘。以门之高定长。如门连上、下掩缝高六尺六寸四分，内除抹头二份共五寸六分，得门心板净长六尺八分。如入槽做法，照本身之厚、长、宽各加一分。以大边之厚三分之一定厚，如大边厚一寸九分六厘，得厚六分五厘。外加入穿带〔6〕槽按本身之厚三分之一，得厚八分六厘。

凡穿带长随抹头。以抹头之宽十分之七定宽。如抹头净宽二寸八分，得宽一寸九分六厘。以大边之厚定厚。如大边厚一寸九分六厘，内除门心板净厚六分五厘。再除落堂〔7〕尺寸按大边之厚十分之三，得五分八厘。穿带净厚七分三厘。每扇四根。

【注释】〔1〕门诀：制作门所使用的口诀。

〔2〕连二楹：位于槅扇内侧，用于安装槅扇的转轴。

〔3〕荷叶拴斗：位于上槛或中槛上，用于固定边梃上端的木块，通常与荷叶橔配合使用。

〔4〕棋盘门：门板上使用纵横交叉的穿带，看似棋盘，因此被称为“棋盘门”。

〔5〕门心板：位于棋盘门背后，大边与抹头之间加装的木板。

〔6〕穿带：将门与门心板连接在一起的木条。

〔7〕落堂：指门板和门框不在一个平面上，门板低于门框。

【译解】帘架心的长度由门诀来确定。若上槛下皮到下槛下皮的高度为九尺三寸六分，减去吉门口的高度六尺六寸四分，下槛的高度八寸，可得帘架心的高度为一尺九寸二分。减去两倍上、下抹头的看面宽度，即五寸六分，可得帘架心的净高度为一尺三寸六分。以两扇槅扇的宽度来确定帘架心的宽度。若每扇槅扇的宽度为一尺九寸七分，可得帘架心的宽度为三尺九寸四分。减去帘架边梃的厚度，可得帘架心的净宽度为三尺六寸六分。帘架心的仔边，棂子的看面和进深均与槅心的相同。每扇帘架减去仔边的净宽度后按照一棂二空的比例布置棂子。在棂子两端外加入榫的长度，入榫的长度与自身看面宽度的尺寸相同。若使用斜交做法，则按照方五斜七法来确定各边的长度。以槅扇的宽度来确定上、下抹头的长度。若槅扇的宽度为一尺九寸七分，两扇总宽度为三尺九寸四分，则抹头的长度为三尺九寸四分。再加帘架边梃的宽度，总长度为四尺二寸二分。帘架心的宽度、厚度与帘架边梃的相同。

连二楹的高度由下槛高度的十分之七来确定。若下槛的高度为八寸，可得连二楹的高度为五寸六分。以两倍转轴宽度来确定连二楹的宽度。若转轴的宽度为一寸六分八厘，可得连二楹的宽度为三寸三分六厘。连二楹的长度为两倍自身的宽度，由此可得连二楹的长度为六寸七分二厘。槛窗上的连二楹高度，为风槛高度的十分之七。若风槛的高度为五寸六分，可得连二楹的高度为三寸九分二厘。连二楹的长度、宽度与槅扇上连二楹的相同。

槅扇上单楹荷叶拴斗的长度，由连二楹长度的四分之三来确定。若连二楹的长度为六寸七分二厘，可得拴斗的长度为五寸四厘。拴斗的高度、宽度与连二楹的相同。槛窗上的单楹拴斗，其高度与槛窗上连二楹的高度相同。

单扇棋盘门的大边长度，由门诀中的“吉庆”一项中的数值来确定。若吉门口的高度为六尺三寸六分，则大边的长度为六尺三寸六分。在内侧的一根大边两端外加掩缝和入楹的长度，其为下槛高度的两倍。若下槛的高度为八寸，则大边的总长度为七尺一寸六分。以抱框的宽度减半来确定大边的宽度。若抱框的宽度为五寸六分，可得大边的宽度为二寸八分。外侧的一根大边，在门口净高度的基础上，外加上下掩缝的长度，其与自身的宽度尺寸相同。若自身的宽度为二寸八分，则大边的长度为六尺九寸二分。以抱框的宽度减半来确定大边的宽度。若抱框的宽度为五寸六分，可得大边的宽度为二寸八分。大边的厚度由自身净宽度的十分之七来确定。若自身的宽度为二寸八分，可得大边的厚度为一寸九分六厘。

抹头的长度由吉门口的宽度来确定。若吉门口的宽度为二尺一寸一分，则抹头的长度为二尺一寸一分。在抹头两端外加掩缝。内侧一端的厚度为大边的厚度，可得内侧一端的厚度为一寸九分六厘，再加三分。外侧一端的厚度为大边厚度的一半，可得外侧一端的厚度为九分八厘，由此可得抹头的总长度为二尺四寸三分四厘。抹头的宽度、厚度与大边的相同。如果使用两扇门的做法，则在抹头内侧一端增加大边的厚度，再加三分。

门心板的宽度由抹头的长度减去大边的宽度来确定。若抹头的长度为二尺四寸三分四厘，减去两倍大边宽度，即五寸六分，可得门心板的净宽度为一尺八寸七分四厘。以门的高度来确定门心板的长度。若门和上、下掩缝的总高度为六尺六寸四分，减去两倍抹头宽度，即五寸六分，可得门心板的净长度为六尺八分。若使用入槽做法，则门心板的厚度、长度和宽度需各增加一分。以大边厚度的三分之一来确定门心板的厚度。若大边的厚度为一寸九分六厘，可得门心板的厚度为六分五厘。外加的入穿带槽为门心板厚度的三分之一，可由此计算门心板的总厚度为八分六厘。

穿带的长度与抹头的长度相同。以抹头宽度的十分之七来确定穿带的宽度。若抹头的净宽度为二寸八分，可得穿带的宽度为一寸九分六厘。以大边的厚度来确定穿带的厚度。若大边的厚度为一寸九分六厘，减去门心板的净厚度六分五厘，再减去落堂的厚度，该厚度为大边厚度的十分之三，即五分八厘，由此可得穿带的净厚度为七分三厘。每扇门使用四根穿带。

【原文】凡插关梁以穿带空档定长。如空档长一尺一寸六分，即长一尺一寸六分。两头各加穿带之宽半份，共长一尺三寸五分六厘。宽与穿带同。厚与大边同。

凡插关〔1〕以门之宽定长。如门宽二尺一寸一分，内除大边一份二寸八分，外加掩缝九分八厘，净长一尺九寸二分八厘。宽、厚与穿带同。

凡栓杆〔2〕长随转轴，外加出头按连楹〔3〕之厚一份。宽、厚与转轴同。

凡实榻大门〔4〕槛框〔5〕、边抹〔6〕、穿带俱与棋盘门同。其门心板之厚与大边之厚同。

凡余塞板〔7〕高与门口净高尺寸同。以面阔定宽。如面阔一丈二尺，内除柱径一份，抱框二份，门框〔8〕二份，门口一个各分位，共阔一丈四寸。其余一尺六寸，二份分之，各得宽八寸。以柱径十分之一定厚。如柱径一尺，得厚一寸。

凡腰枋〔9〕以余塞板之宽定长。如余塞板宽八寸，即腰枋长八寸。外两头入榫尺寸按本身之厚加一份，共长九寸五分。宽与抱框同。如抱框厚四寸，内除余塞板厚一寸，余厚三寸，二份分之，各得厚一寸五分。

【注释】〔1〕插关：位于门内侧，使门扇保持闭合，起着保障安全的作用。

〔2〕栓杆：槅扇和槛窗关闭之后，在开口的接缝处安装一根木杆，将槅扇或槛窗压住，使之无法从外面开启。

〔3〕连楹：位于大门中槛的内侧，是用于安装门扇的转轴。

〔4〕实榻大门：不使用门框，用内外厚度一致的木板拼装组成实心门。常用于宫门、府门、城门等，门上通常有门钉。

〔5〕槛框：古建筑中门和窗外圈的大框。其中，水平方向的为槛，竖直方向的为框。

〔6〕边抹：边梃和抹头的总称，即门窗的边框。

〔7〕余塞板：位于门框和抱框之间，是用以填充缝隙的木板。

〔8〕门框：位于柱子之间，是在安装门扇的框架内左右垂直放置的材料。

〔9〕腰枋：位于门框和抱框之间的横槛。

【译解】插关梁的长度由穿带空档的长度来确定。若空当的长度为一尺一寸六分，则插关梁的长度为一尺一寸六分。两端各增加穿带宽度的一半，得总长度为一尺三寸五分六厘。插关梁的宽度与穿带的相同，厚度与大边的相同。

插关的长度由门的宽度来确定。若门

的宽度为二尺一寸一分，减去大边的宽度二寸八分，加上掩缝的尺寸九分八厘，可得插关的净长度为一尺九寸二分八厘。插关的宽度、厚度与穿带的相同。

栓杆的长度与转轴的长度相同，外加的出头长度与连楹的厚度相同。栓杆的宽度、厚度与转轴的相同。

实榻大门的槛框、边抹、穿带的各项尺寸均与棋盘门的相同。门心板的厚度与大边的厚度相同。

余塞板的高度与门口的净高度相同。余塞板的宽度由面宽来确定。若面宽为一丈二尺，减去一倍柱径，两倍抱框宽度，两倍门框宽度，以及门口的宽度，以上各项总宽度为一丈四寸。面宽减去上述各项总宽度，剩余一尺六寸，将此宽度分为两份，每份为八寸。以柱径的十分之一来确定余塞板的厚度。若柱径为一尺，可得余塞板的厚度为一寸。

腰枋的长度由余塞板的宽度来确定。若余塞板的宽度为八寸，则腰枋的长度为八寸。两端外加入榫的长度，入榫的长度为入榫厚度的两倍，由此可得腰枋的总长度为九寸五分。腰枋的宽度与抱框的相同。若抱框的厚度为四寸，减去余塞板的厚度一寸，剩余的厚度为三寸，将之分为两份，每份为一寸五分。

【原文】凡门枕[1]以门下槛十分之七定高。如下槛高八寸，得门枕高五寸六分。以本身之高加二寸定宽。如本身高五寸六分，得宽七寸六分，长按两头之见方尺寸，各得七寸六分。外加下槛之厚一份，共长一尺九寸二分。

凡连楹以门扇定长，如门二扇共宽七尺一寸六分，又加掩缝四寸五分二厘，两头再各加本身之宽一份，得通长八尺二寸。以转轴之宽加半份定宽。如转轴宽一寸九分六厘，得宽二寸九分四厘。厚与转轴厚同。如槅扇、槛窗、屏门[2]、连楹以面阔定长，如面阔一丈，内除柱径一份，外加两头捧柱椀口照本身之宽各加一份，得通长九尺五寸八分八厘。宽、厚同前。

【注释】[1] 门枕：位于下槛两端的下部，起着承托门扇转轴的作用。

[2] 屏门：用于分隔内外院或正院与跨院的门，多位于两柱之间，形制简单灵活，起屏风作用。

【译解】门枕的高度由下槛高度的十分之七来确定。若下槛的高度为八寸，可得门枕的高度为五寸六分。以自身的高度加二寸来确定门枕的宽度。若自身的高度为五寸六分，可得门枕的宽度为七寸六分。门枕的长度为两端截面边长的长度七寸六分，加一倍下槛的厚度，可得总长度为一尺九寸二分。

连楹的长度由门扇的宽度来确定。若两扇门的宽度为七尺一寸六分，加掩缝的宽度四寸五分二厘，两头再加自身宽度的尺寸，可得连楹的总长度为八尺二寸。以转轴的宽度再加其宽度的一半的总尺寸来确定连楹的宽度。若转轴的宽度为一寸九分六厘，可得连楹的宽度为二寸九分四厘。连楹的厚度与转轴的厚度相同。槅扇、槛窗、屏门上的连楹长度由面宽来确定。若面宽为一丈，减去柱径的尺寸，两端外加的捧柱椀口的宽度与自身的宽度相同，由此可得连楹的总长度为九尺五寸八分八厘。槅扇、槛窗、屏门上的连楹宽度、厚度与大门连楹的相同。

【原文】凡横栓〔1〕以门口定长。如门口宽七尺一寸六分，两头各加掩缝二寸二分六厘，再加出头尺寸，按本身之径各一份，共长八尺三寸九分六厘。以大边之厚加倍定径寸。如大边厚一寸九分六厘，得径三寸九分二厘。

凡门簪〔2〕以门口之高十分之一定长。如门口高八尺六寸，出头八寸六分，外加上槛厚四寸，连楹之宽二寸九分四厘，再出榫照连楹之宽一份，共长一尺八寸四分八厘。以上槛之高十分之八定径寸。如上槛高六寸四分，得径五寸一分二厘。每间俱系四个。

【注释】〔1〕横栓：用于加固大门的水平木栓。

〔2〕门簪：位于中槛与连楹之间，起连接和固定作用。榫头外露，雕刻成不同的形状。

【译解】横栓的长度由门口的宽度来确定。若门口的宽度为七尺一寸六分，两端各加掩缝二寸二分六厘，再加为自身直径的出头部分的长度，可得横栓的总长度为八尺三寸九分六厘。以两倍大边厚度来确定横栓的直径。若大边的厚度为一寸九分六厘，可得横栓的直径为三寸九分二厘。

门簪的长度由门口高度的十分之一来确定。若门口的高度为八尺六寸，加出头的长度八寸六分，上槛的厚度四寸，连楹的宽度二寸九分四厘，再加出榫的长度，出榫的长度与连楹的宽度相同，得总长度为一尺八寸四分八厘。以上槛高度的十分之八来确定门簪的直径。若上槛的高度为六寸四分，可得门簪的直径为五寸一分二厘。每间使用四个门簪。

【原文】凡大门上走马板以面阔定宽。如面阔一丈二尺，内除柱径一份，抱框二份，净阔九尺八寸八分。即宽九尺八寸八分。如脊里安装，照山柱之高定高。如山柱通高一丈二尺四寸三分，内除垫板八寸，脊枋一尺，上槛六寸四分，门口八尺六寸，下槛八寸，共一丈一尺八寸四分。走马板净得高五寸九分，其厚五分。门头板〔1〕同。金里安装，亦照此法。

凡引条长随面阔。除柱径一份，抱框二份。如起线做法，以上槛之厚定宽、厚。如上槛厚四寸，内除滚楞尺寸八分，再除走马板之厚五分，净宽二寸七分，二份分之，每边各得宽、厚一寸三分五厘。

凡木顶槅〔2〕周围之贴梁长随面阔、进深，内除枋、梁之厚各半份。以檐枋之高四分之一定宽、厚。如檐枋高九寸一分，得宽、厚二寸二分七厘。

凡木顶槅以面阔、进深定长短、扇数。如面阔一丈二尺，内除大柁之厚一尺三寸一分，净长一丈六寸九分。如进深二丈一尺，内除檐枋之厚七寸一分，净宽二丈二寸九分。

凡边抹以贴梁之宽十分之八定宽。如贴梁宽二寸二分七厘，得宽一寸八分一厘。厚按本身之宽十分之八定厚，得厚一寸四分四厘。

凡棂子以边档之厚十分之五定看面。如边档厚一寸四分四厘，得看面七分二厘。进深与边档同。每扇除边抹净宽尺寸，一棂六空。横直棂子，两头入榫照本身看面之宽一份。

凡木吊挂〔3〕每扇四根，宽、厚与边档同，以加举之法得长。

【注释】〔1〕门头板：位于中槛上方、上槛下方的木板。

〔2〕木顶槅：天花板上的木制方格，用吊钩固定，上面用纸或者布面糊。

〔3〕木吊挂：位于檐枋下方，是由边梃、抹头、仔边、棂子和雀替组成的镂空构件，起装饰作用。

【译解】大门上方的走马板宽度由面宽来确定。若面宽为一丈二尺，减去一倍柱径，二倍抱框宽度，可得净面宽为九尺八寸八分，则走马板的宽度为九尺八寸八分。若大门在脊枋下安装，则走马板的高度由山柱的高度来确定。若山柱的总高度为一丈二尺四寸三分，减去垫板的高度八寸，脊枋的高度一尺，上槛的高度六寸四分，门口的高度八尺六寸，下槛的高度八寸，共减去一丈一尺八寸四分，则可得走马板的净高度为五寸九分，厚度为五分。门头板的尺寸与走马板的相同。若在金柱间安装大门，也按照这个方法来计算。

引条的长度为面宽减去柱径的尺寸，再减去两倍抱框宽度。若使用起线做法，则以上槛的厚度来确定引条的宽度和厚度。若上槛的厚度为四寸，减去滚楞的宽度八分，再减去走马板的厚度五分，可得引条的净宽度为二寸七分。将此宽度分为两份，可得每根引条的宽度和厚度均为一寸三分五厘。

木顶槅下方的贴梁长度为面宽、进深减去枋子和梁的一半厚度。由檐枋高度的四分之一来确定贴梁的宽度、厚度。若檐枋的高度为九寸一分，可得贴梁的宽度、厚度为二寸二分七厘。

木顶槅的长度和扇数由面宽、进深来确定。若面宽为一丈二尺，减去大柁的厚度一尺三寸一分，可得木顶槅的净长度为一丈六寸九分。若进深为二丈一尺，减去檐枋的厚度七寸一分，可得木顶槅的净宽度为二丈二寸九分。

边梃和抹头的宽度由贴梁宽度的十分之八来确定。若贴梁的宽度为二寸二分七厘，可得边梃和抹头的宽度为一寸八分一厘。边梃和抹头的厚度以自身宽度的十分之八来确定，由此可得边梃和抹头的厚度为一寸四分四厘。

棂子的看面宽度由边档厚度的十分之五来确定。若边档的厚度为一寸四分四厘，可得棂子的看面宽度为七分二厘。棂子的进深与边档的相同。每扇顶槅减去边梃和抹头之后得净宽度，按照一棂六空的比例布置棂子。在棂子两端外加入榫的长度，入榫的长度与自身的看面宽度相同。

每扇顶槅使用四根木吊挂，木吊挂的宽度、厚度与边档的相同，按加举的方法来计算长度。

### 门诀开后

【译解】制作门的口诀。

【原文】（无需译解）

财门：

二尺七寸二分 二尺七寸五分
二尺七寸九分 二尺八寸二分
二尺八寸五分 四尺一寸六分
四尺一寸九分 四尺二寸二分
四尺二寸六分 四尺二寸九分
五尺一寸六分 五尺一寸九分
五尺五寸 五尺六寸一分
五尺六寸三分 五尺六寸七分
五尺七寸一分 五尺七寸
七尺四分 七尺七分
七尺一寸一分 七尺一寸六分
八尺四寸七分 五尺五寸三分
八尺五寸一分 八尺六寸
九尺九寸一分 九尺九寸五分
九尺九寸八分 一丈二分
一丈五分

义顺门：

二尺一寸八分 二尺二寸二分
二尺二寸五分 二尺三寸
二尺三寸三分 三尺六寸二分
三尺七寸三分 三尺七寸六分
五尺五分 五尺九分
五尺一寸二分 六尺五分
六尺五寸三分 六尺五寸七分
六尺五寸一分 六尺六寸一分
六尺六寸四分 七尺九寸三分
七尺九寸六分 八尺一分
八尺四分 八尺七分
九尺三寸七分 九尺四寸七分
九尺五寸 九尺四寸
九尺四寸四分 一丈八寸二分
一丈八寸四分 一丈八寸七分
一丈九寸五分

官禄门：

二尺一分 二尺四分
二尺八分 二尺一寸一分
二尺一寸四分 二尺四寸四分
三尺四寸五分 三尺五寸六分
三尺四寸八分 三尺五寸二分
三尺五寸九分 四尺八寸九分

四尺九寸二分 四尺九寸五分
四尺九寸八分 五尺一分
六尺三寸三分 六尺三寸六分
六尺四分 七尺七寸六分
七尺七寸九分 七尺八寸三分
九尺八寸六分 九尺一寸九分
九尺二寸二分 九尺二寸六分
一丈六寸四分 九尺三寸三分
九尺二寸九分 一丈六寸七分
一丈七寸 一丈七寸三分
一丈七寸六分

福德门:
二尺九寸 二尺九寸四分
二尺一分 二尺九寸七分
三尺四分 三尺四寸四分
四尺三寸四分 四尺四寸五分
四尺四寸一分 五尺七寸七分
五尺八寸四分 五尺八寸八分
五尺九寸一分 七尺二寸一分
七尺二寸八分 七尺二寸四分
七尺三寸四分 七尺三寸一分
八尺六寸八分 八尺六寸五分
八尺七寸五分 八尺七寸一分
一丈八分 八尺七寸八分
一丈一寸二分 一丈七分
一丈一寸九分 一丈一尺六寸
一丈二寸三分

# 卷四十二

本卷详述硬山和歇山建筑中的石制构件的制作方法。

## 硬山歇山石作做法

【译解】硬山和歇山建筑中的石制构件的制作方法。

【原文】凡柱顶以柱径加倍定尺寸。如柱径七寸，得柱顶石见方一尺四寸。以见方尺寸折半定厚，得厚七寸。上面落古镜[1]按本身见方尺寸，内每尺做高一寸五分。

凡槛垫石[2]以面阔定长短。如面阔一丈，内除柱顶石各半个，共长一尺四寸，净得槛垫长八尺六寸。以柱顶见方定宽。如柱顶见方一尺四寸，槛垫石即宽一尺四寸。以柱顶之厚折半定厚，如柱顶厚七寸，得厚三寸五分。

【注释】〔1〕古镜：一种柱顶石形式，将柱顶石与柱子之间的连接部分加工成圆形，形似镜子，故而得名。

〔2〕槛垫石：位于门槛下方，是与门槛成水平方向放置的石制构件。

【译解】柱顶石的尺寸由两倍柱径来确定。若柱径为七寸，可得柱顶石的截面边长为一尺四寸。以柱顶石截面边长的一半来确定厚度，可得柱顶石的厚度为七寸。柱顶石上方的古镜高度由柱顶石的截面边长来确定，当边长为一尺时，古镜的高度为一寸五分。

槛垫石的长度由面宽来确定。若面宽为一丈，两侧各减去柱顶石的一半，即减去的长度为一尺四寸，可得槛垫石的净长度为八尺六寸。由柱顶石的截面边长来确定槛垫石的宽度。若柱顶石的截面边长为一尺四寸，则槛垫石的宽度为一尺四寸。将柱顶石的厚度减半可确定槛垫石的厚度，若柱顶石的厚度为七寸，可得槛垫石的厚度为三寸五分。

【原文】凡硬山成造之阶条石[1]以面阔定长短。如明间面阔一丈，即长一丈。梢间阶条，面阔九尺，得长九尺。再加墀头之宽，内除里进七分。如墀头宽一尺一寸二分，又加金边二寸，得阶条石连好头石[2]通长一丈二寸五分。以出檐除回水并柱顶定宽，如出檐二尺四寸，除回水二份深四寸八分。柱顶半份宽七寸，得阶条石净宽一尺二寸二分。以本身净宽尺寸十分之四定厚，得厚四寸八分。

【注释】〔1〕阶条石：位于台基四周最上层的石制构件，通常为长条形。

〔2〕好头石：位于台基转角处的石制构件，为曲尺形。

【译解】硬山建筑中的阶条石长度由面宽来确定。若明间的面宽为一丈，则阶条石的长度为一丈。梢间的面宽为九尺，可得梢间阶条石的长度为九尺。外加墀头的宽度，再向内缩进七分。若墀头的宽度为一尺一寸二分，再加金边的宽度二寸，可得阶条石和好头石的总长度为一丈二寸五分。以出檐的长度减去回水的长度，再减去柱顶石的宽度来确定阶条石的宽度。若出檐的长度为二尺四寸，减去两倍回水的长度，即四寸八分，再减去柱顶石宽度的一半，即七寸，可得阶条石的净宽度为一尺二寸二分。以自身净宽度的十分之四来确定厚度，可得阶条石的厚度为四寸八分。

【原文】凡悬山成造梢间阶条石，按面阔加挑山除回水定长。如面阔九尺，挑山二尺四寸，除回水四寸八分，得通长一丈九寸二分。内有好头石一块。宽、厚与硬山阶条石同。

凡硬山两山条石以进深加出檐除回水、好头石得长。以阶条石折半定宽，如阶条石宽一尺二寸二分，得条石宽六寸一分。厚与阶条石同。

凡斗板石[1]，周围按露明处丈尺得长。以台基[2]之高除阶条石之厚定宽。如台基高一尺二寸，阶条石厚四寸八分，得斗板石宽七寸二分。厚与阶条石同。

【注释】〔1〕斗板石：位于土衬石上方、阶条石下方、角柱石之间，是直立放置的石制构件。

〔2〕台基：古建筑的柱子和墙体下方的基座部分，起着稳定建筑物的作用。

【译解】悬山建筑中梢间的阶条石长度由面宽加挑山的长度，减去回水的长度来确定。若面宽为九尺，挑山的长度为二尺四寸，减去回水的长度四寸八分，可得阶条石的总长度为一丈九寸二分。这个长度包括好头石的长度。悬山建筑中阶条石的宽度、厚度与硬山建筑中阶条石的相同。

硬山建筑中两座山墙处的条石长度，由进深加出檐的长度，减去回水和好头石的长度来确定。以阶条石的一半宽度来确定条石的宽度，若阶条石的宽度为一尺二寸二分，可得条石的宽度为六寸一分。条石的厚度与阶条石的相同。

斗板石的长度由四周台基露明的长度来确定。以台基的高度减去阶条石的厚度来确定斗板石的宽度。若台基的高度为一尺二寸，阶条石的厚度为四寸八分，可得斗板石的宽度为七寸二分。斗板石的厚度与阶条石的相同。

【原文】凡土衬石[1]，周围按露明处丈尺得长。以斗板石之厚，外加金边定宽。如斗板石厚四寸八分，再加金边二寸，得土衬石宽六寸八分。以本身之宽折半定厚，得厚三寸四分。

凡踏垛石[2]以面阔除垂带石[3]一份之宽定长短。如面阔一丈，垂带石宽一尺二寸二分，得踏垛石长八尺七寸八分。宽以一尺至一尺五寸，厚以三寸至四寸，须临期按台基之高分级数酌定。

【注释】〔1〕土衬石：为台基最下方一层的石制构件，比台基略宽，与地面平齐，为台基的衬脚。

〔2〕踏垛石：台阶上一级一级的阶石。

〔3〕垂带石：位于垂带踏垛两侧，是阶条石

和砚窝石之间的石制构件。

【译解】土衬石的长度由四周台基露明的长度来确定。以斗板石的厚度加金边的宽度，来确定土衬石的宽度。若斗板石的厚度为四寸八分，加金边的宽度二寸，可得土衬石的宽度为六寸八分。以自身的宽度减半来确定土衬石的厚度，可得土衬石的厚度为三寸四分。

踏垛石的长度由面宽减去垂带石的宽度来确定。若面宽为一丈，垂带石的宽度为一尺二寸二分，可得踏垛石的长度为八尺七寸八分。踏垛石的宽度为一尺到一尺五寸，厚度为三寸到四寸，具体尺寸需要在实际建造过程中根据台基的高度和级数来确定。

【原文】凡砚窝石〔1〕以面阔加垂带石一份并金边各二寸定长短。如面阔一丈，垂带石宽一尺二寸二分，金边共宽四寸，得砚窝石长一丈一尺六寸二分。宽、厚与踏垛石同。

凡平头土衬石〔2〕以斗板土衬之金边外皮至砚窝石之里皮〔3〕得长。宽、厚与踏垛石同。

凡象眼石〔4〕以斗板之外皮至砚窝石里皮得长。宽与斗板石同。每块折半核算。以垂带石之宽十分之三定厚，如垂带石宽一尺二寸二分，得象眼石厚三寸六分。

凡垂带石以踏垛级数加举定长。如踏垛三级，各宽一尺，厚五寸，每级加举一寸，得长三尺三寸。宽、厚与阶条石同。

凡如意石〔5〕，长、宽、厚俱与砚窝石同。

【注释】〔1〕砚窝石：踏垛最下方的一层，与土衬石平齐，起着稳定垂带下脚的作用。也被称为“燕窝石”。

〔2〕平头土衬石：台阶处的土衬石。

〔3〕里皮：任何构件的内侧表面。

〔4〕象眼石：位于垂带踏垛中垂带下方的三角形石制构件。

〔5〕如意石：位于砚窝石前方，是与地面平齐的条石。

【译解】砚窝石的长度由面宽加垂带石的宽度，再加金边二寸来确定。若面宽为一丈，垂带石的宽度为一尺二寸二分，外加的金边总宽度为四寸，可得砚窝石的长度为一丈一尺六寸二分。砚窝石的宽度、厚度与踏垛石的相同。

平头土衬石的长度，由斗板土衬石的金边外皮到砚窝石的里皮之间的长度来确定。平头土衬石的宽度、厚度与踏垛石的相同。

象眼石的长度由斗板石的外皮到砚窝石里皮之间的长度来确定。象眼石的宽度与斗板石的相同。每块象眼石的用料需要进行减半核算。以垂带石宽度的十分之三来确定象眼石的厚度，若垂带石的宽度为一尺二寸二分，可得象眼石的厚度为三寸六分。

垂带石的长度由踏垛级数加举的比例来确定。若踏垛共有三级，宽度均为一尺，厚度均为五寸。每级踏垛加举一寸，可得垂带石的长度为三尺三寸。垂带石的宽度、厚度与阶条石的相同。

如意石的长度、宽度和厚度均与砚窝石的相同。

**【原文】**凡墀头角柱石[1]以檐柱高三分之一，再除压砖板之厚定长短。如柱高八尺，压砖板厚三寸五分，得角柱石长二尺三寸一分。以檐柱径定宽。如柱径七寸，自柱皮外出柱径一份，柱中里进七分，得角柱石共宽一尺一寸二分。以檐柱径折半定厚。如柱径七寸，得角柱石厚三寸五分。

凡金、山柱角柱石[2]，长与墀头角柱石同。以金柱径定宽。如金柱径九寸，即得角柱石宽九寸。以本身之宽折半定厚，得厚四寸五分。

凡琵琶角柱石，长、厚俱与墀头角柱石同。以金、山柱角柱石收二寸定宽。如金、山柱角柱石宽九寸，得琵琶角柱石宽七寸。

凡硬山压砖板[3]以出廊丈尺，外加墀头腿一份得长。宽、厚与角柱石同。

凡里、外腰线石[4]，按山墙通长丈尺除前后压砖板分位得腰线之长。以压砖板十分之五定宽。如压砖板宽一尺一寸二分，得腰线宽五寸六分。厚与压砖板同。

**【注释】**〔1〕墀头角柱石：角柱石，指位于台基转角处，是直立放置的石制构件，其上方为阶条石，下方为土衬石。墀头角柱石，是位于墀头下方的角柱石，与墀头同宽。

〔2〕金、山柱角柱石：金柱与山柱处的角柱石。

〔3〕压砖板：位于角柱石上方的条石，平砌在山墙上方。

〔4〕腰线石：位于压砖板之间，是与压砖板厚度相同的条石。

**【译解】**墀头角柱石的长度，由檐柱高度的三分之一减去压砖板的厚度来确定。若檐柱的高度为八尺，压砖板的厚度为三寸五分，可得角柱石的长度为二尺三寸一分。以檐柱径来确定墀头角柱石的宽度。若柱径为七寸，从檐柱外皮向外延长柱径尺寸，由柱子中心向内缩进七分，可得角柱石的总宽度为一尺一寸二分。以檐柱径减半来确定角柱石的厚度。若檐柱径为七寸，可得角柱石的厚度为三寸五分。

金柱、山柱角柱石的长度与墀头角柱石的相同。以金柱径来确定金柱、山柱角柱石的宽度。若金柱径为九寸，可得角柱石的宽度为九寸。以金柱、山柱角柱石自身的宽度减半来确定厚度，可得金柱、山柱角柱石的厚度为四寸五分。

琵琶角柱石的长度和厚度均与墀头角柱石的相同。以金柱、山柱角柱石的宽度减少二寸来确定琵琶角柱石的宽度。若金柱、山柱角柱石的宽度为九寸，可得琵琶角柱石的宽度为七寸。

硬山建筑中的压砖板长度，由出廊的长度加墀头腿的长度来确定。压砖板的宽度、厚度与角柱石的相同。

里、外腰线石的长度，由山墙的总

长度减去前、后压砖板的长度来确定。以压砖板宽度的十分之五来确定腰线石的宽度。若压砖板的宽度为一尺一寸二分，可得腰线石的宽度为五寸六分。腰线石的厚度与压砖板的相同。

**【原文】** 凡内里群肩〔1〕下平头土衬按进深并出廊丈尺除柱顶石分位得长。宽与外面条石同，留金边宽分位。厚与腰线石同。

凡挑檐石〔2〕以出廊丈尺，外加墀头梢得长。以压砖板收一寸定宽，加一寸定厚。如压砖板宽一尺一寸二分，厚三寸五分，得挑檐石宽一尺二分，厚四寸五分。

凡无斗板埋头角柱石〔3〕按台基之高除阶条石之厚得长。以阶条石宽定见方。如阶条石宽一尺二寸二分，得埋头角柱石见方一尺二寸二分。

凡分心石〔4〕以出廊定长短。如出廊长三尺，得分心石长三尺。以金柱顶见方尺寸一份半定宽。如金柱顶见方一尺八寸，得分心石宽二尺七寸。厚与槛垫石同。

**【注释】**〔1〕群肩：山墙的一部分，位于台基上方、上身下方，起防潮、隔碱的作用。群肩的墙体较厚，从群肩以上，墙体向内收进，也被称为“下碱”“下肩”。

〔2〕挑檐石：位于墀头上部，是向外挑出的石制构件。

〔3〕埋头角柱石：位于台基转角处，是好头石下方的角柱石。

〔4〕分心石：位于建筑物的中轴线上，是阶条石与槛垫石之间，沿着中轴线方向放置的条石。

**【译解】** 内侧群肩下方的平头土衬石长度，由进深加出廊的长度减去柱顶石的截面边长来确定。土衬石的宽度与墙外的条石长度相同，在土衬石外侧要留出金边的宽度。土衬石的厚度与腰线石的相同。

挑檐石的长度由出廊的长度加墀头梢的长度来确定。以压砖板的宽度减少一寸来确定挑檐石的宽度，以压砖板的厚度增加一寸来确定挑檐石的厚度。若压砖板的宽度为一尺一寸二分，厚度为三寸五分，可得挑檐石的宽度为一尺二分，厚度为四寸五分。

周围没有斗板石的埋头角柱石的长度，由台基的高度减去阶条石的厚度来确定。以阶条石的宽度来确定埋头角柱石的截面边长。若阶条石的宽度为一尺二寸二分，可得埋头角柱石的截面边长为一尺二寸二分。

分心石的长度由出廊的长度来确定。若出廊的长度为三尺，可得分心石的长度为三尺。以金柱的柱顶石截面边长的一点五倍来确定分心石的宽度。若金柱的柱顶石截面边长为一尺八寸，可得分心石的宽度为二尺七寸。分心石的厚度与槛垫石的相同。

**【原文】** 凡垂花门中间滚墩石〔1〕以进深定长。如进深六尺，滚墩石比进深收分一尺，得长五尺。以门口高三分之一定高。如门口高九尺一寸，得滚墩石高三尺三分。以方柱每尺加十分之六定宽。如中柱方一尺，得滚墩石宽一尺六寸。内除托泥圭角〔2〕一层厚五寸三分，系另用石料。其上线枋〔3〕二层，内一层厚四寸，一层厚三寸。卷子花一层厚三寸，鼓子〔4〕一个径一尺五寸，共高二尺五寸，系整件石料。其两边滚墩石长与中间同。高比中间收分二寸。宽比中间收分一寸。石料件数同前。以上层数自托泥圭角起逐渐收宽。

【注释】〔1〕滚墩石：常用于木影壁或垂花门处的石制底座，起着安装柱子、稳定上方构件的作用。外形似相连而成的两个圆鼓。

〔2〕圭角：须弥座下方，地平面上方的第一层石制构件。

〔3〕线枋：砍磨加工后的线形枋子，是影壁墙、看面墙等墙面上的砖石构件。

〔4〕鼓子：抱鼓石上的圆鼓形石构件。

【译解】垂花门中间的滚墩石长度由进深来确定。若进深为六尺，滚墩石的长度比进深少一尺，则可得滚墩石的长度为五尺。以门口高度的三分之一来确定滚墩石的高度。若门口的高度为九尺一寸，可得滚墩石的高度为三尺三分。以滚墩石中间的柱子截面边长来确定滚墩石的宽度。若滚墩石中间的柱子截面边长为一尺，可由此计算出滚墩石的宽度为一尺六寸。最下方的托泥圭角的厚度为五寸三分，该部分由其他石料制作而成。托泥圭角上方有两层线枋，其中一层的厚度为四寸，一层的厚度为三寸。有一层卷子花的厚度为三寸；有个鼓子，直径为一尺五寸，这几部分的总高度为二尺五寸，使用整块石料进行制作。垂花门两边的滚墩石，长度与中间的滚墩石相同，高度比中间的少二寸，宽度比中间的少一寸。二者使用的石料数量相同。从托泥圭角向上，每层的宽度逐渐减少。

【原文】凡门枕石〔1〕以门下槛十分之七定高。如下槛高八寸，得门枕石高五寸六分。以本身高加二寸定宽。如本身高五寸六分，得宽七寸六分。以两头宽尺寸，外加下槛厚一份定长。如两头各宽七寸六分，下槛厚四寸，得门枕石长一尺九寸二分。

【注释】〔1〕门枕石：位于门槛两侧的底部，是用于承托转轴的石制构件。

【译解】门枕石的高度由门下槛高度的十分之七来确定。若门下槛的高度为八寸，可得门枕石的高度为五寸六分。以门枕石的高度增加二寸来确定其宽度。若自身的高度为五寸六分，可得门枕石的宽度为七寸六分。以门枕石两端的宽度，加门下槛的厚度来确定门枕石的长度。若门枕石两端的宽度均为七寸六分，门下槛的厚度为四寸，可得门枕石的长度为一尺九寸二分。

# 卷四十三

本卷讲述歇山和硬山建筑中的各种瓦作的制作方法。

## 歇山硬山各项瓦作做法

【译解】歇山和硬山建筑中的各种瓦作的制作方法。

【原文】凡码单磉墩[1]以柱顶石见方尺寸定见方。如柱径八寸四分，得柱顶石见方一尺六寸八分。四围各出金边二寸，得见方二尺八分。金柱顶下照檐柱顶加二寸。高随台基除柱顶石之厚，外加地皮以下埋头[2]尺寸。

凡码连二磉墩以出廊并柱顶石定长。如出廊深四尺五寸，一头加金柱顶半个一尺四分，一头加檐柱顶半个八寸四分，两头再各加金边二寸，共长六尺七寸八分。以柱顶石之宽定宽。如金柱顶宽二尺八分，两边各加金边二寸，得宽二尺四寸八分。高随台基，除柱顶石之厚，外加埋头尺寸。

凡栏土[3]按进深、面阔得长。如五檩除山檐柱单磉墩分位定长短，如有金柱，随面阔之宽，除磉墩分位定插档。高随台基。除墁地砖分位，外加埋头尺寸。如檐磉墩小，金磉墩大，宽随金磉墩尺寸。

【注释】〔1〕磉墩：位于柱顶石下方的基础构件，起承重作用，为方形，比柱顶石略大。单磉墩，指每根柱子下用一个独立的磉墩。连二磉墩，指当两根柱子距离较近时，两个磉墩连做。根据位置不同，檐柱下方的被称为“檐磉墩”，金柱下方的被称为“金磉墩”。

〔2〕埋头：建筑物台基埋入地下的部分，也被称为“埋深”。

〔3〕栏土：位于两个磉墩之间的砌砖墙，其上方与柱顶石的下皮平齐。

【译解】单磉墩的截面边长由柱顶石的截面边长来确定。若柱径为八寸四分，可得柱顶石的截面边长为一尺六寸八分。四周各留出金边的宽度二寸，由此可得单磉墩的截面边长为二尺八分。金柱柱顶石下方的单磉墩，比檐柱柱顶石下方的单磉墩截面边长长二寸。单磉墩的高度为台基的厚度减去柱顶石的厚度，再加地面以下埋头部分的深度。

连二磉墩的长度由出廊的进深加柱顶石的截面边长来确定。若出廊的进深为四尺五寸，一端增加金柱柱顶石的一半，即一尺四分，一端增加檐柱柱顶石的一半，即八寸四分，两端再各增加金边的宽度二寸，可得总长度为六尺七寸八分。以柱顶石的宽度来确定连二磉墩的宽度。若金柱柱顶石的宽度为二尺八分，两边各增加金边的宽度二寸，可得连二磉墩的宽度为二尺四寸八分。连二磉墩的高度为台基的高度减去柱顶石的厚度，再加埋头部分的深度。

栏土的长度由进深、面阔来确定。若建筑物为五檩进深，可通过减去山柱和檐柱下的单磉墩边长来确定栏土的长度。若建筑物中有金柱，以面阔的宽度减去磉墩的边长来确定插档的宽度。栏土的高度为台基减去墁地砖的高度，加埋头的深度。若檐磉墩较小，金磉墩较大，则栏土的宽度与金磉墩的相同。

【原文】凡埋头以檩数定高低。如四、五檩应深六寸，六、七檩应深八寸，九檩应深一尺。长、宽随磉墩、栏土。

凡包砌台基，长随阶条石。高按台基除阶条石之厚，外加埋头尺寸。以出檐除栏土定宽。如出檐二尺八寸八分，以十分之。内除二份回水，得宽二尺三寸。再除栏土半份一尺四分，得净宽一尺二寸六分。两山按进深之长，再加前后出檐尺寸，内除前后檐包砌之宽得长。宽按山墙外出之厚，除栏土之宽，露明或斗板石或细砖[1]一进，余系背后糙砖[2]，或俱糙砌[3]，临期酌定。两山露明金边宽二寸，如后檐砌墙，亦留金边宽二寸。

凡硬山群肩以进深定长。如进深一丈八尺，即长一丈八尺。以檐柱定高。如檐柱高九尺六寸，三分之一，得高三尺二寸。以柱径定厚。如柱径八寸四分，柱皮往外即出八寸四分。里进二寸得厚一尺八寸八分。

凡山墙上身[4]长随群肩。以檐柱定高。如檐柱高九尺六寸，除群肩高三尺二寸，外加平水一份，如平水高七寸四分，檩径一份八寸四分，椽径一份二寸五分，望板厚五分加之，得净高八尺二寸八分。以群肩之厚定厚。如群肩厚一尺八寸八分，如抹饰收七分，抅抿或细砖均收三分，再收顶每高一尺，收分一分。

凡山尖[5]以山柱定高。如山柱通高一丈五尺六寸四分，除群肩并上身共高一丈一尺四寸八分，外加檩径一份八寸四分，椽径一份二寸五分，望板厚五分，得高五尺三寸。厚与墀头之厚同。两山折一山。如不用博缝排山[6]，再加披水[7]砖一层，长按进深加举核算。

【注释】〔1〕细砖：经过砍削或打磨加工的砖。

〔2〕糙砖：未经过加工的砖。

〔3〕糙砌：用未经抹灰等处理的砖砌墙。

〔4〕上身：位于群肩上方，山尖下方的墙体。

〔5〕山尖：位于山墙上部，是与屋脊等高的三角形墙体。

〔6〕排山：位于歇山建筑的侧面，是竖带下方、博缝上方的屋檐，与山墙成垂直角度。

〔7〕披水：防水构件，位于博缝板上方，起着防止雨水从博缝板与山墙或檩头、枋头的接缝处渗漏的作用。

【译解】埋头的深度由檩子的根数来确定。若建筑物为四檩和五檩，埋头的深度应为六寸；若建筑物为六檩和七檩，埋头的深度应为八寸；若建筑物为九檩，埋头的深度应为一尺。埋头的长度、宽度与磉墩和栏土的相同。

包砌台基的长度等于阶条石的长度。高度为台基的高度减去阶条石的厚度，再加埋头的深度。以出檐的长度减去栏土的宽度来确定包砌台基的宽度。若出檐的长度为二尺八寸八分，把这个长度分为十份，其中回水的长度占两份，出檐的长度减去回水的长度后，可得总宽度为二尺三寸。再减去栏土宽度的一半，即一尺四分，可得台基的净宽度为一尺二寸六分。两山的台基长度，由进深加前后出檐的长度，减去前后檐的包砌石的宽度来确定。台基的宽度为山墙向外探出的厚度，除去栏土的宽度后为露明部分，该露明部分使用斗板石或打磨后的细砖来砌，其余部分均使用未经打磨的糙砖来砌。或者全部使用未经抹灰的砖来砌，具体使用需要在实际建造过程中来确定。两山处露明的金边宽度为二寸，后檐如果砌墙，也需要留出金边的宽度二寸。

硬山建筑中的群肩长度，由进深来确定。若进深为一丈八尺，则群肩的长度为一丈八尺。以檐柱的高度来确定群肩的高度。若檐柱的高度为九尺六寸，取这一高度的三分之一，可得群肩的高度为三尺二寸。以柱径来确定群肩的厚度。若柱径为八寸四分，从柱皮向外延长八寸四分，向内缩进二寸，可得群肩的厚度为一尺八寸八分。

山墙的上身长度与群肩的相同。由檐柱的高度来确定上身的高度。若檐柱的高度为九尺六寸，减去群肩的高度三尺二寸，再加平水的高度，若平水的高度为七寸四分，檩子的直径为八寸四分，椽子的直径为二寸五分，望板的厚度为五分，几个高度相加，可得山墙上身的净高度为八尺二寸八分。以群肩的厚度来确定上身的厚度。若群肩的厚度为一尺八寸八分，墙面抹灰，则上身的厚度需减少七分，若墙面使用拘抿或者细砖，上身的厚度需减少三分。上身的顶部厚度随高度的增加而减少，每增高一尺，厚度就减少一分。

山尖的高度由山柱来确定。若山柱的总高度为一丈五尺六寸四分，减去群肩和上身的高度共一丈一尺四寸八分，加檩子的直径八寸四分，加椽子的直径二寸五分，加望板的厚度五分，可得山尖的高度为五尺三寸。山尖的厚度与墀头的厚度相同。两座山墙可以按照一座山墙来计算。如果不使用博缝和排山，则再增加一层披水砖，长度由进深和加举的比例来计算。

【原文】凡悬山山墙五花[1]成造。以步架定高。如檐柱高九尺六寸，一步架即高九尺六寸。如金柱高一丈一尺八寸五分，一步架即高一丈一尺八寸五分。除墙肩[2]分位，即得净高尺寸。以柱径定厚。如柱径八寸四分，柱皮外出八寸四分，里进二寸，共厚一尺八寸八分。收分与硬山同。

凡点砌悬山山花象眼以步架定宽。内除瓜柱径寸分位。高随瓜柱净高尺寸。厚与瓜柱径同。两山折一山。

凡前、后檐墙[3]以面阔定长。如面阔一丈二尺，即长一丈二尺。如遇山墙，应除里进分位。以檐柱定高。如柱高九尺六寸，下除群肩之高三尺二寸，上除檐枋之高八寸四分，得高五尺五寸六分。内除墙肩分位。以檐柱径定厚。如柱径八寸四分，外出三分之二得五寸六分，里进二寸，共得厚一尺六寸。

凡封护檐墙长、厚与檐墙同。以檐柱定高，如檐柱高九尺六寸，外加平水一份，檩径一份，椽径一份，望板之厚各尺寸，内除高一寸为顺水之法。

凡扇面墙〔4〕以面阔定长。如面阔一丈二尺，即长一丈二尺。如遇山墙，应除里进分位。以金柱定高。如柱高一丈一尺八寸五分，除金枋高八寸四分，得高一丈一尺一分。内除墙肩分位。群肩之高与山墙同。厚与檐墙同。

【注释】〔1〕五花：悬山建筑中常见的山墙形式。山墙沿檩子和瓜柱砌成阶梯形，每一级上方均有墙肩，共有五级，所以称为“五花山墙”。

〔2〕墙肩：当墙向上砌至檩子部位时，向顶部内收，这个收窄的部分即为“墙肩”。

〔3〕檐墙：位于檐檩下方、檐柱之间的墙，在结构上不起承重作用。位于前檐下方的是前檐墙，位于后檐下方的是后檐墙。在后檐墙中，直砌到屋檐下方，不露出椽子头的，称为“封护檐墙”。

〔4〕扇面墙：位于室内、金柱之间的墙，与檐墙平行。

【译解】悬山建筑中的山墙使用五花山墙的建造方法来建造。山墙的高度由步架的高度来确定。若檐柱的高度为九尺六寸，可得一步架高度为九尺六寸。若金柱的高度为一丈一尺八寸五分，可得一步架高度为一丈一尺八寸五分。以步架的高度减去墙肩的高度，可得山墙的净高度。以柱径来确定山墙的厚度。若柱径为八寸四分，由柱皮向外延长八寸四分，向内缩进二寸，可得山墙的总厚度为一尺八寸八分。悬山建筑的山墙在建造过程中其厚度的缩减方式与硬山建筑的相同。

点砌山花上的象眼宽度由步架的长度来确定，其宽度为步架的长度减去瓜柱径。象眼的高度与瓜柱的净高度相同。象眼的厚度与瓜柱径相同。两座山墙可以按照一座山墙来计算。

前、后檐墙的长度由面宽来确定。若面宽为一丈二尺，则檐墙的长度为一丈二尺。若檐墙与山墙相交，应减去山墙向面宽方向缩进的长度。以檐柱的高度来确定檐墙的高度。若檐柱的高度为九尺六寸，下部减去群肩的高度三尺二寸，上部减去檐枋的高度八寸四分，可得檐墙的高度为五尺五寸六分。其中需留出墙肩的位置。以檐柱径来确定檐墙的厚度。若柱径为八寸四分，向外延长三分之二，即五寸六分，再向内缩进二寸，可得檐墙的总厚度为一尺六寸。

封护檐墙的长度和厚度均与檐墙的相同。以檐柱的高度来确定封护檐墙的高度，若檐柱的高度为九尺六寸，加平水的尺寸，加檩子的直径，加椽子的直径和望板的厚度，将得出的总高度再减去一寸，即为封护檐墙的高度，这就是顺水封护檐墙的建造方法。

扇面墙的长度由面宽来确定。若面宽为一丈二尺，则扇面墙的长度为一丈二尺。若与山墙相交，应当减去山墙向面宽方向缩进的长度。以金柱的高度来确定扇面墙的高度。若金柱的高度为一丈一尺八寸五分，减去金枋的高度八寸四分，可得扇面墙的高度为一丈一尺一分。其中需留出墙肩的位置。扇面墙的群肩高度与山墙的相同，厚度与檐墙的相同。

**【原文】**凡槛墙，除檐枋一份，榻板一份，支窗一份，或除横披风槛分位得高。以柱径定宽。如柱径八寸四分，里外各出一寸五分，得宽一尺一寸四分。长随面阔，如遇山墙，应除里进分位。

凡隔断墙[1]高随檐柱。长随进深，内除两头柱径各半份，再除前后檐墙里进尺寸分位得长。厚以前后柱径尺寸。两边再各出一寸五分得厚。

凡廊墙[2]按出廊定长。如出廊深四尺五寸，即长四尺五寸。以檐柱定高。如柱高九尺六寸，内除穿插档宽八寸四分，穿插枋高八寸四分，得净高七尺九寸二分。内群肩之高、厚与山墙同。上身或用棋盘心[3]，或糙砌抹饰，临期酌定。

**【注释】**〔1〕隔断墙：位于室内的、金柱之间的墙，与山墙的方向平行，起着分隔室内各间的作用。

〔2〕廊墙：位于山墙内侧，廊下的檐柱与金柱之间的墙。

〔3〕棋盘心：墙体四周砌砖，上身部分有图案或装饰。

**【译解】**槛墙的高度，由檐柱的高度减去檐枋的高度，减去榻板的厚度，减去支窗的高度，或减去横披和风槛的高度来确定。以檐柱径来确定槛墙的宽度。若柱径为八寸四分，向内侧和外侧各延长一寸五分，可得槛墙的宽度为一尺一寸四分。槛墙的长度与面宽相同，若与山墙相交，应当减去山墙向面宽方向缩进的长度。

隔断墙的高度与檐柱的相同。隔断墙的长度为进深尺寸减去两端柱径的各一半，再减去前、后檐墙向进深方向缩进的长度。隔断墙的厚度由前后柱径再向两侧各延长一寸五分来计算。

廊墙的长度由出廊的进深来确定。若出廊的进深为四尺五寸，则廊墙的长度为四尺五寸。以檐柱的高度来确定廊墙的高度。若檐柱的高度为九尺六寸，减去穿插档的宽度八寸四分，减去穿插枋的高度八寸四分，可得廊墙的净高度为七尺九寸二分。廊墙群肩的高度和厚度与山墙的相同。廊墙的上身既可以使用棋盘心做法，又可以使用糙砖砌成之后抹灰的做法，具体做法需要在实际建造中再确定。

**【原文】**凡墙肩长短随面阔、进深。宽随墙顶。如墙顶宽一尺六寸，或除枋子之厚或柁之厚，以里进外出各尺寸按五举加之。墙厚一尺以外者，除高三寸作墙肩分位。

凡墙垣衬脚取平随墙之长短。以墙

之厚定宽。如厚一尺八寸八分，即厚一尺八寸八分。高随墁地砖分位。

凡砌墙垣如柱顶有古镜者，按古镜高加砖层数。长除古镜尺寸。厚随墙垣。

凡小三才墀头以出檐定长。如出檐二尺八寸八分，内收线砖一层一寸五分，混砖〔1〕一层二寸，嚣砖〔2〕一层二寸五分，盘头〔3〕二层共一寸，戗檐〔4〕一寸，连檐二寸，雀儿台〔5〕八分，外净长一尺八寸。以檐柱定高。如柱高九尺六寸，外加平水一份，檩径一份，共高一丈一尺一寸八分。内除停泥滚子砖〔6〕砍做线砖干摆〔7〕一层一寸六分，混砖一层一寸六分，嚣砖一层一寸六分，盘头二层三寸二分，戗檐一层四寸，净高九尺九寸八分。外加连檐之厚一份半，以做戗檐斜长入榫分位，或用尺四、尺二方砖开做。以檐柱径寸定厚。如柱径八寸四分，柱中往外出随山墙，往里进随柱径十分之一，共得厚一尺三寸四分。腿高与山墙群肩同。

【注释】〔1〕混砖：一侧为半圆或四分之一圆弧形的砖。其中，半圆形的称为“圆混”，四分之一圆弧形的称为“半混”。

〔2〕嚣砖：位于墀头正面、盘头下方的砖，也被称为“枭砖”。

〔3〕盘头：位于戗檐下方的两层线砖。

〔4〕戗檐：位于墀头最上部、盘头上方的方砖，上端顶住檐头，因此被称为“戗檐”。砖面上常有雕刻装饰。

〔5〕雀儿台：连檐上皮和瓦口外皮露出的部分连檐。

〔6〕停泥滚子砖：停泥砖，用细泥烧制的砖。停泥滚子砖，细黄黏土经过风化、过筛之后烧制成的细泥砖。

〔7〕干摆：一种墙面的制作方法，即“磨砖对缝”做法。使用这一方法时，砖需要经过精细加工，使尺寸精确、表面平整。砖与砖之间不铺灰，摆砌完毕后再灌浆，制作完成后墙面光洁。

【译解】墙肩的长度由面宽和进深来确定。墙肩的宽度与墙的顶部相同。若墙顶的宽度为一尺六寸，减去枋子或柁的厚度，然后再以向内缩进和向外探出的长度使用五举的比例来计算。墙的厚度如果超过一尺，在墙顶部向下减去三寸，可作为墙肩的位置。

墙垣衬脚按照墙的长度找平。以墙的厚度来确定墙垣衬脚的宽度。若墙的厚度为一尺八寸八分，则衬脚的厚度为一尺八寸八分。墙垣衬脚的高度与墁地砖的相同。

砌墙时，若柱顶石上方使用古镜，则按照古镜的高度来增加用砖的层数。长度需减去古镜的高度。厚度与墙垣的相同。

小三才墀头的长度由出檐的长度来确定。若出檐的长度为二尺八寸八分，减去一层线砖的长度一寸五分、一层混砖的长度二寸、一层嚣砖的长度二寸五分、两层盘头的长度一寸、戗檐的长度一寸、连檐的长度二寸、雀儿台的长度八分，可得墀头的净长度为一尺八寸。以檐柱的高度来确定墀头的高度。若檐柱高为九尺六寸，加平水的尺寸，加檩子直径的尺寸，得总高度为一丈一尺一寸八分。减去以干摆方式砌作的，使用停泥滚子砖砍削加工成的线砖一层，这层线砖的高度为一寸六分、再减去一层混砖的高度一寸六分、一层嚣砖的高度一寸六分、两层盘头的高度三寸二分、一层戗檐的高度四寸，可得墀头的净高度为九尺九寸八分。墀头向外延长连檐厚度的一点五倍，作为戗檐斜长的入榫长度。墀头可以用一尺四寸或一尺二寸的方砖加工而成。以檐柱径来确定墀头的厚度。若柱径为八寸四分，从柱子中心向外延长的长度与山墙的厚度相同，向内缩进的长度为柱径的十分之一，可得墀头的总厚度为一尺三寸四分。墀头高出屋面的部分高度与山墙的群肩高度相同。

【原文】凡中三才墀头以出檐定长。如出檐二尺八寸八分，内收线砖一层二寸，混砖一层二寸五分，嚣砖一层三寸，盘头二层共一寸五分，戗檐二寸，连檐二寸，雀儿台一寸，外净长一尺四寸八分。以檐柱定高。如柱高九尺六寸，外加平水一份，檩径一份，共高一丈一尺一寸八分。内除停泥滚子砖砍做干摆线砖一层一寸六分，混砖一层一寸六分，嚣砖一层一寸六分，盘头二层三寸二分，尺二料半方砖整做戗檐一层一尺一寸，净高九尺二寸八分。外加连檐之厚一份半，以做戗檐斜长入榫分位，或用尺四方砖整做。以檐柱径定厚。如柱径八寸四分，柱中往外出随山墙，往里进随柱径十分之一，共得厚一尺三寸四分。腿高与山墙群肩同。

凡大三才墀头以出檐定长。如出檐二尺八寸八分，内收线砖一层二寸二分，混砖一层二寸七分，嚣砖一层三寸三分，盘头二层共一寸五分，戗檐三寸，连檐二寸五分，雀儿台一寸，外净长一尺二寸六分。以檐柱定高。如柱高九尺六寸，外加平水一份，檩径一份，共高一丈一尺一寸八分，内除停泥滚子砖砍做干摆线砖一层一寸六分，混砖一层一寸六分，嚣砖一层一寸六分，盘头二层三寸二分，尺七方砖砍做戗檐一层一尺六寸，净高八尺七寸八分。外加连檐之厚一份半，以做戗檐斜长入榫分位。以檐柱径定厚。如柱径八寸四分，柱中往外出随山墙，往里进随柱径十分之一，共得厚一尺三寸四分。腿高与山墙群肩同。

凡博缝以进深并出檐加举定长短。如进深一丈八尺，步架并出檐加举，得通长二丈八尺二寸二分，即长二丈八尺二寸二分。小三才线混博缝砖俱停泥滚子砖砍做。或尺二、尺四方砖开做。或停泥滚子砖陡砌。中三才博缝尺二、尺四方砖整做。大三才博缝尺七方砖砍做。

凡排山勾滴[1]以进深加举定长。如进深一丈八尺，步架并出檐加举得通长二丈八尺二寸二分，即长二丈八尺二寸二分。按瓦料之号分陇得个数。

凡调大脊以通面阔定长。除吻兽[2]之宽尺寸各一份，即得净长尺寸。用板瓦取平苫背[3]，沙滚子砖衬平，瓦条[4]

二层，混砖一层，又瓦条一层，或尺二、尺四、尺七方砖开砍斗板一层，背馅灌浆〔5〕。又瓦条一层，混砖一层，又瓦条一层，扣脊筒瓦〔6〕一层。吻座〔7〕用圭角一件，麻叶头一件，天混一件，天盘〔8〕一件，吻〔9〕一只，箭靶〔10〕一件，背兽〔11〕一件。其混砖斗板两头中间如用花草砖，或统花砖龙凤等项，临期酌定。

【注释】〔1〕排山勾滴：位于山墙顶部，垂脊外侧，是与山墙方向垂直的勾头和滴水，起排水和装饰作用。

〔2〕吻兽：位于正脊两端的兽头形构件。

〔3〕苫背：位于望板上方的基层，起着防水和保温的作用，同时就举架做出囊度，使屋顶的曲线自然优美。

〔4〕瓦条：脊面上用砖砌成的起线。

〔5〕背馅灌浆：背里、填馅和灌浆。背里、填馅，指在两层砖中间用碎砖料填充空隙。灌浆，指在砖料之间灌入砂浆，使砖与砖之间结合牢固。

〔6〕脊筒瓦：用于覆盖屋脊的筒瓦。

〔7〕吻座：正吻下方的基座，起承托作用。

〔8〕天盘：位于屋脊的正吻下方，侧面为凹形，通常与混砖合用。

〔9〕吻：位于正脊两端的构件，通常为龙头形，龙口咬住正脊，起防水和装饰作用，也被称为“正吻”“大吻”。

〔10〕箭靶：位于正吻后部上方的装饰构件。

〔11〕背兽：位于正吻背后的兽形构件。

【译解】中三才墀头的长度由出檐的长度来确定。若出檐的长度为二尺八寸八分，减去一层线砖的长度二寸、一层混砖的长度二寸五分、一层嚣砖的长度三寸、两层盘头的长度一寸五分、戗檐的长度二寸、连檐的长度二寸、雀儿台的长度一寸，可得墀头的净长度为一尺四寸八分。以檐柱的高度来确定墀头的高度。若檐柱的高度为九尺六寸，加平水的尺寸，加檩子直径的尺寸，可得墀头的总高度为一丈一尺一寸八分。减去以干摆方式砌作的，使用停泥滚子砖砍做的线砖一层，这层线砖的高度为一寸六分，再减去一层混砖的高度一寸六分、一层嚣砖的高度一寸六分、两层盘头的高度三寸二分，再减去用一尺二寸的方砖整块做成的戗檐一层，高度为一尺一寸，由此可得墀头的净高度为九尺二寸八分。外加一点五倍的连檐厚度，为戗檐的斜长入榫的长度，用一尺四寸的方砖整块制作。以檐柱径来确定墀头的厚度。若檐柱径为八寸四分，从柱子中心向外延长的长度与山墙的厚度相同，向内缩进的长度为檐柱径的十分之一，可得墀头的总厚度为一尺三寸四分。墀头高出屋面部分的高度与山墙的群肩高度相同。

大三才墀头的长度由出檐的长度来确定。若出檐的长度为二尺八寸八分，减去一层线砖的长度二寸二分、一层混砖的长度二寸七分、一层嚣砖的长度三寸三分、两层盘头的长度共一寸五分、戗檐的长度三寸、连檐的长度二寸五分、雀儿台的长度一寸，可得墀头的净长度为一尺二寸六分。以檐柱的高度来确定墀头的高度。若柱高为九尺六寸，加平水的尺寸、檩子的直径，可得墀头的总高度为一丈一尺一寸八分。减去以干摆方式砌作的，使用停泥滚子砖砍做的线砖一层，这层线砖的高度为一寸六分，再减去一层混砖的高度一寸六分、一层嚣砖的高度一寸六分、两层盘头的高度三寸二分，用一尺七寸方砖砍削加工而成的戗檐一层为一尺六寸，由此可得墀头的净高度为八尺七寸八分。外加连檐厚度的一点五倍，作为戗檐的斜长入榫长度。以檐柱径来确定墀头的厚度。若柱径为八寸四分，从柱子中心向外延长的长度与山墙的厚度相同，向内缩进的长度为柱径的十分之一，可得墀头的总厚度为一尺三寸四分。墀头高出屋面部分的高度与山墙的群肩高度相同。

博缝的长度由进深加出檐的长度和举的比例来确定。若进深为一丈八尺，步架的长度加出檐的长度再加举的比例，可得总长度为二丈八尺二寸二分，则博缝的长度为二丈八尺二寸二分。小三才博缝，可以使用停泥滚子砖砍削加工而成的线砖和混砖来制作，也可以使用一尺二寸或一尺四寸的方砖加工而成，还可以使用停泥滚子砖垂直砌成。中三才博缝，使用一尺二寸或一尺四寸的方砖整块制成。大三才博缝，使用一尺七寸的方砖砍削加工制成。

排山勾滴的长度由进深和举的比例来确定。若进深为一丈八尺，结合步架的长度加出檐的长度再加举的比例，可得总长度为二丈八尺二寸二分，则排山勾滴的长度为二丈八尺二寸二分。按使用瓦件的型号和分出的瓦垄数量可得排山勾滴的个数。

调大脊的长度由通面宽来确定。两端均减去吻兽的宽度，可得调大脊的净长度。贴板瓦将苫背找平，使用沙滚子砖平砌，在上面铺设两层瓦条、一层混砖，再铺一层瓦条，或者用一尺二寸、一尺四寸或一尺七寸的方砖制作一层斗板，背里、填馅后灌浆。再铺一层瓦条、一层混砖，再铺一层瓦条，上方扣一层脊筒瓦。在制作吻座时，使用一件圭角、一件麻叶头、一件天混、一件天盘、一只正吻、一件箭靶、一件背兽。混砖斗板的两端和中间是使用花草砖，还是使用上面雕刻龙凤的花砖，则需要在实际建造过程中进行确定。

**【原文】凡调垂脊[1]以每坡之长分为三份。上二份即垂脊。用瓦条二层，混砖一层，停泥通脊板一层，背馅灌浆。又混砖一层，扣脊筒瓦一层。兽座用方砖凿做，垂兽[2]一只，兽角[3]一对。下一份即岔脊[4]。用瓦条一层，混砖一层，上安狮马或五件或七件，圭角一件，揣风头一件。**

**【注释】**〔1〕垂脊：一种屋脊形式，上端与正脊以90度相交，沿前后坡向下，起封护排山勾滴，防止雨水渗漏的作用。

〔2〕垂兽：位于垂脊的下端，封护瓦垄，起着防水的作用。

〔3〕兽角：垂兽上的装饰构件。

〔4〕岔脊：上端与垂脊以45度相交，下端至屋檐部分，起着支撑垂脊的作用，同时能够封护

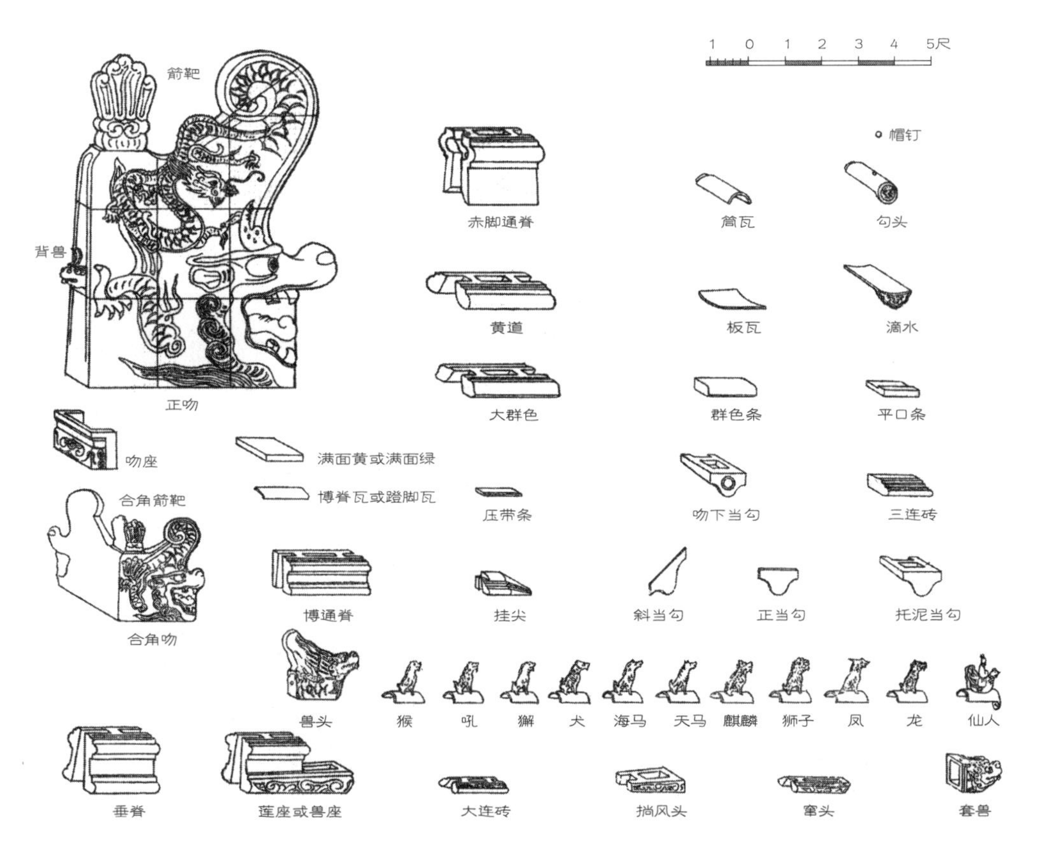


□ **琉璃瓦各件分图**

脊兽是我国古建屋顶屋脊上所安放的瓦制兽件（高级建筑多用琉璃瓦），有吻兽、垂兽、戗兽之类，表现各种动物形象，被用以装饰和标示等级，具有一定的迷信色彩。

两破瓦垄，起着防止雨水渗漏的作用，也被称为“戗脊”。

【译解】把调垂脊屋顶的每个坡的长度分为三份，上部的两份即为垂脊。制作垂脊时，在屋顶铺设两层瓦条、一层混砖、一层停泥通脊板，背里、填馅后灌浆。再铺一层混砖，上方扣一层脊筒瓦。用方砖凿出一个低洼，作为兽座，在上方安装一只垂兽，一对兽角。屋面下部为岔脊。在岔脊上铺设一层瓦条、一层混砖，在上方可以安装五件狮马，也可安装七件，再安装一件圭角、一件挡风头。

【原文】凡调清水脊长随面阔。外加两山墙外出之厚。用板瓦取平、苫背。瓦条二层，混砖一层，扣脊筒瓦一层。每头鼻子〔1〕一件，盘子〔2〕一件，窜头〔3〕二件，勾头〔4〕二个。两头并中间如用花砖，临期酌定。

凡抹灰当勾〔5〕以面阔得长。以所用

瓦料定宽。如头号板瓦中高二寸，二号板瓦中高一寸七分，三号板瓦中高一寸五分，拾样板瓦中高一寸，得头号板瓦灰当勾均宽四寸，二号均宽三寸四分，三号均宽三寸，拾样均宽二寸。如用筒瓦，照中高尺寸加一份半，二面折一面。垂脊当勾长按垂脊，外高同前，里高三分之一。头号得一寸三分，二号得一寸一分，三号得一寸，拾样得六分。

凡宼瓦以面阔得陇数。如面阔一丈二尺，头号板瓦口宽八寸，每丈十一陇一分。二号口宽七寸，每丈十二陇五分，三号口宽六寸，每丈十四陇二分。拾样口宽三寸八分，每丈二十二陇。以进深并出檐加举得长。每板瓦一片，压七露三。头号长九寸，得露明长二寸七分。二号长八寸，得露明长二寸四分。三号长七寸，得露明长二寸一分。拾样长四寸三分，得露明长一寸二分九厘。每坡每陇除滴水一件，或花边瓦一件分位。每头号筒瓦一个长一尺一寸，二号长九寸五分，三号长七寸五分，拾样长四寸五分。每坡每陇除勾头一件分位，即得数目。其悬山做法，随挑山之长分陇。如转角房及川堂有短陇之外，折半核算。仓房除气楼分位。如盖板瓦，用压梢筒瓦一陇。应除板瓦一陇。

凡墁地按进深、面阔折见方丈。除墙基、柱顶、槛垫等石料，外加前后出檐尺寸，除阶条石之宽分位，或方砖、城砖〔6〕、滚子砖，临期酌定。

凡马尾礓礤〔7〕以明间面阔定宽。如面阔一丈，即宽一丈，内除垂带石一份。以台基之高加二倍定长。如台基高一尺，得长三尺。如不按面阔做法，临期酌定。

凡踏垛背后随踏垛长、宽尺寸。以台基之高折半得高，内除踏垛石之厚一份。

凡墙垣用砖应除柱径、枨枋、门窗、槛框、榻板木料及角柱、压砖板、挑檐石料等项分位，或有装修，亦应除砖核算。

凡苫背以面阔、进深加举折见方丈。铺锭席箔〔8〕同。

【注释】〔1〕鼻子：位于盘子下方的圭角，前端为圆弧形。

〔2〕盘子：屋脊端头的瓦件，起装饰作用。

〔3〕窜头：位于戗脊或岔脊的最前端，覆盖住揣风头的勾头，起着封护两坡瓦垄交会处，防止雨水渗入的作用，同时可作装饰。

〔4〕勾头：一种形式特殊的筒瓦，位于滴水上方，用于筒瓦瓦垄的檐头，起着覆盖瓦垄端部的作用。

〔5〕当勾：屋顶转角处的瓦片。

〔6〕城砖：古建筑使用的砖料中，规格最大的砖，通常在城墙、台基等体积较大的砌体中使用。

〔7〕礓礤：一种台阶形式，将斜面加工成锯齿形的阶梯，不使用踏垛，即可供人行走，也可供车辆通行。

〔8〕铺锭席箔：位于椽子上方的覆盖件，用于替代望板。

【译解】调清水脊的长度为面宽加两侧

山墙向外伸出的厚度的总尺寸。贴板瓦将苫背找平，铺设两层瓦条、一层混砖，扣一层脊筒瓦。两端各使用一件鼻子、一件盘子、两件窜头、两个勾头。两端和中间也可以使用花砖，具体使用需在实际建造过程中进行确定。

抹灰当勾的长度由面宽来确定。以所使用的瓦料来确定抹灰当勾的宽度。若头号板瓦的高度为二寸，二号板瓦的高度为一寸七分，三号板瓦的高度为一寸五分，拾样板瓦的高度为一寸，可得头号板瓦的抹灰当勾宽度为四寸，二号板瓦的抹灰当勾宽度为三寸四分，三号板瓦的抹灰当勾宽度为三寸，拾样板瓦的抹灰当勾宽度为二寸。如果使用筒瓦，在板瓦高度的基础上乘以一点五倍，两面的计算方式与一面的相同。垂脊当勾的长度与垂脊的长度相同，外侧的高度与抹灰当勾的计算方式相同，内侧的高度是前者的三分之一。由此可得头号板瓦的宽度为一寸三分，二号板瓦的宽度为一寸一分，三号板瓦的宽度为一寸，拾样板瓦的宽度为六分。

宼瓦垄沟的数量以面宽来确定。若面宽为一丈二尺，头号板瓦的瓦口宽度为八寸，每丈铺设十一陇一分。二号板瓦的瓦口宽度为七寸，每丈铺设十二陇五分。三号板瓦的瓦口宽度为六寸，每丈铺设十四陇二分。拾样板瓦的瓦口宽度为三寸八分，每丈铺设二十二陇。以进深加出檐的长度再加举的比例可得宼瓦垄沟的长度。每片板瓦，在铺设的过程中压住长度的十分之七，露明则为十分之三。若头号板瓦的长度为九寸，可得露明的长度为二寸七分。二号板瓦的长度为八寸，可得露明的长度为二寸四分。三号板瓦的长度为七寸，可得露明的长度为二寸一分。拾样板瓦的长度为四寸三分，可得露明的长度为一寸二分九厘。屋顶的前后坡，每个坡的每一陇板瓦，都要留出一件滴水，或者一件花边瓦的位置。头号筒瓦的长度为一尺一寸，二号筒瓦的长度为九寸五分，三号筒瓦的长度为七寸五分，拾样筒瓦的长度为四寸五分。屋顶的前后坡，每个坡的每一陇筒瓦，都要留出一件勾头的位置。由此可得所使用的瓦片的数目。在悬山建筑中，按照挑山的长度来分配瓦陇。若转角房和川堂有短陇，则需要折半核算。仓房的屋顶在铺瓦时，要减去气楼的占位。若使用盖板瓦，要使用一陇压梢筒瓦，因此应当少使用一陇板瓦。

墁地砖的面积由进深、面宽的长度来折算。需要减去墙基、柱顶石、槛垫石等石料的占位，加前后出檐的长度，再减去阶条石的宽度。墁地砖可以使用方砖、城砖或者滚子砖进行铺设，具体使用需在实际建造过程中进行确定。

马尾礓𤻮的宽度由明间的面宽来确定。若面宽为一丈，则宽度为一丈，再减去垂带石的宽度。以台基高度的三倍来确定马尾礓𤻮的长度。若台基的高度为一尺，可得马尾礓𤻮的长度为三尺。若使用不按面宽计算宽度的做法，具体使用需在实际建造过程中进行确定。

踏垛背后的长度、宽度与踏垛的长

度、宽度相同。以台基的高度减半，得出的高度再减去踏垛石的厚度，可以计算出踏垛背后的高度。

在计算建造墙垣所需使用的砖的数量时，应当减去柱径、柁子、枋子、门窗、槛框和榻板等木料的占位，以及角柱石、压砖板、挑檐石等石制构件的占位。如果有其他装修构件，也应当根据其占位减去相应的用砖数量。

苫背的面积以面宽、进深加举的比例来计算。铺锭席箔的计算方法与之相同。

**【原文】**凡抹饰墙垣按墙之长、高折见方丈。

凡拘抿[1]与抹饰同。

凡刷浆与抹饰同。

凡仓墙以檐柱高尺寸减半定底宽。如檐柱高一丈二尺五寸，得底宽六尺二寸五分。以本身之高每尺收二寸定顶宽，如墙高一丈二尺五寸，共收二尺五寸，得顶宽三尺七寸五分。系柱中里外均出一半。除砖三层作墙肩分位，五花悬山成造。

凡库墙以檐柱高尺寸十分之四定宽，如柱高一丈，得厚四尺。里进三寸，余俱外出。前后封护檐硬山成造。

**【注释】**〔1〕拘抿：用灰或水泥涂抹砖石建筑物的缝隙。

**【译解】**墙垣上的抹灰面积按墙的长度和高度进行计算。

拘抿面积的计算方法与抹饰的相同。

刷浆面积的计算方法与抹饰的相同。

仓墙底部的宽度由檐柱的高度减半来确定。若檐柱的高度为一丈二尺五寸，可得仓墙底部的宽度为六尺二寸五分。以自身的高度来确定顶部的宽度。当自身的高度为一尺时，顶部的宽度为八寸。若仓墙的高度为一丈二尺五寸，可得顶部的宽度为一丈。从檐柱的柱中心向内外两侧各探出柱径的一半。从顶部减去三层墙砖，作为墙肩的位置。应使用五花山墙的方法来进行建造。

库墙的宽度由檐柱高度的十分之四来确定，若檐柱的高度为一丈，可得库墙的厚度为四尺。向进深方向缩进三寸，剩余部分均在檐柱外侧。前后封护檐的做法与硬山的做法相同。

# 卷四十四

本卷讲述发券的制作方法。

## 发券[1]做法

【注释】〔1〕发券：券，指截面为弧形的砌体，开口向下，也就是常说的栱，起着代替梁承托上方荷载的作用，也被称为“碹”。发券，指将砖块砌成栱的方法。

【译解】发券的制作方法。

【原文】凡平水墙以券口面阔并中高定高。如面阔一丈五尺，中高二丈，将面阔丈尺折半得七尺五寸，又加十分之一得七寸五分，并之得八尺二寸五分。将中高二丈内除八尺二寸五分，得平水墙高一丈一尺七寸五分。平水墙以上系发券分位。

凡发券以平水墙券口面阔加三三、折半定围长。如平水券口面阔一丈五尺，以三三加之得围圆长四丈九尺五寸。折半分之，得头券围长二丈四尺七寸五分，以所用砖块厚尺寸归除之，即得头券砖块之数。

【译解】平水墙的高度由券口的面宽和正中的高度来确定。若券口的面宽为一丈五尺，正中的高度为二丈，将面宽减半可以计算出数值为七尺五寸，在此基础上再加这个数值的十分之一，即七寸五分，可得总数为八尺二寸五分。用券口正中高度的二丈减去八尺二寸五分，可得平水墙的高度为一丈一尺七寸五分。平水墙上方为发券的位置。

发券的周长以平水墙券口的面宽乘以三点三再减半来确定。若平水墙的券口面宽为一丈五尺，乘以三点三，可得整个圆周的周长为四丈九尺五寸。将此长度减半，可得头券的周长为二丈四尺七寸五分，再除以使用的砖块厚度，可得头券上使用的砖块数量。

【原文】凡头伏以面阔加头券砖二份之宽定围长。如面阔一丈五尺，砖宽六寸，厚三寸，加头券砖二份，共宽一尺二寸，并之得宽一丈六尺二寸。以三三加之，得围圆长五丈三尺四寸六分。折半分之得头伏围长二丈六尺七寸三分。以所用砖块宽尺寸归除之，即得头伏砖块之数。

凡二券以面阔加头券砖二份之宽，头伏砖二份之厚定围长。如面阔一丈五尺，加头券头伏砖各二份共宽一尺八寸，并之得宽一丈六尺八寸。以三三加之得围圆长五丈五尺四寸四分，折半分之，得二券围长二丈七尺七寸二分。

凡二伏以面阔加头券头伏并二券砖各二份宽厚之数定围长。如面阔一丈五尺，加头券头伏并二券砖各二份，共宽三尺，并之得宽一丈八尺。以三三加之，得围圆长五丈九尺四寸，折半分之得二伏围长二丈九尺七寸。

凡三券以面阔加头券二券，头伏二伏砖各二份宽厚之数定围长。如面阔一丈五尺，加头券二券，头伏二伏砖各二份，共宽三尺六寸，并之得宽一丈八尺六寸。以三三加之，得围圆长六丈一尺三寸八分，折半分之，得三券围长三丈六寸九分。

凡三伏以面阔加头券二券三券，头伏二伏砖各二份宽厚之数定围长。如面阔一丈五尺，加头券二券三券，头伏二伏砖各二份，共宽四尺八寸，并之得宽一丈九尺八寸。以三三加之，得围圆长六丈五尺三寸四分，折半分之，得三伏围长三丈二尺六寸七分。

凡四券以面阔加头、二、三券伏砖各二份宽厚之数定围长。如面阔一丈五尺，加头、二、三券伏砖各二份，共宽五尺四寸，并之得宽二丈四寸。以三三加之，得围圆长六丈七尺三寸二分，折半分之，得四券围长三丈三尺六寸六分。

凡四伏以面阔加头、二、三、四券砖，头、二、三伏砖各二份宽厚之数定围长。如面阔一丈五尺，加头、二、三、四券砖，头、二、三伏砖各二份，共宽六尺六寸，并之得宽二丈一尺六寸。以三三加之，得围圆长七丈一尺二寸八分。折半分之，得四伏围长三丈五尺六寸四分。

凡五券以面阔加头、二、三、四券伏砖各二份宽厚之数定围长。如面阔一丈五尺，加头、二、三、四券伏砖各二份，共宽七尺二寸，并之得宽二丈二尺二寸。以三三加之，得围圆长七丈三尺二寸六分。折半分之，得五券围长三丈六尺六寸三分。

凡五伏以面阔加头、二、三、四、五券砖，头、二、三、四伏砖各二份宽厚之数定围长。如面阔一丈五尺，加头、二、三、四、五券砖，头、二、三、四伏砖各二份，共宽八尺四寸，并之得宽二丈三尺四寸。以三三加之，得围圆长七丈七尺二寸二分，折半分之，得五伏围长三丈八尺六寸一分。

【译解】头伏的周长由面宽加头券砖宽度的两倍来确定。若面宽为一丈五尺，头券使用的砖的宽度为六寸，厚度为三寸。头券用砖宽度的两倍为一尺二寸，与面宽相加可得总宽度为一丈六尺二寸。乘以三点三，可得圆周的长度为五丈三尺四寸六分。将此长度减半，可得头伏的周长为二丈六尺七寸三分。再除以使用的砖块厚度，可得头伏上使用的砖块数量。

二券的周长由面宽加头券用砖宽度的两倍，加头伏用砖厚度的两倍来确定。若面宽为一丈五尺，头券和头伏用砖的两倍为一尺八寸，与面宽相加可得总宽度为一丈六尺八寸。乘以三点三，可得圆周的长度为五丈五尺四寸四分，将此长度减半，可得二券的周长为二丈七尺七寸二分。

二伏的周长由面宽加头券、头伏和二券两倍的用砖宽度和厚度来确定。若面宽为一丈五尺，头券、头伏和二券用砖宽度的两倍为三尺，与面宽相加可得总宽度为一丈八尺。乘以三点三，可得圆周的长度为五丈九尺四寸，将此长度减半，可得二伏的周长为二丈九尺七寸。

三券的周长由面宽加头券、二券，

和头伏、二伏用砖宽度的两倍来确定。若面宽为一丈五尺，头券、二券和头伏、二伏用砖宽度的两倍为三尺六寸，与面宽相加可得总宽度为一丈八尺六寸。乘以三点三，可得圆周的长度为六丈一尺三寸八分，将此长度减半，可得三券的周长为三丈六寸九分。

三伏的周长由面宽加头券、二券、三券和头伏、二伏用砖宽度与厚度的两倍来确定。若面宽为一丈五尺，头券、二券、三券和头伏、二伏用砖宽度与厚度的两倍为四尺八寸，与面宽相加可得总宽度为一丈九尺八寸。乘以三点三，可得圆周的长度为六丈五尺三寸四分，将此长度减半，可得三伏的周长为三丈二尺六寸七分。

四券的周长由面宽加头券、二券、三券、四券和头伏、二伏、三伏用砖的宽度与厚度的两倍来确定。若面宽为一丈五尺，头券、二券、三券、四券和头伏、二伏、三伏用砖宽度与厚度的两倍为五尺四寸，与面宽相加可得总宽度为二丈四寸。乘以三点三，可得圆周的长度为六丈七尺三寸二分，将此长度减半，可得四券的周长为三丈三尺六寸六分。

四伏的周长由面宽加头券、二券、三券、四券和头伏、二伏、三伏用砖的宽度与厚度的两倍来确定。若面宽为一丈五尺，头券、二券、三券、四券和头伏、二伏、三伏用砖宽度与厚度的两倍为六尺六寸，与面宽相加可得总宽度为二丈一尺六寸。乘以三点三，可得圆周的长度为七丈一尺二寸八分。将此长度减半，可得四伏的周长为三丈五尺六寸四分。

五券的周长由面宽加头券、二券、三券、四券和头伏、二伏、三伏、四伏用砖的宽度与厚度的两倍来确定。若面宽为一丈五尺，头券、二券、三券、四券和头伏、二伏、三伏、四伏用砖宽度的两倍为七尺二寸，与面宽相加可得总宽度与厚度为二丈二尺二寸。乘以三点三，可得圆周的长度为七丈三尺二寸六分。将此长度减半，可得五券的周长为三丈六尺六寸三分。

五伏的周长由面宽加头券、二券、三券、四券、五券和头伏、二伏、三伏、四伏用砖的宽度与厚度的两倍来确定。若面宽为一丈五尺，头券、二券、三券、四券、五券和头伏、二伏、三伏、四伏用砖宽度与厚度的两倍为八尺四寸，与面宽相加可得总宽度为二丈三尺四寸。乘以三点三，可得圆周的长度为七丈七尺二寸二分，将此长度减半，可得五伏的周长为三丈八尺六寸一分。

# 卷四十五

本卷讲述硬山和悬山小式建筑中的石制构件的制作方法。

## 硬山悬山石作小式做法

【译解】硬山和悬山小式建筑中的石制构件的制作方法。

【原文】凡柱径七寸以下柱顶石，照柱径加倍之法各收二寸定见方。如柱径七寸，得见方一尺二寸。以见方尺寸三分之一定厚。如见方一尺二寸，得厚四寸。

凡槛垫石以面阔定长。如面阔一丈，内除两头柱顶各半个，共长一尺二寸，净得槛垫石长八尺八寸。以柱顶见方定宽。如柱顶见方一尺二寸，槛垫石即宽一尺二寸。厚以柱顶石之厚四分之三定厚。如柱顶石厚四寸，得厚三寸。

凡硬山成造之阶条石以面阔定长短。如明间面阔一丈，即长一丈。梢间面阔九尺，再加墀头并金边之宽得连好头石之通长尺寸，内除墀头柱中里进尺寸分位。以柱顶石收二寸定宽。如柱顶石见方一尺二寸，得宽一尺。以本身净宽数目十分之三定厚，得厚三寸。

凡悬山成造梢间阶条石按面阔加挑山除回水定长。如面阔九尺，挑山二尺四寸，除回水四寸八分，得通长一丈九寸二分，好头石在内。宽、厚与硬山阶条石同。

【译解】柱径为七寸及七寸以下的柱子下方的柱顶石，其截面边长为两倍柱径减少二寸。若柱径为七寸，可计算出柱顶石的截面边长为一尺二寸。以柱顶石截面边长的三分之一来确定柱顶石的厚度，若截面边长为一尺二寸，可得柱顶石的厚度为四寸。

槛垫石的长度由面宽来确定。若面宽为一丈，两侧各减去柱顶石截面边长的一半，共减去一尺二寸，可得槛垫石的净长度为八尺八寸。由柱顶石的截面边长来确定槛垫石的宽度。若柱顶石的截面边长为一尺二寸，则槛垫石的宽度为一尺二寸。由柱顶石厚度的四分之三来确定槛垫石的厚度，若柱顶石的厚度为四寸，可得槛垫石的厚度为三寸。

硬山建筑中的阶条石长度由面宽来确定。若明间的面宽为一丈，则阶条石的长度为一丈。梢间的面宽为九尺，再加墀头的宽度和金边的宽度，可得阶条石和好头石的总长度。再减去墀头向柱子内侧缩进的长度。以柱顶石的截面边长减少二寸来确定阶条石的宽度。若柱顶石的截面边长为一尺二寸，可得阶条石的净宽度为一尺。以自身净宽度的十分之三来确定厚度，可得阶条石的厚度为三寸。

悬山建筑中梢间的阶条石的长度，由面宽加挑山长度减去回水的长度来确定。若面宽为九尺，挑山的长度为二尺四寸，减去回水的长度四寸八分，可得阶条石的总长度为一丈九寸二分。其中包括好头石的长度。悬山建筑中阶条石的宽度、厚度与硬山建筑中阶条石的相同。

【原文】凡硬山两山条石，以进深连出檐尺寸内除回水、好头石之宽得长。以阶条石折半定宽。如阶条石宽一尺，得条石宽五寸。厚与阶条石同。

凡斗板石周围按露明处丈尺得长。以台基之高除阶条石之厚定宽。如台基高八寸，阶条石厚三寸，得斗板石宽五寸，厚与阶条石同。

凡土衬石周围按露明处丈尺得长。以斗板石之厚，外加金边定宽。如斗板石厚三寸，再加金边一寸五分，得土衬石宽四寸五分。以本身之宽折半定厚，得厚二寸二分。

凡踏垛石以面阔折半定长。如面阔一丈，得长五尺。内除垂带石一份宽一尺，得踏垛石长四尺。其宽自八寸五分至一尺为定。厚以四寸至五寸为定。

凡砚窝石以踏垛之宽加垂带石一份并金边各一寸五分定长短。如踏垛宽五尺，垂带石宽一尺，金边共宽三寸，得砚窝石长六尺三寸。宽、厚与踏垛石同。

凡平头土衬石以斗板土衬之金边外皮至砚窝石之里皮得长。宽、厚与踏垛石同。

凡象眼石以斗板之外皮至砚窝石里皮得长。宽、厚与斗板石同。每块折半核算，以垂带石之宽十分之三定厚。如垂带石宽一尺，得象眼石厚三寸。

凡垂带石以踏垛级数加举定长。如踏垛三级各宽一尺，厚五寸，每级加举一寸，得长三尺三寸。宽、厚与阶条同。

【译解】硬山建筑中两山墙处的条石长度，由进深加出檐的长度，减去回水和好头石的宽度来确定。以阶条石宽度的一半来确定条石的宽度，若阶条石的宽度为一尺，可得条石的宽度为五寸。条石的厚度与阶条石的相同。

斗板石的长度由四周台基露明的长度来确定。以台基的高度减去阶条石的厚度来确定斗板石的宽度。若台基的高度为八寸，阶条石的厚度为三寸，可得斗板石的宽度为五寸。斗板石的厚度与阶条石的相同。

土衬石的长度由四周台基露明的长度来确定。以斗板石的厚度加金边的宽度来确定土衬石的宽度。若斗板石的厚度为三寸，加上金边的宽度一寸五分，可得土衬石的宽度为四寸五分。以自身的宽度减半来确定土衬石的厚度，可得土衬石的厚度为二寸二分。

踏垛石的长度由面宽的一半来确定。若面宽为一丈，可得踏垛石的长度为五尺。减去垂带石的宽度，即一尺，可得踏垛石的净长度为四尺。踏垛石的宽度为八寸五分到一尺，厚度则为四寸到五寸，具体尺寸需要在实际建造过程中进行确定。

砚窝石的长度由踏跺石的宽度加垂带石的宽度，两侧再各加金边一寸五分来确定。若踏垛石的宽度为五尺，垂带石的宽度为一尺，外加的金边总宽度为三寸，可得砚窝石的长度为六尺三寸。砚窝石的宽度、厚度与踏垛石的相同。

平头土衬石的长度，由斗板土衬石的

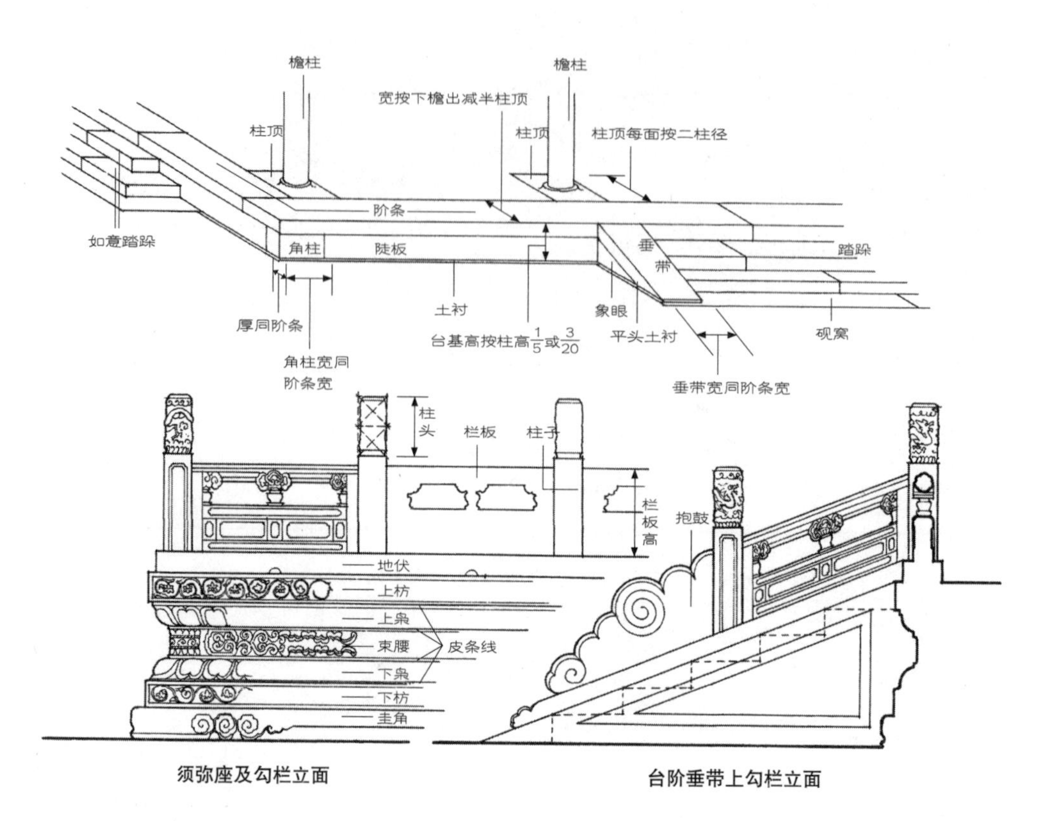


须弥座及勾栏立面

台阶垂带上勾栏立面

□ **台阶须弥座石作**

弥须座是一类侧面上下凸出，中间凹入的底座，由佛座逐渐演变而来，常以莲瓣之类的为饰。清代的弥须座多为石制，其上下部基本对称，束腰变矮且莲瓣肥厚。

金边外皮到砚窝石的里皮之间的长度来确定。平头土衬石的宽度、厚度与踏垛石的相同。

象眼石的长度由斗板石的外皮到砚窝石的里皮之间的长度来确定。象眼石的宽度、厚度与斗板石的相同。每块象眼石的用料需要减半核算。以垂带石宽度的十分之三来确定象眼石的厚度，若垂带石的宽度为一尺，可得象眼石的厚度为三寸。

垂带石的长度由踏垛级数加举的比例来确定。若踏垛共有三级，宽度均为一尺，厚度均为五寸。每级踏垛加举一寸，可得垂带石的长度为三尺三寸。垂带石的宽度、厚度与阶条石的相同。

【原文】凡如意石，长、宽、厚俱与砚窝石同。

凡墀头角柱石以檐柱高三分之一，再除压砖板之厚定长短。如柱高八尺，压砖板厚二寸八分，得角柱石长二尺三寸八分。以檐柱径定宽。如柱径七寸，自柱皮外出柱径一份，柱中里进七分，得角柱石共宽一尺一寸二分。以檐柱径十分之四定厚。如柱径七寸，得角柱石厚二寸八分。

凡硬山压砖板以出廊丈尺之数，外加墀头腿一份得长。宽、厚与角柱石同。

凡挑檐石以出廊丈尺之数，外加墀头梢一份得长。以压砖板收一寸定宽，加八分定厚。如压砖板宽一尺一寸二分，厚二寸八分，得宽一尺二分，厚三寸六分。

凡无斗板埋头角柱石，按台基之高除阶条石之厚得长，以阶条石宽定宽。如阶条石宽一尺，得埋头角柱石宽一尺一块，宽七寸一块。厚俱与阶条石同。

【译解】如意石的长度、宽度和厚度均与砚窝石的相同。

墀头角柱石的长度，由檐柱高度的三分之一减去压砖板的厚度来确定。若檐柱的高度为八尺，压砖板的厚度为二寸八分，可得角柱石的长度为二尺三寸八分。以檐柱径来确定墀头角柱石的宽度。若柱径为七寸，从檐柱外皮向外延长柱径的尺寸，由柱子中心向内缩进七分，可得角柱石的总宽度为一尺一寸二分。由檐柱径的十分之四来确定墀头角柱石的厚度。若檐柱径为七寸，可得角柱石的厚度为二寸八分。

硬山建筑中的压砖板长度，由出廊的长度加墀头的腿长来确定。压砖板的宽度、厚度与角柱石的相同。

挑檐石的长度由出廊的长度加墀头梢的长度来确定。以压砖板的宽度减少一寸来确定挑檐石的宽度，以压砖板的厚度增加八分来确定挑檐石的厚度。若压砖板的宽度为一尺一寸二分，厚度为二寸八分，可得挑檐石的宽度为一尺二分，厚度为三寸六分。

周围没有斗板石的埋头角柱石的长度，由台基的高度减去阶条石的厚度来确定。以阶条石的宽度来确定埋头角柱石的宽度。若阶条石的宽度为一尺，可得一块埋头角柱石的宽度为一尺，一块宽度为七寸。埋头角柱石的厚度与阶条石的相同。

# 卷四十六

本卷讲述硬山和悬山小式建筑中的各种瓦作的制作方法。

## 硬山悬山小式各项瓦作做法

【译解】硬山和悬山小式建筑中的各种瓦作的制作方法。

【原文】凡码单磉墩以柱顶石尺寸定见方。如柱径五寸，得柱顶石见方八寸。再四周各出金边一寸五分，得单磉墩见方一尺一寸。金柱下单磉墩照檐柱磉墩亦加金边一寸五分。高随台基除柱顶石之厚，外加地皮以下埋头尺寸。

凡埋头以檩数定高低。如四、五檩深四寸，六、七檩深六寸。

凡栏土按进深、面阔除磉墩分位得周围之长。如有金柱，随面阔丈尺除磉墩分位，得掏砌栏土之长。高随台基，除墁地砖分位，外加埋头尺寸。其宽带包砌台基尺寸，至磉墩空档内掏砌一进。两山各出台基金边宽一寸五分。

【译文】单磉墩的截面边长由柱顶石的截面边长来确定。若柱径为五寸，可得柱顶石的截面边长为八寸。柱顶石四周各留出金边的宽度一寸五分，由此可得单磉墩的截面边长为一尺一寸。金柱柱顶石下方的单磉墩，比檐柱柱顶石下方的单磉墩截面边长多金边的宽度一寸五分。单磉墩的高度为台基的厚度减去柱顶石的厚度，再加地面以下埋头部分的深度。

埋头的深度由檩子的根数来确定。若建筑物为四檩和五檩，埋头的深度应为四寸；若建筑物为六檩和七檩，埋头的深度应为六寸。

栏土的长度由进深、面阔减去磉墩的截面边长来确定。若建筑物中有金柱，以面阔的宽度减去磉墩的边长来确定掏砌栏土的长度。栏土的高度为台基减去墁地砖的高度，加埋头的深度。栏土的宽度为包砌台基的宽度，栏土的下方向磉墩的空档内侧掏个洞，砌一进砖。两山墙各向台基外侧延长金边的宽度一寸五分。

【原文】凡硬山群肩以进深定长。如进深一丈二尺，即长一丈二尺。以檐柱定高。如檐柱高七尺，三分之一得高二尺三寸三分。以柱径定厚。如柱径五寸，自柱皮往外出柱径一份，往里进一寸五分，得群肩厚一尺一寸五分。

凡山墙上身长随群肩。以檐柱定高。如檐柱高七尺，除群肩高二尺三寸三分，得上身高四尺六寸七分。外加平水高五寸，檩径六寸，椽径一寸八分，得墙上身净高五尺九寸五分。如有廊墙，照金柱之长得长。以群肩之厚定厚。如群肩厚一尺一寸五分，上身如里外抹饰各收七分，如拘抿每皮收三分。

凡硬山山尖以山柱定高。如山柱高一丈六寸，除墙上身并群肩共高八尺二寸八分，得高二尺三寸二分。外加檩径一份六寸，椽径一份一寸八分，得山尖净高三尺一寸。厚与墀头之厚同。如不用博缝排山，再加披水砖一层，长按进深加举核算。两山折一山。

凡悬山墙五花成造。以步架定高。如檐柱高七尺，一步架即高七尺。如金柱高九尺五寸，一步架即高九尺五寸。除墙肩分位，即得净高尺寸。厚与硬山墙身同。

凡点砌悬山山花象眼，以步架定宽。内除瓜柱径寸分位。高随瓜柱净高尺寸。厚与瓜柱之径同。两山折一山。

【译解】硬山建筑中的群肩长度由进深来确定。若进深为一丈二尺，则群肩的长度为一丈二尺。以檐柱的高度来确定群肩的高度。若檐柱的高度为七尺，取这一高度的三分之一，可得群肩的高度为二尺三寸三分。以檐柱径来确定群肩的厚度。若檐柱径为五寸，从柱皮向外延长柱径的本身长度，向内缩进一寸五分，可得群肩的厚度为一尺一寸五分。

山墙的上身长度与群肩的相同。由檐柱的高度来确定上身的高度。若檐柱的高度为七尺，减去群肩的高度二尺三寸三分，可得上身的高度为四尺六寸七分，再增加平水的高度五寸，檩子的直径六寸，椽子的直径一寸八分，可得山墙上身的净高度为五尺九寸五分。如果有廊墙，廊墙的长度与金柱的长度尺寸相同。以群肩的厚度来确定上身的厚度。若群肩的厚度为一尺一寸五分，若内外侧均使用抹灰，上身两侧的厚度需各减少七分，若使用扚抿，每侧需减少三分。

硬山建筑中的山尖高度由山柱来确定。若山柱的高度为一丈六寸，减去群肩和上身的高度共八尺二寸八分，可得山尖的高度为二尺三寸二分。加檩子的直径六寸，加椽子的直径一寸八分，可得山尖的净高度为三尺一寸。山尖的厚度与墀头的厚度相同。如果博缝上方没有排山，则再增加一层披水砖，长度由进深加举的比例来计算。两山墙可以按照一座山墙来计算。

悬山建筑中的山墙使用五花山墙的建造方法来建造。山墙的高度由步架来确定。若檐柱的高度为七尺，可得一步架的高度为七尺。若金柱的高度为九尺五寸，可得一步架的高度为九尺五寸。一步架的高度减去墙肩的高度，可得山墙的净高度。山墙的厚度与硬山建筑中的山墙厚度相同。

点砌的山花上的象眼宽度由步架的长度来确定，其宽度为步架的长度减去瓜柱径。象眼的高度与瓜柱的净高度尺寸相同。象眼的厚度与瓜柱径的尺寸相同。两座山墙可以按照一座山墙来计算。

【原文】凡前、后檐墙以面阔定长。如面阔一丈，即长一丈。如遇山墙，应除里进分位。以檐柱定高。如檐柱高七尺，除檐枋一份，如檐枋高五寸，除之得檐墙连群肩高六尺五寸。以檐柱径定厚。如柱径五寸，外出三分之二得三寸三分，里进一寸五分，共得厚九寸八分。

凡封护檐墙长、厚与檐墙同。以檐柱定高，如檐柱高七尺，外加平水之高一份，檩径一份，并之作拔檐[1]分位，内收高一寸为顺水之法。

凡扇面墙以面阔定长。如面阔一丈，即长一丈。如遇山墙，应除里进分位。以金柱定高。如金柱高九尺五寸，除金枋高五寸，得扇面墙净高九尺。再除墙肩分位。群肩之高与山墙同。厚与檐墙同。

凡槛墙之高除檐枋、窗户、榻板、风槛、横披等件分位得高。厚与檐墙同。长随面阔，如遇山墙，应除里进分位。

凡隔断墙高随檐柱。长随进深，内除两头柱径各半份，再除前后墙里进分位得长。厚与檐墙同。

凡廊墙以出廊尺寸定长。如出廊深二尺五寸，廊墙即长二尺五寸。以檐柱之高除穿插枋并穿插档定高。如檐柱高七尺，穿插枋高五寸，穿插档宽五寸除之，得廊墙连群肩净高六尺。上身或用尺二方砖或用沙滚子砖糙砌抅抿抹饰。厚与山墙同。

凡墙肩长短随面阔、进深。宽随墙顶之厚。以里进外出各尺寸按五举加之。如墙顶厚一尺以外者，除高三寸作墙肩分位。

凡山檐墙里皮上身并隔断墙上身，或用土坯碎砖成砌。长、高、厚同前。至墙垣内有柱木石料等件，应扣除核算。

【注释】〔1〕拔檐：用砖砌成的直檐，高出墙体，起防水作用。

【译解】前、后檐墙的长度由面宽来确定。若面宽为一丈，则檐墙的长度为一丈。若与山墙相交，应减去山墙向面宽方向缩进的长度。以檐柱的高度来确定檐墙的高度。若檐柱的高度为七尺，下部减去檐枋的高度五寸，可得檐墙和群肩的总高度为六尺五寸。以檐柱径来确定檐墙的厚度。若檐柱径为五寸，向外延长三分之二，即三寸三分，向内缩进一寸五分，可得檐墙的厚度为九寸八分。

封护檐墙的长度和厚度均与檐墙的相同。以檐柱的高度来确定封护檐墙的高度，若檐柱的高度为七尺，加平水的高度，加檩子的直径，作为拔檐的位置。高度再减去一寸，就为顺水封护檐墙的建造方法。

扇面墙的长度由面宽来确定。若面宽为一丈，则扇面墙的长度为一丈。若与山墙相交，应当减去山墙向面宽方向缩进的长度。以金柱的高度来确定扇面墙的高度。若金柱的高度为九尺五寸，减去金枋的高度五寸，可得扇面墙的净高度为九尺。再减去墙肩的高度。扇面墙的群肩高度与山墙的相同，厚度与檐墙的相同。

槛墙的高度，由檐柱的高度减去檐枋、窗户、榻板、风槛和横披的高度来确定。槛墙的厚度与檐墙的相同。槛墙的长度与面宽相同，如与山墙相交，应当减去山墙向面宽方向缩进的长度。

隔断墙的高度与檐柱的相同。隔断墙的长度为进深各减去两端柱径的一半，再减去前、后檐墙向进深方向缩进的长度。

隔断墙的厚度与檐墙的相同。

廊墙的长度由出廊的进深来确定。若出廊的进深为二尺五寸，则廊墙的长度为二尺五寸。由檐柱的高度减去穿插枋的高度和穿插档的宽度来确定廊墙的高度。若檐柱的高度为七尺，减去穿插枋的高度五寸，穿插档的宽度五寸，可得廊墙的净高度为六尺。廊墙的上身可以使用一尺二寸方砖或者沙滚子砖砌成之后抹灰、拘抿来建成。廊墙的厚度与山墙的相同。

墙肩的长度由面宽和进深来确定。墙肩的宽度以墙顶部的厚度，以及加上使用五举的比例来计算向内缩进和向外探出的长度。墙顶部的厚度如果超过一尺，在墙顶部向下减去三寸，作为墙肩的位置。

山檐墙里皮的上身，和隔断墙的上身，可以用碎土坯砖砌成，它们的长度、高度和厚度与前述各墙的相同。如果墙中有柱子或者石料，应当扣除相应的砖块数量。

【原文】凡墙垣衬脚取平随墙之长短。以墙之厚定宽。墙根之厚即衬脚之宽。高随墁地砖分位。

凡柱顶石有古镜者，按古镜之高加砖之层数。长除古镜尺寸。厚按墙垣。

凡墀头以檐柱之高，外加平水、檩径、柁头尺寸得高。以台阶之宽收分定长。如台阶宽一尺六寸八分，内收二分，得墀头腿长一尺三寸五分。以檐柱径定厚。如檐柱径五寸，自柱皮往外出柱径一份，往里进柱中五分，得墀头厚八寸。

凡博缝，以进深并出檐加举得长。用沙滚子砖散装糙砌。

凡排山勾滴以进深并出檐加举得长。按瓦料号数分陇得个数。

凡调清水脊长随面阔，外加山墙外出之厚。用板瓦取平苫背。瓦条二层，混砖一层，扣脊筒瓦一层。每头鼻子一件，盘子一件，窜头二件，勾头二个。

凡抹灰当勾以面阔得长。以所用瓦料定宽。如头号板瓦中高二寸，二号板瓦中高一寸七分，三号板瓦中高一寸五分，拾样板瓦中高一寸，得头号板瓦灰当勾均宽四寸，二号均宽三寸四分，三号均宽三寸，拾样均宽二寸。如用筒瓦，照中高尺寸加一份半，二面折一面。

凡宼瓦以面阔得陇数。如面阔一丈，头号板瓦口宽八寸，每丈十一陇一分。二号口宽七寸，每丈十二陇五分，三号口宽六寸，每丈十四陇二分。拾样口宽三寸八分，每丈二十二陇。以进深并出檐加举得长。每板瓦一片，压六露四。头号长九寸，得露明长三寸六分。二号长八寸，得露明长三寸二分。三号长七寸，得露明长二寸八分。拾样长四寸三分，得露明长一寸七分二厘。每坡每陇除花边瓦一件分位。如盖瓦宼筒瓦，每头号筒瓦长一尺一寸，二号长九寸五分，三号长七寸五分，拾样长四寸五分。每坡每陇除勾头一件分位，即得数目。其悬山做法，随挑山之长分陇。如盖瓦，用压梢筒瓦一陇。应除板瓦一陇。

凡墁地砖按进深、面阔折见方丈。除墙基、柱顶、槛垫等石料，外加前后出檐尺寸，除阶条石之宽分位，或尺二方砖、沙滚子砖，斧刃砖糙墁。

凡马尾礓䃰以面阔折半定宽。如面阔一丈，得宽五尺，内除垂带石之宽一份，中心斜砌沙滚子砖。以台基之高定长。如台基高一尺，得马尾礓䃰长一尺五寸。高一尺五寸，得三尺。高二尺，得长四尺五寸。

凡踏垛背后随踏垛长宽丈尺。以台基之高折半得高，内除踏垛石之厚一份。

凡墙垣用砖应除柱径、柁枋、门窗、槛框、榻板木料及角柱、压砖板、挑檐石料等项分位用砖。

凡苫背以面阔、进深、出檐加举折见方丈核算。

凡抹饰、拘抿、刷浆，俱按墙垣之长高折见方丈核算。

【译解】墙垣衬脚按照墙的长度找平。以墙的厚度来确定墙垣衬脚的宽度。墙根的厚度即为衬脚的宽度。墙垣衬脚的高度与墁地砖的相同。

若在柱顶石上方使用古镜，则按照古镜的高度来增加用砖的层数。柱顶石的长度算法需减去古镜的高度。厚度与墙垣的相同。

墀头的高度由檐柱的高度加平水、檩子直径和柁头的尺寸来确定。以台阶的宽度减去一定的尺寸来确定长度。若台阶的宽度为一尺六寸八分，向内缩进两分，可得墀头的腿长为一尺三寸五分。以檐柱径来确定墀头的厚度。若檐柱径为五寸，从柱皮向外侧延长柱径的尺寸，再从檐柱中心向内侧缩进五分，可得墀头的厚度为八寸。

博缝的长度由进深加出檐的长度和举的比例来确定。使用沙滚子砖直接砌成。

排山勾滴的长度由进深加出檐的长度和举的比例来确定。按使用瓦件的型号和分出的瓦垄数量可得排山勾滴的个数。

调清水脊的长度为面宽加两侧山墙向外伸出的厚度。贴板瓦将苫背找平，铺设两层瓦条、一层混砖，扣一层脊筒瓦。两端各使用一件鼻子、一件盘子、两件窜头、两个勾头。

抹灰当勾的长度由面宽来确定。以使用的瓦料来确定抹灰当勾的宽度。若头号板瓦的高度为二寸，二号板瓦的高度为一寸七分，三号板瓦的高度为一寸五分，拾样板瓦的高度为一寸，可得头号板瓦当勾的宽度为四寸，二号板瓦的宽度为三寸四分，三号板瓦的宽度为三寸，拾样板瓦的宽度为二寸。如果使用筒瓦，在板瓦高度的基础上乘以一点五倍，两面的计算方式与一面的相同。

宼瓦的陇数以面宽来确定。若面宽为一丈，头号板瓦的瓦口宽度为八寸，每丈铺设十一陇一分。二号板瓦的瓦口宽度为七寸，每丈铺设十二陇五分。三号板瓦的瓦口宽度为六寸，每丈铺设十四陇二分。

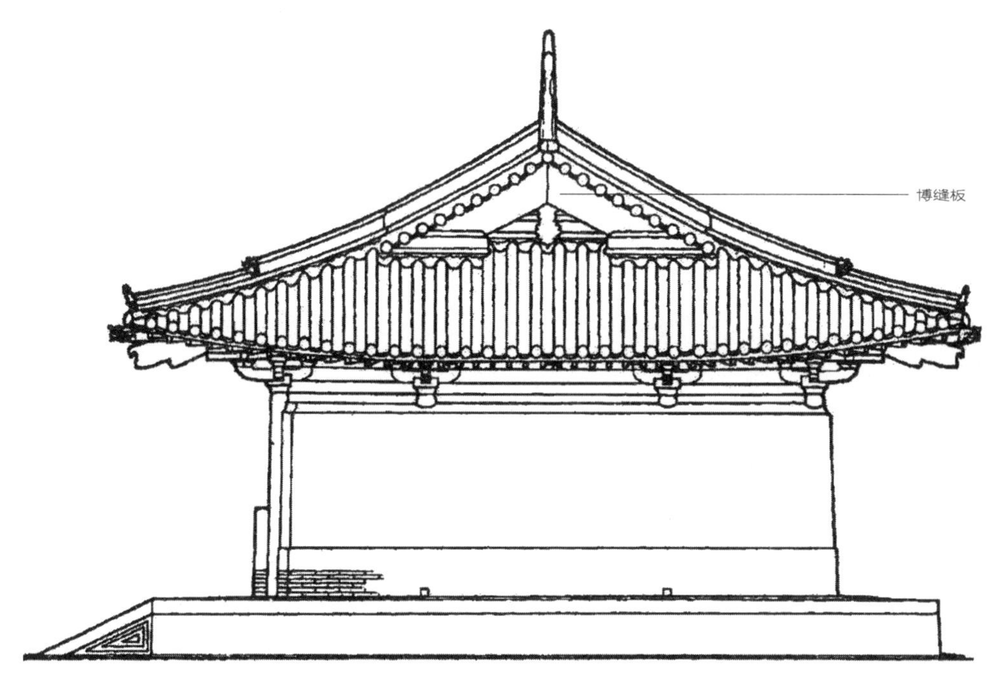


□ **歇山建筑侧立面上的博缝板**

博缝板在宋朝时也称“搏风板”。我国古代歇山顶和悬山顶建筑的屋顶两端会伸出山墙之外，人们由此将木质板材（博缝板）钉在檩条顶端，以起封闭和保护梢檩头、边椽和望板的作用。博缝板的外表面通常有装饰。

拾样板瓦的瓦口宽度为三寸八分，每丈铺设二十二陇。以进深加出檐的长度再加举的比例可得瓦陇的长度。每片板瓦，在铺设的过程中压住长度的十分之六，露明为十分之四。若头号板瓦的长度为九寸，可得露明的长度为三寸六分。二号板瓦的长度为八寸，可得露明的长度为三寸二分。三号板瓦的长度为七寸，可得露明的长度为二寸八分。拾样板瓦的长度为四寸三分，可得露明的长度为一寸七分二厘。屋顶的前后坡，每个坡的每一陇板瓦，都要留出一件花边瓦的位置。在使用筒瓦时，头号筒瓦的长度为一尺一寸，二号筒瓦的长度为九寸五分，三号筒瓦的长度为七寸五分，拾样筒瓦的长度为四寸五分。屋顶的前后坡，每个坡的每一陇筒瓦，都要留出一件勾头的位置。由此可得所使用的瓦片的数目。在悬山建筑中，按照挑山的长度来分配瓦陇。若使用盖瓦，要使用一陇压梢筒瓦，因此应当少使用一陇板瓦。

墁地砖的面积由进深、面宽的长度进行折算。需要减去墙基、柱顶石、槛垫石等石料的占位，加前后出檐的长度，再减去阶条石的宽度。墁地砖可以使用一尺二寸方砖、沙滚子砖或者斧刃砖来铺设。

马尾礓䃰的宽度由明间的面宽来确定。若面宽为一丈，则宽度为五尺，再减去垂带石的宽度。礓䃰的斜面用沙滚子砖砌成，以台基的高度来确定马尾礓䃰的长度。若台基的高度为一尺，可得马尾礓䃰的长度为一尺五寸。若台基的高度为一尺五寸，则马尾礓䃰的长度为三尺。若台基的高度为二尺，则马尾礓䃰的长度为四尺五寸。

踏垛背后的宽度由踏垛的长度来确定。台基的高度减半，可得踏垛背后的高度，再减去踏垛石的厚度。

在计算墙垣使用砖的数量时，应当减去柱径、柁子和枋子、门窗、槛框、榻板等木料的占位，以及角柱石、压砖板、挑檐石等石制构件的占位。

苫背的面积以面宽、进深和出檐的长度加举的比例来计算。

墙垣上的抹灰、拘抿、刷浆面积按墙的长度和高度来计算。

# 卷四十七

本卷讲述歇山和硬山建筑中的各种土作的制作方法。

## 歇山硬山各项土作做法

【译解】歇山和硬山建筑中的各种土作的制作方法。

【原文】凡夯[1]筑灰土[2]，每步[3]虚土七寸，筑实五寸。素土[4]每步虚土一尺，筑实七寸。应用步数，临期酌定。

凡夯筑二十四把小夯灰土[5]，先用大硪[6]排底一遍，将灰土拌匀下槽。头夯充开海窝[7]宽三寸，每窝筑打二十四夯头。二夯筑银锭[8]，每银锭亦筑二十四夯头，其余皆随充沟[9]。每槽宽一丈，充剁大梗小梗五十七道。取平、落水[10]、压碴子[11]，起平夯[12]一遍，高夯[13]乱打一遍，取平旋夯一遍，满筑拐眼[14]、落水，起高夯三遍，旋夯三遍，如此筑打拐眼三遍后，又起高硪二遍，至顶步平串硪[15]一遍。

【注释】〔1〕夯：土作时用来夯土的工具，通常用榆木制成，也有石制夯头和附加铁制构件的夯头。根据形制的不同可分为大夯、小夯和雁别翅夯。

〔2〕灰土：修建古建筑的基础材料，将生石灰和黄土按比例混合制成的土，也被称为“三合土”。

〔3〕步：灰土垫层需要分层夯筑，每一层称为一步，最上层称为顶步。

〔4〕素土：从天然沉积的土层中取得，是不含砂石等杂质的土。

〔5〕小夯灰土：在要求较高的地基中使用的灰土，生石灰与黄土的比例为3：7至4：6。

〔6〕硪：一种夯土工具，用石料或铁制成。

〔7〕海窝：在修建地基时，对灰土进行第一遍夯筑，名为充海窝。海窝，指在灰土上夯出的夯窝。

〔8〕筑银锭：在修建地基时，对灰土进行第二遍夯筑，名为筑银锭。银锭，指第一遍夯筑过后，两个夯窝之间形如银锭的灰土。

〔9〕充沟：在修建地基时，对灰土进行第三遍夯筑，名为充沟。前两遍夯筑后，在灰土表面出现的土埂上进行夯筑，也被称为“剁埂”。

〔10〕落水：在夯筑后的灰土上泼水，使灰土中的生石灰遇水熟化，同时增加润滑度，使灰土在接下来的夯筑中变得更密实，也被称为“漫汤”。

〔11〕压碴子：落水后，再次夯筑前，在夯土表面撒一层砖面粉，防止夯头遇水后沾夯，也被称为“撒渣子”。

〔12〕起平夯：打夯时，打夯工将手提至胸口处再下落的操作方法。

〔13〕高夯：打夯时，打夯工用双手举夯高过头顶再下落的操作方法，可增加夯筑的力量，使灰土更加紧实。

〔14〕拐眼：拐子，一种特殊的小夯，呈“T”形。在地基的夯土层之间，用拐子在夯筑过的灰土上打出一些小坑再夯平，这些小坑就被称作“拐眼”。打拐眼，能够起增加夯土密实度的作用。

〔15〕串硪：把硪向斜上方提拉至半米高处释放，使硪自由下落，能够起到将表层灰土抛光的作用。

【译解】在使用灰土夯筑地基时，每层夯筑前松散灰土的厚度为七寸，夯筑密实后的厚度为五寸。在使用素土夯筑地基时，夯筑前松散素土的厚度为一尺，夯筑密实后的厚度为七寸。夯筑地基的层数，在实际的建造过程中再确定。

使用小夯灰土进行二十四次夯筑时，先使用大硪将夯筑地基的槽底部压实，然后将灰土拌匀之后投入槽中。第一遍夯筑时充开海窝，海窝的宽度为三寸。在每个海窝上夯筑二十四次。第二遍夯筑时筑银锭，在每个银锭处也夯筑二十四次。其余部分进行第三遍夯筑。每个开槽的宽度为一丈，在第三遍夯筑时，夯平的大小土埂为五十七道。找平、落水、压碴子之后，起平夯进行夯筑一遍，再行高夯筑打一遍，然后旋夯一遍进行找平，最后在灰土上打满拐眼，再落水，筑打拐眼。起高夯筑打三遍，再旋夯三遍。重复这个过程，开始第二层的夯筑。筑打三遍拐眼之后，第四层起高硪夯筑两遍。在地基的最顶层用串硪水平夯筑一遍。

【原文】凡夯筑二十把小夯灰土，筑法俱与二十四把夯同。每筑海窝、银锭、沟梗俱二十夯头。每槽宽一丈，充剁大梗小梗四十九道。

凡夯筑十六把小夯灰土，筑法俱与二十四把夯同。每筑海窝、银锭、沟梗俱十六夯头。每槽宽一丈，充剁大梗小梗三十三道。

凡夯筑大夯灰土[1]，先用大硪排底一遍，将灰土拌匀下槽。每槽夯五把，头夯充开海窝宽六寸，每窝筑打八夯头，二夯筑银锭，亦筑打八夯头，其余皆随充沟。每槽宽一丈，充剁大梗小梗二十一道。第二遍筑打六夯头，海窝、银锭、充沟同前。第三遍取平，落水、撒渣子、雁别翅筑打四夯头后，起高硪二遍，顶步平串硪一遍。

凡筑夯素土，每槽用夯五把。头夯充开海窝宽六寸，每窝筑打四夯头。二夯筑银锭，亦筑打四夯头。其余皆随充沟。每槽宽一丈，充剁大小梗十七道。第二次与头次相同。第三遍取平，落水、撒渣子、雁别翅筑打四夯头一遍，后起高硪一遍，顶步平串硪一遍。

凡夯筑填垫小式房屋地面海墁素土，每槽用夯五把，雁别翅四夯头筑打二遍，取平、落水、撒渣子，又雁别翅筑打四夯头一遍，后起高硪一遍，顶步平串硪一遍。

凡刨槽以步数定深。如夯筑灰土一步，得深五寸，外加埋头尺寸。如埋头六寸，应刨深一尺一寸，素土应刨深一尺三寸。

凡压槽[2]如墙厚一尺以内者，里外各出五寸，一尺五寸以内者，里外各出八寸，二尺以内者，里外各出一尺，其余里外各出一尺二寸。如通面阔三丈，即长三丈，外加两山墙外出尺寸。如山墙外出一尺，再加压槽各宽一尺，得通长三丈四尺。以出檐定宽。如出檐二尺八寸八分，内除回水二份，得净宽二尺三寸。并檐柱中以内磉墩半个一尺四分，再加压槽里外各宽一尺，共得净宽五尺三寸四分。如通进深一丈八尺，内除前后檐柱下磉墩各半个，并压槽尺寸，两头共除四尺八分，得净长一丈三尺九寸二分。以磉墩之宽定宽。如磉墩宽二尺八分，外加压槽各宽一尺，共得宽四尺八分。如悬山山墙与前后出檐尺寸同。

凡填筑压槽以外出尺寸定宽。高按埋头尺寸。

凡夯筑地面或屋内填厢，均除墁地砖尺寸分位，核算步数。

【注释】〔1〕大夯灰土：在普通建筑的地基中使用的灰土，生石灰与黄土的比例为1：9至3：7。

〔2〕压槽：地基的槽中砌砖之后的剩余空间，也被称为“肥槽”。

【译解】使用小夯灰土进行二十次夯筑时，夯筑的方法与二十四次夯筑的相同。每一遍夯筑时，在海窝、银锭和沟埂上都夯筑二十次。每个槽子的宽度为一丈，第三遍夯筑时，夯平的大小土埂为四十九道。

使用小夯灰土进行十六次夯筑时，夯筑的方法与二十四次夯筑的相同。每一遍夯筑时，在海窝、银锭和沟埂上都夯筑十六次。每个槽子的宽度为一丈，第三遍夯筑时大小土埂为三十三道。

使用大夯灰土进行夯筑时，先使用大硪将夯筑地基的槽底部压实，然后将灰土拌匀之后投入槽中。每个开槽夯筑五次，第一遍夯筑时充开海窝，海窝的宽度为六寸。在每个海窝上夯筑八次。第二遍夯筑时筑银锭，在每个银锭处也夯筑八次。其余部分进行第三遍夯筑。每个开槽的宽度为一丈，在第三遍夯筑时，夯平的大小土梗为二十一道。在夯筑第二遍时，海窝、银锭和充沟的数量与第一遍一致，每个位置夯筑六次。夯筑第三遍时在找平、落水、压碴子之后，用雁别翅夯的方法进行夯筑，每个位置夯筑四次，起高硪夯筑两遍。在地基的最顶层用串硪水平夯筑一遍。

在使用素土进行夯筑时，每个开槽夯筑五次。第一遍夯筑时充开海窝，海窝的宽度为六寸。在每个海窝上夯筑四次。第二遍夯筑时筑银锭，在每个银锭处也夯筑四次。其余部分在第三遍时夯筑。每个开槽的宽度为一丈，在第三遍夯筑时，夯平的大小土梗为十七道。夯筑第二层时，操作方法与第一层相同。夯筑第三层时在找平、落水、压碴子之后，用雁别翅夯的方法进行夯筑，每个位置夯筑四次。第四层起高硪夯筑一遍。在地基的最顶层用串硪水平夯筑一遍。

使用素土夯筑小式房屋的地面时，在每个开槽中夯筑五层。前两层使用雁别翅夯进行夯筑，在每个位置均夯筑四次，在找平、落水、压碴子之后，第三层再用雁别翅夯的方法，在每个位置夯筑四次。第四层起高硪夯筑一遍。在地基的最顶层用串硪水平夯筑一遍。

开槽的深度由地基的层数来确定，每夯筑一层灰土，开槽的深度为五寸，外加埋头的深度。若埋头的深度为六寸，使用灰土夯筑，则开槽的深度应为一尺一寸；在使用素土夯筑时，则开槽的深度应为一尺三寸。

压槽的尺寸由墙的厚度来确定。若墙的厚度小于一尺，则压槽向内外两侧各延长五寸。若墙的厚度大于一尺，小于一尺五寸，则压槽向内外两侧各延长八寸。若墙的厚度大于一尺五寸，小于二尺，则压槽向内外两侧各延长一尺。若墙的厚度超过二尺，则压槽向内外两侧各延长一尺二寸。在面宽和进深方向开槽。面宽方向的开槽长度由面宽来确定，若通面宽为三丈，则开槽的长度为三丈，再加两端的山墙向外伸出的长度。若两端的山墙各向外伸出一尺，再加压槽向内外两侧各延长的宽度一尺，可得总长度为三丈四尺。以出檐的长度来确定檐墙压槽的宽度。若出檐的长度为二尺八寸八分，减去回水的长度二寸九分的两倍，可得山墙压槽净宽度为二尺三寸。加檐柱下磉墩长度的一半一尺四分，再加压槽向两侧各延长的宽度一尺，可得开槽的净宽度为五尺三寸四分。进深方向的开槽尺寸由进深来确定，若通进深为一丈八尺，减去前后檐柱下的磉墩长度各一半和两端外延的压槽长度共四尺八分，由此可得开槽的净长度为一丈三尺九寸二分。以磉墩的宽度来确定开槽的宽度。若磉墩的宽度为二尺八分，加两侧压槽的宽度各一尺，可得开槽的总宽度为四尺八分。悬山建筑中的山墙与前后出檐的长度相同。

在填筑压槽时，以向两侧延长的长度来确定填筑的宽度，填筑的高度与埋头的深度相同。

在夯筑地面或者在房屋内部进行填厢时，都应该在除去墁地砖的厚度之后，再计算地基的层数。

## 文化伟人代表作图释书系全系列

### 第一辑

《自然史》
〔法〕乔治・布封 / 著

《草原帝国》
〔法〕勒内・格鲁塞 / 著

《几何原本》
〔古希腊〕欧几里得 / 著

《物种起源》
〔英〕查尔斯・达尔文 / 著

《相对论》
〔美〕阿尔伯特・爱因斯坦 / 著

《资本论》
〔德〕卡尔・马克思 / 著

### 第二辑

《源氏物语》
〔日〕紫式部 / 著

《国富论》
〔英〕亚当・斯密 / 著

《自然哲学的数学原理》
〔英〕艾萨克・牛顿 / 著

《九章算术》
〔汉〕张苍 等 / 辑撰

《美学》
〔德〕弗里德里希・黑格尔 / 著

《西方哲学史》
〔英〕伯特兰・罗素 / 著

### 第三辑

《金枝》
〔英〕J. G. 弗雷泽 / 著

《名人传》
〔法〕罗曼・罗兰 / 著

《天演论》
〔英〕托马斯・赫胥黎 / 著

《艺术哲学》
〔法〕丹纳 / 著

《性心理学》
〔英〕哈夫洛克・霭理士 / 著

《战争论》
〔德〕卡尔・冯・克劳塞维茨 / 著

### 第四辑

《天体运行论》
〔波兰〕尼古拉・哥白尼 / 著

《远大前程》
〔英〕查尔斯・狄更斯 / 著

《形而上学》
〔古希腊〕亚里士多德 / 著

《工具论》
〔古希腊〕亚里士多德 / 著

《柏拉图对话录》
〔古希腊〕柏拉图 / 著

《算术研究》
〔德〕卡尔・弗里德里希・高斯 / 著

### 第五辑

《菊与刀》
〔美〕鲁思・本尼迪克特 / 著

《沙乡年鉴》
〔美〕奥尔多・利奥波德 / 著

《东方的文明》
〔法〕勒内・格鲁塞 / 著

《悲剧的诞生》
〔德〕弗里德里希・尼采 / 著

《政府论》
〔英〕约翰・洛克 / 著

《货币论》
〔英〕凯恩斯 / 著

### 第六辑

《数书九章》
〔宋〕秦九韶 / 著

《利维坦》
〔英〕霍布斯 / 著

《动物志》
〔古希腊〕亚里士多德 / 著

《柳如是别传》
陈寅恪 / 著

《基因论》
〔美〕托马斯・亨特・摩尔根 / 著

《笛卡尔几何》
〔法〕勒内・笛卡尔 / 著

续

**第七辑**

**《宇宙体系》**
〔英〕艾萨克·牛顿 / 著

**《蜜蜂的寓言》**
〔荷〕伯纳德·曼德维尔 / 著

**《化学基础论》**
〔法〕拉瓦锡 / 著

**《控制论》**
〔美〕诺伯特·维纳 / 著

**《福利经济学》**
〔英〕A. C. 庇古 / 著

**《纯数学教程》**
〔英〕戈弗雷·哈代 / 著

## 中国古代物质文化丛书

**《长物志》**
〔明〕文震亨 / 撰

**《园冶》**
〔明〕计 成 / 撰

**《香典》**
〔明〕周嘉胄 / 撰
〔宋〕洪 刍 陈 敬 / 撰

**《雪宧绣谱》**
〔清〕沈 寿 / 口述
〔清〕张 謇 / 整理

**《营造法式》**
〔宋〕李 诫 / 撰

**《海错图 》**
〔清〕聂 璜 / 著

**《天工开物 》**
〔明〕宋应星 / 著

**《髹饰录》**
〔明〕黄 成 / 著 扬 明 / 注

**《工程做法则例 》**
〔清〕工 部 / 颁布

**《鲁班经》**
〔明〕午 荣 / 编

## “锦瑟”书系

**《浮生六记》**
刘太亨 / 译注

**《老残游记》**
李海洲 / 注

**《影梅庵忆语》**
龚静染 / 译注

**《生命是什么？》**
何 滟 / 译

**《对称》**
曾 怡 / 译

**《智慧树》**
乌 蒙 / 译

**《蒙田随笔》**
霍文智 / 译

**《叔本华随笔》**
衣巫虞 / 译

**《尼采随笔》**
梵 君 / 译